国家社会科学基金西部项目（批准号：04XZX004）成果

青海审美文化
QINGHAISHENMEIWENHUA

李景隆　李朝
贾一心　卓玛　著

民族出版社

图书在版编目（CIP）数据

青海审美文化/李景隆等 著．—北京：民族出版社，2009.12
ISBN 978 - 7 - 105 - 10450 - 5

Ⅰ．青… Ⅱ．李… Ⅲ．审美分析—文化—研究—青海省
Ⅳ．B83 - 092

中国版本图书馆 CIP 数据核字（2009）第 212156 号

青海审美文化

作　　者：	李景隆　李　朝　贾一心　卓　玛
责任编辑：	张义军　千　日
出版发行：	民族出版社
网　　址：	www.mzcbs.com
地　　址：	北京市安定门外和平里北街 14 号
邮政编码：	100013
印　　刷：	北京市艺辉印刷有限公司
经　　销：	各地新华书店
版　　次：	2009 年 12 月第 1 版　2009 年 12 月北京第 1 次印刷
开　　本：	880 毫米 × 1230 毫米　1/32
字　　数：	488 千字
印　　张：	18.125
印　　数：	0001 ~ 1000 册
定　　价：	38.00 元
书　　号：	ISBN 978 - 7 - 105 - 10450 - 5/B・428（汉 178）

该书如有印装质量问题，请与本社发行部联系退换
（投稿热线：010 - 64228001；发行部电话：010 - 64211734）

序　言

冯宪光

中国美学研究在进入20世纪90年代以后，从一般性的美学原理研究和以艺术美研究为主的学院派美学研究，转入对审美文化的大众化、普适性研究。这种审美文化研究的转型，与此时中国社会经济模式开始转型，步入社会主义市场经济的建构与发展相关。这种中国经济模式和社会模式的现代性建设，使现行文化多种类型、样式在普遍追求审美化的同时，又或多或少、或快或慢地带上商品化、市场化的因素。大众文化在中国文化市场化的环境中迅速崛起，衍生出学术界的审美文化的问题。一时，关于何谓审美文化的争论，也同时开展起来。把审美与文化连接起来，构成为审美文化的观念和意识，在国内学术界其实有多重解读。一些论者所说的审美文化，主要是大众性参与的具有审美形态和意义的文化，一般都把中国当下作为商品、甚至消费品而存在的文学艺术作品，或者以旅游、体育、野外生活等突出其消遣、娱乐功能的文化行为作为审美文化的代表，昭示着中国现代化建设中审美步入生活，生活纳入审美的日常生活审美化。这里当然也并非只是对市场利益的妥协，也还有另一种含义，就是在现代化的科学技术主导生活、重塑社会的潮流里，人们普遍进入一种单调枯燥的数字化生存状态，在这种缺乏精神信念、精神追求的活动空间中，通过精神性的追寻，寻找自我正在失落或者已经迷失的审美文化的家园。

关于中国当下应当如何研究审美文化,建造什么样的审美文化的争论,在学术界还并没有终结。此时,青海民族学院的李景隆、李朝、卓玛、贾一心等撰写的《青海审美文化》一书的问世,无疑可以为中国美学界当下的这个理论热点问题的解答,提供一个精彩的答案。

这个精彩而富有学术性的解答,具有丰富的内容。

本书在研究方法上给予了审美文化研究一个重要启示,那就是审美文化的问题不是一个单纯的概念、术语问题,它首先是人们在社会生活的文化生存的维度上的审美活动实践问题。在理论性的学术性研究中,进行概念、术语的厘清是必要的,但是审美文化的概念必然是实践的审美文化活动的概括和总结,而不是相反,不是从理论观念出发去辨析和界说定义本身。当然,在学术研究中,对研究对象研究的进程与将研究心得书写成书的进程,在具体形态上是反向而行的。本书作者在第一编也对什么是文化、什么是审美文化,进行了深入的讨论。他们的论说也吸取了国内同行的一些见解,但是我认为,他们关于什么是审美文化的意见,绝不是从概念到概念的思辨言说,而是在对中国西部青海这一独特地域的审美文化的全面考察、深入研究的基础上,在对青海审美文化极其丰饶的表现形式的长期体验和钻研中,形成本书关于审美文化的认识的。我特别重视的本书关于审美文化的一个观点是,审美文化具有流动性、历史性和特殊性,审美文化与非审美文化具有相互转换性。书中指出:"从现实意义来看,一个民族的文化是由审美文化和非审美文化构成。审美文化与非审美的一般文化之间的区分本来就是模糊的、相对的,没有明显的界限。对待一种文化现象,人们可以从不同的角度去评价,形成不同的关系。比如面对一件劳动工具、一件衣服、一幢房子、一个生活器皿,人们可以从科学的视角指出它的材料性能,创造和制作的方法；也可以从实用和功利方面指出它的用途、效能；还可以从审美方面进行评价，指出它给人带来的情感愉悦和精神满足，使人产生审美享受的性质和程度。当我们面对黄教圣地塔尔寺为其精湛建筑艺术而赞叹，面对柳湾彩陶罐为古人的精美制造而感慨时，这些宗教建筑和原始的生活物品，已从实用的物品进入到人们的审美视野当中，成为了现代人审美欣赏的对象。所以审美文化和非审美文化的区分是相对的，一般文化物品可能是以实用意义为主，审美意义次之；艺术作品的审美意义上升到主要地位，而实用意义消弱甚至忽略不计，但在本质上它们都仍然具有多方面的意义，都有成为审美对象的可能性。一旦人们以审美的态度来对待时，它们都有可能进入审美文化的领域，在这中间并不存在不可逾越的鸿沟。"这是这十年来中国关于审美文化的讨论中出现的一个非常有理论创造性的观点。审美文化不是一个定义严格的单纯概念，而是一个含义丰富的命题。文化概念在当代具有广泛的外延，甚至延伸为人们的生活方式，扩展到人的生存活动的全部范围和领域。在这样的情况下，文化意指含义所意味的，就是人类生活的本身，就是人类生存的本身。审美文化这个概念的意义总和，连接的就是人们广泛的生活的精神价值和审美意义。这样，某一种类型的文化是否具有审美的意义，就必然与生活意义的流变相连接。而一旦生活的内容和意义发生了变化，非审美文化与审美文化的换位就是一种非常正常的现象。

这种理论思考就使本书在对青海审美文化的研究中，具有鲜明的历史感、生活感和生命感。因此，本书就在时间维度和空间维度上展开了对青海审美文化的学术书写。一方面，在历史的长河中去把握审美文化的时间维度，寻求青海审美文化发展的历史轨迹，洞穿历史时空，把那些穿越时空仍保持生命力的审美文化元素，开发出来，发扬光大，延续民族审美文化的蓬勃生命。另一方面，则把青海审美文化的存在在空间结构上划分为表层的器物（物质文化）、中层的各种工艺生产活动、宗教活动和各种仪式以及各种音乐、舞蹈、风俗习惯等（非物质文化）和深层的以人的审美心理和审美意识表现为核心的心态文化（精神文化）三个层次。诚如本书所言，审美文化这个词语首先来自德国席勒的《审美教育书简》，席勒在这些书信中，使用了 aesthetic Kultue 这个德语词语，冯至将其译为"审美修养"。① 卢卡奇在早期著作《心灵与形式》中也使用过"审美文化"一语，卢卡奇也是在文化的精神性品格这个意义上使用这个词语的。因此，本书对审美文化的结构性层次分析也有其独到之处，在审美文化的物质存在和非物质存在的形态中，着重强调在这两种形态中内在的深层次的审美形态文化。这样来对审美文化进行研究是恰当的。而且，本书还归纳出青海审美文化的历史性、地缘性、民族性、宗教性、交融性、象征性等六大特征。全书紧紧抓住青海审美文化的结构层次和基本特征，在时间的历史视野中，深入青海审美文化的物质文化、非物质文化、精神文化的遗产和现实创造产品的各种维度，从青海的生态环境和人文社会环境与审美文化的关系，多层次、多视角、多方面、全方位地把青海独特而珍贵的审美文化展现在我们面前，应该说，这不仅是关于青海审美文化研究的学术力作，把它置放在当代中国的审美文化研究中，本书在许多方面也都具有开拓性。

本书从整体上展现青海审美文化的风貌，采取了多学科的视角和研究方法。第二编采用人类学、民族学和民俗学的方法，深入研究青海民族风情中蕴含的审美文化。民族生活习俗是民族的生活方式，也是民族文化审美因素的突出表现。本书指出："青海婚俗文化的美学意义，主要表现在对生命的敬崇和礼赞，以充分

---

① [德] 席勒著，冯至等译：《审美教育书简》，第 53 页，北京大学出版社，1985 年。

体现人性本真为根本,一切古朴、繁富、奇特的地方化、习俗化、仪轨化的求偶、择偶标准和仪礼都可归结为是对于生命高贵、生殖神圣、婚媾庄严的迷狂、礼赞和膜拜,婚俗各个层面的审美呈现都是人性求真、人性向善、人性崇高的诗学的文化表达。"本书对婚俗文化的如是分析,与对出生、丧葬、饮食、服饰、建筑、节日庆典文化这些关系到人的生存的主要环节的审美文化分析,都建立在对青海民族风情认真的实地考察的基础上,不仅论述准确,把它上升到人性高度予以审美的关注,而且对民族风情文化第一手资料的收集整理之完备,考证之翔实,下了很多功夫,叹为观止,是本书对青海审美文化的人类学、民族学、民俗学研究的一个重要贡献。本书对青海地区多民族特别是回藏民族审美文化的研究,深刻地说明了在中国尊重各民族的特有风俗习惯是一个基本的客观事实,这对当前强调中华各民族的大团结,增强对各个民族在国家、社会和文化上的基本认同感,有其重要现实意义。第三编使用宗教学方法,论述青海宗教文化的审美因素。本书从青海信仰文化和宗教文化的多元性入手,分别论述了青海藏传佛教、伊斯兰教、道教等在寺院建筑、宗教仪式、宗教艺术等方面的审美特征,令人大开眼界。第四编从民间文艺学角度,阐释了青海民间文艺的审美魅力。卢卡奇说:"强烈向往文化的每个时代只有在艺术中才能找到其中心。"[1] 审美文化的中心依然是艺术,而青海的审美文化的中心应该还是民间艺术。艺术存在于青海各族人民的日常生活之中。青海的民族民间艺术主要有文学、音乐、舞蹈和工艺艺术等。青海民族民间文学的样式类型主要有神话、传说、故事、民间歌谣、史诗、叙事诗、谚语、民间说唱和民间小戏等。本书从对各种民间文艺的类型特征的分析入手,

---

[1] [匈]卢卡奇著,张亮等译:《卢卡奇早期文选》,第174页,南京大学出版社,2004年。

进一步深入发掘其审美意蕴。青海的民族民间音乐的特点主要是在青海地区的传统花儿和藏族拉叶中的许多曲令存在着已经固化下来的原型音乐意象，最为典型的是河湟花儿中由四句或六句形式构成的传统花儿。本书对青海民族民间音乐乐段进行了细致分析，将青海民间音乐作品置于使之产生的深刻的地域和民族文化背景下，借由人类学、民俗学、民间文艺学等多种学科所提供的视角，探索和发现民族民间音乐的文化形态特点，进而研究其形成、发展、演化的内在规律，论述不同音乐文化在形态、风格上的审美特征。在对青海民族民间舞蹈的研究中，本书突破了目前舞蹈学界把青海舞蹈划入"藏族舞蹈文化区"的流行观点，微观地对青海民族民间舞蹈进行实地考察，将青海文化圈划分为若干小的文化亚圈：以湟水谷地为中心的河湟文化圈，以青海湖为中心的环湖文化圈，以柴达木盆地为中心的柴达木文化圈，以唐古拉山和昆仑山—阿尼玛卿山之间的三江源为中心的三江源文化圈共四个文化圈。而青海民族民间舞蹈，就传承扩布在这些文化亚圈中，以这些文化亚圈为依托形成青海民族民间舞蹈的审美文化特色。这一研究是很有创见的。此外，本书在对青海民间美术和工艺艺术的概括和论述中，也有许多新意。

  青海是一个美丽的地方，其审美文化具有独特而丰富的特色。青海高原的深远蓝天和广袤大地引发了现代都市许多人对原生态审美文化的向往。青海多民族的、民间的审美文化是中国审美文化的一个瑰丽宝库。《青海审美文化》一书向我们展示了这个文化宝库崇尚生命、回归自然的不可替代的价值，在审美文化研究中填补了一个重要空白，其学术和理论的创新性是明显而突出的。同时，这是青海审美文化研究的一个重要的开端，我们又期待着在本书的引领下，有更多的关于青海审美文化的著作问世。

目 录

第一编　青海审美文化概述

第一章　青海审美文化及其特点 ················· 3
第一节　文化的思考 ································ 3
第二节　审美文化之我见 ···························· 8
第三节　青海审美文化探析 ························· 12
第四节　青海审美文化的特点 ······················· 20

第二章　青海生态环境与审美意识 ················ 40
第一节　青海独特的生态环境 ······················· 41
第二节　青海先民对自然依生的审美意识 ············· 46
第三节　青海自然环境的多样性与审美意识的多元化 ··· 57

第三章　审美生存的智慧 ······················· 65
第一节　求取生存的审美智慧 ······················· 66
第二节　追求与自然和谐的共生之美 ················· 74

第四章　社会人文环境与青海审美文化 …… 83

第一节　特殊经济环境的影响 …… 84
第二节　生命意识的彰显 …… 93
第三节　伦理文化的渗透 …… 100
第四节　宗教的制约和影响 …… 106
第五节　民俗风情对民族审美心理的塑造 …… 114
第六节　审美意识的集中展现——艺术美 …… 123

第二编　青海民族风情与审美

第五章　青海婚恋习俗与审美 …… 135

第一节　青海民族婚俗的文化考述 …… 135
第二节　青海民族婚俗审美的文化阐释 …… 153

第六章　青海诞生仪礼与审美 …… 185

第一节　青海高原生命肇始的礼仪形态 …… 186
第二节　青海高原生命肇始礼仪的审美意蕴 …… 199

第七章　青海丧葬习俗与审美 …… 204

第一节　青海丧葬文化的形成原因 …… 204
第二节　青海丧葬文化的审美价值 …… 208

第八章　青海饮食民俗与审美 …… 218

第一节　青海饮食民俗文化 …… 218
第二节　青海饮食文化的审美 …… 227

第九章　青海服饰民俗与审美 …… 237

第一节　青海各族服饰类型举凡 …… 237
第二节　青海各族服饰文化的审美传统 …… 250

第十章　青海民族建筑与审美 …… 259

第一节　青海民族建筑美学观念的形成 …… 260
第二节　青海民族建筑的类型和审美特征 …… 278

第十一章　青海节日民俗与审美 …… 290

第一节　青海节日民俗的类型特点 …… 290
第二节　青海节日民俗的审美特征 …… 307

第三编　青海宗教文化与审美

第十二章　青海信仰文化与审美 …… 319

第一节　青海信仰文化的多元形态 …… 319
第二节　青海信仰民俗文化的诗学意义 …… 325

第十三章　青海宗教艺术审美阐释 …… 332

第一节　青海宗教艺术概观 …… 332
第二节　青海宗教艺术释义 …… 338
第三节　青海宗教艺术特征 …… 343
第四节　青海宗教艺术审美心理描述 …… 347

第十四章　青海宗教艺术的主要类型及审美特点 …… 355

第一节　青海藏传佛教艺术审美 …… 355

第二节　青海伊斯兰教艺术审美…………………… 368
第三节　青海道教艺术审美………………………… 381

第四编　青海民族民间艺术与审美

第十五章　青海民族民间文学与审美…………………… 389
第一节　青海民族民间文学的类型阐释……………… 390
第二节　青海民族民间文学的审美蕴涵……………… 421

第十六章　青海民族民间音乐与审美…………………… 452
第一节　青海民族民间音乐的类型特征……………… 453
第二节　青海民族民间音乐的结构特征……………… 460
第三节　青海民族民间音乐的审美倾向……………… 471

第十七章　青海民族民间舞蹈与审美…………………… 481
第一节　青海民族民间舞蹈的类型…………………… 482
第二节　青海民族民间舞蹈的分布概貌……………… 484
第三节　青海民族民间舞蹈的审美蕴涵……………… 489

第十八章　青海民族民间美术与审美…………………… 509
第一节　原始艺术是青海民间美术的母体…………… 511
第二节　青海民间美术是民俗审美心理的形象载体…… 515
第三节　青海民间美术多元的造型方式……………… 518
第四节　青海民间美术的基本特征…………………… 522
第五节　青海民间美术的审美特性…………………… 526

目 录

第十九章 青海民族工艺与审美 …………………… 531
 第一节 青海民族工艺的品类 ………………… 532
 第二节 青海民族民间工艺的传承模式和审美特征…… 537

余 论 ……………………………………………… 557
后 记 ……………………………………………… 559
参考文献 …………………………………………… 561

第一编　青海审美文化概述

第一章　青海审美文化及其特点

　　审美文化本是一个伴随着人类审美意识而产生的古老命题。20世纪90年代，在当代中国人民的生活需要得到基本保证的前提下，人们越来越多地追求生活的审美化、艺术化，文化审美化的趋向日益明显，审美文化这一古老的命题在当代历史条件下被重新"激活"，一股研究审美文化的热潮悄然在中国大地兴起。在这一大背景下，关注区域生态中的文化价值，探讨青海审美文化是一项十分有意义的研究。但这一课题包含着极其丰富的内容，涉及到的许多相关理论问题在学界尚存在很大的争议，要探讨青海审美文化的基本特征，非常有必要说明我们对"文化"、"审美文化"、"青海审美文化"等基本概念的理解，以此作为本书理论构架的支点。

第一节　文化的思考

　　当我们审视文化问题时，扑面而来的各种文化定义，使人不知所措。正如有的学者所形容的那样，由于文化成分的无穷无尽，人们难以分析和叙述它，因而它如同我们抓在手中的空气似的，除了不在我们手中，它无所不在。① 从词源来看，"文化"一词在我国最早出现在《周易》里，有"观乎天文，以察时变；观乎人文，以化成天下"的表述，意为治国者需观察天文，以明时序；观察人文，使天下人民遵从文明教化。这里"人文"与"化成天下"，即"以人伦秩序教化世人，使之自觉按规范行动"。② 西汉时，"文"、"化"合为一词，刘向曰："凡武之兴，谓不服也；文化不改，然后加诛。"（刘向《说苑·指武》）这里"文化"是指与野蛮相对的教化，其文治教化之意十分明显，反映了儒家的文化功利主义思想。在西方，"文化"（culture）一词最早来源于拉丁文，含有"耕作、培养、教育、发展、尊重"等意义。以上述意思为词根引申出"社会塑造"或"社会加工"之意。到了19世纪，随着人类学、社会学的兴起，文化这个词才被赋予具有影响人的行为的社会属性，引申为对人的身体、精神发育的培养，特别是艺术和道德的培养，进而广泛指人们的生活方式、思维方式以及人们在征服自然和自我发展中所创造的物质财富与精神财富等。③

由于文化一词负载了过多的内涵，以至于我们很难用几句话来将其界定清楚。这里我们无意给"文化"下定义，但为了能将研究的问题深入下去，我们必须对文化所应有本质和基本特征有一个基本的认识。

就其本质而言，文化是社会群体的基本价值观和生活方式。就其特征而言，首先我们应看到文化的人为性，即文化是人类区别于其他物种的根本标志。自人类学家发现并认真研讨文化后，"人是文化的存在"这一观念便风靡全球。它告诉人们，人创造

---

① 施正一：《广义民族学》，第460页，人民日报出版社，1992年。
② 冯天瑜：《中华文化史》，上海人民出版社，1990年。
③ 陈建宪：《文化学教程》，第13页，华中师范大学出版社，2004年。

了文化，文化也塑造了人；没有与人无关的文化，也没有与文化无关的人。人是文化的人，离开了人，便无所谓文化；离开了文化，人也就还原为动物。如同英国著名教授盖尔纳·E. Gellner 所指出的："动物界也可能存在某种文化：动物种群中偶尔也能发现一些经由社会传承而非基因遗传的特征……但是，无论怎样，它们远远不能同人类的文化相提并论。"① 虽然人类是从类人猿演化而来，人类同动物的其他物种有某些共性，但是最终将人类社会同其他动物区分开来的正是文化。按照马克思主义的文化范畴，文化是人类在社会实践过程中创造出来的一切东西②；劳动同时创造了人类和文化。人类和文化从一开始就相生相伴，"没有自然的人，甚至连最早的人也是生存于文化之中"。③ 所以文化作为人类区别于动物界的"类特性"，是人类生命活动的基本规定及其产物。

文化是与自然相对而言的概念，它不是天然、自然而然的，而是人改变世界（包括人本身）的自然面貌形成的。大自然中的自然物不是文化。人类文化中一些即使纯粹的自然物，如风景、奇石、珊瑚、宝石等，只有在人类的精神投射或附着其上时，才可能呈现出文化的意义。故有学者指出："文化的本质是人化。"④ 自然界本来就存在，天地自行运转，江河自在奔流，草木自我荣枯，一切是纯然的自然。它们没有意志，没有情感，没有灵明之性，没有刻意的造作。直到人类出现，才有了文化，文化人与纯粹的自然状态相对，是人自觉地生存、发展，使自然

---

① E. Gellner, Natiaaali. sra. London: Wcidenfcld& \ ioolson, (1997) p1.
② ［苏］E. A. 瓦维林、B. 福法诺夫著，奚洁人译：《马克思主义文化范畴论》，第27页，上海人民出版社，1992年。
③ ［德］蓝德曼著、彭富春译、戴晖校：《哲学人类学》，第260～261页，工人出版社，1988年。
④ 郭齐勇：《文化学概论》，湖北人民出版社，2004年。

世界成为"人的世界"的特殊存在状态。这就是自然的"人化",即按照自己的标准、目的、理想和需要改造自然界,使世界打上人的印记,从而更适合于人。"人化"的过程凝聚了人的需要、目的等价值内容。人要从中实现和体验真善美、利益和幸福、和谐和自由、崇高和神圣等价值。这就是文化的核心。从这个意义上来讲,文化的含义就是区别于其他动物本能的"人化",所以文化是超越自然的。文化不是遗传的,而是在实践中习得的。

其次,文化是一定社会不断整合的产物,是人类在群体活动中,为满足群体的需要而创造和享用的,并通过群体而传播与继承的,是超越个人的社会存在。个人的单独经验,具有很大的偶然性,并随着他的死亡而消失,因而难以进入社会的文化系统,只有那些通过语言、符号、介质、物质实体等载体,在一定社会范围内互相传递,才能转换成共同的、必然的、相对稳定的社会整合物,进入文化的范围。所以,从个人与文化的关系来看,文化先于个人存在。每个人都出生于特定的文化环境,并在特定的文化环境中成长,他不断地从周围的文化中习得,并被文化环境所改造和加工。经过文化的熏陶,一个人从它的环境中获得特定的基本文化人格。正如美国著名文化人类学家本尼迪克特所言:"个体生活的历史中,首要的是对它所述的那个社群传统上手把手传下来的那些模式和准则的适应。落地伊始,社群的习俗便开始塑造他的经验和行为。到咿呀学语时,他已是属于文化的造物,而到他长大成人并能参加该文化的活动时,社群的习惯便已是他的习惯,社群的信仰便已是他的信仰,社群的戒律便已是他的戒律。"[①] 可见,文化是一定社会成员的共同物,是通过教化

---

① [美]露丝·本尼迪克特著,王炜等译:《文化模式》,第5页,三联书店,1988年。

濡染可以代代承传的共同财富,也是一定社会的重要标志。

再次,文化的内涵在于精神。文化是人的活动及其产品体现出来的,但这只是文化的外显方面,文化的真正内在本质,在于通过外在表现而显示出来的人的知识、智慧、情感、观念、理想、信仰、价值观念等精神方面。所以说文化虽然涉及人类生活的方方面面,其外延是普遍而宽泛的,但它有统一的中心和旨归,即内涵是精神性的。这不仅指体现在宗教、哲学、艺术等精神活动方面,也包括赋予物质形态之上的人类精神特点。物质文化的核心内容不是它的物质实体,而是通过物质实体显现出来的情感、价值、理想等精神体系。因为物质资料的生产除了体现人与自然、人与人的关系外,还揭示着某个时代、某个民族的情感模式、思想观念、价值体系等,都有着内在的精神内涵。无论是衣食住行的物质产品,还是风俗习惯、交往礼仪,还是管理制度、组织机构、法律条例、道德规范以及各种知识体系、艺术作品等等,都是因为其中体现着人类创造能力的智慧之光,属于人的本质力量对象化的产物,所以才被我们统统称为文化现象。① 正是从这个意义上,科学家钱学森认为:"文化是精神文明的客观体现。"②

文化是一种社会历史现象,不同研究者可以运用不同的方法,从不同的角度进行考察,但把握文化的基本特质,是我们课题深入研究的出发点。

---

① 夏之放、李衍柱、赵勇、李建盛:《当代中西审美文化研究》,第37页,山东教育出版社,2005年。吴国玖:《西方文化语境中"审美文化"概念的演变》,载2000年12月《徐州师范大学学报》(哲学社会科学版)26卷第4期。

② 钱学森:《社会主义精神文明建设与文艺工作》,转引自《文艺研究》,1987年1月4日。

第二节　审美文化之我见

　　学术界一般认为,"审美文化"概念最早是由席勒提出的。他在1793—1795年间撰写的《审美教育书简》中,在坚持真善美相统一的原则之下使用和肯定这一概念的。他一方面把审美文化作为实现人类理想文化的途径,同时又把审美文化作为人类文化的最高理想境界。在他看来,审美文化实际是代表了一种真善美重新融为一体的文化。因而他认为理想的人(完整的人)是知、情、意完美结合的统一体。也有学者认为席勒在《审美教育书简》中的研究应视作"审美文化"概念的萌芽。到19世纪初,英国人阿纳尔德(阿诺德)倡导一种"审美"的文化,后来斯宾塞直接命名为"审美文化",这应该是"审美文化"作为学术概念的第一次使用。关于"审美文化"概念的提出,学术界仍在讨论,但可以明确的一点是,审美文化这一概念从西方引进我国是在20世纪80年代末,并由此引发了国内学界对审美文化定义广泛的讨论。主要代表性观点有:一是审美文化是整个文化中具有审美性质的那部分,所谓审美性质即超越功利目的性;二是审美文化是人类文化发展的高级产物,社会发展到后工业社会的历史阶段,艺术与审美渗透到文化的各个领域,并起支配作用;三是审美文化是现代文化的主要形式,也是高级形式,它把超功利性和愉悦性原则以及自由创造精神渗透到整个文化领域,以丰富人的精神生活;四是审美文化是以文学艺术为核心的,具有一定审美性质和价值的文化形态或产品。①

---

① 聂振斌:《再谈"审美文化"》,载《浙江学刊》,1997年第5期。

第一章　青海审美文化及其特点

我们倾向于将审美文化理解为，一定时期整个文化系统中那些具有审美性质的文化，它是一般文化大系统中的一个子系统，换言之，审美文化就是文化整体中的一个层次或者层面，即文化的审美层面。广义的文化分为物质文化、行为文化、制度文化、精神文化等，从价值追求的角度看，又可根据人对现实的不同关系，把文化分为追求真、善、美等不同价值领域。它们彼此涵盖，相互交叉，而又有相对的区别，其中含有审美成分、能够引起人们的审美愉悦的部分，就是审美文化。审美文化应该是包括了一切体现人类审美理想、审美观念和审美情趣，具有审美性质，并且可供人们审美关照和情感体验的一种文化。因此，古代、近代、现代、西方、东方等等，不同的历史阶段，不同的民族文化都产生了丰富的审美文化。

翻开中外美学，我们可以清楚地看到，美学家历来都特别重视艺术领域，因而，传统美学一直是将审美文化划定在艺术活动和艺术产品的范围内。这固然是因为艺术活动和艺术产品最集中地体现了美的特征，是审美文化中属性最集中、最为突出的表现，是审美文化的典型形态。但是如果将审美文化研究仅仅局限于艺术的范围，则是明显不妥的。艺术作为文化符号，是审美文化集中的典型体现，但审美文化与艺术文化不能完全等同，审美文化作为文化的一个审美层面，具有跨界性质，从这个意义上看，审美文化大于艺术文化，它是指"以文学艺术为核心的、具有一定审美特性和价值的审美形态或产品"，"不仅包括当代文化（或大众文化）中的审美部分，也可涵盖中西乃至世界古代文化中的有审美价值的部分"。[①] 可见，审美文化是从美学角度对文化所作的考察，并不像文化研究那样研究人类文化的全

---

① 朱立元：《审美文化概念小议》，见《美学与实践》，广西师范大学出版社，1996年。

部，而是从一个特定的审美的视角，以特定的审美态度，去研究文化系统中体现出审美理想、审美观念和审美趣味的那些文化实体、文化活动和文化现象，去发掘文化中的审美元素、审美性质和审美品格，以扩展人们的审美视野、提升审美能力和丰富审美体验。简单地讲，审美文化应该是人们以一种审美的态度来对待各种文化产品时所表现出的一种精神现象。所以说，审美文化并非专就某种特定的文化而言，除了专门满足人们的审美需要的艺术产品之外，其他各种文化产品都有可能、有条件地进入审美领域，从而成为审美文化的研究对象。当然，审美文化的这种广泛性，并不等于各种文化现象本身，审美文化可与一切文化现象发生密切联系，又与一般的文化有所不同，它具有跨越诸文化要素又附丽于诸文化的性质。尽管在具体的研究中它有其确定的对象，它既包括物质形态的文化，也包括观念形态的文化，而其聚集点则在于决定该文化的行为模式，在于这种行为模式中的审美准则。也就是说审美文化的特性取决于人与现实对象之间是否形成了审美关系，只有社会主体以审美的态度来对待某种文化时，这种对象才进入审美文化的领域。从现实对象方面来说，一切人造的和人们加工过的东西，都是人"按照美的规律来构造"① 的产品，体现着人的审美理想的成分，带有美的品格；即使那些未经人类加工改造过的自然现象，随着人类社会实践领域的不断扩大，也常成为人们想像、情感寄托的对象，成为"人化"的自然物，进入人们的审美视野当中。从审美主体方面来说，只要他以审美的态度来对待对象，以审美的眼光来关照对象，他就可以进入审美的状态，产生审美关系。所以，高尔基说："照天性来说，人都是艺术家。他无论在什么地方，总是希望把'美'带

---

① 马克思：《1844年经济学哲学手稿》，见《马克思恩格斯选集》（第一卷），第47页，人民出版社，1995年。

到他的生活中去。"① 可见，审美文化限定的文化仅仅是整个文化系统中，与人发生审美关系，具有审美价值的那部分文化。

从现实意义来看，一个民族的文化是由审美文化和非审美文化构成。审美文化与非审美的一般文化之间的区分本来就是模糊的、相对的，没有明显的界限。对待一种文化现象，人们可以从不同的角度去评价，形成不同的关系。比如面对一件劳动工具、一件衣服、一幢房子、一个生活器皿，人们可以从科学的视角指出它的材料性能，创造和制作的方法；也可以从实用和功利方面指出它的用途、效能；还可以从审美方面进行评价，指出它为人带来的情感愉悦和精神满足，使人产生审美享受的性质和程度。当我们面对黄教圣地塔尔寺，为其精湛建筑艺术而赞叹，面对柳湾彩陶罐，为古人的精美制造而感慨时，这些宗教建筑和原始的生活物品，已从实用的物品进入到人们的审美视野当中，成为了现代人审美欣赏的对象。所以审美文化和非审美文化的区分是相对的，一般文化物品可能是以实用意义为主，审美意义次之；艺术作品的审美意义上升到主要地位，而实用意义消弱甚至可忽略不计，但在本质上它们都仍然具有多方面的意义，都有成为审美对象的可能性。一旦人们以审美的态度来对待时，它们都有可能进入审美文化的领域，在这中间并不存在不可逾越的鸿沟。许多文化现象，虽不是直接为创造审美价值而进行生产的，比如民居建筑、衣着服饰、饮食风味、日常用品等等，但在其中"积淀"了一个地域、一个民族、一个时代的审美情趣、审美观念和审美追求，在满足实用、功利需要的同时，也能给人以美感，具有某种审美的价值。所以从人类文化和审美意识发展上理解审美文化，我们可以看到从人类早期开始文化的创造到今天，除文学艺

---

① 夏之放、李衍柱、赵勇、李建盛：《当代中西审美文化研究》，第44页，山东教育出版社，2005年。

术之外在许多物质文化和精神文化中都渗透了不同时期人们的审美意识，体现出不同民族不同时期的审美观念，这种具有审美价值的文化现象就是审美文化，它是整个文化系统中的重要组成部分。由此我们认为，审美文化就是指人类在各自的各个历史发展过程中创造的、以审美活动及其成果为核心的以及包容于各个文化领域的文化成果之中的、具有审美特性和价值的文化观念和物质产品。

第三节　青海审美文化探析

"青海审美文化"是一个地域性文化概念，它的产生和发展既受自然生态环境制约，也与特定的人文社会环境密切相联。在青海文化中特别是民族文化中，审美文化的成分与比重比较大，除历代各民族创造的文学艺术外，祭祀文化、婚俗文化、服饰文化、饮食文化、民俗文化等都有审美的价值，民族传统的节日文化活动，更是以艺术审美的形式来托载丰富的文化内容，像"六月六"歌会，就是典型的节日审美文化。青海审美文化存在于青海文化的许多方面，特别是随着社会文明程度的不断提高，青海文化中的审美性也在不断强化，构成了一个内容丰富的审美文化富矿区。

在漫长的历史发展过程中，青海各民族创造了内容丰富、形式多样而独特的审美文化，对此我们可从两个维度去加以研究，即时间维度和空间维度[1]。

从时间维度来看，青海审美文化是在各民族漫长的历史过程

---

① 林建华：《物缘文化研究》，第49页，民族出版社，2004年。

第一章 青海审美文化及其特点

中逐步生成的,也就是说青海审美文化是不断发展运动的,它源远流长、生生不息、博大精深。这就需要我们追根溯源,寻找自己的文化源头,以便更好地理解今天的审美文化现象。审美文化虽然在西方后现代主义思潮的影响下得到了明确的提出和关注,但在原始社会发生和发展起来的原始文化中,就已经有了突出的审美倾向,用这个概念借以说明这种倾向,就是学界一般所说的原始审美文化。从历史的角度看,审美文化与别的文化领域的关联大致走了一条从绝对依附到相对独立的道路。在古代社会,几乎没有严格意义上的审美文化。古希腊的神庙显然不是让古希腊人赞叹的建筑艺术而是让人敬畏的神的领地,中国的故宫也不是供人观赏的宏伟建筑而是让人感受皇权威仪的所在,青海野牛沟的原始岩画显然不是什么审美艺术而是一种具有魔力的狩猎巫术,西宁北禅寺的"闪佛"①也不是供古人审美的雕像而是供古人膜拜的金刚……不过,我们同样相信,当原始人面对动物岩画进行狩猎巫术时,他也可能被生动的绘画所感染而产生了最初的美感;当古希腊人面对神庙,广大信徒面对"闪佛"而顿生敬畏之情时,他也可能被神庙、大佛的壮美所感染而产生审美的愉悦;当中国古人走进故宫而被天子的威仪所震慑之时,他也可能在某个瞬间被建筑的美所感动。只不过,这种审美感受是与宗教感受和政治感受交织在一起的,并深受后者的支配。因此,古代社会的审美文化是一种依附性的、手段性的文化,它寄生在别的文化领域和社会实践活动之中。随着社会的发展和进步,主体审美意识的强化,这些审美文化的依附性逐渐淡化,已演变成为单

---

① 北禅寺东侧有一座高达数十米名叫"露天金刚"的巨大佛像,当地群众叫"闪佛",远远可清晰看出它的头、身躯、下肢和面部五官,显得雄浑粗犷,具唐代艺术风格,据说这是广大信徒在原造型地貌基础上雕凿而成,使自然景观与人文景观达到完美结合。

纯的审美对象，具有了相对的独立性。

从青海审美文化的历史研究中我们同样可以看到，青海各民族创造美和欣赏美，也经历了一个从无意识到有意识，从不自觉到自觉的过程，他们在漫长的生活和实践过程中认识了美，学会了审美并创造了美。尽管早期先民的审美活动表现为潜意识的，美的创造表现为不完全自觉的，审美趣味多半还停留在对自然美、形式美和原始宗教美的欣赏上，但是，在他们简朴的生活中真真实实的存在着美，有些方面已达到相当高的水平。一些民族在居屋和人体装饰、服饰、手工艺品的制造以及音乐、舞蹈、传说等艺术形式上，所表现出的那种对自然美和形式美的欣赏和模仿达到了令人惊奇的地步。随着历史的向前发展，人们的审美意识不断自觉，青海各民族在自身的发展历史中，也不断创造、积淀了大量深厚、丰富、独特的审美文化，至今在民间还保留了许多带有不同时代印记的原生态的审美文化事象，这是十分珍贵的文化财富。在青海历史发展中，审美文化的交融、变迁、转折、消亡和更新时时都在发生，历史留给我们可供借鉴的历史文献和文物是多样而复杂的，把握审美文化的时间维度，就是要在历史的长河中去尽可能挖掘青海文化中最深层、最有审美价值的文化部分，探寻各民族在不同时期审美心理发展的轨迹，寻求青海审美文化发展的规律，站在时代的高度洞穿历史的时空，把那些穿越时空仍保持生命力的审美文化元素开发出来，发扬光大，延续民族审美文化的蓬勃生命。

当然，时间与空间是密切联系在一起的，穿越亘古的青海审美文化的核心价值是深藏在各类文化深层结构中的，我们必须从空间的维度去探讨青海审美文化的结构，从不同结构的具体审美文化的表现形式中总结和概括青海审美文化发展的特点。青海审美文化的存在在空间上是有层次的，我们可将其划分为表层、中层和深层三个层次。

第一章 青海审美文化及其特点

从审美文化层次来看,表层审美文化是以物质或物化的形态表现的,由人类加工自然创制的器物,即"物化的知识力量"而构成。它是外显的、看得见摸得着的,如各种服饰、民居建筑、美食佳肴、工艺美术品、寺庙、宗教偶像圣物等。这一层次的文化是具有物质实体的文化事物,其中物质生产活动方式及其产品以满足人的最基本的生存需要"衣、食、住、行"为目标,直接反映人与自然的关系,反映人类对自然界的认识、把握、运用和改造的深入程度,反映社会生产力发展水平。它们主要是为了满足人们物质生产生活需要的,必然以实用功利价值为主,但是由于实用动机及非审美动机引起的生产创造活动符合按照"美的规律"造形,又赋予这类产品以审美层面,从而成为审美产品。如藏族的碉房不仅满足了人们适合高寒居住生活的需要,也由于它的错落有致形成了独特的造型美。这种物质文化的审美产品,并不具有独立的审美意义,是附着于物质文化产品上的审美层次。还有的物质审美文化产品,是由人们非审美动机和审美动机共同引起的生产活动创造的,如土族八月十五制作的镶花月饼,民间绣有各种美丽图案的袜底、鞋垫,这些既实用又美观的物质产品,就是在实用和审美双重动机推动下,把实用设计与审美设计结合起来创造的。这种文化产品仍以实用为主,审美为辅。从审美文化的角度来看,这些物质文化的成果,既是人的本质力量对象化的产物,也是人们审美意识的物化表现形式,体现了青海各民族在现实生活实践中的审美情趣和审美创造能力。

从青海审美文化的纵向历史发展来看,有些物质文化产品原本只是为实用目的而创造,但由于时代的变迁,人们审美观念的变化、审美能力的提高,人们以一种审美的态度去对待它们,从而发现了它们的审美价值层面,乃至完全转为审美产品,像考古发掘的古老的物质文化产品,如先民们使用过的劳动工具、生活器物,原本为种种实用产品,如今已失去了它的实用价值,而它们的造型以及瘢痕积垢,深沉厚重,给人以独特的审美情趣,而成为审美产品。甚至自然景观和自然遗产,虽然是自然形成的,但在千百年的发展中,它无疑又成为与之相伴的民族成员心中极为深厚的情感纽带,无论藏族崇敬的青海湖、雪山,还是土族眷恋的三川故土,都深深打上了人们对象化的烙印,因而又有着很深厚的人文积淀,成为人们爱国之情、乡梓之情的主要物质载体,也是产生审美情感的主要方面。这些物态化的审美文化事象,虽然并不是以满足人们的审美需要为直接目的,有的在今人看上去还有些原始和落后,离人们的现代生活十分遥远,但它保留了青海审美文化回归生活的那种特有的哲学原质,积淀了民族传统审美意识,对于该民族来说极富日常生活的审美意味,既让人感到历史的厚重,也使人体验到了民族审美创造的情趣和智慧。

中层审美文化是以人的行为活动或行为化的方式表现的,它不像表层审美文化那样外露,也不像深层审美文化那样隐秘,虽然摸不着,但能看得见或听得见,如具有一定审美价值的各种工艺生产活动、宗教活动和各种仪式,各种音乐、舞蹈、风俗习惯等等。青海各民族一些独特的日常用具都有独特的生产工艺,表现出人们按美的规律进行的创造,如精巧的鼻烟壶、别致的净瓶、装饰精美的奶钩等等,都显示出工匠们制作的工艺美。"物质文化本是人类为满足生存和发展的需要,适应、选择、改造自然和社会环境的生活方式,具有明显的功利目的和实用价值,但同时由于这种生活方式的符合规律,因而又无不这样或那样地呈现为审美价值,成为审美的行为方式。"[①] 在这种物质文化审美行为方式中,人们不仅按照"美的规律"进行物质生产活动,而且在满足实用功利需要的前提下,把审美价值意识、意向

---

① 杨恩寰:《美学引论》,第401页,人民出版社,2005年。

(审美需要、审美观念)融入实用价值需要之中,把审美能力汇入生产活动之中,从而使物质生产活动及其产品成为双重性的行为方式和结果,既是实用的又是审美的。

在人际交往中约定俗成的非制度性的习惯性定势,包括礼俗、民俗、风俗等,这些行为文化见之于日常起居和节日等活动之中,起到了相互交往、增进友谊、交流感情、寄托情怀的作用。不仅具有鲜明的民族、地域特色,而且反映出不同民族和地域的人们特有的民俗审美心理,赋予行为方式以审美情调。在活动的过程中创造的和谐氛围和文娱节目带给人们美感的享受,对人们发生着潜移默化的影响。由于礼仪存在审美层面,所以人们历来重视行为的审美要求,"文质彬彬,然后君子",正是对礼仪行为的双重规定,是伦理与审美的统一。

在青海中层审美文化中,有些文化现象是属于纯文艺性的,例如在青海民间经久不衰的"花儿"会、农民画、土族的"安召"舞、藏族的民间集体舞——锅庄等,都具有鲜明的地方和民族艺术的特征,这些审美行为活动不仅起到了人们沟通、交流情感的作用,而且在情感宣泄和心理调节中,也得到了美的享受。除此,还有一些文化现象,如宗教、民俗等,多具有综合的文化内涵,但它们也都具有一定的审美形式,或具有一定的审美意义。宗教活动,包括原始宗教——巫术,历来是信仰与情感渗透、交融,宗教仪式常是一种情感表现形式,其歌舞就是把社会理性内容融入情感形式之中,而成为宗教信仰与情感的载体,这种形式化的情感也是审美的。民俗作为民族文化最生动、最鲜活、最复杂、最宽广的载体,包含着很高的审美价值,无论民间的刺绣、花毡、风筝、剪纸、傩戏、社火,还是年节习俗、人生仪礼中的各种仪式,不仅具有很强的观赏性,而且表达了人们禳灾祈福、求吉驱邪的民俗审美心理,满足了人们心灵和精神的审美需求。因此,我们把它们也归入审美文化的范畴。

深层审美文化是以人的审美心理和审美意识表现的,它是内隐的、无形的、不易觉察的。审美心理是指审美主体在审美过程中产生的心理活动的各种表现形态,它包含审美感知、审美想像、审美理解、审美情感以及某种潜在的无意识综合而成,是由多种心理要素及其功能关系组合而成的。审美意识是人类在欣赏美、创造美的活动中所形成的思想观念,主要包括审美观念、审美趣味、审美理想等。审美观念是非理论形态的审美观,是在感性形象中溶解理性的观念,是人们对审美对象非概念、非逻辑的意象性、形象性的判断标准;审美趣味是一种审美选择、评介能力和倾向,作为一种文化心理,它呈现为多种形式,如风尚、习俗、情趣等等;审美理想是一种意向追求的理想目标,但它是感性形象与理想性概念的融合统一,而非抽象的理论或概念体系。审美意识是客观存在的审美对象在人们头脑中能动的反映,这种能动的反映,是在人类长期的审美实践的基础上产生的,是在人的社会化的生理、心理基础上实现的,并且是在一定的哲学、政治、伦理等互相影响下形成的。

深层审美文化是一种心态文化,但它是由人类社会实践和审美意识活动长期积淀而成的形态,并体现在文化的方方面面。在汉族文化中龙凤图腾不仅是人们崇拜的对象,也是审美的对象。由龙凤图腾所表现的中华民族大一统的观念、至高无上的民族认同观念、以龙的传人为自豪的民族社会心理、以龙凤为吉祥尊贵的审美追求和风俗习惯,都可以看作是审美文化的深层结构。"天人合一"的观念即昊天之情也是审美文化深层结构的表现。在青海许多民族的传统观念中,人与大地万物为一体的观念决定了人们对自然的基本态度,催生了各民族与自然的和谐共生之美。在日常生活中人们以物托意、以物寓意,表达人们美好的愿望,也是属于审美文化的深层结构。如元宵节汉族吃元宵就是取其圆形,寓意全家人团圆、美满、吉利;新娘子进门,要吃红

第一章　青海审美文化及其特点

枣、花生，寓意早生贵子。赋予食物以特别的含义，把人们美好的追求向往寄托在物上，这些审美观念上的意义，无疑是审美文化的深层次结构中的重要元素。深层次的内容是审美文化的核心，这些潜藏在大众历史生活中的审美意识、审美观念、审美情趣、审美心理，形成了一种感性直觉的"潜意识"或"集体无意识"，积淀在人们心灵的深处，它是审美文化形成、发展的基础。在审美文化的变迁中，这种深层结构起着决定性作用，所以我们把握审美文化首先要把握其深层结构，这样才能得其神、得其精髓。

审美文化的结构有时是交叉出现的，早期图腾和民间吉祥物的实物造型、图案，属于审美文化的表层结构，如藏族的神牛图案和雕塑，形成了特有的宗教艺术；汉族龙凤呈祥的图案、雕塑形成了独有的龙凤艺术；土族图案中的富贵不断头，以有规律缠绕而不断头的走线，象征富贵连绵不绝，表达了人们对美好生活的向往。在刺绣中以梅花与喜鹊、莲花与鱼的图案，表达了人们求福、求子的民俗愿望。这些流行的图案虽然看得见、摸得着，属于审美文化的表层结构，但寄托于这些图案中的深刻寓意又是属于审美文化的深层结构。从发生学看，审美观念作为审美文化的核心，是审美行为的内化、凝聚；从现实活动看，审美行为又是审美观念、价值意识的外化、表现。审美观念体系与审美行为方式是辩证统一的。作为具有审美价值的审美产品，是审美观念与审美经验结合的凝结物，是审美行为方式的产物或结果，是在审美观念的引导下，经由审美行为操作对象化的产品。在这种情况下审美文化的结构是相互交叉的，一般来讲审美文化的深层结构往往是通过中层与表层文化表现出来的，我们在分析青海审美文化时就不能简单地进行评价，而应综合地加以研究。

第四节　青海审美文化的特点

青海审美文化是在长期的生产和社会实践活动中逐渐形成的，由于特殊的自然、人文等环境的影响，青海审美文化形成了诸多独特的特点，概括起来较为突出的主要有以下几点：

一、历史性特点

青海，首先是一个历史地理的概念，因境内有青海湖而得名，属于区域文化（Regional Culture）的范畴，远古为西戎羌人所辖。史籍载，"虎齿豹尾"的西王母就曾"窜三苗于三危以变西戎"[①]，《禹贡》、《史记·夏本纪》称此地为羌人旧地，《说文》释云："羌，西戎牧羊人也"[②]，故亦称羌中，自古有"舍羌氏而无华夏"之说，堪为中华文明重要源头之一。秦以前，青海也被称作"临洮边外地"，主要居民为羌，主要是青藏高原上的游牧人口，汉文史籍称各部族为先零羌（原住于赐支河曲的大小榆谷）、烧当羌（世居赐支河曲北岸大允谷）、罕羌（居湟中）、卑湳羌（居金城郡安夷县）、勒姐羌（居安夷县勒姐邻）、彡姐羌（居青海间）、钟羌（初居大小榆谷南）、卑禾羌（驻牧青海湖地区）、黄羝羌（游牧湟水流域）。这些羌人部族"大者万余人，小者数千人，更相钞盗，盛衰无常"[③]。由于地理

[①] 《尚书·舜典》。
[②] 《说文·羊部》。
[③] 《后汉书·西羌传》。

第一章 青海审美文化及其特点

环境的制约,这些部族互不统属,各自独立,有利而聚,无利则散,强者为王。

对于青海的确切认识,应该是汉代以后的事情了。西汉霍去病西击匈奴,赵充国屯田,设立西平亭后,随着大量中原移民的迁入,我国古代典籍才开始有了较为明确的记载。其中,《后汉书·西羌传·羌无弋爰剑》所云"乃渡青海,筑令居塞",当为有确切文字记载之始。此时由于汉朝的实际控制区域仅在湟水河中下游,故该地区亦称湟中。

汉初,北方匈奴乘中原内乱,南下河套,进入河西,臣服诸羌,并挟制羌人听命于己,西北边疆形势严峻,烽火不息。为解除匈奴人威胁,割断匈奴与羌人联系,汉武帝元狩二年(前121年)汉军发动"河西之战",汉将霍去病率军两度进击匈奴,河西出现"空无匈奴"的局面,揭开了汉开河西的序幕。汉元鼎五年(前112年)为沟通内地与西域的交通,彻底割断匈奴与羌人的联系,汉武帝遣李息、徐自为率军进占湟水流域,"征西羌,平之"①。"西逐诸羌,乃渡青海,筑令居","羌乃去湟中,依西海盐池左右。汉遂因山为塞,河西地空,稍徙人以实之"。②为巩固汉朝在湟中地区的管理,汉军初开湟中,设置烽燧、亭障,建西平亭,设护羌校尉"统领西羌",同时设置公田,实行军屯。汉神爵元年(公元前61年),汉将赵充国率军进入湟中,平定西羌,从此开始了汉在西部边疆大规模屯田活动,历代王朝都把屯田实边作为开拓与巩固西陲的重要国策,东汉的屯田区域由湟水两岸进一步扩大到黄河两岸。由于这种历史变迁,青海所涵盖的实际文化区域是一个变化的过程。

两汉以后,在各民族大迁徙的浪潮中,先是东胡鲜卑人大量

---

① 《汉书·武帝纪》。
② 《后汉书·西羌传》。

涌入青海，后随丝绸之路途径青海"湟中道"、"羌中道"的开辟，大量来自丝绸之路上的各国各族商贾也汇聚于此；隋唐以来，这个地区又是唐与吐谷浑、唐与吐蕃争夺的地区，唐代著名的"唐蕃会盟"、"青海之耻"、"张义潮收复鄯廓"也发生于此，在战和的胶着过程中，羌中道与吐蕃道时断时续地连接成为唐蕃道；宋元以降，因西藏地位的确定和巩固，作为中原内地与西藏地方政府交往最重要的中转站，通往四川而不必绕行兰州（益州）、西安（长安）的贸易更加便捷、安全，青海成为各个时期内陆丝路贸易活动中物资的集散地、人文的荟萃地，从此这里五音繁会，人头攒动，茶马互市，玉绸易货，青海形成了一个相对繁荣的独立文化圈。于是，青海概念的外延进一步得到扩大，在原有青海湖为中心的位置，延伸到河西地区，到1929年民国政府将原来的甘肃进行分割，设立青海省。这中间除了经济、战略、地缘等方面的考虑，还有各民族的语言、风俗习惯、居处建筑、生活方式、思维观念、文化艺术、宗教信仰等相互濡染，所体现出的文化禀赋、审美情趣已表现出与来源地迥然相异的鲜明地方特征。为此，对青海审美文化的研究，我们在立足现代民族审美文化现象的探讨时，必须充分认识其发展的渊源关系，以历史的眼光把曾经出现过的各种审美现象放在特定的历史时期，进行科学的分析和客观的评价。

二、地缘性特点

从文化产生的一般规律来看，人类聚居地的地理自然环境（包括土壤和气候）的差异，是影响民族文化差异的重要因素。我们知道文化的一个突出特点就是人为性，即文化是对人而言的，文化是人类区别于其他物种的根本标志，而人类的出现是分地域的，所处地理环境的特殊性，对民族审美意识形成的作用是

第一章 青海审美文化及其特点

明显的。不同的人群和民族在一定的地域环境中,以自己不同的方式创造着自己的文化,这就产生了文化的地域性特征。如前所说"青海审美文化"是一个地域性的文化概念,高原地理环境带来的自然生态特征对青海审美文化生态的形成具有重要影响。青海各民族的审美观念受自然生态和文化生态相互制约和影响,很明显带有青藏地区地理环境的突出特征,这种环境审美意识,是人们对于客观物质世界美的领会,它来源于青海各族人民对生活实践的体验积淀及对大自然审美认识的升华。如在色彩的审美选择上藏族偏好白色,在藏民族的审美观念中白色意味着非常广泛的色彩含义,是一切善良与美好事物的象征,这与藏族信奉佛教有直接的关系,但藏族崇白的习俗更早可上溯到藏族先民与自然地理环境的关系上。因为"人首先是适应天然的色彩环境,通过刺激与反应的形式认识色彩、区别事物,继而进一步适应自己所建立起来的社会环境,将自然色彩符号化为语言,给色彩赋予意义,用色彩进行象征,借色彩表现喜、怒、哀、乐等情感以及对善、恶、美、丑的态度。"[①] 白色是藏族最古老的自然崇拜物,从生活的自然环境来说,藏族尚白是自然的昭示。藏族自古居住在被人们称之为"雪域"的环境中,湛蓝的天空,洁白的云彩,皑皑的白雪,显得庄严、圣洁而又神秘。在这特殊的自然环境中藏族与白色结下了不解之缘,对白色产生了特殊的感情。这种自然界的原色,一旦与藏族的审美情感联系在一起,就会从自然的色彩升腾为具有审美价值的文化色彩,并自觉不自觉地赋予它们较为稳定的思想意蕴和象征意义,在人们的心目中成为最美、最吉祥、最崇高的颜色,其意义已远远超出了色彩本身的物质特性,而具有了更为深层的审美文化意蕴。以后在苯教、佛教的影响下,使白色更加神化,被赋予神圣之色,寄予了善良、高

[①] 白庚胜:《色彩与纳西族民俗》,第2页,社会科学文献出版社,2001年。

尚、美好、光明、圣洁、昌隆等象征意义,从而扩大了白色的审美内涵。可见,对白色的崇拜是藏族人由自然崇拜而来的神灵崇拜的变体,是对自然地理环境感受和生活体验的概括和总结,是本土文化和外来文化交融的产物。尽管它在后来的发展过程中,不断黏合文明社会的因子,显形文化积累的越来越厚,但拨去其表面的迷雾,隐形的深层演化源脉依然清晰可见。千百年来对白色的自然崇拜观念,在藏族审美心理积淀中已成为具有地域审美文化传统的共同情结。

青海境内山峦起伏、雪峰连绵、湖泊遍布、江河纵横,具有不同于中原地区的自然生态环境特征。高原的地理环境和自然条件,对青海各民族审美心理结构的形成起了相当大的影响。如果我们再做进一步的研究,就可感受到由于青海地大物博,各民族因其生活空间的广大,不可能在文化的各个层次的细节上保持完全的一致性,于是文化在地域性渐变的基础上往往形成一些互有差异的次文化。有学者将青海的文化按地理单元划分为,柴达木盆地文化、河湟文化、三江源文化、青海湖文化。[①] 这种划分主要是依据受不同地域的地理环境影响形成的文化特点加以区分的。在青海古代审美文化中,起源于柴达木盆地的昆仑神话和源于青海湖畔西王母部落传说而形成的西王母神话体系,都与青海特定的地理环境有着密切的联系。

三、民族性特点

青海自古至今就是一个多民族聚居的地区,在历史发展的各个阶段,民族迁徙、民族杂居、民族融合等历史现象一直存在。

[①] 李泰年:《青海的文化地理单元》,载《青海民族学院学报》,1998年第1期。

第一章 青海审美文化及其特点

据有关文献记载，自战国至清代，青海地区先后有20余个民族曾生活于这块土地上，主要有羌人、三苗、匈奴、月氏、汉族、氐族、白兰、宕昌、党项、苏毗、多弥、鲜卑（乞伏氏、秃发氏、吐谷浑）、回纥、吐蕃角厮啰、撒里畏兀儿、藏、蒙古、回、撒拉、土族等。有许多古代民族曾显赫于青海这块历史舞台，后来又融合于汉族和其他民族之中而消失于史乘。① 在元朝，青海以汉、藏、回、撒拉、蒙古、土等民族为主体的多民族成分就已基本形成，表现为以汉族儒道文化、藏族佛本文化、回族与撒拉族的伊斯兰教文化、蒙古族的萨满文化及土族俗文化等诸文化，互渗互通、互融互存的多元化、开放性与共融性的民族文化格局的基本确定。青海审美文化就是各族人民特别是以汉、藏、回、撒拉、蒙古、土为主体的青海各族人民在特定的地理环境、历史发展背景和生存发展空间所创造的与其他民族相互区别的民族审美文化。

审美文化的民族性特征主要表现为一个民族诸种文化形态对本民族群众的审美认识、审美情感、审美习俗、审美理想和审美情趣的体现。追求美是人类的共性，但对美的理解和阐释却有着各民族的个性特征。从发生学上看，一个族群最原生的审美创造从其原始的功能上来说，恐怕是对自己本族群身份和自我形象认定的一种界定。最早的族徽——图腾，便是这样一种具有审美意义的符号。青海早期的图腾作为先民原始部族精神信仰的对象，以它亲密的血缘关系和群体崇拜意识，培育了人的情感和理想，从精神上实现了氏族内的沟通，激发起强烈的氏族情感，起了高度的亲合力和凝聚力作用，一个族群内部的人也正是借助这种特殊的符号体系而形成认同感和自我意识。同时图腾崇拜在氏族意

---

① 王昱：《论青海历史上区域文化的多样性》，载《青海社会科学》，1999年第6期。

识中，往往形成对某种事物美的认同感、契合感，营造了氏族的审美趣味，构成早期审美文化的一个重要内容。因此，图腾作为早期特殊的文化现象，不仅是人类早期宗教仪式中的崇拜对象，也是先民歌颂和审美的对象，从积极的方面来看，它"奠定了民族审美心理构架及其历史演变的原始基础，开辟了民族审美传统的先河"①。如果不了解这一点，我们面对许多流传至今的青海民族文化现象时，也就难以从根本上去理解其中包含的原始审美意蕴和审美趣味。

青海各民族特别是当地的少数民族，长期以来由于他们独特的生存环境、独特的历史发展过程，与其他民族联系和交往的独特方式，使之各有自己的审美观念和审美方式，在对自然美、形式美、艺术美和生活美的评价上各有自己的标准。因而在青海审美文化中，民族性成为各民族在自己的生活经历中形成的一种对美的独特理解、审美趣味和审美价值取向。从一个民族共同的审美价值取向来说，是指为同一民族内所一致认可的审美尺度和审美追求，它往往表现为某一民族对某些形态或类型的美特别的喜好，譬如青海藏、蒙古等少数民族大多喜爱雄奇、豪放、剽悍之美，不像南方的苗、壮、彝、傣等少数民族更倾向于秀婉、妩媚、含蓄之美。当然，青海审美文化民族特色的表现是多方面的，从服饰、建筑、饮食、宗教、文学、工艺都可以体现出不同民族的审美趣味和价值取向。刺绣作为一种具有实用性的民间艺术在青海各民族中都十分流行，但由于受各民族传统审美意识的影响，其中又必然会反映出各民族不同的审美理想和审美价值取向。藏族、蒙古族、土族，由于信仰藏传佛教，他们的刺绣多反映八宝和吉祥如意等宗教内容，而且相当一部分刺绣直接为宗教服务。藏族刺绣吸收唐卡的构图手法，又学习汉族刺绣的技艺，

---

① 梁一儒：《民族审美心理学概论》，第4页，青海人民出版社，1994年。

绣品讲究观赏价值，追求富丽堂皇的艺术效果，其刺绣装饰性极强，许多图案巧妙地组合成互相缠绕、互相纽套的和谐布局，反映出团结友爱、互不分离的民族性格。土族刺绣，精工细做，针针见功底，线线有蕴涵，讲究整体关系，以盘绣为主体，以密集的绣法为基调，绣品既光彩夺目又经久耐用。回族和撒拉族刺绣，讲究高雅、秀丽，针法精巧飘逸，绣品精美，受伊斯兰教影响，很少用动物图案。青海汉族刺绣博采众长，从构图、题材、色彩、绣法等方面刻意追求，全面发展，绣品朴实中见华丽。这些不同的刺绣之所以各具特色，其深层就在于它们所折射出的民族心理和审美情趣的不同。不同民族审美文化都有各自的特色，但并非不同民族间就没有共同的美，而是说不同民族在审美价值取向上各有侧重，这些不同点，都是各族人民的生活、习俗、感情、语言、精神、思维方式、审美观念等历史发展的积淀，反映了各民族不同的审美价值取向和审美心理定势。

　　研究青海审美文化的民族性特征及具体表现和成因，目的在于使我们对青海审美文化有一个更深入的认识，即青海审美文化的民族性特征是青海各族人民在自身历史发展中自然形成的，是人们一定审美行为模式的具体表现之一。因此，考察青海审美文化，必须深入到各民族审美心理和审美行为模式中去，而不能只着眼于某些表面的因素，只有这样我们才能对问题有更加深入的理解。

四、宗教性特点

　　任何民族的历史都是伴随着宗教活动，任何民族的发展都离不开宗教。作为人类社会进步标志之一的宗教，是人类进入文明社会的必经之路。我国是一个多民族、多宗教的国家，而地处青藏高原的青海自古处在东西方交通要道和华夏文明、印度文明与阿拉伯文明的交汇点上，多民族聚居、宗教派系繁多，苯教、伊斯兰教、汉传佛教、藏传佛教、道教等皆被各民族群众信仰过或现为部分民族的群众所信仰，宗教文化氛围历来十分浓厚。

从青海审美文化的发展历史来看，早期的审美文化，是与原始宗教紧密相连的。原始宗教不仅是宗教的先基，而且也是原始审美文化的渊源。原始审美意识形态的直接动因就是原始宗教，是孕育原始审美意识发展的"母腹"。许多原始审美现象和审美意识，就是在原始宗教的母腹中孕育和诞生的。在早期宗教活动中派生的民间艺术，如请神、娱神、送神的歌舞形式，体现了人类原始时代文艺的那种生机勃发、欢乐、嬉戏的气质。人神共娱的嬉戏，流露出更多人性坦然的欢笑，体现着各民族源远流长的审美趣味。而图腾崇拜礼仪中的载歌载舞，则发展为原始歌舞的最初形式。因此，我们完全可以说青海原始宗教是青海审美文化的源头之一。这些尚处在蒙昧的状态，远没有摆脱功利目的的需要而走向真正审美自觉的原始文化，带给人的既是宗教意义上的审美体验，也是极其世俗的心理，同时还是审美层次上的愉悦与享受，它能最有效地唤起原始先民们的生命冲动的意向，其中包含着许多特定的审美意味。这种原始审美的特性在后世的文化创造中仍能看到它的遗迹，《格萨尔王传》描写格萨尔化为一头白牦牛战胜敌人，这种理想化创作，使牦牛在人们的心目中成为民族的保护神与理想的文化英雄，成为真善美的化身与象征，但究其文化基因仍蕴藉在藏族远古自然崇拜的信仰习俗之中。而且这种原始的信仰习俗一直被保留下来，至今在藏族地区有些家庭、寺院，仍悬挂、供奉牛头，这是牦牛崇拜文化的延伸；寺院壁画上的牛头金刚像，玛尼石上刻的牛头人身像，都是人们将牦牛人格化、神化后创造的艺术形象，演化为牦牛崇拜的信仰情结。由此，我们可以推测出原始文艺的一般精神特征，可以用更丰富的

第一章 青海审美文化及其特点

观点来看待文艺的起源与审美①。

  图腾是人类早期宗教仪式中的崇拜对象,和世界上许多其他民族一样,图腾也同样成为青海民族传统文化中十分显著的重要特征。虽然,早期的图腾文化从今天的眼光来看,并非纯粹是一种审美的形式,而是包含着许多种复杂的社会功能属性,它与人类的某种愿望和需求有直接关系,但它把功利和审美融为一体,对培养童年期的民族审美能力和审美情感,发挥了不可低估的作用。当然,对青海先民的这种审美文化是不能简单用现代人的眼光来看待的,以图腾艺术来讲,常常表现出怪诞、原始、狞厉、神秘、恐惧等特征,如果以现代人的审美标准来看并不一定美,但从图腾艺术所隐含的社会功利目的的深层文化观念来看,原始先民通过特定的图腾艺术形式起到了悦己娱神、宣泄情感、祈求庇护的作用。对他们来说,这就是一种审美,其中包含着许多特定的审美意味。甚至在今天依然流传的一些佛教艺术如"羌姆"中的面具、唐卡中的"猛象"画、寺院塑像中的各种"护法"等,从表现形象看,突破了美学固有的原则和规律,超越了人们的审美习惯、审美经验,让人们感受到的并非愉悦的形象,而是使人感到阴森恐怖、威严惧怕的形象。但当我们对这些民族宗教文化作审美透视,则发现它主要不是通过所谓美的形式来取悦他人,而是借助于某种怪异、恐惧、畏惧和神秘的形式来达到威吓异己、保护自我和族类的目的,呈献给人们的是具有神秘威力的一种狞厉之美。这种狞厉之美如李泽厚所说:"不在于这些形象如何具有装饰风味,而在于这些怪异形象……体现了一种无限的、原始的、还不能用概念语言来表达的原始宗教情感、观念和

---

  ① 牛军:《云南少数民族宗教审美文化与审美》,第193页,中国社会科学出版社,2002年。

理想。"① 从根本上说这种狞厉之美正是远古图腾意识的反映，是由图腾崇拜所唤起的一种特殊的审美观念。透过这一宗教艺术的神秘面纱，无疑可以从中发现青海审美文化演变的古老轨迹和存在样式。

在青海，佛教和伊斯兰教思想对传统审美文化的形成与发展所产生的巨大影响，是其他任何一种思想所无法比拟的。佛教传入青海地区约在东晋十六国至魏晋南北朝时，五凉割据河西地区时佛教就十分流行。自晋以来，内地僧人走青海道西行求经者对沿途地区的佛教传播也起了很大作用，青海的地方割据政权南凉、吐谷浑等统治阶层改信佛教后推动了佛教的普及。青唐政权时，河湟吐蕃普遍信奉佛教，当时青唐城内塔寺众多，"城中之屋，佛舍居半"。② 元时，藏传佛教传入蒙古，统治者采取推崇扶持政策，蒙藏两族均信奉藏传佛教。明代以后，朝廷抬高了藏传佛教僧人的社会地位，青海地区出现了瞿昙寺、塔尔寺等一大批藏传佛教寺院。元明时期，随回回人、撒拉人等民族徙居青海，他们信奉的伊斯兰教随之传入青海东部农业区河湟谷地。建于明洪武时的西宁东关清真大寺、循化街子清真大寺等都是著名的伊斯兰教寺院。伊斯兰教在青海东部河湟地区有广泛的传播且发展较快。③ 从与现代宗教的关系看，青海民族主要处在两大宗教文化圈内，即以青藏高原为中心形成的藏传佛教文化圈和以西域为基本点形成的伊斯兰教文化圈。在历史上，青海一些民族形成了全民信教的传统，宗教信仰深深扎根于民众的心灵深处，渗透在民族文化的方方面面。"宗教思想作为观念性的东西，一旦

---

① 李泽厚：《美的历程》，第 41~43 页，广西师大出版社，2001 年。
② 李远：《青唐录》，转引自王昱：《论青海历史上区域文化的多样性》，载《青海社会科学》，1999 年第 6 期。
③ 王昱：《论青海历史上区域文化的多样性》，载《青海社会科学》，1999 年第 6 期。

第一章 青海审美文化及其特点

以教义的形式出现,必然受到教众的普遍遵循与崇敬信仰,并且在日常生活中反映出来,形成一定的生活美学观念"。① 受宗教的影响,青海审美文化中处处可见宗教的折光。

宗教与美学历来有着密切的联系,在宗教文化中往往包含着丰富的美学意蕴。佛教对人生观的揭示,引导着信徒摆脱人生苦海,追求人生的极乐境界,这是一种超越了可感知的世俗快乐,达到不可感知的大快乐的宗教追求,也是一种特殊而又名副其实的美学追求。佛教的自我修炼,是为了超脱世俗,达到一种理想的人生境界,也是信教者想像中的美好理想境界。虽然这种幻想中的境界在现实中永远无法实现,但当人们为追求这种境界而虔诚地修练时,便会获得一种主观精神的愉悦,进入近乎审美的心态。宗教信仰中无论是图腾崇拜还是像教,都能给信教者一种直观的暗示,唤起人们的崇敬、神圣的意识。当人们用心在顶礼膜拜或颂经祈祷的时候,通过直观的偶像进入到一种忘我的境界,这是一种宗教意识、文化意识、也是近乎直觉思维的审美意识。在现实中,无论佛教寺院,还是宗教文化中的雕塑、绘画艺术,都是以文化审美形式而体现出宗教的观念与意境。即使在日常生活中,信教民族的许多文化事象,都或隐或显地表现出具有宗教意味的审美情趣。这些文化不仅能唤起信仰者的宗教意识,而且也唤起人们的审美意识。以伊斯兰教的美学观来看,美是指自然之美和社会之美与绝对美的统一。伊斯兰美学观首先强调"认主独一"的宇宙观,认为宇宙万物都是安拉创造的,美的本体是创造万物的安拉,安拉既是美的创造者,又是美的体现者。美不仅是对自然和现实的可感觉事物的愉悦,而且是对最高存在(真主)的虔信,即对绝对美的敬畏。从自然之美可以领会绝对

---

① 覃德清:《审美人类学的理论与实践》,第33页,中国社会科学出版社,2002年。

之美，由绝对之美中又可以看到自然之美，二者的统一关系确证了信仰与美的统一性。因而，不断寻求和发现事物内在的美及其意义，并由此体悟安拉的存在，从而坚定自己的信仰，是每个穆斯林的天职。伊斯兰美学思想不仅反映了伊斯兰的宗教信仰观念，而且表达着穆斯林对人性不断完善的理性思考和审美追求。① 受伊斯兰教的影响，在回、撒拉等民族的文化中，总是渗透着具有宗教意味的审美意识。在日常生活中回族服饰在颜色方面，一般是黑白两色搭配，形成了黑白服色文化观。这种色彩的审美观就与伊斯兰教信仰有关。传说穆罕默德曾对教徒说："你们穿白色的衣，它是你们最好的衣。"② 青海回族从宗教信仰出发，顺从主愿也崇尚白色，把白色作为审美的主要颜色。他们戴白帽、白盖头，穿白衣衫，朝觐时穿白戒衣，归真后无论贫富以三块白色棉布裹尸，以此形象寻求真主的承认。

宗教在发展过程中，常常利用形象的手段来传播信仰，激发宗教情感，这不仅大力宣传了宗教，同时也推动了宗教艺术的繁荣发展，从而使一些宗教活动渐渐形成具有美学意义的宗教审美形式。如藏传佛教中的"羌姆"就伴有戏剧性表演，既是一种宗教仪式，也是一种宗教审美形式。"就宗教艺术的成分而言，其中宗教的意义是主要的，艺术成分是次要的，但是恰恰是这次要的成分，使宗教教义的渗透力、影响力得以增强，使宗教艺术变得活泼且有生气，也使宗教艺术更加靠近现实世界，从而凸现出审美的因素，产生出审美价值。"③ 宗教文化中蕴含的审美蕴涵是多方面的，在宗教经文唱颂、宗教服饰和法器、宗教音乐和

---

① 丁克家：《〈古兰经〉美学思想探析》，宁夏社会科学院回族伊斯兰教研究所，来源：http://www.jingyingwang.com。

② 中国民族博物馆编：《中国民族服饰研究》，第 32 页，民族出版社，2003 年。

③ 蒋述卓：《宗教文艺与审美创造》，第 9 页，暨南大学出版社，2005 年。

绘画、宗教日常生活习俗中，除贯穿宗教思想外，大都伴有审美意识和情趣。宗教文化在青海发展历史久远，其中包含的美学意蕴极为丰富，对青海审美文化的研究，如果不了解它的宗教传统，那就如同隔岸观火，雾里看花难尽其妙。透过纷繁的民族宗教文化现象，寻绎出其中蕴含的审美意识，是我们研究青海审美文化非常有意义的探索。

五、交融性特点

青海是一个地理环境复杂、多民族、多宗教地区，其审美文化不仅具有鲜明的地域性、民族性、宗教性特色，而且由于各民族之间的交往与融合，形成了交融、多元的特点。从文明的源头来看，青海诸文化起源与华夏文化存在着水乳交融的联系，青海审美文化在起源上就是多元的。据现代考古研究发现，羌人是最早见诸史籍的生活在包括青海在内西部广大地区的部落联盟，其炎帝部落迁入中原地区后，与黄帝部落逐渐融合，形成华夏族。此后，青海民族结构的演变，便走上在古羌人东向迁移、被融合的这条起始主干线上，形成了外来的吐蕃、汉、鲜卑、蒙古、回回等民族群体不断相互补充完善、交融变化的历史。由于民族杂居，文化交流无时无刻不在进行，因而在青海各民族审美文化中都可以看到其他民族的文化现象。龙是华夏远古图腾文化的产物，闻一多先生曾指出，作为中华民族象征的"龙"的形象，是蛇加上其他各种动物而形成的，它不是实在的动物，而是中国古人幻想或虚拟出来的，是远古华夏民族在精神观念中所营造的一种具有强大生命力量的神奇形象，其特征是造型的巨大感，神秘而恐惧的力量以及作为神圣权威的象征，给人的心理感受是恐惧感、威严感和崇拜感。所以从审美范畴来看，"龙"图腾崇拜所营造的正是"崇高"这一特殊的审美意象。龙图腾一般都认为是华夏族的标志,但有学者从有关文献资料判断,我国最早信奉龙神的是古羌人。《甲骨文编》和《山海经·内经》中就有"龙来氏羌"、"先龙是始生于氏羌"的记载。古羌人是居住在青海境内河源一带的原始居民,长期在此繁衍生息,后来他们向东、西、南三个方向迁徙,西迁者融入吐蕃成为藏族之始,南迁者进入四川、云南,形成现在的纳西等族,东迁者并入夏族即是汉族先民。传说,夏民族的首领禹就是一条黄龙,而东迁的羌人加入后,更加兴旺发达。[①] 原始龙图腾信奉的这种同一性,从一个方面正体现了早期青海审美文化交融性的特点。

由于青海民族的杂居,文化的交流,民族审美意识必然在交往中获得新的信息并兼收融合之,因而各民族审美意识的互相影响也就在所难免,这就使得各民族审美意识的个性与共性,既相区别又相联系,辩证地沟通和统一,呈现出多彩的景象。青海汉族虽然保留了大量的中原习俗,但是由于受到当地地理环境、风俗、信仰等的影响,因而出现了一些因地制宜的变通习俗,表现出的审美观念也有很大的兼容性。如端午节、中秋节,过节的习俗,大体上如中原,但青海不产菖蒲,因而端午节则以杨柳插门代之,中秋节蒸上彩色的巨大麦面月饼,以代苏(广)式月饼。尽管这些节日习俗形式有所变化,但其中负载的求吉、攘灾、祛邪、祈求健康长寿、祝愿家庭团圆幸福的民俗审美心理是一致的。重九日,青海汉族"放鹿马"[②],是中原人在登高时放飞风筝和放飞彩色纸条——"放晦气"的变形,不仅含有放掉"晦气"之意,而且是反其意而用之,直接正面表达了"禄位高升"

---

① 郭洪纪:《地缘文化与中华民族意识的认同》,载《青海民族学院学报》,1998年第1期。

② "放鹿马":是指在边长约五六厘米的正方形纸片上,印有"鹿"、"马"、"飞黄"、"钱马"等图案,谓之"鹿马"。登高时点燃篝火,将"鹿马"掷于焰烟上方,使它乘热气流而腾空,谓之"放鹿马"。

第一章 青海审美文化及其特点

和"飞黄腾达"的审美愿望。审美文化这种交融性特征在青海回族民居装饰艺术中也有突出表现。在居室的装修中,回族既崇尚阿拉伯书法,又欣赏汉文书法;既使用阿拉伯文化中抽象的几何纹,又选择一些汉文化中传统的植物图案;既吸收了中国传统的楼台亭阁的木雕艺术,又采用一些阿拉伯石雕艺术中丰富的艺术装饰图案。这种民族间的文化渗透行为,使青海回族的民居建筑审美风格不断受到其他民族异质文化的影响,从而发生许多变化。

"花儿"是流行于西北四省区八个民族中的民歌。青海河湟花儿主要是使用汉语中的青海方言演唱的,但也为生活在这些地区的撒拉族、土族、回族、藏族所接受和演唱。这种审美文化现象的兼融,与民族间的杂居有着直接的关系。有学者认为,花儿约形成于元末明初的河湟地区,而撒拉、土、保安、东乡族的先民,也就是在那个时期进入这一地区的,他们的聚居区基本处于汉族、回族、藏族的包围中。各民族在自身发展与相互交往中,逐步形成本民族的文化传统,也接受了汉民族文化的影响,久而久之,上述民族也把该民族的民歌音调、民族语言特色、民族习俗的因素带进"花儿"中来,形成带有本民族特色的用汉语方言演唱的本民族的花儿。①

综上所述,青海审美文化是在多元文化的冲撞、融合、升华中形成的,不仅是多元并存,也是多源并流。所谓多元并存,主要体现为各民族审美文化共生与发展;所谓多源并流,是指青海审美文化之源是多向的,某一民族的审美文化不仅有其所属原始族群的古文化因子,又具有某些外来文化的因素。这种文化的交融正是青海审美文化的又一突出特点。

---

① 刘凯:《花儿——孕育成长与西部的独特民歌》,第 340 页,见《青海花儿论集》,中国文联出版社,2006 年。

青海审美文化是一种由多元文化的冲撞、融合、升华而形成的地域文化,它既有地理单元的多面性,民族、宗教的多样性,又有历史的多变性,涉及内容与领域十分广阔,是一个有待进一步发掘的审美文化宝库。通过对其深层的发掘和研究,探寻青海审美文化的特点,阐发其审美潜质,提升出各民族审美特质和审美精神的理性认识,是丰富民族美学理论和中华美学一项有意义的基础性工作。

六、象征性特点

从表现形式看青海审美文化也有许多自身的特点,如真实性、生动性、形象性、神秘性、娱乐性等,但其中象征性是最值得我们关注的。从青海审美文化的发展看,各民族许多审美愿望并非是直接表现出来的,而是通过种种象征手法得以体现,因而透过象征探索其中深层隐含的审美意蕴是我们研究青海审美文化的一项重要工作。

"象征"是指某种表达意义的媒介物(包括实物、行为、仪式、语言、数字、关系、结构等有形物和无形物)代表具有类似性质或观念上有关联的其他事物。[①] 象征不仅意味着象征物含藏着一定的意义,而且代表着意义的转换,具有超越形象自身的寓意性,是人们运用独特的思维方式和表现手法来反映主体内在心理取向的一种文化现象。每一个民族都具有使用象征符号的特殊能力,在一定意义上讲,一个民族的文化如果没有象征就不是完整的文化。青海审美文化由于其表现形式的多样性,大都不可能像纯审美的艺术作品那样直接表达人们的审美意识,常常通过各种文化事象曲折地表达着人们的审美追求和审美理想。因而,

---

① 何星亮:《象征的类型》,载《民族研究》,2003年第1期。

第一章 青海审美文化及其特点

象征性就成为青海审美文化美学思维方式的一种体现,成为青海审美文化表现方式上的一个重要特征。

青海早期的审美文化虽然尚处在不自觉的状态,但审美象征意义已蕴含其中。早期先民创造的图腾就是以虚拟的形式解释自然,讨好神异化的动、植物或上苍以求心灵的解脱,使自己在无法征服的自然面前得到感情的慰籍。图腾艺术虽然不能看做是人类最早的艺术,但它在把某种观念的东西变为一种符号需要方面,却最直接地促使艺术走向了独立。这正如著名符号哲学家苏珊·朗哥在论述到艺术作为符号的特性时所说:"艺术品也就是情感的形式或是能够将内在情感系统地呈现出来以供我们认识的形式。"① 图腾艺术正是把某种关于图腾信仰的观念、情感和意愿变为可供人们直接观照和体验的符号形式,以强化人们的情感功能,唤起人们的文化记忆。在这一过程中,图腾实际上成了民族性格美的象征形象,人们不仅在神圣力量的召唤下获得了某种认同感和归属感,还通过这一象征符号形式所独具的某种艺术魅力,获得了审美的感受和精神的愉悦。

在青海许多义化活动中,都隐含着非常丰富的审美象征意义。通过象征行为和象征物祈求平安、幸福、吉祥,就是青海民俗物化象征最基本的文化特征之一。吉祥的预示意义在于预示好运,表达着人们企盼、向往的理想,是人们审美追求的一种表现形式。在具有审美象征意义的民俗吉祥文化中,象体与对象的关系是间断的、无关的,人们采用象征思维和类比原则,即主体根据象征符号和意指对象之间具有的某种相似性而将两者加以类比推理的一种思维方式,将二者形象化地联想起来,从而表达着人们对未来生活的美好祝愿和审美理想。如春节在门上倒贴"福"字,以象征福"到"家中;过年吃"鱼",象征年年有"余",

---

① 苏珊·朗哥:《艺术问题》,第24页,中国社会科学出版社,1983年。

凡此种种都运用了谐音、寓意、象征等手法，巧妙隐喻人们对美好理想生活的向往与期盼。在回族的婚姻习俗中，男方向女方家送聘礼时，其中一个不可缺少的礼品是茶。下聘茶不单因为茶是为人们喜爱的饮品，更重要的是取其美好的象征意义。陈耀文《天中记》卷四十四"种茶"中说："凡种茶树，必下子，移植则不复生，故俗聘妇必以茶为礼，义固有所取也。"古人认为茶只能直播，移植则不能成活，所以又将茶称为"不迁"。① 正因为茶具有从一而就，不移其志的特性，以茶为聘礼正是取其内在特性的相似性，以表示男女双方爱情坚定不移，婚后感情融洽，夫妻恩爱、白头偕老。这是取其事物内在素质的象征意义，以表达人们对美好婚姻的祝愿。

色彩是触发感觉和知觉最普遍、最直接、最敏感的感性形式，也是极具审美象征意蕴的"有意味的形式"。阿恩海姆说："色彩能够表现感情，这是一个不可辩驳的事实。但是，假如在致力于研究与各种不同色彩对应的不同情调和概括它们在不同的文化环境中的不同象征意义时，不注意探索发生这种现象的原因和根源，就会走入歧途。"②

色彩的象征往往是一个民族内心深层积淀下来的一种文化意识产物，其中负载着多种审美文化因子。青海土族在建房上梁时，举行的"保梁"仪式，在梁中长方形的小槽内填充金银、粮食、柏枝等象征财富的物品，然后用发酵面封口，再用红布包住其口，用红、白、绿、黑、黄五色线扎紧。土族认为红色象征太阳、白色象征白云、绿色象征草木、黑色象征大地、黄色象征黄土，以自然界常见的五色作为封口线的色彩，象征着在大地神的保佑下未来的生活像灿烂的颜色一样多姿多彩。这种给色彩以

---

① 陈功：《中国的茶俗》，载《衡阳师范学院学报》，2001年第1期。
② 阿恩海姆：《艺术与视觉》，中国社会科学出版社，1989年。

第一章 青海审美文化及其特点

生命般的解释，体现了土族人民对大自然独特的认识，蕴含了祈求家庭平安、兴旺发达的民俗审美意愿。

青海繁杂的审美象征文化由于象征表意的曲折性，文化现象与本义之间造成一定的间隔，使人们难以发现原有的文化审美意义，因而破译其象征的文化本义，解读原有的美学意蕴，达到对象征文化本义的还原，对我们深入了解青海审美文化，探寻各民族审美心理的发展历程，进一步挖掘民族美学思想，有着十分重要的意义。

第二章 青海生态环境与审美意识

特殊的环境造就特殊的文化，这个环境包括自然环境和社会环境两个方面。在历史的发展中社会环境对文化形成的影响是巨大的，但自然生态环境是民族文化酿成的基础。正如黑格尔所说："助长民族精神产生的那种自然联系，就是地理的基础。"①生态环境就是指某一区域内生物群落（包括人）与自然环境的组合及其相互关系。生态环境是构成一个民族生存的自然属性，但它赋予了当地民族许多重要的文化特征和审美个性。从人类生态学的基本理论来看，民族传统文化的形成，莫不与该民族所处的地理生态环境有关，即各民族所处的地理位置、自然环境、分布范围，对人们的物质生活、经济生活、风俗习惯、宗教信仰、审美心理等均有影响。审美文化是人类文化的高级形态，民族审美心理是民族审美文化的一个重要组成部分，它的形成原因是多方面的，但首先与自然环境有关。不同民族所处的自然环境、生存条件等，直接影响其审美意识的形成，并在各种形态的审美文化中打下烙印。这就使得处于不同的生存环境和生活形态的民族群体的审美意识及审美文化，具有各自的个性特征，呈现出异中有同和同中有异的地域性特点。中华民族分布地域广大，由于地理环境的不同，审美心理在古代就表现出明显的差异。"以长江

---

① 伦珠旺姆、昂巴：《神性与诗意》，第2页，民族出版社，2003年。

流域为生活基地的南方诸民族,其审美心理呈现出超越现实、充满幻想、热情奔放、缠绵悱恻,追求形式上的华丽多姿等特点;以黄河流域为生活基地的北方诸民族,审美心理上则呈现出强烈的现实主义精神,情感上遵循'乐而不淫,哀而不伤'的原则,喜爱朴实无华的形式。这种审美心理上的差异今人仍留有痕迹。"① 鲁迅先生也曾说过,中国北方人喜欢雄浑,南方人比较热烈,而江南人则倾向于欣赏秀丽美。人们常常以北国的崇山峻岭、奔涌大川来比喻北方人豪爽的气质,以南方翠绿优美的山河,宜人的气候来形容南方人文秀的气质和审美倾向。这些都说明自然生态环境对民族审美心理的影响是直接而巨大的。也正是这个原因,自然生态环境自然也就成为我们研究民族审美文化的一个重要依据和基础。

本章主要通过对青海高原特殊的地理自然环境因素对青海各民族审美观念产生的影响和作用的研究,透过青海各民族的生态境遇与审美对策,了解他们的生存理性、生态智慧与终极关怀,进一步认识他们在特定生态环境和历史条件下所具有的审美意识发展状态。

第一节 青海独特的生态环境

从文化地理学的角度来看,文化的地域性特征,正是受地理环境的影响而形成的。自然环境既是人们生存的空间,又是人们精神文化赖以发展的必然条件。不同的地质、地貌、气候、水

---

① 王烟生、邱全民:《试论民族审美心理的形成》,载《徐州师范大学学报》,1997年第4期。

土、生物等自然因素,不仅使人们的生产方式不同,而且对人们的衣、食、住以及原始信仰、思维方式、审美追求都有很大的影响。因此,要全面了解青海审美文化,就需对青海的自然生态环境有一个基本的认识。

青海地处欧亚大陆腹地,位于青藏高原东南部,在"地球第三极"的青藏高原中,青海占将近三分之一。据勘查,青海最古老的岩石年龄只有15亿年左右,其中比较常见的岩石年龄多为10亿~6亿年。距今约2亿年前,青海还是一片汪洋大海,之后,褶皱抬升才成为陆地。由于构造运动强烈,陆地上升,才基本奠定了今日高原、山地、盆地等地貌格局[①]。

青海地域辽阔,境内雪峰耸立,绿原绵延,江河奔腾,碧海泛波,呈现出高山、峡谷、盆地、高原、台地等复杂多样的地形地貌。地表虽以高原地貌为基本形态,但高大的山脉纵横交织。青海地理骨架是由三座大山构成:阿尔金山—祁连山逶迤于北,由一系列的褶皱—断块山脉与谷地组成。东昆仑山及其支脉可可西里山、巴彦喀拉山、阿尼玛卿山横亘于中,昆仑山东西绵延2500多千米,被中外学者称为"亚洲脊柱"。海拔多在5000米以上,山脉间的高原也多在4000米以上,是本省最高的地区。常年积雪的山峰很多,冰川极其发育。与西藏交界的唐古拉山屹立于南。昆仑山、唐古拉山这两大高山之间就是著名的青南高原,它占了全省半壁江山,这里地势平缓开阔,准平原化,有着无比博大宽厚的视觉感受。这些绵亘的雪峰,林立的冰塔林,孕育出两百多条蜿蜒的山溪江流,这些支流和内流水系汇聚着无穷的能量,最终诞生了长江、黄河、澜沧江三条伟大的江流。青藏高原像一座巨型水塔,沐浴着中华大地,因而素有"江河之源"

---

① 来源:中国广播网青海分网 http://qh.cnr.cn/,责编:东山,2003-11-07。

第二章 青海生态环境与审美意识

之称。

根据青海特殊的地理生态环境,一些学者将青海省划分为三种类型的生态、文化区域,即青南地区、环湖地区、海东河湟地区。

青南地区原位于昆仑山以南,是青藏高原的主体部分,它以高亢的海拔、巨大的山体、寒冷的气候而被人们称为地球"第三极"。它总面积约35万平方公里,占全省面积的48%,包括了玉树、果洛、黄南三个藏族自治州以及海西州的唐古拉地区。青南高原主要由昆仑山脉及其支脉可可西里山、巴颜喀拉山、阿尼玛卿山等组成,海拔多在5000米以上,山脉之间分布着高原草原,海拔也多在4000米以上,是本省最高的地区。常年积雪的山峰很多,冰川极其发育。高原西部和南部同藏北高原、川西北高原连成一片,高原面积相当完整。这里空气稀薄,气候寒冷,年均气温在 $-5℃ \sim +3.7℃$ 之间,年平均降水量420毫米,年平均风速每秒2.2米,形成长冬无夏、大风强烈的严酷气候。青南高原西部寒漠广布,称为无人区。东南部分布灌丛草甸,为人工驯养的牦牛、藏绵羊、河曲马及种类较多的野生动物提供了良好牧场。

环湖地区指日月山以西的青海湖盆地、柴达木盆地及周围群山高原,共约36万平方公里。占青海省总面积的47.5%,包括了海北州、海西州与海南州。从地理地貌形态看,该区可分三大块:其一是海南各地区,它的中央为青海湖盆地与共和盆地,四周高山环绕。中间盆地发育着草甸草原与荒漠性草原,新开垦的农田点缀其间,平均海拔3300米左右;其二是青海湖北侧的祁连山高寒农牧区,山地为灌丛草原,山谷盆地已开垦为农田,平均海拔在3400米~4000米之间;其三是青海湖以西的有聚宝盆之称的柴达木(蒙古语为盐泽之意)盆地,是我国第三大内陆盆地。盆地内地势平坦,周围有阿尔金山、祁连山、昆仑山环

43

绕，系典型的封闭的高原盆地。盆地海拔2600米~3100米之间，这片富饶的土地，群山相衔，盐湖星罗棋布，牧草丰美，牛羊成群。

海东地区是指青海省东北部日月山以东的黄河、湟水流域及周边地区。总面积为3.5万平方公里，占全省面积的4.8%，包括化隆、循化、互助、民和、乐都、平安、湟中、湟源、大通等9个县和西宁市。此外，海南州的贵德县、黄南州的尖扎县也属于这一地区。海东地区以河谷、山脉、盆地相间排布，地势自西向东倾斜，起伏较大。长江、黄河飞奔急流，迂回曲折，深切出很多地势雄浑的奇峡大谷。最低海拔为1700米，最高海拔5000米，平均海拔在2700米~2900米之间。谷地周围的山脉除少数山头常年积雪外，大都有牧草生长，其阴湿脑山是优良的牧场。河谷两岸均有较宽的阶地，气候湿暖，土壤肥沃，为本省农垦较早地区①。

青海省远离海洋，深居内陆，加之地势高耸，是典型的高原大陆性气候，其特征是：日照时数长，辐射强；冬季漫长，夏季凉爽；气温日差较大，年差较小；降水地区差异大，东部地区雨水较多，西部地区干燥多风、缺氧、寒冷，形成了特殊的气候条件。从区域上讲，东部的河湟谷地较温暖，而青南高原的西部年均温度则低达 $-4℃ \sim -6℃$。一般说来，海拔4500米以上的高原，气候和地理环境严酷，农作物无法生长，人类难以生存，是"生命禁区"，也被称作"无人区"。受海拔高度、地理环境的影响，不同地域的生产活动、文化风尚呈现出明显的差异。据青海地区的考古发现，距今23000年前，"我省柴达木盆地小柴旦湖畔等地就有人在这里生活，出土的石器其打制方法与华北地区旧石器时代晚期的文化遗物有很多相似之处，表明它们之间具有文

---

① 新华网青海频道 www.qh.xinhua.org 青海省地理概况。

第二章　青海生态环境与审美意识

化发展上的渊源关系和文化传统上的继承性"①，这表明早在距今两三万年前就有人类在青海高原劳动生活。从此揭开了青海多民族、多元性文化发展的序幕，成为中华民族灿烂历史文化的一个重要组成部分。新石器时代马家窑文化、宗日文化、齐家文化、卡约文化在青海有大量分布。殷周时青海就有羌人出没入住。青海各族人民就是在这片神奇的土地上繁衍生息，代代相传。青海独特的自然环境形成了以畜牧业和农业为主体的经济文化形态，生活在这片土地上的各族人民，以大自然的恩赐，在封闭稳固的生态环境中与自然建立了和谐的关系，同时也孕育了各民族不同的审美文化模式与特点。

青海审美文化就其本质来说，是地理文化圈的产物。俗话说"一方水土养一方人"，就是对人类不同群体的思维方式、行为模式、风土人情、审美习俗与其所处自然地理环境之间必然存在的密切关系的客观描述。按照西方人类学传播学派的观点来看，每一种文化现象都是在一定的区域内形成、发展和传播的。不同的地理环境和自然条件不但会形成各自不同的生产方式和经济结构，形成独有的心理素质和性格行为以及多种多样的风俗习惯和生活情态，同时这些生产方式、心理素质、性格行为、风俗习惯和生活情态，还会反映在包括审美文化在内的各种具体的文化形态中。审美意识总是与一定的生存环境、生产方式及功利目的紧密相连的。青海审美文化也正是在与自然环境相互适应的关系中产生的。青海各族人民在与自然的抗争及和谐相处中，表现出的强烈生态生命意识和对生命的宏观感悟，构筑起各民族的生态审美意识。青海高原独特的自然生态环境在人们的审美意识中打下了深深的烙印，造就了青海审美文化美学品格的高原特色，形成

---

① 青海省地方志编纂委员会：《青海省志·文物志》，青海人民出版社，2001年。

了青海审美文化富有地域自然特点的基本风貌。

第二节　青海先民对自然依生的审美意识

每个民族的审美意识和审美文化的产生都离不开特定的自然生态环境，但人与自然的关系不是一成不变的，而是随着历史的发展而变化，这种变化也带来了生态类型的变化和不同表现形态的美。在远古时代，先民与自然的关系主要是依生关系，人们直接从大自然赏赐的植物或动物中获取生活资料，以维持自身的生存和发展，对大自然表现出依从和依存的行为。在生产力水平低下的原始时代，人类对许多自然现象无法得到科学的认识和解释，常常通过对自然神力的崇拜，求得各种神灵的护佑而生存，这是人对自然的依生而形成的。当时作为主体的人是依生于自然这一强大客体的，因而，从当代民族生态审美学的观点来看，这时候出现的美属于依生美的范式。"所谓依生之美，是指在美的生成过程中，审美主客体关系表现为：客体占据本体、本原、主导的地位。"也就是说民族生态的依生之美，表现为人对自然的依生关系当中，是主体依从于客体、对象而形成的美。[①] 人类发展历史表明，每个民族一诞生，就与自然界结下了不解之缘。从物缘文化来看，人与自然的这种缘不仅表现在人对自然的依存，也含有对自然恩赐的感激之情，从而形成为情缘，这种情缘会产生认同感，引起心灵、情感的沟通，同时给人带来心灵的愉悦和美感，成为构成自然审美观的主要因子。从人类审美发展史来

[①] 黄秉生、袁鼎生：《民族生态审美学》，第21页，中国大百科全书出版社，2002年。

第二章 青海生态环境与审美意识

看,原始先民的第一个审美对象不是人而是大自然。人与自然是相互依存的,人类的生存与发展不能脱离自然环境,相反是以自然生态环境作为生存的基础的。正是由于人与大自然及周围事物存在着这样的紧密联系,所以自古以来人类对大自然总是有一种感激之情。尤其是各民族先民早期在开始与大自然共存相生、逐步繁衍发展的过程中,面对自然界变幻无穷的神秘威力,由于当时生产力和认识水平所限,无法对种种自然现象作出科学解释,为减弱自然灾害给人类带来的损失,他们只好力求在精神上减轻自然界造成的重重威胁和压力,便将许多自然物幻化为神,不仅赋予其人的情感、智慧、意志和权能,而且还寄托造福免灾的希望,并十分虔诚地加以供奉和崇拜,祈求自然不断地惠赐给人财富和好运。"正是这种人格化的欲望,到处创造了许多神。"① 这些神灵"包括天、地、日、月、星辰、雷电、冰雹、山川,甚至土石、草木、禽兽,包括一切万事万物在内。"② 可见,当时的人们对大自然不仅是感激的,更是敬畏的,这便是先民早期自然崇拜的萌生。

自然崇拜作为人们对自然的心灵观照和人类的审美活动,存在着内在精神的一致性,两者都追求着主体本质力量的显示。"自然崇拜给予人类艺术和审美的起源发生,最大的影响是为人类美感奠定了想像、移情、将自然力人化等心理基础。"③ 原始人类由于当时认识能力所限,加之抽象思维不发达,往往只能凭借自己切身的感觉经验去感知世界,因而以己度物便成了他们的习惯思维方式,他们以人的生活和思维来观照自然,并把自身的生命特征和情感赋予到自然和神灵的世界,各种形象的类比不但

---

① 《马克思恩格斯全集》第20卷,第672页,人民出版社,1972年。
② 王辅仁:《西藏佛教史略》,第15页,青海人民出版社,1983年。
③ 向云驹:《中国少数民族原始艺术》,第30页,青海人民出版社,1994年。

使认知的对象都有具体可感的形象，而且还有丰富的情感。这是人类用自己的生物尺度去把握世界的最初表现形态，也是"自然人化"的初级形态，它既是先民们在"泛灵论"影响下，对自然物加以人格化崇拜的结果，也是对大自然进行审美创造的产物。青海早期的自然崇拜比较发达，天地日月、山川河流处处皆有神灵。先民们正是通过利用虚幻的神灵力量，以期达到制约自然、谋取生存的空间和条件的目的。生活在"世界屋脊"的藏族先民面对悠悠苍天，渺渺旷宇，也曾为之感到神秘又神圣，勾起他们无数的遐想，在不自觉的神灵思维的指导下，创造了具有雪域高原精神的天神信仰审美文化。无论关于"天梯"的神话还是天葬的习俗，都与天神信仰有着直接的联系。相传第一位藏王聂赤赞普就是作为天神之子通过天梯下凡到人间，他在完成了拯救世俗的使命后，又沿天梯回到了天庭。人们施行天葬的目的，也是为了让死者能借助"神鸟"的双翼而升天。在藏族传统审美意识中，天神综合了其他神灵中善良美好的一面，是一位神力巨大、行为善良、形象美好的善神。《格萨尔王传》关于格萨尔出生是其母龙女天光感生的描述，就明显导源于藏族的天神崇拜观念。在格萨尔的征战史上，天神在多种场合出手相助，这种艺术幻想化的描写，从另一个方面暗示了格萨尔的审美文化之根已经伸延到古老的天神信仰之中。

　　蒙古族自古以来也有崇尚天（腾格里）的信仰习俗。蒙古族人认为，自然界的万物和人类都是由天（腾格里）来主宰的。认为"腾格里"是至高无上的神，是各种力量的最高代表者，位于诸神之上。天神是世界上的美好的事物，是一切人们可见到和见不到的诸多事物的创造者，同时又是种种艰难困苦的赐与

第二章 青海生态环境与审美意识

者。① 蒙古人这种崇拜天神的思想意识一直沿续到现代。青海蒙古人认为"鲁思·希布达"（地神）、"吉雅尕其"（保护神）、"乃布达克"、"沙布达克"（树神）都是"苍生天"派来的，只要虔诚地供奉"苍生天"，就会有永不灭的生命之火。所以，遇事求助于"腾格里"，祭天拜日是青海蒙古族必须做的事情。蒙古族对蓝（青）色的审美偏爱也主要源于萨满教对天神的膜拜。对于头顶蓝天、脚踏绿地的草原蒙古人来讲，蓝色具有了代表理想的涵义。晴朗的天空、幽远的群山、宁静的湖泊、无际的宇宙使人联想到蓝色，苍茫的草原，天空格外湛蓝高远，因而显得深邃、博大、永恒。古老的萨满教敬仰苍天，人们在长生天的庇护下，世世代代繁衍生息，蓝（青）色是长生天的颜色，所以蒙古族格外喜欢蓝（青）色。蒙古人将自己的民族称为"蓝色蒙古"，将旗帜称为"蓝色旗帜"，把行进在旗帜下的军队称作"蓝旗军"，将故乡称为"蓝色故乡"，把帝王的宫殿称作"青宫"，将蒙古的历史称为"青色历史"，把历史称作"青册"、"青史演义"、"青史"等等。其色彩文化的审美特征正是在得到自然的养育之中，形成的对天神的感恩与崇拜。受其传统色彩审美观的影响，蒙古族至今仍然喜欢用蓝色的长袍、腰带美化自身。观念是人类审美的必要前提，没有一定的观念相联系，审美对象就不可能唤起人的美感。在长期的审美心理积淀过程中，蓝（青）色被蒙古人视为自然界中永恒、美好的色彩，他们希望自己的民族像永恒的蓝天一样永存和繁荣兴旺。在这里，古老的天神崇拜构成了蒙古族蓝色审美文化选择的重要观念基础，正是在古老的天神崇拜观念影响下，蓝色这种生活中常见的色彩，演化成为蒙古族审美心理的一种重要表现符号。

---

① ［英］道森编，吕浦译，周良霄注：《出使蒙古记·鲁布鲁乞东游记》，第222～223页，中国社会科学出版社，1983年。

太阳神话在许多民族早期的文化中都出现过,"太阳崇拜是一切有神论信仰形式中最有价值的并最容易与近代一元论自然哲学结合的形式……因为我们整个躯体的和精神的生命像所有其他有机生命一样,说到底都要归结为光焰四射的散发着光和热的太阳。"① 学术界一般都认为"卐"原代表太阳,是太阳在天空中运行的轨道,是早期人类对太阳的抽象表示符号。"卐"字汉语读作"万字符",梵语的意思为"幸福",是一个古老且流传很广的符号。在青海发现的原始岩画和出土的马家窑、马厂型陶纹中都曾发现了大量万字纹图案,有的图案在圆日形中画有"卐"符号,它象征着太阳每天从东到西的旋转运行。据学者考证,青海早期出现的"卐",是藏族先民对太阳高度抽象的结果,是被人们崇拜的太阳神的符号②。藏族先民主要生活在高寒冰冷的雪域之巅,冰雪和严寒给他们的生活和生存带来严重的威胁。对于生活在高寒缺氧的雪域先民来说,太阳的作用也就显得异常突出,他们对光明的追求,对温暖的渴望较其他民族更为强烈,更为执着。因此,把一切希望寄托在神灵之上,尤其是发光、发热的"太阳神"身上,希望太阳神即"卐"永驻人间,希望以它的神力永远给藏族人民带来幸福、光明、温暖。正是特殊的地理自然环境使得藏族先民对太阳有着更多的依赖,以期通过对太阳神的崇拜达到心中愿望的实现。可见,在早期"卐"中已注入了藏族先民对太阳美好的情感,在人们的心目中转化为具有原始宗教意味的审美象征符号。以后随着苯教的兴起和佛教的传入,"卐"被苯教和佛教吸收,赋予了更多的象征意义,深深地打上了人为宗教文化的印记。无论"卐"在后期流传中出现过多少变化,但它始终积淀着藏族先民最初对光明的憧憬、向往,对太

---

① [德] 海格尔:《自然之秘》,第265页,上海人民出版社,1971年。
② 林继富:《灵性高原》,第34页,华中师范大学出版社,2004年。

第二章　青海生态环境与审美意识

阳的崇拜、信仰。随着时代的变迁，"卐"这一吉祥符号的原始宗教意味逐步隐没，表达幸福吉祥的审美意义逐步凸现出来，渐渐变成藏族传统的审美对象。

在原始自然崇拜时期，许多自然物不仅被视为神圣之物，成为崇拜的对象，而且作为象征幸福、吉祥的美好形象，成为人们的审美对象，这是先民早期古朴审美意识的表现。这种原始的审美意识在民族的发展历史中，已深深积淀于人们的审美心理结构当中，至今还在民间流传。例如，用受人们崇拜的自然神化物给孩子起名的习俗，正是受早期原始宗教审美意识影响的表现。藏族用尼玛（太阳）、达哇（月亮）、尕日玛（星星）、嘉措（大海）、南卡（天空）等自然崇拜物给孩子起名，其中既寄托了人们对大自然的敬仰，期望享受到大自然的恩泽，表达对美好事物追求的愿望，寓意着对孩子今后幸福美满生活的深深祝福，同时也隐含着意蕴悠远而古朴的自然崇拜的审美观念。

在自然崇拜基础上发展起来的图腾文化是早期典型的"自然人化"的产物，这在青海先民的审美观念中也表现得十分突出。图腾（totem）一词，是来自北美奥杰拜人的术语，意为"我的血亲"、"种族"等。这个出自现代原始部落的语言符号，折射出远古人类某些神秘的文化现象。原始时期人们对自己生活的自然环境中的许多现象无法得到科学的认识，于是从万物有灵的观念出发，相信自己与周围的某种动物或生物有着血缘关系，并把它视为一种神灵的代表、氏族部落的祖先和保护神加以供奉和崇拜。所以，图腾是先民们以人格为模本的一种创造，人们有意无意地借"万物有灵观"，将图腾神灵化，又借氏族血亲观念将其人格化。因而，不管图腾以什么面目出现，它都应该是"人神"或"人格神"，其实质都是人的生命意识的转嫁，是人格同化的结果。先民对图腾充满了敬畏感和神秘感，由此产生的崇拜感情是虔诚而狂热的，狂热的感情鼓动了想像翅膀的自由翱翔，飞腾的想像又促使感情巨流的奔涌，而感情与想像，正是审美意识的重要心理因素。这个想像与感情交相融合的过程，从本质上说，它是艺术创造的过程，也是一种审美实践活动。当然，原始人此时的审美活动，包含着较多的崇拜心理。表面看来，崇拜与审美是两个互逆的命题，崇拜是一种造神，是客观对象的被神化与主观世界的异化，以否定主体为代价；而审美则是人的本质对象化，是以肯定主体的创造力为前提。但它们又互依互补，崇拜者需要借助艺术的形式与审美的感情，使崇拜对象更加完美，更加动人，以满足崇拜的心理要求，而审美意识在这个过程中得到了强化，从而不断进入新的境界。在一定的条件下，崇拜与审美便合二为一，在这个过程中，审美意识逐渐获得独立的品格。从这个意义上说，图腾崇拜能有效地促进审美意识的产生与形成[①]。

青海先民的图腾审美文化，受自然依生关系的影响，更多表现的是与自身生活联系紧密的动物。在青海高原特定自然环境中，许多动物与人们的生活发生着密切的联系，先民们从自身的生活和情感体验出发，构想了众多的动物神灵，使这些早期的审美对象闪烁着原始信仰的灵光。在青海高原，鹰是适应牧区自然环境、生命力很强的飞禽。在青海早期的岩画中就保留了许多鹰的图像，这些图像有如图腾仪式的电影定格，保留着原始的神秘气息。鹰在蓝天中盘旋，俯瞰茫茫大地，这种神奇的魔力使人们崇拜，被藏族先民视为给人带来幸福吉祥的神鸟。人们用鸟羽装饰在衣服上，镇魔驱邪，以求保佑。同时雄鹰也被视为创造世界的神灵，是通联天域与地界的桥梁，受到人们的崇拜。从审美的特点来看，由于雄鹰那刚毅的双翼、有力的鹰爪，可以在天空中自由翱翔，不畏风暴勇往直前，因而在藏族人的心目中，鹰不仅

---

① 王振复：《论崇拜与审美》，载《学术月刊》，1991年第7期。

第二章 青海生态环境与审美意识

是膜拜的偶像,也成为美的化身。在《格萨尔王传》中,当罗刹阿塞曾用九种威猛霹雳来攻击格萨尔的时候,格萨尔则变为一只大鹏,飞向高空,避免了敌人的攻击。这种奇特大胆的构想已将雄鹰神化为战无不胜的英雄,幻化成美的形象,使人们升腾出敬仰的情感,其审美意义已远远超出了它的生物意义。将崇拜意识和审美意识融为一体,借图腾崇拜表达了人们最现实的审美理性和愿望,虽然稚拙却凝结了人们最真实的情感,融注了先民们初始朦胧的审美意识,它们既属于膜拜型文化,又属于审美型文化。正如黑格尔所说:"古人在创造神的同时,就生活在诗的气氛里。"①

牦牛是牧区藏族衣、食、住、行日常生活中不可缺少的重要生活和生产资料。藏族认为,牦牛是为藏民族的生存来到雪域高原的,因而牦牛在藏族人心目中也自然成为被崇拜的神灵。源于远古的传说讲述,当初人神之子聂赤赞普自天而降,做了牦牛部落的首领。据《敦煌本吐蕃历史文书》记载:"(天神)赤顿祉之子即聂赤赞普也。来作雅隆大地之主,降临雅隆地方……遂为吐蕃六牦牛部之主宰也。"② 可知远古藏族部落即有以牦牛命名的。在古老的苯教创世说中牦牛被视为创世大神,在青海果洛部落神话传说中的白牦牛是天界下凡的天神星辰。在青藏藏区亦有很多以牦牛命名的山、河、湖,牦牛崇拜现象在藏区民间非常普遍。牦牛具有体魄高大、凶悍力大、抗御寒冷等特点,是适应青藏高原生态环境生长起来的生命力很强的动物。"物竞天择,适者生存",这是自然法则,牦牛的出现正是自然选择的结果。而牦牛崇拜文化的出现则深刻地反映了藏族先民在严寒的青藏高原

---

① 伦珠旺姆、昂巴:《神性与诗意》,第188页,民族出版社,2003年。
② 周锡银、望潮:《藏族原始宗教中的天崇拜》,载《青海社会科学》,1994年第4期。

认识自然、改造自然的艰难历程。古代藏族先民大多过着游牧狩猎的生活，牦牛就成为重要的生产资料和主要的生活来源。牦牛体格雄健、力大强壮、绒毛长、脂肪厚，能忍受高原的严寒，是适应青藏高原寒冷气候的运输工具，被誉为"高原之舟"。牦牛在未驯化之前，藏族先民一方面采取积极态度用自己的智慧和力量勇敢驯化这种凶猛的野生动物；另一方面为避免野牦牛对人类的危害，将之加以神化而崇拜，以期借助牦牛的神力，达到禳灾祛魔的作用。所以牦牛不仅在藏族的物质生活中发挥着重要的作用，而且也是藏族重要的精神信仰和依托，对后世产生了深刻的影响。至今藏族地区仍保留着家庭及寺院悬挂、供奉牛头的习俗，这是牦牛崇拜文化的延伸。藏区佛教寺院"羌姆"仪式中威严、神圣的牦牛面具护法神造型，壁画上的牛头金刚像，玛尼石上刻的牛头人身像，都是人们将牦牛人格化后创造的艺术形象。在牦牛文化中，牦牛性格象征着藏族先祖耐寒、坚韧、顽强的精神，因而在藏族文化中时常通过赞美牦牛来塑造英雄人物形象，表达对英雄人物的崇敬之情，给人一种崇高壮美的美感，究其文化的深层，隐含着藏族先民原始图腾审美意识的痕迹。

　　图腾崇拜作为古老的信仰习俗是原始思维的表现，是在泛神论、自然崇拜的基础上发展起来的。图腾的审美意识，正是原始人类通过蒙昧的感性思维把握世界所获得的文化意识。因此，该意识所潜在的人文精神，往往蒙上了一层神秘主义的面罩。在原始社会，图腾作为部族精神信仰的对象，以它亲密的血缘关系和群体崇拜意识，从精神上实现了氏族内部的沟通，激发起强烈的氏族情感，因而图腾也成为部族心目中最神圣和最美好的象征。德国学者舒尔泽把这种情况归纳为一个概念，叫做"类人情欲观"，认为人的本性喜欢把自然加以人格化，赋予自然以人的特性和能力。这种对自然的人格化与理想化的本能与思维方式，恰恰是促使原始宗教发展的重要原因，也极大地激发了原始宗教以

第二章 青海生态环境与审美意识

及审美创造的想像力和表现力。在图腾社会里,图腾崇拜在氏族意识中,往往形成了对某种事物美的认同感、契合感,营造了氏族的审美趣味,构成早期审美文化的一个重要内容。

在青海高原的自然生态环境中,有雄壮的高山、幽静的冰川,有辽阔的草原,也有星罗棋布的湖泊;有恬静、自然、美妙与独特,也有着神秘、深邃和奇特,这一切也孕育出许多神奇诱人的神话传说。青海地区的许多自然生态景观大都有美丽动人的古代神话传说和民间故事。其中许多是处于人类童贞时期的先民们对自己生活的自然环境所作出的质朴而又虚幻的描绘。有些神话传说见诸于古籍记载,如虎齿豹尾善啸的西王母、青海湖来源的传说、尧舜传闻、周穆天王西巡、天柱遗迹等,更多的则流传于民间,为此,有学者把青海誉为"中国的希腊"。[1]

在众多神话当中尤以昆仑神话著称于世、广为流传。学术界普遍认为中国神话分为两大系统,一是昆仑神话,一是蓬莱神话,而昆仑神话就发祥于青海。远古时代,青海先民由于社会生产力发展水平和认识水平的低下,其原始的信仰多为自然崇拜,昆仑神话中的神山、仙界便是这种审美主题的再现。昆仑,即昆仑山,又称昆仑虚、昆仑丘或玉山。地理观念上的昆仑山,西起帕米尔高原东部,横贯新疆、西藏间,伸延至青海境内,全长约2500公里。古代神话中的西方昆仑,是汉代以前地理上的昆仑一名与传说中昆仑的结合。传说中的昆仑,既高且大,为中央之极,是连接天地的天柱,也是百神所在的地方。从其产生的文化地理因素来看,神话中的昆仑山以及周边就是以区域地理学上的高山大湖为发祥地而展开的,即以青海湖为中心辐射周围的名山

---

[1] 崔永红:《青海省文化产业的资源禀赋与优势项目的探寻》,载《青海民族学院学报》,2006年第2期。

大川①。从地理环境看，青海环湖地区大都是山峦纵横、悬崖峭壁，耸立的山峰不仅影响到了当地的自然气候，而且山体本身的伟岸、壮丽具有一种独特的审美品味，不仅使膜拜者在观赏时产生神秘感、敬畏感和恐怖感，同时带给人们神奇的感受和无限遐想，出于对自然崇拜的心理，昆仑山自然被幻化为一个最神圣的地域。神话故事中的这种地理环境的升格无疑展示着人们早期的具有美学意义的思维，它既是青海环湖民族在审视大自然中，以丰富的想像力来解构世界的最初表态，也是对大自然进行审美再创造的美的形式。

早期的自然崇拜和图腾崇拜是原始艺术的摇篮，同时，它也是产生审美意识的土壤，当然，它不是唯一的土壤。先民的自然崇拜和图腾崇拜审美意识，起源于原始宗教观念，原始观念又是产生于原始人类对周围自然环境不完整的认识。"原始先民以巫术礼仪、图腾崇拜方式，通神、悦神、感神、求神，以获得神助和神力，实现与被神控制的自然的协调。"在此，其审美性表现出双重的依生意义，"首先是人依生、依存、依同神，构成人神合一之美；其次是人通过依生、依存、依同神来实现对自然的依生、依存、依同，即通过人神合一来构成天人合一之美。原始崇高的审美蕴涵——人神合一、天人合一，都是人对神、人对自然的依生形成的。"② 可见，原始自然崇拜和图腾崇拜作为早期的审美对象，从观念上来说，是先民原始宗教信仰的结晶；而从物质条件来说，它又是依生于客观自然地理环境的产物。

---

① 王志强：《"西王母神话"与"青海环湖"民族原始审美观》，载《青海民族学院学报》（社会科学版），2001年第2期。

② 袁鼎生：《审美生态学》，第131页，中国大百科全书出版社，2002年。

第三节　青海自然环境的多样性与审美意识的多元化

"地球为人类生存所提供环境的多样性，使文化呈现出千姿百态，这是文化演化的特殊方面。"① 青海地域辽阔，山河纵横，地形复杂，既有高山雪峰，又有坦荡的草地；既有蜿蜒起伏的低山丘陵和群山环抱的内陆盆地，又有宽展的河谷台地，各种地形交错分布，呈现出风格各异的自然景色。生活在不同自然环境的人们抱着不同的心态去审视周围的环境，按照自己的理解对各种自然现象加以人格化的创造，从而形成了许多以自然为母本的审美文化，呈现出多姿多彩的特点。

青海高原是山的世界，山与当地的居民生存、生活息息相关。境内的许多山高大突兀、挺拔苍劲，加上青海高原海拔高，山顶直插云霄，终年云雾环绕，积雪覆盖，这些对远古的先民来讲显得神秘而幽深莫测，故而把高山神秘化，视高山为神灵栖居之所和福荫汇集之处，由此而生发出对高山的敬仰和崇拜之情。祁连山的"祁连"就是蒙古语"天"的意思，形容山势挺拔，高耸云天。祁连山西起阿尔金山的当金山口，东至甘肃的乌鞘岭，全长1000千米，在青海省境内约800千米。北靠河西走廊，南临柴达木盆地，南北宽200千米～300千米。山峰海拔多在4000米以上，最高峰为疏勒南山的主峰——岗则吾结（团结峰），海拔5827米。祁连山自古就有"奋于东南，迄于西北"、"石骨峥嵘，鸟道盘错"之说。它展现给人们的是一幅重峦叠

---

① 特马斯、哈定等著，韩建军、商戈令译：《文化与进化》，第19页，浙江人民出版社，1997年。

嶂、雄伟壮观的画面。置身于其中的藏族在这种特殊的地理环境的影响下,在精神上形成了对山神的崇拜,也正是这种信仰观念的不断积淀,塑造了藏民族以高大为美、以高大为神圣和崇尚高大、力量、壮美的审美心理。

  在青海藏族先民自然信仰体系中,最突出的莫过于对神山的崇拜,被视为人们心目中至善至美、至神至灵的信仰对象。从生活的地理环境来看,这种文化心理的产生与"世界屋脊"雪峰兀立的自然环境有直接的关系,是高山的壮阔、峻拔与伟力引起了人们对它持久的信仰和崇拜。面对与自己朝夕相处的巍峨高山,对远古时代的先民来说是神秘的,人们既不知道它从何而来,又敬畏它的雄壮威武、坚不可摧,于是,在万物有神的原始宗教观念支配下,高山便成了远古先民崇拜的神灵代表,被视为孔武有力的保护神。位于青海湖南岸的阿尼玛卿山,海拔6282米,终年积雪不化,被当地的藏族敬奉为统治安多的大山神,他所掌管的福禄,可以使母牦牛、母马多产,牲畜强壮,是族人的保护神。传说中的阿尼玛卿山神不仅有琼楼玉宇,还有一个庞大兴旺的家族,共有9男9女18个儿女,还有亲族360位,忠勇卫士和侍从1500多个。当地藏族老人能指着雪山主峰周围的大小山冈,一一说出其名字与亲属关系。佛教传入西藏后,在佛教仪礼书中,阿尼玛卿山神被描绘成戴护胸甲、穿白色战袍,上面缀满各色宝石,左手挥缚有旗帜的长矛,右手持装满宝石的法器,臂上搭一条鹰皮口袋,骑一匹如同白云般疾驰的魔马的护法神形象[①]。藏族山神崇拜经历了自然宗教、苯教到藏传佛教的改造过程,积淀了深厚的文化思想,从中我们不难体会雪山在江河源牧人心中的地位。但从最初的产生来看,对自然界大山人格化的自然崇拜审美观念,是基于藏族先民对山的神秘感和恐惧心

---

  ① 谢继胜:《藏族神山神化及特征》,载《西藏研究》,1988年第1期。

第二章 青海生态环境与审美意识

理,是人类思维幼年阶段的产物。这些以人为基础塑造的山神,不仅具有超自然的法力,能降妖除魔,而且还有七情六欲,有家庭和爱情,享受着世俗生活。人们正是将自己的心理状态的特征投射给自然,将自然作为有智能的事物对待,与之对话,沟通心灵,以求山神的保佑。从美学的视角来看,神山体积的庞大与超常的力量和气势,同美学范畴中的崇高有着密切的联系,是产生崇高不可缺少的形式与内容因素。神山使膜拜者在观赏时产生出神秘感、敬畏感、恐惧感,这与审美产生的崇高感有着异曲同工之妙。因此,在人们的心理感受中对神山不仅具有崇拜感,同时也伴随着一种雄壮之美的崇高感。在长期的历史积淀中,神山崇拜在藏族的审美意识中已成为原始崇高审美范畴的古老原型。

青海境内不仅有耸立的雪山,还有川流不息的大江大河和星罗棋布的湖泊,在与江河湖泊的密切接触中,引发了当地人们对水的审美想像和艺术创造。在考古发掘的马厂类型陶器中,一般陶器从口沿至腹部以黑彩绘三层花纹,上层平行线与仰韶文化接近,中层连续旋纹和下层水纹则反映着马家窑文化地带川原结合、水流纵横的自然特点,显示出马家窑文化独特的风格和气韵。彩陶器物上的涡纹和水波纹,流畅生动,结构巧妙。彩绘的涡卷勾连的弧线形成一种生生不已的态势,富有强烈的动感。一些学者认为,这种涡纹、水波纹是当时陶工们对黄河奔腾流水的一种艺术表现,是把抽象和写实美妙地结合在一起的艺术反映,表现了人们对黄河的敬畏和崇尚以及对生生不息的生命礼赞[①]。艺术是对现实的审美反映,马厂型彩陶纹饰是先民对自然物审美感情在彩陶纹饰艺术上的释放,体现了远古先民朴素的自然审美情趣和原始的美学观念。青海境内

---

① 叶玉梅:《青海古代文物图形艺术的精神与象征》,载《青海民族学院学报》,2002年第2期。

高山耸立，当地的人们出于对神山的敬畏形成了山崇拜文化和相关的传说，同样，生活在湖区的人们面对神奇的湖水，创造出许多有关湖神的故事。全国最大的内陆咸水湖——青海湖，就位于青海省东北部，它像一面巨大的镜子镶嵌在日月山、大通山和青海南山之中，青海省也因此而得名。关于青海湖的来历，民间流传着许多美丽的传说，认为青海湖是龙的世界，湖底有富丽堂皇的宫殿，里面有取之不尽的财宝，是一切财富的来源，人们通过祭湖祈求神灵保佑，使人间五谷丰登，畜牧兴旺，至今祭湖活动绵延不绝。虽然这些神奇的传说并非对神湖的科学解释，但它包含了环湖民众对自然的认识、体验和宗教观念，反映出在严酷的生存条件下，民众希望神灵保佑，追求美好生活的朴实的信仰民俗审美心理，具有重要的文化价值。从审美人类学的角度来看，湖神崇拜文化的产生也是与特定的自然环境和人们对自然神化的理解与创造分不开。奇特多变的湖泊景观对早期生活在青海湖边的藏族先民们来说，不仅为他们提供了生活的水资源，也为他们提供了直观的艺术想像空间，诸如波光粼粼的湖面、群山雪峰的倒影、湖水拍击的轰鸣、云蒸霞蔚的景色等均能使人们产生无限的遐想。正是自然生态的这种多变性，为人们从多方位、多侧面寄予自己的喜怒哀乐提供了艺术前提，为创作湖神信仰、湖神神话提供了多重的审美视角。

值得注意的是在青海藏区的自然神话中，高山由于它的雄奇突兀而被塑造成具有男性阳刚之气的神山，而碧蓝幽深、清澈亮洁的湖泊被想像成女性之神，形成了山神父系与湖神母系两大神话传说体系。神湖作为藏族远古神灵体系中的阴性神灵，和阳性山神一道，不断繁衍、生息、重构，创造出雪域高原庞大的神灵

第二章 青海生态环境与审美意识

网络①。也正因如此,千百年来青海湖一直被人们尊为藏地的女保护神而加以祭拜,成为藏区四大圣湖之一。青海湖藏语称为"雍措赤雪嘉姆",意为碧玉湖赤雪女王,藏族民间传说为赤雪女王九姐妹的居所,也有藏文文献记载湖中住着湖曼秋姆五姐妹。无论何种说法都是将青海湖与传说中的女神相联系②。在先民原始思维中,有灵魂的湖泊也具有生育能力,能够使人类繁衍、万物生长,是生命之源,这与女性在人类历史舞台上繁衍后代、延续社会有着一致性,在相似的联想中将湖泊尊奉为母体或女性,赋予人格思想加以崇拜。

从对象的审美特征来看,这种文化现象与高原独特的自然生态特征亦密切相关。藏区耸立的雪峰神山直插云霄,形成有着巨大空间和强大力量的崇高美特征,与男子雄壮、伟岸的阳刚之美相契合。而高原圣湖碧蓝幽静,既无大海的汹涌波涛,也没有江河的激流澎湃。微风吹来波光粼粼,宛如一幅平展的山水画,给人温和轻柔的审美感受,表现出女子所具有的阴柔之美。这种独特的审美特征,使人们自然而然地将温柔的湖水与多情的女子联系在了一起。也正是基于此,才引发出青海湖女神是阿尼玛卿山神爱妻的神话创作,丰富了自然神话的审美内涵。对这些原本属于自然的奇情异景,生活其中的先民是无法作出科学解释的,面对神秘多变的湖泊,他们怀着敬畏交感杂糅的心态,通过想像将湖泊创造成为威力无比的神灵形象。正是自然中的湖泊为他们创造高原奇特的湖泊文化提供了现实基础和艺术创作的前提。

审美文化的地域特色主要是由自然环境和人们的经济生活、日常生活方式所决定的。由于各地自然环境不同,人们社会经济

---

① 林继富:《藏族神湖信仰与生殖崇拜》,载《民间文学论坛》,1991 年第 2 期。

② 林继富:《灵性高原》,第 126 页,华中师范大学出版社,2004 年。

生活方式也就因地而异。河湟谷地的人们多从事农耕，高寒草原的人们则放牧牛羊。由于自然环境条件不同，经济生活方式不同，人们的日常生活方式也就迥然而异。有的逐水草而居，迁徙不定；有的种粮艺圃，以素食为主。正是由于自然环境及生存方式的不同，形成了青海多种生态化的民族审美活动，审美文化事象也呈现出丰富多样的特点。流行在青海河湟谷地的民歌"花儿"，大都即事起兴，借景抒情，以物喻人，充满了浓郁的生活气息。"花儿"除平日在山间、田野传唱外，各地每年都要举行"花儿"会，进行唱歌比赛。歌手们即兴编词，一问一答，对唱如流。由于平日各种与人们密切相关的自然景物，被歌手信手拈来，极其灵活地运用于"花儿"当中，尽情地表达他们的所思、所想、所爱、所哀，因而日月星辰、高山大川，四季的鲜花，茂密的森林，山坡上的骡、马，河中的游鱼，松树、柳树、白杨树，地里的麦子、青稞、大西瓜，园子里种的石榴、桃子和葡萄等等，在歌手的艺术创造中构成了种种的审美意象。在"花儿"中有繁多的植物描写，几乎涉及到当地各种农作物、草木花卉以及各种菌类植物，这与"花儿"流行区域内的各族人民所处的自然环境和从事的农业生产是分不开的，体现了河湟民族淳朴的自然审美观。

青海"花儿"民歌恰如"花儿"其名，歌词常常唱及大量的自然界的花儿，桃花、梨花、杏花、海纳花，秋天的黄菊、冬季的腊梅，还有豌豆花、胡麻花、油菜花等农作物的花儿，然而，出现频率最高的当首推牡丹花。中国的国花——牡丹享有"国色天香"、"花中之王"等美名，不仅历来被文人们所钟爱，在他们的诗文书画中留下了很多脍炙人口的佳作，而且在中国民间，牡丹也同样深受喜爱。在青海农村，人们在庭园里种植牡丹、观赏牡丹，这为人们歌唱牡丹提供了素材。"花儿"常以牡丹花喻人，以牡丹花起兴；有时可以用它来表花，有时又用它来

第二章　青海生态环境与审美意识

表人，有时还用它来表事；不仅歌唱它的盛开，也歌唱它的衰败，显得有声有色，生动活泼，充分发挥了"以彼物比此物"阐发主题思想的效能。牡丹花的审美意象，被赋予了多种表达功能，包含了人们丰富的情感，使歌词富于变化，意蕴含蓄、委婉，更增添了审美的意趣。在生活中，"花儿"的歌手们，不仅是牡丹的赏花人，更是牡丹的种花人、养花人、护花人。他们比一般人更热爱牡丹，更熟识牡丹，也只有他们才会对牡丹有着如此深刻的理解，才会洞察到一些一般人所看不到的奥秘之处，才会如此细致地给予牡丹以全新的多方位的审美表现。

受草原自然环境的濡染，游牧民族的审美观念往往又带有草原文化的特点。生活在牧区草原的藏族在歌颂美好事物时，总是以草原生活环境中常见的自然事物起兴、比喻，充满了具有草原文化特点的审美意象。尤其在民间的民歌当中，更是充满了对草原特有的审美情感。当我们接触到安多民歌时，就会感觉到浓烈的草原气息，眼前展现出一幅幅藏区风景画：这儿有晶莹洁净、高耸入云的皑皑雪山；有奇突嶙峋、陡峭壁立的岩峰和盘旋翱翔的苍鹰；有宽坦的牧场，碧草铺地如茵，百花随风俯仰，散发着青草的清香，黑黝黝的牦牛低头吃草，雄赳赳的骏马纵蹄驰聘，珍珠般的羊群点缀大地；有碧绿的湖水和漂游嬉戏的黄鸭……这一切将人们带到充满雪域风情的高原，领略大草原的美景，听到牛羊欢叫，闻到奶油飘香。民族审美文化的产生、发展是受民族生活的自然环境制约的。自然环境千差万别，审美文化的特点必然也是多种多样的。任何一种民族审美文化都是生活在一定地域的民族为适应当地自然环境和社会组织的需要而创造、传承下来的，因此，青海各民族的审美文化便显示出多元共生与繁荣的状态。

综上所述，研究青海审美文化的发展历史，离不开自然环境。人们正是由于生活在一定的自然地理环境之中，才采取了适应这一环境的生产方式、生活方式，进而形成了由这种生产方式、生活方式所决定的包括审美意识在内的各种思想观念。当然，我们不是自然环境决定论者，在强调自然环境对审美文化影响的同时，我们也不会忽略社会人文环境对审美文化产生、发展的作用。关于这一问题，我们将在后文中加以阐述。

第三章 审美生存的智慧

从审美文化产生的一般规律来看,审美文化与自然环境的关系十分密切,尤其在原始先民的审美意识中,表现出与自然之间明显的依生关系。但这仅是问题的一个方面,如果我们全面地考察,就可发现作为审美主体的人与自然生态环境之间存在着两方面的关系:一方面,人存在于自然的世界中,人本身就是自然世界千万物种中的一种,人是不能离开自然世界的,必须在一定的自然生态环境中才能生存与发展,包括人们的审美意识在内的各种思想观念,也都带有自然环境影响的印记;另一方面,人又是自觉自在的存在物,人是具有意识、精神、追求的活的灵魂和生命,因此在与自然的交往中,人不是消极被动的,而总是顽强地体现出自己的主体性,在自然物质世界深深地打下了自己的烙印,把自己的本质力量对象化到自然界,从而使自然人化,使之成为人的审美对象。马克思在《1844年经济学哲学手稿》中通过"对象性活动"的论述,提出了"人化自然"的概念,这一观点就包含了人能动改造客观世界的思想。人化自然是主体化、社会化的自然,是人的本质的对象化,自然只有成为人化的自然才能成为人的审美对象,这是自然美的最高境界,也是人类面对大自然审美生存智慧的表现。

第一节 求取生存的审美智慧

从历史发展来看,随着民族群体力量的壮大、生产工具的改进、实践能力的提高,人类就会从自然的襁褓中挣脱出来,人的主体性将不断觉醒和张扬,"人们不仅要认识世界和改造世界,更重要的是要在同世界的和谐平等的对话中获得审美的生存。"① 人作为社会的人,其活动是自由自觉的生命活动,这是与一般动物最大的区别,人的生存不仅是物质的,更重要的是精神的、审美的生存。从青海审美文化的发展历史来看,各民族的聪明才智、自强不息的精神,就是在对自然的利用和改造中得到了突出表现,也正是在"按照美的规律"创造生活的活动中,层出不穷的各种审美生存智慧得到了最充分的体现,创造了大量形态各异的审美文化,表现出各民族对审美人生的不懈追求。

服饰作为一种社会文化现象,具有实用和审美的双重功能。抵御寒暑、保护身体是服饰具有的基本功用,从一定意义上说,服饰是人们在一定的自然环境条件下,为求取生存、发展的必然产物。由于各地自然条件的差异,生活在不同地理环境中的人们,为适应当地的气候条件,其服饰总是表现出不同的个性特点,并在此基础上形成了不同民族特有的服饰审美观。青海藏族长期以来主要生活在高寒的牧业区,长途跋涉的游牧生活,变幻莫测的冰雪严寒,需要有坚韧厚实的服装、鞋帽来予以抵御,于是他们就地取材,利用大自然提供的丰富资源,将羊皮缝成皮袍、牛皮制成皮靴、兽皮改成了皮帽。青海牧区的藏族服装基本

---

① 曾繁仁:《生态存在论美学论稿》,第13页,吉林人民出版社,1998年。

款式为袍式服装，肥腰、长袖、大襟是其基本结构。这样的设计使藏袍在骑马放牧时能护膝、护手、防寒，具有很强的实用功能和鲜明的高原特色。穿着藏袍时先用头部顶住衣领，再穿袖束腰，腰带既可防止冷风钻入，也可保证骑马时腰肋骨稳重垂直，并使胸下至腰上宽松部分呈兜囊状，便于放置随身用品，解决了长袍无兜的缺憾，可谓一衣多用。藏袍着装可随高原地区气候的剧烈变化与气温的冷热差别而调整，天气寒冷时放下双袖，竖起衣领以便保温，气温升高时宽大的袍袖可以方便自如地伸出右臂来调节体温，久而久之，脱下一袖袒露右臂的装束就成为藏族服饰习俗的一大特点。在安多地区有句俗语："藏胞穿衣服，露一手"，正是藏族这一衣着习惯特点的形象总结。游牧生活独身外出不便带行装，牧民夜宿时松开腰带，皮袍便成了能挡风雨的被子。青海俗话讲"汉民的被子在炕上，藏民的被子在身上"，就是指的这种现象。所以生活在草原上的人们，凭借一件厚重的大皮袍，就可闯遍万里草原，真可谓"一衣度春秋，一衣走天下"。藏袍是在狩猎和畜牧业生产中就地取材制成的，独特的质地、款式和着装形式极为适合高原"长冬无夏、春去秋来"的高原气候特点。在寒冷的高原，穿上宽大的皮袍，戴上狐皮帽，足踏牛皮靴，无论骑马奔驰还是步行劳作，即可保温御寒，又体现出游牧民族精悍、潇洒、雄迈之美。这种具有高原审美特色的皮袍，正是青海藏族在高原寒冷的自然条件下，逐步探索出的一种生存智慧的审美选择。

有着悠久历史的"花袖衫"（土族语称作"秀苏"），是青海土族妇女的传统服饰。"花袖衫"是用蓝、黑、黄、白、红、紫、绿色相间的七种颜色的布或丝绸制作成套袖，缝于长衫上，其色彩搭配十分艳丽，体现出土族独特的民族审美意趣。从土族古歌《杨格喽》"阿依姐的衣衫放宝光，天地妙用都收藏。红白蓝黑紫绿黄，万物全靠它滋长"的歌词来看，它很早就在土族先民中盛行了。关于"花袖衫"的来源在民间流传着许多动人的故事。其中有一种传说：很久以前，在互助地区的一个部落，有一群美丽的阿姑，她们一起劳动，一起唱歌，每年春暖花开时，还一起到河边浆洗衣服。但是，那时候她们的衣服色彩单调，款式单一，总希望有一身漂亮合体的衣衫。有一天，雨过天晴，她们又到河边去洗衣服，这时天空出现一道鲜艳的彩虹，一位聪明的阿姑灵机一动，萌发出仿照彩虹制作衣衫的念头。回家后她连夜赶制了一件漂亮的"花袖衫"，其他阿姑们见了都说好看。于是，一传十，十传百；人们竞相仿制，"花袖衫"就这样被代代相传，一直传到今天①。充满神奇色彩的传说，虽不能作为土族服饰发展史的考证史料，但这充满浪漫情调的故事，表达了土族先民对美好生活的向往和追求。彩虹瑰丽、和谐的色彩，出现和消失的神奇，曾强烈吸引着土族先民，成为他们崇拜的对象，妇女们以其聪明智慧仿照彩虹制成五彩缤纷的"花袖衫"，对大自然色彩的如此妙用，充分显示了土族人民精湛的技艺和艺术创造能力，他们从大自然的色彩中得到美的启示，又取法大自然的色彩美化自身，这种对自然美的再创造和应用，正是土族先民审美生存智慧的展现。

居住，是人类衣、食、住、行四大生活要素之一，与衣、食、行比较，居住行为和自然环境的关系更密切、更直接。人类自诞生的那一天起，便将对于安身之所的需求，即像果腹与蔽体一样置于根本和急迫的地位。居室建筑的形成和发展，不仅是人类生存的需要，也是人类文明与进步的标志。当人类运用工具创造自己的住所时，其所创造的建筑就不同于一般的兽穴和鸟巢，而成了既适于居住又具有一定的审美因素的建筑物了。因此，那些属于真正人类的营造，从一开始就称的上是一种"建筑艺

---

① 星全成：《彩衣衫竞风流》，载《中国土族》，2002年春季号。

第三章 审美生存的智慧

术"。黑格尔把建筑艺术看成是美的过程的第一阶段,认为它的"最初形成要比雕塑、绘画和音乐都较早"①。从居住民俗的发展历史来看,人类早期经常迁徙、居无定所,因而也不可能形成经久居住的居住习俗。人类最初穴居野处,构木为巢,直到畜牧农耕的普遍出现,有了生活保障以后,人类才开始定居下来,随之产生了居住习俗。青海省文物管理委员会曾在民和阳洼坡发现了与中原地区相同的"仰韶文化"遗址,"从出土的文物来看,在这一时期中,这些古代居民已经开始了定居生活。为了饮水和灌溉的便利,他们的村落分布在湟水河谷台地上,用黄土筑起低矮的土墙,以柴草覆盖屋顶,建成长方形或圆形房屋"②。从中可以看出,河湟流域很早就已形成了固定的住房,显示出了青海原始先民早期适应环境的居室审美选择。居住发展到建筑房屋,是人类适应大自然到征服大自然的重大进步和创造,是人的本质力量物态化的体现。从发生学的观点来看,民居建筑的产生总是实用先于审美。民居作为人类的一种居住方式,其功能首先在于能够遮风避雨、防寒祛暑、确保安全,它最根本的意义在于,提供的内部空间与人类的生存环境和活动具有一种适应性关系。正是在这种实用价值中,产生了它最根本的审美特性——功能美,即通过产品的材料、结构和形式所表现出来的产品功能的合目的性特征。青海各民族在发展中总是按着合规律性与合目的性的要求,根据自身生存的自然环境和条件,来考虑房屋的建构。因而,按功能美的原则创建居所,这是青海各民族民居建筑共同的审美选择。

"建造新的住所,首先碰到的是如何适应环境条件,克服不

---

① 金元浦:《美学与艺术鉴赏》,第61页,首都师范大学出版社,1999年。
② 许英国:《青海居住民俗撷拾》,载《青海民族研究》,1992年第4期。

利因素。"① 人类总是根据不同的自然环境选择不同的居住形式，以达到趋利避害的目的。影响人类居住的自然地理环境的主要因素有气候、地质、地形、生物等，无论哪一种民居，都只能将其适宜的建筑物与当地的自然环境有机结合在一起，才能显得和谐与美观。过去青海东部农业区的汉族选择筑窠吉地有一套传统的相宅法，既要考虑到人伦、美学及禁忌各种人文条件，如筑窠建屋传统忌讳六箭射门：即坛冲门、树指门、路射门、水冲门、坑照门、粪对门等；同时更要考虑居住的安全和气候条件，因而具体定址时必须考虑到地质、生态、景观等自然环境，从整体上观察山脉、水道、土质三条件相宜与否，从利害关系调查，有无严重的山洪、地震、滑坡诸灾害的形成史，权衡利弊，作出决断。从人与生态环境之间的审美关系来看，这种传统的住宅建筑风水观念中无疑蕴涵着生态美的诉求。由于风水问题带有明显的封建迷信色彩，因而常常遮蔽了其合理的人文与科学内涵，掩盖了其独特的生态美意蕴。今天，当我们从科学发展观出发，以人与生态环境的审美关系来重新审视这一现象时，则发现许多风水观念注重住宅与周边环境的融洽，这些内容实际上就是古人对住宅环境生态美的经验总结，只不过采用风水话语来表达而已。住宅建筑中的风水观念虽然存在若干迷信落后的因素，但在"风水"外衣下也蕴涵着前人追求人与自然和谐的生态智慧和审美追求。只要我们适当加以理论扬弃，对于今天的民居建设仍具有借鉴的意义。

　　生活在青海牧区的藏、蒙古、哈萨克等民族自古过着逐水草而居的游牧生活，受环境的影响，每年都要按季节转移牧场，因而往往居无定所。为适应这种流动性生活方式，便于搬迁、适于

---

① ［美］H. J. 德伯里著，王民等译：《人文地理——文化社会与空间》，第181页，北京师范大学出版社，1988年。

第三章 审美生存的智慧

游牧的帐篷、毡房便成了他们最理想的居室。哈萨克族居住的毡房，蒙古族居住的蒙古包，都是典型的毡房居室，虽然这两种毡房在建造形式的细节上有所不同，但都是以毡木结构为主，一般由栅栏、房杆、顶圈、房毡、门和门框等组成。为适应游牧生活的需要，这种毡帐住房最突出的特点，就是结构简单，支架容易，拆装灵活，便于搬迁。这种住宅历史悠久，古代史书中既有"穹闾"（《史记·天宫》）、"穷庐"（《淮南子·齐俗训》）、"穹庐"（《匈奴传》）等记述，如"匈奴父子乃同穹庐而卧"。吐谷浑"有屋宇，杂以百帐，即穹庐也"。这里的"穹庐"就是指游牧民族的毡房。毡房不仅携带方便，而且具有坚固耐用、居住舒适、防寒、防风、防雨、防震等特点，从而成为千百年来哈萨克和蒙古族牧民喜爱的一种民居形式，并延续至今。居住在青海高原牧区的藏族，由于长年随畜群逐水草而居，便于迁移的牛毛帐房成了他们最理想的住房。帐房大小视各家经济条件而定，搬家时只需几头牦牛就可将一顶帐房驮走。所以，藏族牧民的住房被人称为"驮在牦牛背上的家"。这种居室型式的选择是物竞天择、适应生态环境的结果，也是游牧民族为适应特定生存环境的智能文化的审美创造。

人类居住方式的审美价值取向往往是和所处的自然环境以及生产、生活方式密切相联的。青海各族人民正是依据自身不同的生存环境和生活方式，在生活实践中通过对客观规律的把握，即对"真"的认知与理解，并通过自身的努力，创造出符合自身利益的居室，即实现合目的的"善"。正是在合规律性和合目的性的创造中，青海各民族在最大限度地发挥居室实用功能的基础上，形成了各自民居建筑不同的审美特性。民居建筑作为各民族"石头写成的史书"，总是积淀着人们的创造才能和审美理想，与人们进行着心灵的对话、情感的交流。青海各具风格的民居建筑正是以其静观的形象向世人标示着青海诸民族的生存智慧和各自不同的审美观念和追求。

青海是三江源的发源地,境内河谷起伏相间、河道交错纵横,既有星罗棋布的湖泊,也有滚滚东流的江河。在与江河的长期接触中,勤劳勇敢的青海人,以其智慧创造了许多具有高原特点的水上交通工具。如撒船、缆船,木洼、水皮袋、木筏子、浮桥、冰桥等等[①]。在青海水上交通工具中最富民族、地方特点的要数"皮筏子"了。这种奇特的渡河工具,是古代黄河两岸劳动人民为征服自然天险,就地取材而创制的。位于青海境内的黄河中上游河段,河流湍急,多峡谷险滩,传统的木结构船只难以抵御河流强大水流的冲击及峡谷险滩的考验,加之黄河中上游河段降比较大,在当时无机械动力的情况下,船下行顺流而去,速度极快,而上行逆水行舟数十人拉一条船仍举步维艰。为达到渡河目的,人们就地取材,利用当地丰富的牛羊皮,创制了皮筏子这种适应当地自然条件的独特水上交通工具。制作皮筏子的过程是首先在宰杀牛、羊时将毛刮光,再完整地将整张皮蜕剥下来,晾干后用食盐和麻油慢慢将它搓揉,直到柔软,刷上防水防腐的熟桐油。使用时,用羊皮鼓风器将皮袋鼓足气,扎紧吹气口,便做成了牛、羊皮气囊。"皮筏子"就是由许多个牛、羊皮囊串联而成。皮筏大小根据运输需要而定,既可渡人也可运货。皮筏子轻浮水面之上,渡河时轻巧灵活,随着水浪而下,起伏簸荡,碰

[①] 许英国:《具有高原特点的交通工具与民俗》,载《青海民族研究》,1993年4期。该文解释:"撒船",是指没有铁索作船缆,靠人划桨,顺流而下,到达彼岸的渡船;缆船,是用金属缆绳固定在两岸,摆渡时船工握缆绳用力扯船划向对岸,因而又叫"扯船";"木洼",民间叫"瓦斗",撒拉语叫"撒勒",是用一根整木掏空中间部分,人坐其中的渡河工具,又称"独木舟";"水皮袋"是过去撒拉族年轻人用羊、牛犊皮制成气囊,捆在身上渡河用的传统工具;木筏子,是利用水力运木材的"木排";浮桥,是用铁索固定水上船只,上铺平板的桥梁;冰桥,指在青海冬天寒冷季节,河水结冰,两岸居民行走其上,称之为"冰桥"。

第三章　审美生存的智慧

上滩石，因有弹性，会反弹回来，不会撞破，万一撞破一两个皮袋，筏子也不至于沉没，较为安全，因此，成为黄河上游主要的传统运输工具。皮筏子古称"革船"，最早见于《水经注·叶榆水篇》："汉建武二十三年，王遣兵来，乘革船南下水。"《后汉书》中说："护将校尉邓训，缝革囊为船，在青海贵德载兵渡黄河。"至《宋史·王延德传》"以羊皮为囊，吹气实之，浮于水"，已非常接近今天羊皮筏子的实际情况了。从这些早期记载，足见皮筏子由来已久[1]。一方水土养一方人，更孕育、升华了人们的灵智。皮筏子是黄河人民在长期与自然的斗争中，合规律性与合目的性的一种合乎美的规律的创造，充分体现了人们认识、利用和改造自然的智慧和力量。随时代的发展、社会生产力的进步，黄河中上游多座桥梁飞架南北，"天堑变通途"，现代化交通运输工具已取代了许多古老的交通工具。在黄河水运历史上曾扮演过重要角色的"皮筏子"也逐渐淡出历史舞台，但这一古老的水上交通工具在昔日的辉煌和荣耀中，已积淀了深厚的历史底蕴和文化内涵，它在青海水上交通历史进程中所起到的积极作用，已铭刻在文化史册之中，成为黄河古老水文化的一个不可缺少的因子。在"2005中国青海国际抢渡黄河极限挑战赛"上，久违的"皮筏子"再现于黄河，昔日人们用来与大自然做斗争的工具，而今变成了独特的运动项目，成为特色旅游节目，以其独特的魅力向人们展示着黄河古老水文化的风韵和青海人民的审美生存智慧。

---

[1] 常清民：《黄河古筏风俗考》，载《民俗研究》，2003年第3期。

第二节 追求与自然和谐的共生之美

青海各民族在不断认识、改造自然的实践过程中,创造了众多的物质和精神文化,体现出多方面的审美生存智慧,而追求与自然的和谐共生之美,则是最突出的审美生存智慧。所谓共生之美,既不是客体占据着矛盾的主导地位,主体依从依生于客体,形成客体化的主体;也不是主体占据着矛盾的主导地位,主体征服客体,形成主体化的客体,而是主客体相适相宜,协同共生,形成一种和谐的、高级形态的美①。人类只有在与自然的和谐统一中创造的文化,才是具有永久审美意味的文化。

20世纪70年代以后出现的生态美学,在人与自然的关系上一方面突破了主客二分的形而上学观点,另一方面也突破了"人类中心主义"的观点,力主人与自然的和谐平等、普遍共生,强调人与自然的联系、人与自然的统一。其观点的核心内容是人与自然的协调,实现人类审美的生存。实际上创造与自然和谐的共生之美,这也正是中国古代"天人合一"思想的基本内涵。在中国传统文化中,"天人合一"是中国民族美学的最为重要的哲学基础。中国古代思想家认为"天"与"人"是相通的,宇宙是一个生生不已的、和谐的生命统一体,实现个人生命与宇宙生命的融合,以体验宇宙间的真、善、美,是人生的最高境界。"天地之美恶,在两和之中",汉代董仲舒的这一句话就阐明了美与和谐的关系:美存在于和谐之中,和谐是美的本质。庄子在《人道》里就指出:"与天和者,谓之天乐。"他追求在与

---

① 黄秉生、袁鼎生:《民族生态审美学》,民族出版社,2004年。

第三章　审美生存的智慧

大自然的同一中寻求超越,这种超越就是"天乐"。他认为人与永恒的、无限的大自然的合一,是一种最自由的境界,也是一种最美的境界。

美学是一门对人类生存境遇与命运深切关注的人文学科,尤其生态美不同于自然美的只是注重自然事物自身所具有的审美价值,而是在人与自然的生命关系中,体现了生命的相互参与性和依存关系,"是人与自然的生命和弦,而非自然的独奏曲"[①],具有鲜明的生态意义。生态审美是建立在对生命的深层理解之上,以生态观念为价值取向而形成的审美意识。因此,它是将建立在人与自然、人与社会以及人与其自身生态关系之上的整个生命的生态过程和生态环境作为审美对象而产生的审美观照。它把审视的焦点集中在人与自然的关系所产生的生态效应上,体现的是人与自然的生命关联和生命共感。生态学有一条重要规律,就是生物适应环境的规律。适应,是生物与环境的一种本质联系,它的主要表现是和谐。环境作为一种先在的条件,往往对生物形成一定的压力,而生物为了生存和发展,就要通过自己的调节能力,或是调节自己的生理结构,或是调节自己的行为方式,主动地去适应环境,这就是生物的一种"生存智慧"。每一个物种,如果没有这样的生存智慧,它就没办法存活,更无法得到发展。人类也是如此,哪个民族"生存智慧"丰富,他们就能更好地生存,也会得到更快地发展。青海许多生态审美文化事象,大都是各民族出于生命的本能、生存的需要,结合环境的特点而创造出来的,是符合生态学的主要规律的。我们对青海各民族审美生存智慧的认识,也必须从其文化根性加以探寻,从其文化根性去感受其生存之美、生态之美。

从本质上讲,人与自然环境是不可分离的,人在自然环境中

---

① 徐恒醇:《生态美学》,第 71 页,陕西人民教育出版社,2000 年。

是否自由与和谐会对审美心理产生重大影响。在原始社会，祈求自然神的保护为终极目的的自然崇拜、图腾崇拜等原始宗教，就是先民对自然顺从和敬畏的审美心态反映。原始时代的人的最大生活理想就是希望大自然能够与人为善，保佑他们生活幸福，与他们和谐共处。由于在当时的条件下，美好的生存理想的实现很大程度上受控于自然，而人的能力又比较低，能成为现实的部分很少，于是人们常常借用幻想形式来实现它。他们求助于自然、顺从于自然，目的是为了祈求自然成全人们的愿望。这种自然崇拜的观念，实质上反映了人们希望顺其自然，协调人与自然和谐关系的一种强烈愿望，其客观作用是民众在信仰的支配下自觉地保护了自然生态环境，成为与自然协调发展的有效的生态审美对策，这种情况至今在青海民间依然存在。

生态美的一个最为突出的特性就是强调生命关联性。生态美学看生命，不是从个体或物种的存在方式来看待生命，而是超越了生命理解的局限与狭隘，将生命视为人与自然万物共有的属性，从生命间的普遍联系来看待生命，重在生命的关联。藏族传统的宇宙观就认为：宇宙由上为天界、中为人界、下为龙界或阴间构成。天界是神佛居住之地；人界是人类生息之地；龙界是龙王和妖魔鬼怪藏身之地，这三界是相互沟通、相互依存的关系。在这个世界中，无论动物也好，植物也罢，在藏族眼中，都已不是单纯的生物，它们和人类一样具有繁衍生存的权利，同样是自然界的臣民，不能任意加以亵渎。因而，藏族的生态审美意识包含两个层面：一是人与自然的和谐共存；一是人与自然的本质同源，主张各种生命的平等。前者是后者的认识基础，后者是前者的理论深化。藏族主张众生平等，不仅人与人平等，而且包括人与动物在内的一切有情众生皆平等。藏族的传统观念认为：自然界的一切，包括花草树木，与人一样，都是有生命的，人与一切生物共存，才是一种合理的存在。人与自然的和谐共存，主要表

第三章 审美生存的智慧

明人与自然不可分离，融为一体，人顺应自然、适应自然而生活，自然不是人类的敌人，不是人类的征服对象，而是人类的朋友，是人类生存的家园。热爱自然就是关爱人类，维护自然就是维护人类自己的家园。从这种宇宙生态观出发，藏族认为人类必须珍惜自然，保护自然，顺应自然，依赖自然，融于自然。保护自然就等于保护人类自身，人类要生存下去，就必须做到人与自然和谐相处。为此，藏族在自然生态保护方面形成了很多禁忌习俗：禁忌乱砍滥伐树木，尤其神山的树木、村寨中的老树不许砍伐，否则将会冒犯神灵，给人畜带来灾难；禁止猎捕神兽（兔、虎、熊、野牦牛等），它们会给人类带来吉祥安康；禁忌捕杀鸟类，认为鸟是人类的朋友，捕杀鸟类等于残杀朋友；禁忌惊扰神山，禁忌在神山上打猎、喧闹，禁忌在神山上挖掘，禁忌将神山上的任何物种带回家去，否则，会惊动或冒犯山神而降下灾难；禁忌污染水源，藏族把水视为生命之母，禁止在水源洗衣、洗脚、洗澡、洗涤有污垢的东西，不许在水源附近大小便；禁忌将污秽之物扔到湖（泉、河）里，禁忌捕捞水中动物（鱼、青蛙等）。由于对自然界的种种禁忌，使藏族产生对自然的崇敬、感激、畏惧和顺从之情，自觉地约束个人及社会行为，力求与自然的和谐相处。在青海藏区，凡属神山、神湖的周围地区，千百年来禁忌最为严厉，同时生态环境也一直处于良好的状态。在长期的对人格化的自然的崇拜过程中，藏族先民已由最初对自然的恐惧转变成了对自然的热爱与尊重，他们生活的地方林木茂密，牧草丰盛，山清水秀，风光美丽，从而保持了藏区长期以来生物物种的多样性，生态环境的原朴性，呈现出一派"元文明"欣欣向荣的状态。虽然高原的人们是从宗教的意义来保护一切生物的，还不是出于科学高度的自觉意识，但却蕴含了"天人合一"、"万物共生"，人与自然和谐的朴素的生态哲学思想，客观上维护了自然生态环境的平衡发展，表现为一种独特而有效的生态审美生存智慧。

　　海德格尔在《简尔德林和诗的本质》一文中，阐释德国浪漫派诗人简尔德林的诗句"人充满劳绩，然而人诗意地栖居在大地上"时指出，简尔德林的诗深情地传达了人类理想的审美的生存境界。"诗意地的栖居"是审美态度的人生境界，是以一种积极乐观、诗意妙觉的态度应物、处事、待己的高妙之境，也是中国传统生态审美追求的"天人合一"之境界。维护人与自然环境的"和谐共存"，这是实现人类"诗意地栖居"的本源，只有这种"和谐共存"，人类才可能在"充满劳绩"的情况下拥有真正自然、自在、自由的审美空间。这种人生境界也是青海各族人民向往的生存审美理想。在青海牧区藏族民居中，人们常用虎、狮、鹏、龙四种飞禽走兽的图案来装饰，图中虎、狮、鹏、龙各占一个角，鹏龙在上，虎狮在下，中央是骏马驮着宝瓶飞驰。在这幅具有宗教意味的图画中，体现出藏族对自然与人之间的关系的形象理解。虎居森林，画虎表示木；狮卧雪山，以狮象征土；大鹏凌空双角喷火，画鹏代表火；龙藏大海，画龙以示水；风无处不在则为天。当土木水火天自然界这五大要素处于平衡状态时，自然界风平浪静，人类会享受到自然赋予的幸福生活。中央的骏马表示快速，如意宝瓶表示心愿，骏马驮宝瓶扬蹄疾驰，象征转变一切恶为善，心愿像骏马奔腾一样迅速实现。这幅画形象地告示人们，人与自然的和谐是人类得到幸福的根本，也是神的旨意。图画虽然有其浓厚的宗教意味，还不是来自于藏族的科学理念，但它向人们说明了一个最朴实的道理，人与自然的和谐共生是人类生活幸福的保证，人与自然的和谐是人们向往的一种理想的审美生存境界，从而引导人们热爱生他养他的土地，热爱雪域之邦的一山一水、一草一木，表达了人们与大自然共生共荣、返璞归真的美好愿望。

　　对生命的热爱，对生命的讴歌，是生态美学中最基本的内

第三章 审美生存的智慧

容,"对生命存在的尊重和热爱,这既是生态学,也是生态美学最重要与最基本的精神"①。在信奉佛教的藏族眼里,人与动物永远是伙伴关系,佛教的"不杀生"虽不是基于生态学意义上的生物保护,而是出于一种宗教信仰,仅靠这种信仰是无法解决人类对生物的保护问题,但从佛教"不杀生"的道德信条中所表现出来的对生命的尊重,已超越了环保生态观念下生物学原理,是更具文化意义的生命观念,这无疑是有价值的。千百年来,无以数计的佛教信徒,践行着佛教众生平等、共生共荣的生态伦理思想,在日常生活中把一颗慈悲、仁爱之心普遍施与自然界中的每一个生命。受佛教思想的影响,藏族这种生态审美意识和行为有力地保护了青藏高原生物的多样性,维护了生态系统的平衡。从青海所处的自然环境来看,各民族的审美活动大体是生态型的,在历史发展过程中是较好地达到了生态活动和审美活动的同一,形成了一种生态活动和审美活动的良性循环圈。在特定的民族审美活动生态圈中,青海各民族人民在生存中审美,在审美中生存,使生存活动成为审美活动的载体,使审美活动随生存活动不间断地展开,实现了与民族生存活动的同步发展,达到审美性和生态性动态对应的统一。

生态审美智慧是人类生存智慧的重要内容,所谓"生态审美智慧"其中的一个核心问题就是人对自然的态度问题②。而人们如何对待自然,最终取决于人们如何认识自然以及人与自然的关系。世居青海的回族、撒拉族全民信奉伊斯兰教,其教义认为真主创造了宇宙万物,"以大地为你们的席,以天空为你们的

---

① 李西建:《美学的生态学时代:问题与意义》,载《陕西师范大学学报》,2002年第3期。

② 樊美筠:《中国传统哲学中的生态智慧——以美学为例》,载《中国哲学史》,1998年第3期。

幕,并从云中降下雨水。而借雨水生出许多果实,做你们的给养"①。这段《古兰经》中的经文告诉人们,真主创造的大自然是多姿多彩的、和谐的、平衡的,是相互联系、相互依存、相互生成的。大自然中所有的景观——秀美的山川、茂密的森林、成群的动物、丰沛的雨水、灿烂的群星、广阔的海洋、蓝蓝的天空、飘动的云彩、潺潺的流水以及由此而来的湖光山色、鸟语花香,构成了一个相互依存、协调有序、生机盎然的宇宙大家庭。人类就是这个大家庭中的一员(但不是唯一的成员),而且是万物之灵长,因而真主让人成为他在大地上的"代治者"(哈里发)。伊斯兰文化整体和谐的生态自然观突出地表现在乐园所代表的理想生态境界上,伊斯兰教把乐园作为人与自然和谐交融的最高理想境界,这里风光旖旎,绿树成荫,百花盛开,清泉潺潺,人与自然景物相得益彰,融为一体,其乐融融,构成了一幅亲切和谐而又生动美丽的生态风景画,形象地表现了人与自然环境亲密无间、和睦共存的动人景象。在其民族生态的理想图景中,到处都向人们散发着一种无法拒绝的亲和力,给人一种视觉的和谐美感。从这种乐园的自然生态美图画中,可以看到伊斯兰教对人类与自然和谐生态美的崇尚。

伊斯兰教是一个珍爱和平与生命的宗教,它的生态审美智慧,体现在三个方面:一是认为人类和自然界息息相关,不能脱离自然界而独立生存。伊斯兰教在肯定真主前定的基础上,认为人类是自然界的一部分,人类不能离开自然界而生存,人与自然的关系是一种对象性的关系;二是强调以仁爱之心爱惜生物,合理开发和利用自然。伊斯兰文化视自然如人类一样的生命存在,主张人类不仅要相互仁爱,也要爱天地、爱自然,要求人们慈爱一切生命。伊斯兰教把合理开发和利用自然当做一项"善功",

---

① 《古兰经》,第384页,中国社会科学院出版社,1981年。

第三章 审美生存的智慧

把它作为衡量人（大地的代理者）是否认真履行自己代理权的标准；三是主张人类作为大地的代理者，在享有开发和利用自然权利的同时，必须肩负起保护大自然的义务。在伊斯兰教看来，真主为人类创造了气象万千、多姿多彩、和谐美妙的自然环境，人类生活在生机盎然、协调有序的大自然中，应该和自然界的动物、植物成为朋友，而不应该破坏大自然。伊斯兰教将热爱和保护自然视为美德。总之，伊斯兰教的自然审美观以真主创始说为根据，主张人与自然和谐共处，这种审美发展观其合理性就在于它确立的是人与自然的辩证统一，着眼点是对自然环境的呵护，而最终关怀的还是人类自身的生存和发展，是要通过真主的光辉来净化人类的灵慧之心，实现人类与自然的和谐共处。伊斯兰教的生态和谐理念与当今生态伦理学、生态美学追求的人与自然的和谐发展异曲同工。穆圣禁止人们对树木乱砍滥伐，同时，他号召人们多植树、多造林，并把植树造林当作一项善功看待。他说："任何人植一棵树并精心培育，使其成长、结果，必将在后世受到真主的赏赐。"[①] 在这种理念的引导下，信仰伊斯兰教的民族已形成了自觉保护生态环境的意识。"清明到，栽树忙"、"山上没有树，水土保不住"、"栽树人养林，栽成林养人"，这些谚语，表达了撒拉族人民与自然和谐共生的审美生态智慧。也正是青海各民族生态活动的审美化，促进了生态规律和审美规律的内在统一，不断实现着"诗意的栖居"的审美理想。

一个民族所面对的生存环境是无法改变的，但人们可以通过群体的维系作用去适应生存的需要，降低自然因素对人生存构成的威胁。为了做到这一点，更好地获得生存繁衍，就要求这个民族所依赖的群体要与大自然和谐相处，保持一致，不能违背自然

---

① 马明良：《伊斯兰教生态文化与回族环保意识》，载《回族研究》，2000 年第 4 期。

界的规律。在这种生存的背景下，青海各民族始终与自然保持着一种和谐的关系，他们敬重自然，甚至还崇拜自然，他们既不断地从自然中取得生存的必需品，但又不过多地去干扰和破坏自然，维持着一种生态的平衡性。在与自然环境的关系中，青海各民族由最初对自然的敬畏和顺从，发展到在与自然抗争中求得生存，在改造自然的基础上建立人与自然的和谐共生之美。在这一历程中折射出青海各民族对生命的热爱，对美好生活的不断追求，相对于远古社会中人类对未知世界的敬畏和顺从，更多的体现了人的自我意识的觉醒，透露出自强不息、积极进取的信息，表现出更趋理性的生态智慧，从一个层面体现了人们追求生态美的一种更加深沉而凝重的审美意识。

  以人与自然、人与社会的关系为轴心，揭示人的生命、生存境况以及如何审美地生存、诗意地栖居，这是当今兴起的生态美学研究的重点问题。从各民族的生存状态探寻其审美文化的形成根源，生态美学这种研究的思路，无疑对我们研究青海审美文化产生的根源，寻求其发展规律，提供了理论上的启示。纵观青海发展的历史，青海各民族人民在高原特殊的自然地理环境中为求取生存，在与自然的抗争与和谐共生中，以自己的聪明和才智诗意地生活在青海高原这块神奇的土地上，他们不断追求与自然的和谐共生之美，创造了众多富有地方和民族特色的生态审美文化，体现了青海各民族人民合规律性与合目的性相统一的生存审美智慧。由于青海地处偏远，交通不便，因而青海审美文化在发展过程中，相对于特别发达的主流文化而言，各民族与自然的关系一直是比较密切的，在他们的审美文化中蕴含着更多的质朴的生态智慧，保留了许多鲜活的史料。要探寻人类如何审美的生存、诗意的栖居的问题，丰富的青海审美文化无疑为人们提供了更多有价值的东西。

第四章　社会人文环境与青海审美文化

　　任何一个民族文化的生成与发展都是在各自所处的自然环境（如地理、生态、气候等）和社会环境（制度、宗教、风俗等）中进行的。自然环境因素为一个民族的审美文化提供了产生与发展的自然生态条件，但审美文化作为人的精神文化形式，不仅要与自然发生关系，还要与人、社会环境发生关系。人作为"社会关系的总和"，在其实践中，既受自然因素的制约，同时又力争超越这些制约，按照自己的意愿发挥主观能动性改造自然和自身，按照美的规律来创造。人的生存不仅是物质的，更重要的是精神的、审美的生存，这是人与动物的一个重要区别。从当今审美生态学的观点来看，人们的审美活动都是在特定审美人文氛围即审美生态环境中进行的。审美生态主要存在、弥漫于审美主客体周围及其之间的人文生态环境，这是审美活动的关系发生的重要条件和前提。从审美文化发展的一般规律来看，任何一个民族的审美意识，都是在特定的生活环境和社会背景下产生的，也就是说不同的审美生态环境对各民族审美文化的产生与发展具有直接的影响和作用。

第一节 特殊经济环境的影响

审美活动与自然环境有着密切的联系，是一个不争的事实，但审美活动并非自然现象，而是独特复杂的社会现象，人们审美活动的形成和发展与社会环境特别是与生产方式有着更加直接的联系。人是自然的产物，自然地理环境是人赖以生存和发展的物质条件，而自然环境的差异又直接影响到人们生产劳动的方式，进而对人们包括审美在内的各种意识的形成产生重大影响。所以，审美意识正是随着人类的生产力发展而发展的，随着人类社会生产的发展，审美的对象、范围也随之扩展。马克思在谈到社会存在与社会意识的关系时说："物质生活的生产方式制约着整个社会生活、政治生活和精神生活的过程。不是人们的意识决定人们的存在，相反，是人们的社会存在决定人们的意识。"这个基本原理告诉我们，意识形态（包括人们的审美意识）都"必须从物质生活的矛盾中，从社会生产力和生产关系之间的现存冲突中去解释"。[①] 对此普列汉诺夫进一步指出，人们的审美趣味和审美观念显示的内容和意向是由他们所处的社会条件及生产力状况和生活方式决定的，人们所处的社会条件（民族的、阶级的），生产力状况和生活方式，使他们有"这些而非别的审美趣味和概念"。[②] 真正的审美是属于人的文化专利，审美意识是人

---

① 恩格斯：《致符·博尔吉乌斯》，《马克思恩格斯选集》第 4 卷，第 506 页，人民出版社，1972 年。
② 《普列汉若夫哲学著作选集》第 5 卷，转自杨恩寰《美学引论》，第 20 页、337 页，人民出版社，2005 年。

第四章 社会人文环境与青海审美文化

们对于客观物质世界美的领会，它来源于人们对生活实践的体验积淀及认识升华，并通过多种形式加以体现。因此，人作为审美的主体，其审美意识总是与一定的生产方式、生活环境及功利目的紧密相连的。这就使得处于不同的生产、生活形态中的民族群体的审美意识及审美文化创造，具有了各自不同的个性特征。

从一定意义上讲，人类的历史，就是审美的发生和演进史，而且是一个动态的系统过程，是多因多果、互因互果的漫长历史演进过程。正是在这漫长的历史演进过程中，以劳动实践为中介，一方面人的诸层本质丰富性内涵渐次生成与发展起来，成为文化创造主体；另一方面人的本质丰富性也在相应的文化客体上物化、凝结、沉淀下来。相应的文化客体就像一面镜子，反映着人们对象化的本质力量，使人们从中体验到完全不同于动物的属于人的自豪感和愉悦感，这正是审美文化的特殊内涵。人类社会发展的动力，在于生产力和生产关系的矛盾，而生产力又是活跃因素，它制约着人类社会历史的进程。民族审美心理作为人类精神生活的内容的沉淀物，无疑要受到生产力发展水平的制约，然而这一过程，主要是通过劳动方式对心理活动的影响实现的。许多学者把艺术的开端定在三四万年以前的旧石器晚期，其根据是迄今发现的最古老的岩画。这些岩画绝大多数是以动物和狩猎为内容的，所以艺术史上有人称之为"动物艺术"（animal art）。考察各国的原始岩画很容易发现，愈是久远的岩画，其表现内容愈倾向于动物题材。即便是狩猎题材，往往也不是反映人与动物双方的较量，而是独立地表现动物受伤垂死或面临困境的瞬间。著名的西班牙阿尔塔米拉洞穴"大壁画"中的代表作就是一只受伤的野牛，它四足卧地，身屈如弓，眼光怒视，呈现出将死的生命和挣扎的力量，尽管画中没有猎人的存在，却被艺术史誉为"猎人艺术的最高成就"。早期游猎生产活动不仅孕育了原始民族共同体的独特生活方式，而且也深深影响到包括审美意识在内的民族精神文化生活。从世界范围来看，在各种艺术形态普遍发生的新石器时代，人类审美意识与实用功利意识的混融和未分化是一个普遍现象。在这些与生存活动及其观念形态直接相关的活动中，审美及艺术并不是一种独立的存在形态，而是最终依附于生产劳动的。

这一特点同样体现在早期的青海审美文化中。青海境内人类活动的遗迹，就目前已知资料，可追溯到约3万年前的旧石器时代晚期，那时柴达木盆地已有人类居住生活。约一二万年前，昆仑山区、唐古拉山区一带也有人类劳动生息。那时青藏高原的气候大概比现在温暖湿润，丛林茂密，游食动物成群结队，成为人们猎获的对象，可食野生植物的果实、根茎等资源丰富，可供人们采集，适宜人类生存。1980年，在贵南县境发现迄今6700多年前的中石器时代遗存的拉乙亥文化，当时人们仍使用打制的石器，以狩猎采集为生。该遗址出土的动物骨骸有环颈雉、鼠兔、沙鼠、喜玛拉雅旱獭、狐、羊等，① 这些动物应是当时人们主要捕食的对象，可见青海很早就有了农业和畜牧业的不同经济形式。以乐都柳湾为代表的齐家文化属新石器时期，农业是其主要的生产形态，而以大通田家沟和西宁沈纳遗址为代表的齐家文化，则以畜牧业为其主要经济形态。② 这些不同经济生产方式的特点在早期青海审美文化中留下了鲜明的印记。在青海刚察县泉吉公社黑山舍布齐沟沟口转弯处，在一面高50多米、宽约10米的山坡崖面上，密密麻麻地刻满了耗牛、野牛、狼、马、羊、鸟、狩猎等图像，而且岩画都出现在放牧的必经之地。可以看出，这些原始的动物或狩猎图，一方面表现的都是与当时经济生

---

① 王国道、陈得成、刘国宁：《拉乙亥遗址的发现及其在我省考古学上的意义》，载《青海考古学会会刊》，1981年第3期。
② 汤惠生：《青海高原古代文明》，第36页，三秦出版社，2003年。

第四章　社会人文环境与青海审美文化

活有密切联系的劳动对象和劳动场面，在这种特殊的地区凿刻，也是先民对自己的生产经验的总结，告诉人们此处正是狩猎的最佳场所；另一方面表现出先民与生产劳动密切结合的模糊审美观念和审美价值取向。在狩猎时代和以后长期的狩猎生活中，猎、牧人靠狩猎为生，又时刻受到野兽的威胁。他们对野兽的祈求、占有、敬畏等矛盾心理时时起着作用，在人的头脑中充满了兽的形象，种种动物也就成为当时人们审美意识中主要的和最有价值的内容。文化史学家格罗塞在《艺术的起源》谈到早期绘画时说："狩猎部落由自然界得来的画题，几乎绝对限于人物和动物的图形。"青海早期的岩画印证了世界艺术发展的这一规律。先民们之所以花费如此大的代价来创作岩画，既是生存需要的狩猎生产活动所驱使，也是表现自然崇拜审美观需要的驱使。也许，在交感巫术观念的影响下，原始先民相信，只要他们虔诚地凿刻或绘制狩猎对象，大批动物就会出现在他们眼前，只要他们满怀热望将狩猎场景真实地表现出来，在即将展开的狩猎活动中就会有丰硕的收获。

在表现手法上，青海早期的岩画中的动物形象一般说来比较写实，具象性强，造形生动，这与先民对狩猎对象的长期观察、熟记于心是分不开的。但从绘画的技巧来看，青海原始岩画不讲究透视，大多是从平视角度把握对象，不讲比例，在整个画面的处理上，崖画作者把动物放大成为高大、醒目而突出的形象，所画的动物形象往往比人物形象大出许多倍。这有似于儿童的思维方式，儿童总习惯于不假思索地把他们认为重要的或感兴趣的部分画在纸的中央，并画得很大，往往违反了对象的现实关系。岩画作者的这种主观意向，自然为他们彼时的审美观念、情感、想像和意愿等所制约。这种情况不只是原始先民写实能力的欠缺所能说明的，也许在这原始的艺术中已包含了先民的理想和愿望，为了能捕获更多更大的猎物更好的维持生活，他们希望猎物越大

87

越好,也许在先民心目中,猎物比自己强大得多,他们通过岩画制作的方式,对猎物施加魔法从而战胜强大的对象。不论是属于哪种情况,从根本上看,都是出于早期人类的生存需要和狩猎劳动需要促进了原始岩画的产生和发展。这种形式的背后隐藏着种种功利性的目的或意义,诸如祈求野兽繁殖兴旺,狩猎丰收,给人带来幸福等等,这些都成为岩画审美特征的重要的主观因素。这种内蕴着浓重自然崇拜观念的岩画,其审美特征明显带有原始狩猎文化的烙印。作为早期先民审美意识的成果,这些原始岩画为我们研究青海先民审美意识的产生和发展,提供了不可多得的宝贵资料。

青海的农业和畜牧业都具有十分悠久的历史,从经济类型上看,青海东部与中原农耕文化相连接,西部等其余地区属草原游牧文化,两种经济文化类型在境内并存交错。从地理位置上看,东部地区属黄土高原的边缘地带,西部和南部属青藏高原,两种不同类型的地域在境内连接过渡,从而形成了基本以日月山为界的经济类型分割。青海的畜牧业主要分布在日月山以西和青南高原地区,这里天然草场辽阔,水草丰茂。西晋以前,广大的草原地区为羌人所据,其生活所居无常,依随水草,地少五谷,以畜牧为主。由于自然条件和历史发展等原因,青海东部地区经历了以畜牧为主、到农牧兼重、再到以农业为主的发展过程。青海的农业生产活动,据目前已有资料看,至迟于距今 5000 余年前的马家窑文化石岭下类型时期就开始了。① 在青海乐都柳湾马厂类型墓中发现了大量粟(粟俗称谷子,去皮后为小米),"在一半以上的马厂墓葬中都有容积较大的装有粮食(粟)的粗陶瓮作

---

① 马家窑文化早期石岭下类型,其年代约为公元前 3800—前 2500 年。

第四章　社会人文环境与青海审美文化

为随葬品"①。在循化阿哈特拉山卡约文化墓地中保留有麦类与粟类实物遗存，这些都充分证明了早在5000年前，青海地区就有了原始的种植农业，青海地区的农业文化具有悠久的历史。②中原农耕文化对河湟原始畜牧业的影响，最早发生在战国初期。据《后汉书·西羌传》记载，秦厉共公时（前476年—前443年），羌人无弋爱剑被秦拘执，后逃到三河间（今青海东部黄河、湟水、大通河流域）。当时"河湟间少五谷，多禽兽，以射猎为事"，羌人"所居无常，依随水草，地少五谷，以产牧为业"，爱剑"教之田畜，遂见敬信，庐落种人依之者日益众"。这说明，河湟羌人在战国初就开始学习爱剑从秦国带来的种田和养畜的先进技术，从原始畜牧、射猎为生的生产生活方式开始向着农牧兼营的生产方式过渡，显然这与秦国先进的农耕文化的影响是分不开的。可见，在青海很早就构成了畜牧和农耕两种基本的经济文化类型。

早期的农耕生产在青海审美文化中留下的深刻印记，主要表现在生产方式对当时人们的审美意识的直接影响。在青海民和出土的新石器时代马家窑文化马厂类型文物中，蛙纹神人盆是一件图形特征非常明显并广泛采用的彩陶器，它通高11.4厘米，口径21厘米，内壁饰有黑红两彩神人纹，头部硕大，上肢弯曲，不见下肢，似乎是在端盆撒播种子，外部绘有变体蛙纹。在中国历史文化中，鱼、鸟、蛙基本上都被视为固定的生殖象征符号，其中蛙的繁殖力最高，而在蛙纹神人盆图案上作撒种状的变体人形纹，实际上代表着一种播种的神灵。可见当时人们的春祭与生

---

①　许新国：《循化阿哈特拉山卡约文化墓地初探》，载《青海社会科学》，1983年5期。

②　青海文物管理处考古队：《青海乐都柳湾原始社会墓地反映出的主要问题》，载《考古》，1970年第6期。

殖观念是密切相连的,因为春天是万物繁殖的季节,因而蛙纹神人盆作为一种特殊的祭器就含有"为祈求保佑妇女多子,畜牲兴旺,五谷登丰"①的意蕴。这种撒种状神人的纹样和变体纹样,被认为是农业相对发达的结果和反映。这种类似农神、谷神的神灵,大约在父系氏族社会才出现。盆上的图案,形象生动地反映了距今约4500年的马家窑文化马厂类型的居民祈求农业丰年的审美心态。早期先民的这种农耕审美文化意识,至今还以变异的形式被保留下来。前不久被列入世界非物质文化遗产保护名录的青海社火"四片瓦"舞蹈就是其中的典型代表。"四片瓦"流行于青海东部的河湟谷地,因演员以"瓦片"(形似瓦片的骆驼骨制成的响板)敲击节奏起舞表演而得名。这种社火舞蹈不仅具有鲜明的地方特色和浓郁的生活气息,而且在其原始古朴的形式背后蕴藏着古老文明和原始审美的多重内涵。该舞是由多人参与表演的群舞,舞蹈时演员两手各持两块"瓦片",脸上画着简易的青蛙脸谱。舞者的舞蹈语汇大多模仿青蛙的蹲跳、游动、鸣叫等,最能表现青蛙形体特征和语言的动作编排队形。随着身体的舞动,手中的瓦状道具敲出了阵阵的蛙声,此起彼伏不绝于耳,好似无数只青蛙跳动在田间,为人们消灭危害庄稼的昆虫。从文献资料记载看,在我国古代中原地区的民俗中,对青蛙表现出的只是一种生殖崇拜思想,把青蛙供为祭祀的"神"的民俗颇为少见。据当地有关学者研究,"四片瓦"舞蹈起源于古代的腊祭活动。作为农耕文明的遗迹,腊祭不仅是最重要的祭祀活动,也是一项重大的礼仪。隆重的腊祭,既是充满了古人无穷想像的智慧之作,也是表现敬畏之心,又是表达祈福心愿的精神寄托。在远古的农耕时代,为了生存企盼风调雨顺、五谷丰登,是人们最大的愿望,每次的祭祀活动中,能降伏洪水猛兽和各种昆

---

① 弗雷泽:《金枝》(上),第189页,中国民间文艺出版社,1987年。

第四章　社会人文环境与青海审美文化

虫的生灵或力量，便成为了崇拜和祭祀的对象。青蛙能吞食虫类，保护庄稼，自然就成为了祭祀的神灵。青蛙对保护农作物有功，不仅受到"迎而祭之"的礼遇，同时在人们的民俗审美意识中也是美的化身，人们以舞蹈的形式对它加以歌颂和赞美①。

青海先民的审美意识在物质资料生产方式中产生，并随其发展而发展，随其变化而变化。从游猎中崛起的土族，在经历了漫长历史岁月演进后，最终归宿于农业，成为农耕民族。土族民间文学《唐德格玛》就对先辈这段历史的变迁作了生动的叙述。相传很早以前，土族的先民——赫汗布勒为了寻找生活的出路，上云天擒青龙，想让它驾金犁耕地遭到失败，又攀青石山，捉野牛套银犁，也没能成功，但他毫不气馁，再下平滩，牵黄牛套铁犁。经过了一番人畜搏斗，终于将"又肥又壮的黄牛驯服了，驾上铁犁把荒开"，"犁了南滩犁北川，洒下了金子般的青稞种子……"辛勤的劳动，最终获得了丰收。虽然这不是严格意义上的土族历史，但却形象地反映了土族先民自辽东迁移到青藏高原，从畜牧业生产方式转向农耕生活过渡的艰辛历程。这一重大转变是土族历史发展中的一大飞跃，表明土族在自身的发展过程中，已由对神秘的大自然的屈从，逐步转向了对它的征服。这种生产方式特点的变化在其民族的审美心理上打上了深深的印记，《唐德格玛》正是以赞歌的形式记叙了土族先民向大自然索取生存权利和生活能力的艰难历程。显示出在生产方式变化的影响下，土族已由对自然的崇拜转向祖先（英雄）崇拜的审美意识特点。

物质资料生产是一切民族生存与发展的基础，也是民族审美意识产生与存在的基点，不同的物质资料生产方式往往构成不同的审美模式。青海民俗审美文化中的许多传统竞技体育项目就和

---

① 马戈：《四片瓦·祈福的绝唱》，载《青海广播电视报》，2000年7月23日。

特定的生产方式密切相关，有些就是由生产方式逐渐演变而来的：在草原上生活的藏族、蒙古族，以畜牧业为其生产方式，骑马是一种重要的生产和交通手段，在这种独特的生产、生活方式中，他们与马结下了不解之缘，并由此而演化出与马有关的民间传统体育——赛马活动。正是从骏马奋力飞奔、勇往直前的形象中，藏、蒙古等民族人民找到了某些与自己民族的本质力量相同的特点，从中感受到了独特的审美愉悦。参加赛马的选手在力与智的竞技中，显示着自己超群的勇敢、智慧和力量，给人以粗犷、机智、勇敢、壮美的审美感受，体现了草原文化特有的审美情趣。在青海土族和藏族中都保留有不同的箭神崇拜信仰习俗，箭在藏、土等民族的物质生活和精神生活中扮演着重要的角色，被奉为藏族的善神之一。从渊源上看，现在的射箭运动就是从早期的狩猎生产发展而来的。被神话以前的箭是民众的生活工具和防卫武器，与当时藏族民众的生存状态和狩猎生产方式有着密切的关系。这种情形从青海野牛沟岩画也能得到印证，岩画上不仅画有大量的牛、马、鹿、骆驼、豹子、狗熊、羊和狼等动物，还有人骑马狩猎的形象。野牛沟地处昆仑山脚下，是牧民的夏季草场，人们狩猎活动的场面在野牛沟岩画野牛图中得到了突出表现。画面为三个猎手腰系缒杖，手执弓箭，做跪射状，猎手前面有两牛一鹿。这是一幅典型的原始狩猎图画。这说明很早以前青海就有了狩猎游牧经济，弓箭就是与之相适应的劳动工具。这种原始的工具，是在劳动实践中合目的性与合规律性的统一的产物，因而也成为人们早期的审美对象。因为"美感在本质上首先是人的自我确证，而且首先是在劳动中、在工具的制造和使用中产生出来的"。① 出于狩猎经济的需要，青海先民很早就发明了弓箭，不仅大大提高了捕猎野兽的能力，增强了征服自然的能

---

① 易中天：《艺术人类学》，第51页，上海文艺出版社，1992年。

力，提供给人们更多的食物来源，而且还有力地防御了外来之敌、自然之敌。尤其是在早期生产力不发达的情况下，人们要获取更多的猎物，在部落领土争夺中取胜，就需要（强大的）最原始的力量和智慧，他们崇尚一种勇猛和强悍的力量美，弓箭就是这种美的具体体现之一。传说中的格萨尔王英勇善战、骁勇剽悍、武艺超群、战无不胜，在霍岭大战中他打败敌手不仅凭借自身的足智多谋，还仰仗他手中五十只神力无比的箭。正是由于箭在人们的生活生产中发挥着重要作用，人们不断将箭的力量加以神化，从而诞生了具有高原特色的箭俗。在藏族人的心中，箭是神的标志，也是英雄的代名词，成为民族精神、审美意识的物化表现。

物质资料生产方式是审美意识产生的基点，也是审美意识走向成熟的起点，更是审美意识的归宿点。正如马克思、恩格斯明确指出的，人的生产劳动实践创造了美，产生了人对事物的审美态度。青海各民族人民正是通过有意识的、有目的的创造性劳动改造自然，展示了自身的力量、智慧和才能，从中感受到自由创造的喜悦，同时也创造了丰富灿烂的青海审美文化。

第二节　生命意识的彰显

"任何人类历史的第一个前提无疑是有生命的个人的存在。"① 从马克思"两种生产"的理论来看，审美与人类自身生产也是密切相关的，没有人类社会就无所谓美，这就肯定了人口生产是美之产生必须具备的基础。从审美文化的内容来看，人类

---

① 《马克思恩格斯选集》第1卷，第24页，人民出版社，1972年。

自身生产所创造的男女、家庭、社会关系，道德、伦常、爱情等都是作为人类直接的审美对象而存在着，具有独立的审美意义，这不仅可以从原始文化中得到证明，就是在人类发展迄今的各个时代的艺术珍品和现实生活中也是不乏明证的。人类自身生产所创造的一系列社会关系和观念从来都没有失去过它的美学意义，它是社会生活美、艺术美甚至自然美十分重要的一个方面。① 因此，当我们研究青海审美文化时，就不能不考虑人类自身生产对其形成的重要作用。唯此，才能全面说明青海全部审美文化现象，才能正确阐释其来源和本质。

大道曰生，美在生命。美是生命意识的蕴积与喷发，美是生命精神的高扬与象征。② 纵览青海早期的原始文化艺术，时时闪耀着生命的火花，处处充溢着生命的涌动。正是这种生生不息的生命意识，铸造了青海早期审美文化的灵魂；正是这种永恒不灭的生命精神，彰显出青海文化的审美个性。从蕴藏丰富的青海原始文化到流传至今风情浓郁的民间习俗，我们都能清楚地发现，青海各民族先民在生生不息的奋斗中，为着生命的存在和生命的延续而活动着、思考着，他们有着强烈的生命意识，对生命的热爱已构成他们审美意识的重要内容。

生殖崇拜观念的形成，是青海先民对生命起源探索迈出的理性的第一步，尽管其中仍然充满了许多幻想与虚拟的因素，但这毕竟是人类对生育现象由感生（如天生地、卵生人）到性生（男女交媾生人）的伟大转折。在生产力水平极其低下的漫长原始社会里，野兽侵袭、饥馑、病疫、战争、灾祸时时威胁着人类的生存，个人在自然界面前几乎是无能为力的，只有依靠群体的力量（如氏族、部落等），个体才能够获得生存的基本保障。另

---

① 潇牧：《美的本质疑析》，http://hi.baidu.com/blog/item［2006－12－02］.
② 杨知勇：《西南民族生死观》，第67页，云南教育出版社，1992年。

第四章　社会人文环境与青海审美文化

一方面，在不可能掌握更多手段与自然界相抗衡的情况下，原始氏族、部落也只能通过人口的增殖来不断弥补灾害疾疫所造成的巨大损失，并依靠充足的强壮劳力来获取维持氏族成员生存所需要的果实、野兽。可以说，氏族的利益与个人的利益在最大程度上是处于同一的状态中。在人类社会初期，人口的多寡是原始部落是否能够继续存在并不断发展的关键性因素，因而"生育成为氏族的绝对义务"。① 于是，人们在观照外部世界的同时，也回过头来观照自己，去思考机体生理活动的规律，探索生命现象的奥秘。这种奥秘首先是在最直观的生育活动中体验到的。女性具有生育能力和人从女阴出，这是原始初民从生育过程中直接获得的感性认识，并由此把种族的繁衍的功劳全部归之于女性生殖器，形成了女阴生殖崇拜。这一古老的文化观念，成为青海史前造型艺术中一个常见的主题。在青海早期的岩画和陶器中，就有许多表达生殖崇拜的艺术品。青海柳湾出土的裸体人像彩陶壶，是迄今我国出土最早原始人之造型。其塑绘裸体女身，突出了四周黑彩轮廓，头位于壶颈部，五官俱全，披发，眉作八字形；身躯在壶腹部，袒露乳房、脐、生殖器及四肢。双手作捧腹状，下肢直立，双足外撇。壶体正面呈浮雕状，背面为蛙纹。其乳房、生殖器明显，阴口有凸起物。一般认为其为中性，聚阴阳于一身，乃原始生殖崇拜生生不息之象征。这是早期人们对生殖的崇拜转化为对女性的艺术偶像化的产物，它既是早期崇拜的对象，也是美的创造物。青海原始岩画创作技巧古朴雅拙，生动形象，其神秘怪诞的图像包含了丰富的生殖崇拜内容。这些早期的生殖崇拜艺术与我国红山文化遗址出土的女神像、新疆发现的表现生殖崇拜的岩画以及西方早已发现的旧石器时代的女体雕像——如法国格里马底洞圆雕裸女、奥地利出土的"温林多夫的维纳斯"

---

① 张胜冰、肖青：《中国少数民族艺术哲学探究》，民族出版社，2004年。

等，共同提供了早期人类审美观念中普遍存在性意识的实例。它们的相同特点就是以夸张的手法突出地表现妇女的大腹、巨乳、肥臀，在这里生命繁衍象征了女性的美。在先民的审美意识中，生殖活动意味着生命创造、生命延续和生命的再生，而对生殖行为的崇拜，也就是对生命之神的崇拜，其中隐含着先民试图通过生殖崇拜来张扬生命意义的强烈愿望。从审美发生学的角度看，原始的性崇拜是早期人类对生命的礼赞，是对创造生命快乐的讴歌。先民对自身生殖器官的崇拜不仅促成了早期生殖观念的形成，同时也是人类艺术起源的重要根基之一。

青海原始艺术中，生殖主题产生的原因，在于"人类自身的生产，即种的繁衍"（恩格斯语）。不过性意识在青海审美文化中经历了由明意识向潜意识的转换。随着人类文明程度的提高和文化的发展，这种公开的性意识在艺术中逐步被淡化、被覆盖、被升华。这一过程是与人的生物性不断被它的创造和制约的社会文化因素所覆盖的过程相一致的。美不再是刺激欲望或把它点燃起来，而是使它升华、高尚化。性意识形象符号（即在一定的具象形式上表现出的包含有某种生殖文化意味，同时又有较突出的审美性的一种造型艺术图纹和涂饰）[①] 的出现标志着原始生殖崇拜向艺术审美的"有意味的形式"转化。生殖崇拜从原始的自然崇拜到性器官崇拜再到形象符号的出现，表明人类的生殖观念进一步由具体写实向抽象和意念化方面发展，这是艺术哲学发展中一个颇具审美文化意味的发展演变过程。青海柳湾出土的大量陶器中的蛙纹就是既具有生殖崇拜意味，又有突出审美性的形象符号。由于先民的思维机制具有混融互渗的特点，因而，在一些自然崇拜观念中往往会与生殖崇拜观念联系贯通起来。在先民心目中，太阳与鸟类有些相似之处，太阳能在高空中运行，

[①] 张胜冰、肖青：《中国少数民族艺术哲学探究》，民族出版社，2004年。

第四章 社会人文环境与青海审美文化

鸟类也能在天空展翅飞翔；鸟能卵育生命，由此推导圆形似卵的太阳也能化育生灵，二者在生命意识、卵生意识、母性意识的层面上才神秘地沟通起来。传说时代的女娲氏、太昊伏羲氏，就是太阳神，均为风姓。风通"凤"，指凤鸟而言。风姓就是凤鸟所生，故以凤为姓。可见，以女娲氏、太昊伏羲氏为首领的氏族或部落，在其尚处于母系氏族的社会早期发展阶段上，太阳崇拜与凤鸟崇拜是同构互换的，都包含着生殖的意味。青海早期以蛙等动物形象概括抽象为基本形式的图腾艺术，常常蕴含着某些在卵生崇拜、生殖崇拜、母性崇拜等方面具有同构性的内容。蛙类的繁殖能力极强，先民们以此为图腾神，求其赋予自己氏族或部族的繁衍壮大，是情理中的事。青海马家窑陶器中大量抽象化、概括化了的蛙图案，就是原始生殖崇拜心理在图腾艺术领域的投影。可见"蛋卵，正是揭开陶器时代绘画意象之谜的关键。能把鱼、蛙、鸟这些看似极不相干的物象联系在一起的，乃是作为卵生动物的繁殖力。陶器时代这些反复出现的鱼、蛙、鸟，映现的应是时人关于生殖的思考和期盼"[①]。这种审美文化的发展，并不意味性意识在审美中的消失，而是原始生殖崇拜向艺术审美的"有意味的形式"转化，性意识被抑制在无意识层次。因而，在审美中欲望受到压抑，成为一种潜在的背景，而不是赤裸裸的显在意识。由于原始的陶器绘画中隐含着生殖意识和人丁兴旺的希望，才使得这些看似稚拙的蛙，成为当时最具魅力的审美意象。

从生存、性爱、繁衍的需要到审美的追求，这也是青海原始饰身艺术的辩证发展过程，其中美与性爱是直接相连的。青海考古发掘的大通县孙家寨和宗日两个舞蹈纹彩陶盆，均为早期的审美文化遗存物，但两者差异较为明显。从外形装饰来看，孙家寨

[①] 陈炎：《中国审美文化简史》，第17页，高等教育出版社，2007年。

文物舞人饰尾,而宗日彩陶舞人饰为裙状。这种区别与当时人们的生产生活方式和性意识的表现有直接的关系。处在生产力水平极其低下的古代先民,在狩猎中为了迷惑野兽和接近它们,常常饰物于身近似动物,以便取得狩猎成功。随着生产规模的扩大、文明的进步和保障下体在劳动中保持洁净和不受伤害,便在腰下挂一些树叶或一堆羽毛,这种形式既体现护体的实用功能,也是性意识审美化的产物。据格罗塞的考证,最初男女身上的饰物不是为了遮羞,而是诱惑异性的手段。先民认为遮住下体能够引起男女两性的性激情,在习惯了赤裸的时代,借舞蹈的激越来诱发这种原始纯情,裙饰便成为生理快感升华的艺术形式。无论怎样解读,都离不开对性的审美化理解这一共同意蕴。在青海早期的原始舞蹈中,人们不仅借助性爱舞蹈来宣泄生理上的激奋和男欢女爱的情致,而且更期望通过舞蹈中的性爱来达到现实生活中生育繁殖的目的。生命意识之所以通过与原始生殖有关的性审美来加以张扬,是因为性蕴含着人类无穷的生命力量。因而原始时代"那些精心设计的舞蹈动作、舞蹈画面,实际和宗教一样,都有强烈的社会功能。进行性生活知识的教育,对繁衍种族的关心,对生命力量的歌颂,就是这方面的一些重要内容。"[①] 柳湾舞蹈纹彩陶盆中的尾饰和裙饰以舞蹈道具形式出现,反映了原始舞蹈中的形式美特征,这代表了一种进步文明和审美意识的出现,是人类从动物迈向人的文明历程的一次伟大提升。习惯了赤裸的身体被各种饰物所遮盖,诱发着男女之间的性激情,舒展的舞步体现了人性的原始美,从生活性感积淀中升华为艺术的美感,使二者达到神奇的统一,这便是这种特殊饰物和原始舞蹈的作用。可见,在原始宗教信仰的光华背后,性爱舞蹈真正折射出的是对生

[①] 王炳华:《呼图壁县康家石门子生殖崇拜崖雕刻画》,见许海生主编:《新疆古代民族文化论集》,新疆大学出版社,1990年。

第四章　社会人文环境与青海审美文化

命力量的展现,对生命孕育的欢悦,对生命繁衍的渴望,无疑"充当了赞美生命本身的艺术之母的角色"。[①] 当人类的活动超越了物质的范畴而进入精神的领域时,生与死无疑成为了人们关注最多也思索最多的永恒命题,也是原始审美意识中的重要构成因素。这种以生命为美的审美意识虽然产生在原始时期,但作为一种母题式的审美观念已逐步渗入到民族的集体无意识当中,至今在青海民俗、民间艺术中绵延不绝。民间刺绣中的"游鱼戏莲"、"粉蝶扑莲花"、"孔雀戏牡丹"、"鸳鸯戏水"等图案象征了男女美好的爱情,"绽开的石榴"、"老鼠拉葡萄"图案借植物的多子特性,委婉地表达了人们期望多子多福的民俗审美心理。正月社火中的"傻婆娘"怀抱"婴儿",以滑稽的表演,述说着人们求子的心愿,以其"丑"的形式表达了人们求子求富的美好愿望,使之在民间逐渐成为了求子的化身。在这些青海民间艺术的表演中,都隐含着一种古老原始的情感——生殖崇拜。人们正是借助于生殖崇拜的现代置换形式,表达了祈求人丁兴旺、生活幸福美满的审美愿望。

审美作为情感与智力结合的高级心理活动,与性的进步、与人类的性意识有密切的关联。性在青海审美文化中由意识进入无意识,这一转换的完成无疑是人类审美能力的一大进步,也是生命意识升华的体现。随着社会的发展,人类文明的提高,在许多情况下性成为人们意识中受到抑制最多的问题,被深深地埋在人们的无意识中。但是审美,毫无疑问地包含了社会关系中所传达的性爱、情爱、母爱等内容,永远是艺术家汲取美感的源泉,也将永远是艺术的主题之一。流行于青海各民族中的"花儿",不仅唱腔独特,山野气息浓厚,而且多以比兴手法大胆直抒了对美好爱情的向往和追求,在民间广为流传、经久不衰就是一个力

---

① 何健安:《中国民间舞蹈》,第74页,浙江教育出版社,1992年。

证。可见，受压抑的性意识在现代社会同样常常成为人们审美的内驱力，通过艺术创作、审美欣赏等得到升华，这也许就是为什么与其他领域相比较，爱情主题在青海民间艺术中占有重要地位的一个主要原因。

第三节 伦理文化的渗透

在社会生态环境对青海审美文化产生和发展的影响中，伦理文化也是构成影响审美文化发展的重要社会环境因子。在文化大系统中，审美文化与伦理文化是其中的两个子系统。伦理文化包括伦理原则（道德规范和伦理学说）和伦理行为两大部分。我们把人类社会中的一切伦理现象（道德规范、伦理学说、伦理行为）统称为伦理文化。在民族发展中，从价值观看，审美文化和伦理文化都具有重大价值。审美文化的正负价值取向是美、丑，伦理文化的正负价值取向是善、恶，善与美是相区别的也是相通的。"美"在中国原始古义里与善并无太大的区别，东汉许慎在《说文解字》中解释："美，甘也，从羊从人，羊在六畜主给膳也。美与善同意。"可以看出古人对美的认识是具有实用功利色彩的，后来表示能引起人们感到快适和精神愉快的事物或事物的性质，而善的含义相当于"好"，即凡是能给人和人群带来好处、有利的事物和行为包括人的言行皆可说是善。随着人们认识的不断深化，美与善逐步脱离了物质领域而进入精神世界，但两者的关系一直保持得非常密切。古人十分重视美的社会教化功能，常将美归之于善。荀子说："移风易俗，天下皆宁，美善相乐"，"善"能带给人美的精神享受。善体现着人性美、心灵美，人们在善言、善行中感受到人际间的和睦美好，体会到自我道德

第四章　社会人文环境与青海审美文化

提升的满足,感受到精神的愉悦,这就是一种美。在美与善的关系中,美的必须是善的,善是美的前提,但在一定条件下善是能够转化为美的。两者相互融合、协同合作,促使着审美文化向正确的目标运行,由底序向高序演进。这种演进一方面表现在社会伦理对审美文化的制约和影响,另一方面体现在伦理文化与审美文化的相互影响和渗透当中。

伦理学主要研究人与人的道德关系和社会行为准则,它虽不像法律具有强制性,但在一个民族中形成后,对人们的行为具有舆论的制约性,是一个民族成员自觉遵循的行为规范。因而伦理文化对民族审美文化的发展具有不可忽视的影响。正如别林斯基说的:"美和道德是亲姐妹。"就是说美与善通常是联系在一起的。民族审美心理的形成和发展,都会不同程度地受伦理文化的影响,并在审美文化中反映出来。例如在青海信奉藏传佛教的民族中,遵循教义始终把善作为人生境界的最高追求和理想。[①] 将"众善奉行"、"行善积德"、"普度众生"、"不偷盗、不奸淫、不妄语"等戒律当作共同的人生理想,将疾恶如仇、助人为乐、珍惜生命、慈悲为怀当做做人的根本,形成了信教民族的道德观念,这些对于规范人们的道德行为、维护社会的稳定等,具有相当的积极意义。同样这种思想已逐渐成为信教民众的人生观、价值观和审美观的重要组成部分。在藏族传统的道德审美观念中,以忠厚善良为美德。与人交往总是以诚相见、信守诺言、注重友谊。藏族谚语说:"好人爱朋友,好马亲主人。"藏族十分珍惜友谊,与友交往,讲究忠实、言行一致,最忌讳狂妄和欺诈行为。在日常的交往中,礼尚往来是藏族在与人交往中信守的一条原则,同时也充分展示出藏族人民诚挚、淳厚、忠于友谊的性格美和心灵美。藏族向善的伦理道德的观念基础是"利他"思想,

---

① 郭郁烈:《藏族审美观念初探》,载《西北民族学院学报》,1999 年第 1 期。

利益众生是佛教和藏族传统伦理观念的最高追求、最高的美。在藏族人的审美观念中，美与真、善密切相连，真、美只有符合善的原则时才是有意义和价值的。尽管这种认识带有一定的宗教伦理色彩，但我们仍然可以从中感受到一种真善美统一的美学观念，对引导人们求真、向善、爱美的行为，产生了一定的积极作用。

优良的传统伦理文化对青海审美文化的发展具有积极的促进作用。如尊老爱幼、慈善怜悯和仁爱是伊斯兰教人道主义伦理规范的一个重要内容。青海回族秉承伊斯兰教人伦思想，把敬老视为"主命"，把善待和孝敬双亲视为人生"三大正事"之一。认为孝敬父母是"百行之源"，说子女的来世天堂，在父母膝下。故敬孝长辈成为回族的一种美德，也是评价一个人重要的审美标准。回族作为中华民族大家庭中的一员，是一个勤劳的民族，在生活和生产中，养成了勤于劳动、节俭生活的良好美德。勤劳节俭，不奢华浪费，是回族实现社会理想的重要途径。回族穆斯林崇尚"两世并重"的思想，重视人们的物质利益，提倡和鼓励人们通过辛勤劳动获得财产，尽可能地增加收入，认为这是立足社会的前提，必须通过正当手段和合法途径获取物质财富。拥有富裕的物质财富后，必须勤俭节约，避免奢华浪费，认为挥霍是一种犯罪，是恶魔的行为，"挥霍者确是魔鬼的朋友"（《古兰经》17：27）。因此，在回族穆斯林社会中，一般都能坚持勤俭节约的优良美德。这些道德要求也是回族评判人格美的基本内涵。

在青海这样一个多民族地区，民族伦理观念总是以不同方式和形态影响民族审美心理。这种影响是一个濡染内化的心理活动过程，即熏陶、习染、消化、融合，是主体对外部自然的文化的刺激，引起心理机制的调整、适应、优化，促使新的心理结构形成的过程。在青海审美文化中，伦理观念对民族审美心理的规范

第四章　社会人文环境与青海审美文化

主要体现在它决定着不同民族对人格美的价值取向方面。建立在自给自足小农经济基础上的伦理观念,重农抑商,把商业活动看作是投机取巧,唯利是图的行为,商人都是擅长钻营的小人。这种伦理观念在相当长的历史阶段,一直影响着土族对商人的审美评价。土族纳顿会的传统保留剧目《庄稼其》中家长以自己的现身说法告诫孩子,要以农事为立身之本,不能三心二意、不务正业,从而否定了重商轻农思想和好逸恶劳的做法。土族史诗《杨格洛》通过对土族先民早期开垦荒地从事农耕生产的艰难历程的生动描写,希望后代了解祖先的历史,懂得创业的艰辛,传承民族的精神。这些艺术作品都是从农业文化的道德观出发,以艺术的审美文化形式对下一代进行教育的,具有民族历史、伦理学、美学等方面的价值。这种审美评价的长期作用,使整个民族在审美心理上呈现出喜好平实、厌恶机巧的倾向。道德观念对人们美学思想的影响是无法回避的,"正是从这个意义说,美学具有伦理学的意义,伦理学也具有美学的意义。特别是随着社会的进步,人类文明的发展,人们不仅用美的标准来创造、美化生活,也用美的标准来规范自己的行为、道德"。[①] 民族生态美学的一个重要理想就是追求人与人、人与社会、人与自然的和谐,这与传统的伦理思想是一致的。中华民族的传统思想中始终贯穿着"以人为本"、"以和为贵"的精神,强调和谐、人与人之间的团结合作。"人地之美恶,在两和之中",汉代董仲舒的这句话阐明了美与和谐的关系,美存在于和谐之中,和谐是美的本质,代表了中国古人的美学观。儒家主张以和谐的家庭为蓝本,建立和谐的国家;道家主张通过无为来达到人际关系和谐的目的。虽然他们的具体主张不一样,但他们都希望建立和谐的社会。孔子提出的"和为贵"思想被中国历代各个学派所接受,

---

[①] 易健:《美学》,第13页,湖南大学出版社,2005年。

已成为人们处理人际关系的准则,它渗透在社会生活的各个方面。和谐、和气、祥和、谦和等词语,在日常生活中经常能够听到,它已经成为维护中华民族团结统一的重要思想武器。"和",是中国传统审美观的特征,是中国古典美学的根本精神。这同样也表现在青海各民族的审美观念、审美趣味和审美理想中,表现在青海审美文化的欣赏与创造中。伊斯兰教认为,人类和自然都是真主的造化物,人类中的每个成员之间不应有敌视、仇恨和伤害,应当相互同情、怜悯、亲爱。信奉伊斯兰教的回族特别强调"主持公正,扬善抑恶"的道德规范。这一思想在回族群众中的通俗表述是"以德报德,以怨报怨",是回族精神的重要支柱之一。它要求人们积德、报德、不做坏事,在现实生活中尽可能多做好事。积德旨在求取善报,方式上除了施舍和救济外,还要求人们不巧取豪夺、不赌博、不酗酒、不欺诈、不与人为恶、不为奸人所纵、不造谣惑众、不侵吞他人财产、不徇私情。要求人们廉洁清正、光明正大、秉公执法、拒腐防贪、遵守诺言、如期践约、言行一致、表里如一。在青海各民族的审美理想中,总是把人与人之间、民族与民族之间的关系设想为相互尊重、相互帮助、和谐共处的关系。这种人际关系美实质是人与人之间的交往美,交往美是人的心灵美、行为美和社会美的集中表现。青海审美文化追求和谐美不仅体现在人与人的交往中,还体现在人与自然和谐相处的关系中。青海各民族在特殊的自然地理环境中生存,形成了对待自然生态环境的特殊认识和情感。藏族受早期原始宗教和藏传佛教的影响,不仅视万物为平等的生命,甚至对一些自然物加以崇拜,形成了不杀生、不破坏草原原生态的良好习惯,构成了与自然和谐的关系。这种建立在自然生态伦理观基础上的生态审美观,在今天我们构建社会主义和谐社会、加强生态文明建设中仍具有积极的意义。

青海伦理文化和审美文化相互影响和渗透主要表现在伦理文

第四章 社会人文环境与青海审美文化

化的审美上和审美文化的伦理上。从青海各民族的伦理文化看，在实践中往往具有审美特质外显性。如受中原汉文化的影响，四合院住宅在青海东部农业区也十分普遍。四合院由围墙封闭成矩形，当地百姓称之为"庄廓"。四合院不仅御寒性能好，而且与外界隔开，环境安宁，庭院宽敞，非常适合家庭居住。房屋建筑按南北轴线对称排列，在中轴线上坐北朝南的是正房，为主人的居室和客厅，侧厢房为孩子们的居室，形成了长幼有序的结构。四合院体现了我国古代"前堂后寝"的礼制格局，融入了浓浓的人伦美意，使居室不仅有实用性，还具有伦理和审美性。在现实生活中"不论你是否意识到这一点，在真中存在着愉快，而在善的思辨中则包含有满足，善的思辨在某种程度上也就是人的审美情趣"。[①] 在青海审美文化的许多方面，当伦理原则转化为伦理行为、精神形态物化为实践形态时，伦理文化就已审美化了，其美丑特性取决于民族在特定历史文化条件下形成的伦理文化，成为伦理文化美的形象外现。

民族审美文化和伦理文化的关系实质上是美与善的关系。历来追求真、善、美统一的中华民族认为，善是真、善、美统一的核心，达到了善的最高境界，也就达到了美的最高境界。几千年来，中国传统的哲学重人伦、重道德的走向直接影响审美观念的发展，积淀在各民族审美意识之中，成为中华民族审美文化的总体价值取向。青海审美文化在一定意义上就是一个以善为本，美与善相融合的文化系统，是一种伦理本位的民族审美文化，即以人伦关系作为其他社会关系的基础，并把人与人之间的道德规范作为构建审美实践体系的核心。伦理本位的审美文化是中华民族文化的优秀品格和辉煌千古的灵魂，是各族人民同呼吸、共命运

[①] ［美］保罗·韦斯、冯·O. 沃格特著，何其明、余仲译：《宗教与艺术》，第32页，四川人民出版社，1999年。

的黏合剂。青海审美文化作为中华民族文化的子系统也不能离开这个本。因此,我们要准确分析青海各民族的审美意识和审美心理特性,必然要深入到他们的伦理等社会意识形态中作认真的研究才能得到合理的答案。

第四节　宗教的制约和影响

宗教是一种世界性的文化现象,也是每一个民族都曾出现过的特殊文化。宗教作为人类文化系统中的一个重要组成部分,它的历史与审美活动发生发展的历史几乎是同步的。宗教和审美文化都是在一定经济基础之上产生的,但宗教作为社会生态环境的重要内容,对人们的审美意识产生着巨大影响。宗教是通过表层文化逐步深入到人类审美心理的深层,在不同民族的审美心理上打上了深深的烙印。因此,研究青海审美文化就不应忽略宗教对它的制约作用。特别在青海这种民族信仰众多、宗教信仰氛围浓厚的地区,宗教意识渗透在人们生活的方方面面,不了解宗教对人们审美活动的影响,也就难以理解青海审美文化的完整意义。

在原始时代,宗教的产生是为了解决人类生存和自然之间的矛盾。处于童年时代的青海先民,面对险恶奇异、变幻无穷的自然界,既充满恐惧与神秘,又感到自身无能为力,于是渴望受到神秘力量的感召,幻想出一种超自然的神格力量,以此来处理宇宙与人类的关系,从而产生了自然崇拜。这种崇拜是人们发自内心、充满激情的抒发。在先民看来,超自然的神不仅是伟大的,能够做人所不能做到的事情,同时神也是美好的,世间美境、世间美事都是神创造的,神是美的源泉,美的化身。因此,先民们对超凡力量的信仰,常常是用具体的行动和虔诚的心态,讨得神

第四章　社会人文环境与青海审美文化

灵的欢娱，以此来实现民众的种种精神满足。青海早期宗教活动总是伴随着娱神的内容，呈现出原始宗教与原始艺术、宗教意识与审美意识交融的状态。

青海原始宗教没有成文的教义，其信仰观念往往借助歌舞、绘画和雕塑等各种艺术形式具体、直观、可感地表现出来。原始人所创作的舞蹈、音乐、绘画和雕塑等无不染上了原始宗教感情的色彩，许多原始艺术代表着原始宗教的信仰观念和宗教情感而存在于宗教仪式之中。因此，原始宗教一经产生便与原始艺术相伴随，激发了原始神话、原始艺术和原始舞蹈及音乐的诞生，同时也推动着原始艺术的发展，极大地丰富了原始审美文化的宝库。在我国的一些历史文献中就有这方面的记载。《尚书·尧典》说："神人以和"，"击石拊石，百兽率舞"，这大概就是远古与图腾崇拜有关的巫术乐舞。《吕氏春秋》中关于远古时期葛天氏部落有："三人操牛尾，投足以歌八阕"的记载，似乎也是一种巫术活动。再如《卜辞》："若国大旱，则帅而舞雩。""大雩者何？旱祭也。""舞而呼雩"。这是祈神的"雩舞"。据《周礼》记载："方相氏常蒙熊皮，黄金四目，玄衣朱裳，执戈扬盾，师隶而事傩。"这是驱鬼的傩舞。从以上记载中可以看出诗、歌、舞三位一体的原始艺术活动与原始宗教活动是密不可分的，正如李泽厚所说：它们既是巫术礼仪，又是原始歌舞。先民们为求神佛的保佑，通过舞蹈娱神和通神，用各种娱乐形式取悦于神佛，娱神成为人们审美意识的中心。在那个神灵无所不在的时代，原始的宗教崇拜活动和审美活动完全一体化了。

青海古代文物的发现也印证了这一点。1973年青海大通县上孙家寨马家窑文化墓葬中出土的彩陶盆，内壁绘有手拉手人群舞蹈的形象，三人一组，共四组。同样在青海境内出土的宗日彩陶牵手盆则是13人为一组，共3组。从国内外相似的考古发现来看，这种连臂舞首先是一种宗教和祭祀仪式活动的再现。正如马克思所说,在古代社会"舞蹈是一种祭典形式"。① 法国现代舞蹈大师莫里斯·贝亚更是直白地表明:"我把舞蹈当做严肃的东西对待,是因为我坚信,舞蹈是一种起源于宗教的现象。不仅如此,它还是一种社会现象。但是,舞蹈首先是宗教的。"② 基于此,哈夫洛夫·埃利斯认为:"最初的舞蹈就是全人类的表现,因为所有人类都信仰宗教。"③ 早期宗教与舞蹈的关系基本上是灵与肉的关系,即作为精神的宗教与作为身体的舞蹈之间的关系。在娱神的舞蹈中,人们仿佛找到了与神共欢的机缘,实现了对神灵的赞扬和对恶魔的征服,同时在精神上得到了宣泄和自娱,进入生命力鼓动和情感抒发过程,从中体验到了一种审美的愉悦。在保留至今的土族三月三祭祀舞蹈中,"法拉"(巫师)在娱神的狂舞中,完全进入到一种人神同一的如醉如痴的状态,在娱神过程中尽情表现了对神的祈愿,又得到了自娱,享受到了美的愉悦,实现了从宗教活动向艺术化的转化,使宗教艺术产生出特有的审美感染力。

原始艺术和原始宗教都是原始人把握世界、认识世界的一种方式,都是充满着神秘感情的产物。从思维特点来看,宗教最主要的特点是充满了情感和想像。宗教离不开幻想,虚构出一个至善至美的神的世界,一座永恒幸福的"上帝之城"(奥古斯丁语)。同样,艺术也离不开想像,把现实人生审美化、诗意化。幻想和想像是实现宗教和艺术创造价值的途径和手段。正是在这个意义上,费尔巴哈才说:"因为幻想是诗的主要形式或工具,

---

① 马克思:《摩尔根〈古代社会〉一书摘要》,第 20 页,人民出版社,1965年。

② 莫里斯·贝亚著,朱立人译:《变舞蹈为自己生命的含义》,转引自《舞蹈论丛》,1989 年第 1 期。

③ 哈夫洛夫·埃利斯:《生命的舞蹈》,第 34 页,中国社会科学出版社,1994年。

第四章　社会人文环境与青海审美文化

所以人们也可以说，宗教就是诗，神就是一个诗意的实体。"① 如果我们不囿于费尔巴哈的解释，而是把"宗教就是诗"这一命题看作是对宗教与艺术关系的揭示，其内涵的丰富性就显而易见了。从发生学的角度看，在原始社会中，由于意识形态的诸种形式尚未分化或独立，艺术的萌芽如同科学、哲学、法律、道德等等的萌芽一样，包含于原始宗教的统一体中。青海原始宗教与先民的审美活动有极为密切的关系，它制约着先民观照世界的方式，对群体性格美起了引导作用，对民族审美心理起着滋养作用，培养了民族的审美观念，促进了史前艺术的繁荣。

中古时代之后，青海主要被以青藏高原为中心形成的藏传佛教和以西域为基本点形成的伊斯兰教两大宗教文化圈所环绕。7世纪中叶，佛教从中原和印度传入吐蕃，在经历了与原有苯教的斗争和融合以及内部各种教派的争锋和消长，终于形成了扎根于青藏高原、具有民族和地域特色的藏传佛教。吐蕃占据甘青地区时，将藏传佛教文化带到这里，从而形成了藏族、门巴族、土族、蒙古族、裕固族等西部民族以青藏高原为中心的藏传佛教文化圈。伊斯兰教于7世纪进入中国，到10世纪中叶，由于中亚伊斯兰国家势力进入西域，新疆地区信仰佛教的民族改变信仰崇奉伊斯兰教，15世纪以后，生活在西部新疆、青海、甘肃、宁夏等省区的回、维吾尔、哈萨克、乌孜别克、塔吉克、塔塔尔、柯尔克孜、保安、撒拉、东乡等10个民族在西部形成了伊斯兰教文化圈。② 正是在这种大的宗教文化背景下，历史上青海一些民族形成了全民信教的传统，宗教信仰深深扎根于民众的心灵深

---

① ［德］费尔巴哈著，荣振华等译：《费尔巴哈哲学著作选集》（下册），第683页，生活·读书·新知三联书店，1962年。
② 彭书麟、李景隆、马钧、吕霞：《西部审美文化寻踪》，第18页，湖北教育出版社，1999年。

处。"宗教思想作为观念性的东西,一旦以教义的形式出现,必然受到教众的普遍遵循与崇敬信仰,并且在日常生活中反映出来,形成一定的生活美学观念。"① 受宗教的影响,青海审美文化中处处可见宗教的折光。

宗教的世界是一个超现实的世界,一个幻化的世界,同时也是一个理想的世界,尽管这种理想是虚幻的,但总是充满了人类的追求和希望。人们总是从生活的缺憾中得到启发而憧憬未来,将生活中的不幸在理想的世界中转化为幸福,在理想中获得解脱。为此,宗教为人们创造了一个与现实世界迥然有别,充满了幸福与快乐的至善至美的世界,为人们展现出精神家园的至真、至善、至美。从审美哲学的角度看,人对美的追求是人性结构中的一部分,对真善美的追求,不仅使人创造了哲学和伦理学,也创造了艺术和宗教。艺术同宗教有着本质的联系,从宗教学的角度说,人对神的信仰,也就是对真善美的信仰;人对神圣事物的眷恋,也就是对真善美的眷恋。在藏族人的审美观念中,美与真、善密切相连,而且希望美和善统一和谐,尽善尽美。"经常乐善好施的人",其美名才能"像风一样四处传扬"。基于这种认识,信奉佛教的藏族人总是心怀慈悲、宽厚待人、广行善事、扶弱济贫、以乐善好施为美,在其真善的行为中已具有美的基质。正是宗教与人的信仰之间的这种审美关系,才使得青海信教群众在日常的生活习俗中,用真诚的意念编制着美好的希望和理想。不论藏族屋顶猎猎飘扬的经幡,还是服饰上"卐"字形的图案;也不论回族"上房"正壁挂的阿拉伯文书法条幅或麦加"天房图",还是平日所做的念、礼、斋、课、朝"五功",在这不同的信仰民俗中,都表达着对真善美的诉求,体现着一种富有

---

① 覃代伦:《审美与民族的精神民俗》,载《中央民族学院学报》,1991年6月。

第四章 社会人文环境与青海审美文化

鲜明的民族宗教特色的审美价值取向。在日常生活中，宗教艺术作为宗教宣传品，具有宗教、艺术的双重职能，尽管其审美价值是为宗教服务的，但不可否认的是，作为艺术，它既寄托了人们的宗教感情，也蕴含着人们的审美体验。宗教通过艺术将其宗教理想美学化、艺术化，换句话说，宗教艺术起到了一个将宗教理想进行美学转换的作用。塔尔寺藏传佛教画系具有浓厚印、藏风格的壁画，与堆绣、酥油花共称该寺艺术"三绝"。其中酥油花是青藏高原上一朵绚丽多彩的艺术奇葩，它名曰花，其实是一种油雕艺术。酥油花的塑制不同于泥塑、面塑、蜡塑和橡胶贴塑。酥油质软性柔稍遇热源就会融化，它只有在15℃以下的温度，才能固定其形状和色彩，才能给人以美感。用酥油塑造的艺术品，具有形象逼真、色彩丰富艳丽、精巧玲珑等特点，是雅俗共赏的精美艺术品。藏传佛教将酥油花视为珍品，在产生时以及产生之后的相当长的一段时期，被看做宗教圣物加以供奉，并没有把它们作为艺术作品来欣赏。但这种独特艺术美的魅力，无论在哪个时代都深深地感染着人，尤其随着社会的发展、宗教观念的淡化，酥油花的美学价值得到了充分的显现。藏传佛教艺术总以其独特的思维方式向人们展示出不同世俗的美学观念。在传统的佛像艺术中，千手佛像是勿作恶、勿施暴的思想的体现。他的千手是向芸芸众生伸出的帮助之手，以让他们摆脱苦难和不幸，而他的千眼则是为了看清尘世上的一切不义。和显宗的慈祥和蔼的造像不同，藏传佛教非常注重的密宗的画则趋向于怪诞、狞厉之美，多数密宗造像往往被艺术地夸张乃至变形。诸如千手千眼、多头多臂、青面獠牙、牛头马面、忿怒狰狞的密宗造像，将夸张、变形手法推向极致。在艺术创作中，夸张、变形的目的是为了强调。佛教世界里凶神恶煞的忿怒相因为极度的夸张和变形，便具有了无穷的威慑力，如金刚手菩萨呲牙咧嘴、眼如铜铃、高举双手；大威德金刚容姿狰狞、怒目而视，使信徒在强烈的恐怖、畏惧状态中陡生由衷的依赖感和强烈的敬畏感，祈求佛的护佑并归属于佛。这种狞厉之美，属于崇高的范畴，它使人惊叹恐惧，转而产生强烈的敬畏感，转向对善的祈求。同时，密宗艺术由于受到原始文化中图腾崇拜和图腾神话的影响，因而出现大量的人兽同体形象，这些形象不仅散发着佛教奥义的气息，而且还流动着浓郁的远古神话的风韵。可见，宗教情感在宗教的审美表现中既有指导信众安身立命、强化信仰的作用，也有将信仰者的情感进行释放和升华（即净化心灵）的作用。从崇拜对心灵的净化这个意义上讲，宗教情感也具有审美情感的性质。可见，在宗教化环境中，并非缺少美，只不过人们的"那种审美能力的主流是通过宗教的渠道而流动罢了"。①

在青海，藏传佛教寺庙每逢重要的佛教节日都要举行盛大的宗教仪式羌姆——跳神活动。这种由僧人表演的宗教仪式性乐舞，起源于藏族的原始苯教。"羌姆"意为跳神之意，以驱鬼镇邪为主旨。从思想内容看主要是说教劝善、惩恶护法。因此，羌姆实际上是一种在寺院举行的集祈祷护法神保护地方及百姓吉祥平安与娱乐性为一体的宗教广场乐舞。"羌姆"的舞蹈动作虽然单一，但由于是以面具作为塑造人物形象的主要手段，呈现各种面目——和善的、慈祥的、愤怒的、狰狞的，从而对人们产生着分辨善恶美丑的强烈的心理感染力。它不仅渲染宗教祭祀礼仪的庄重气氛，还通过一些宗教故事的表演，达到弘扬佛法教义的作用。羌姆乐舞中蕴含着浓厚的宗教美学思想，这对强化藏民族独特的审美意识发挥了一定的作用。每逢寺院表演羌姆之时，周围地区的佛教信徒和各族人民便纷纷前来寺院朝佛献供，参加宗教仪式，观赏羌姆乐舞。久而久之，表演羌姆便成为寺院乃至当地盛大而隆重的宗教节日活动。这种宗教舞蹈的表演往往创造了一

---

① 赫伯特·里德：《艺术与社会》，第44页，工人出版社，1989年。

第四章　社会人文环境与青海审美文化

定的宗教氛围，会从不同的侧重点和不等的强度去刺激人们的感官，当这些宗教舞蹈在漫长的历史中长期地作用于人们的精神时，就会使他们的审美心理发生一定的变化，通过造成特定的心境，培养人们具有不同指向性的审美习惯，最终积淀到民族审美心理的深层，成为制约青海信教民族审美心理面貌的一个重要因素。

信仰伊斯兰教的回族和撒拉族，无论对美的本体认识还是审美活动实践，都遵循着《古兰经》的教义，体现出独特的审美价值取向。伊斯兰教对民族审美心理的规范，一个重要方面就表现在宗教规定在很大程度上支配着民族对人格的审美理想。伊斯兰教在承认现实人生的同时，要求人们有纯真的信仰，充实的内心生活，避免陷于现实享乐的泥潭。伊斯兰教崇尚心地宁静、谦和、好善，以工作为贵。反映在信教民族审美心理上，就是人的内涵、本质的充实和真善，是一种高尚的人格美。在信教群众中这种人格的美得到了具体的表现。人与人之间平等相待，主张善行，积极施舍，追求外表与内在的洁净美，崇尚庄严、肃静，提倡俭朴的节制的美。伊斯兰教文化与现代文明之所以能有吻合之点，就在于其文化中真、善、美的人文精神。正是伊斯兰教与人的信仰之间的这种审美关系，才使得青海信教群众，在日常的生活习俗中，用真诚的意念编制着美好的希望和理想。在艺术方面，由于伊斯兰教反对任何形式的偶像崇拜，作为艺术重要部分的绘画艺术受到了抑制。在回族的绘画艺术中，从不表现有灵性的事物、人和动物，而在花草、山水画上则有较高的造诣。作为回族建筑艺术代表的清真寺，从伊斯兰的美学原则出发，以庄严、古朴为美。由于对造型艺术上的限制，人们更多地致力于以抽象的艺术形式、朴素的装饰艺术展现美，如阿文书法，人们从这种内容神圣、形象优美的文字中获得了双重美感，这种优美的经文常常展现在清真寺、住宅的客厅之中，营造出美的氛围。在装饰艺术上,以精细、小巧的装饰,使古朴、大方的主体更具多样性,而不追求鲜明、华丽的色彩。

宗教曾是弥盖过全人类心灵的文化现象,不涉足宗教的美学不是真美学。① 青海是一个多民族、多宗教的地区,宗教表现在人们生活的方方面面,渗透在文化的各个领域和层面,是影响青海审美文化产生和发展的重要社会生态环境因素。当我们对青海审美文化进行深入考察时,必须将宗教作为一个重要的社会文化因素联系起来加以研究,以便从中发现和挖掘青海审美文化的特质,对青海审美文化有一个全面的认识。

第五节 民俗风情对民族审美心理的塑造

民俗是在特定的社会生态环境——文化和心理背景下创造出来的物质和非物质文化遗产,是各民族智慧与文明的结晶。从美学角度看,美与民俗具有同构关系。作为与人类相伴孪生的民俗,一直是人类适应自然、改造生存环境、企望生命永恒的一种生存方式。尽管许多民俗事象在社会传承中发生了诸多变异,假恶丑现象不断衍生,但民众在民俗活动中努力追求的却是善与真,所渴望实现的是超越生命的有限、实现美好生活的理想。从这个意义上说,本着善真本性去追求人生理想的民俗活动,就是生命活动,也即人生的审美性活动。民俗对审美文化的产生发展具有重要的影响,"在众多的民族事象中,我们既能见出民俗作为创造的主体的审美心理模式,又可见出民俗作为创造的客体的审美心理个性。民俗对民族审美心理的模塑是一个不容争议的历

---

① 夏敏:《宗教情感及其表现》,载《民族艺术》,1998年第4期。

第四章 社会人文环境与青海审美文化

史过程"。①

从审美心理的角度看,民俗活动的想像与移情为审美与民俗的同构发生提供了心理基础。在青海民俗中大都蕴含有禳灾祈福的愿望,民俗的祈福内容显示了各族民众对物质生活、精神享受、自然生命、社会地位等生命状态的一种理想化追求。传统民俗活动对于"福"的追求和期待塑造了人们特殊的求福、祈福文化和审美心理,体现了人们的乐生精神。② 从表现形式看,民俗美作为民俗文化事象的鲜丽外观丰富多样,民间建筑、民间工艺品、民间娱乐、年节习俗及人生礼仪活动等,大都带有艺术形式特点,具有很强的观赏性,在感性上给人美的感受和强烈的美感,满足了人们感性层面的审美需求。这些民俗事象,还隐含着深层的意义,体现了人们禳灾求福、追求美好生活等审美理想,满足着人们心灵和精神的审美需求。在漫长的发展历史中,青海民俗无论是民俗活动的形式层面表现出来的外在感性美感,还是积淀在民俗活动幽深处的集体审美无意识的美感内容,最后无不诉诸一种感性的审美化叙述形式。在民间组织的民俗活动中,人们往往下意识地把民俗事象作为审美创造和欣赏的对象,表演主体不自觉地被民俗活动的审美氛围所笼罩,内心的律动、心仪的价值、遵从的信仰也随着巨大的想像,一起融入民俗活动所展现的巨大的感性形式外观和审美氛围中。在土族的"三月三"祭祀舞蹈和藏族的"跳欠"民俗活动中,随着表演内容的展开,人们在娱神的同时陶醉于自娱之中,在与神共欢的同时得到了心灵的飞升和通体的享受。此时美作为中介,已成为联结人们心灵

---

① 苏仁先:《论民族民俗文化对民族审美心理的模塑》,载《中南民族学院学报》(哲学社会科学版),1995年第6期。
② 李修建:《奥运"福娃"的审美形象与民俗文化蕴涵》,载中国人民大学书报资料中心《美学》,2006年第9期。

的纽带。可见,青海民俗不仅建构了各民族独特的社会文化背景,而且还建构了不同民族的审美文化心理,是一个主客体交融同构和不断流淌发展的审美文化样式。在青海民族文化系统中,"民俗不是个别的行为现象或孤立的文化现象,而是一个民族在长期的共同生活中的审美情感表现和文化积淀"。①

青海民俗对各民族的审美心理模式的塑造主要是通过自然影响和强制性手段加以约束的。自然影响是指民俗本身形成一种文化氛围,对群体中的个体产生约束力。这种约束力克特·W.巴克称之为"信息压力"和"规范压力"。巴克说,在这种压力下,"通过遵从,群体的整个成员受到诱导,便和其他成员一样地行动,甚至当他感觉到他们对刺激的反应是不正确的时候也是如此"②。每个人都是生活在一定的民俗文化氛围之中,如果其行为和审美心理与所处的民俗文化氛围不谐调,就会产生与群体进行信息交流的困难,自己的行为和审美心理就难以为群体所理解,这就势必产生信息压力和规范压力,迫使个体调整自己的审美行为和审美心理方式,使之与群体趋于一致。对那些不遵守民俗习惯的审美行为,往往采取强制手段使之屈从。这就是民俗对个体的审美行为和审美心理模式的塑造。如青海世居的汉、藏、土、蒙古、撒拉、回等族都保留了自己传统的民族服饰和人体装饰的习俗,这是长期以来各民族特定的生活方式和民俗对个体的行为和心理施行自然影响的结果,是集体审美心理模式的一种表现。假如民族的某个成员不接受民俗所施加的影响,他就会被他所在的群体所不容。迫于规范压力,他就会调整自己的行为和心

---

① 高天星等:《鸟瞰我国民俗学研究之现状》,载《大学文科园地》,1990年第3期。

② 苏仁先:《论民族民俗文化对民族审美心理的模塑》,载《中南民族学院学报》(哲学社会科学版),1995年第6期。

第四章 社会人文环境与青海审美文化

理方式，使之与群体的行为和审美心理趋于一致。虽然在对民俗事象的审美活动中，审美心理的个性也会在对共性的抗争中不可避免地表现出来，但个体的审美心理必定要遵从群体模式。民俗就像有形和无形的手，像"社会契约"，左右和限定着民俗审美意识的发展和趋向，久而久之，在个体身上便形成了面对习俗而遵循符合群体情形的反应模式，这是一种审美心理共性对个性的自然消融，其结果是民族审美心理呈现出一种趋同的群体状态。①

民俗不仅对人们的审美意识产生着深刻影响，而且也是人们审美意识的重要载体。民俗作为一种复杂的生活文化样式，总是按照美的规律来进行的，"承载着民众的生产和生活愿望，塑造着民众的物质和精神生活，孕育着民众的品格和素质，积淀着民族的文化和创造精神"②，自然便成了民族审美的特定对象。事实上，民族审美的功能有许多都是由民族民俗承担起来。以饮食、服饰习俗为例，青海各民族都有自己独特的饮食风俗，这些饮食文化都是由满足最初生命的需要、维持基本生存逐步上升到对美食的追求。从美学的角度看，饮食的美味偏重于生理审美层面，而对美食形与色的追求，则是达到了艺术审美层次，它超越了人类维持生命的功能，融入了各民族人民美好的情感和审美追求。对饮食文化的审美表明青海各民族对食品的需求，已由满足生理需求的功能升华到了超越生存的生命哲学的审美境界，成为人们审美意识的特殊载体，表现出更加丰富的审美品位。同样，服饰在满足了人们御寒、遮羞的基本需求后，追求服饰的华美，

---

① 苏仁先：《论民族民俗文化对民族审美心理的模塑》，载《中南民族学院学报》（哲学社会科学版），1995 年 6 月。

② 王晓旭：《美学视野中的民俗研究》，载中国人民大学书报资料中心《美学》，2006 年第 9 期。

以此装饰人体的美就成为服饰的又一功能。土族妇女的服饰，十分注意色彩的搭配，几种不同的色彩并置在一起，"互压"、"互衬"，形成强烈对比中的统一与和谐，在色相、色度上都造成一种悦目的美感，庄重大方，秀丽典雅，在平淡素净中又显出华丽繁复之美。这些独特的民族风俗事象都具有特殊的审美价值。

　　青海民俗事象都有一定的形式和形式掩盖下的意蕴和内涵。随着历史的发展，这些民俗的内涵和表现形式，变成了一种人们期待凭藉它能得到审美精神满足的方面。当生产力水平把人们从民俗的直接功利性一步步地拉开后，人们把其中合目的性即"善"的内容和合规律性即"真"的形式逐渐积淀下来，民俗的内涵和形式便演化成独特的审美对象。从民俗的内涵方面看，每一种习俗都是为了满足人们的文化需要而被创造，都包含有"善"的内容。生产习俗旨在祈福禳灾，渴望丰收；社会习俗以维护一定的秩序、确保群体的延续和发展为目的；岁时习俗主要为了总结生产生活经验；宗教习俗满足了人们的崇拜欲望，并希望获得神灵的保佑；娱乐性习俗消纳了人们剩余的精力，并锻炼了生产技能。虽然这些"善"的内容具有一定的历史阶段性、阶级性和民族性，但它毕竟满足了民族生存与发展的需要，本民族人民就对它产生一种文化认同感。一个民族在其文化特质形成并整合其他文化因素的过程中，这些"善"的内容随着民俗功能的历史性演变而大部分被积淀下来，转化到民族的审美心理结构之中，变成某种感知力、表象力、想像力、思考力以及某种潜在的无意识意向。从民俗的形式方面看，每一种民俗都有一种符合历史性规律的形式，一种"真"的形式。例如青海每一个民族的服饰都有自己的样式、结构和喜爱的色彩，每一个民族的建筑都有各自的结构形式和装饰特点，每一个民族都有各自表现勇敢、强悍和力量的独特方式，它们作为民俗内涵的载体，既是民族文化的创造物，也是民族审美智慧和精神的体现，而且这些民

第四章　社会人文环境与青海审美文化

俗的形式随着历史的进程逐步积淀为民族审美心理的形式感。如青海藏、土、蒙古族崇尚白色厌恶黑色，汉族喜爱红色而禁忌白色。所有这些审美的形式感都是从民俗中积淀下来的，民俗的内涵和形式作为民族审美的客体，它反作用于主体的审美心理。这种反作用因为反复出现，民族审美心理结构就在感知力、想像力、思考力、情感力、表象力等方面积淀有民俗的内涵和形式方面的内容。作为审美能力的历史性准备，这种积淀的结果常常约束着民族审美心理的运动方式，使民族审美对某些对象的感知、想像特别敏感，而对某些客体却是盲区。正因为民俗的内涵和形式在民族审美心理结构上的积淀，才使得青海各民族的审美心理各有差异，表现出审美的民族独特性来。

青海民俗是一个比较复杂的文化现象，什么样的民俗对人们的审美心理产生积极的影响，可以作为审美对象呢，这需要我们对具体情况作具体的分析。总的来讲，良俗具有美的本质，只要是构成了具体可感的形象的，就是审美欣赏对象。我们所说的良俗是指那些对社会民众有积极作用的民俗，它总是展现生活中的美好或描写美好的前景，鼓励人们追求美好，推动社会的发展。当然，良俗往往并非纯粹的"良"，许多良俗也掺杂有愚昧落后的因素，但是因为它们基本上是积极健康的，所以能够成为审美欣赏的对象。陋俗，由于自身缺乏美的本质内容，往往不能构成为审美欣赏对象。但是在一定条件下，某些陋俗所反映的某些社会生活和某些表现形式也可以转化为审美欣赏的对象。例如巫术在我们今天看来是一种陋俗，是古人为了祈求狩猎成功而作的巫术仪式，但它的某些表现形式如原始岩画——狩猎岩画，却在客观上反映了当时人们的劳动生活，而且具有具体可感形象，从而能够成为后来人们的艺术审美对象。古人的巫术仪式的舞蹈主要是取悦于神灵而表演的，然而它毕竟包涵有原始初民的审美追求和某些形式美的因素，而且随着社会的进步，它在后来的发展过程中逐渐减弱了鬼神迷信的成分,增加了娱乐艺术的功能,因此也就在传承过程中渐渐变化为了审美对象。事实上,青海许多传统的民俗活动在漫长的历史发展中,都从原有的意义上脱胎成为一种审美活动,即使是原本看上去具有"迷信"意味的民俗活动,在现代社会中由于淡化了单纯信仰的成分,更多地表达了人们对美好生活的理想追求,而具有了相对纯粹的审美意义,那些原来是娱神、娱鬼的活动,现在已经成为娱人的活动,能带给人们无尽的欢乐,激发人们创造幸福生活的信心和力量。这种精神家园的建立,特别是对人的信心与热情的激发,正是民俗审美的意义所在。

　　青海民俗对各民族的审美心理不仅具有重要的影响和制约,而且作为一种特殊的审美文化样式形成了具有不同其他形式的审美特点。首先民俗审美它是一种集体审美,具有集体审美效应。从审美理论方面来说,人们获取的审美经验正是在与本民族风俗习惯之间的依附和存亡关系之中形成和发展的。民俗是一个共同性很强的产物,既有民族的共同性又有地区的共同性。这种共同性使民俗审美在一个群体内对美有一种认同感、契合感,形成了强烈的群体体验和共同体验的特征。因而,民俗审美心理有一种群体体验的特质。如在图腾崇拜的信仰民俗中,汉族以龙、凤为图腾,藏族曾以牦牛、羊为图腾,在每个民族心里,他们的图腾是最神圣、最吉祥、最美的,能给民族或集体带来无限的富贵和荣耀。任何个体都必须调节自己来顺应这种群体的审美观念,否则便会受到集体的耻笑和严惩。每一个人从小就在特定的民俗氛围中成长,从出生起便受其地区的民俗的熏染。在不断接受民俗信息的过程中,民俗中善与恶的评判和标准会在人们的头脑中留下非常清晰的印记,这正是我们所谓的美的标准。这个标准由民俗以最直接的方式向所有属于这个集体成员的头脑进行灌输,并且形成一个为民族成员所共有的、大家共同认可的规范化审美原

第四章 社会人文环境与青海审美文化

则。如藏族早期赤面的习俗,是追求自身美、美化生活的独特表现形式。据考证,藏族先民最晚在新石器时代的母系氏族社会就有了绘面习俗,而且已掌握了用不同色彩的矿物颜料涂饰的方法。至吐蕃时期,这种面涂赭色之风在藏地已十分普遍,还远传到唐代长安,成为都城贵妇丽人争相效仿的美饰时尚,对此唐代诗人白居易曾有"面涂赭色非华风"的佳句描绘。由于这种习俗已经成为公认的审美标准,因此,当时藏族自然就形成了以赤面为美的审美观念。在民俗审美中,个体与集体交融互摄,有一种同宗共祖之情,总是将自身看做是体现集体的一分子,自觉追求与集体的和谐,极力去实现集体的价值。这种审美经验和效应甚至会在民俗不自觉的延续、传播和积累中转变为一种风格,最后形成一个民族共同的审美心理,并由此衍生出集体民俗审美行为标准。可见,在青海的民族民俗审美中,个体要严格地尊从群体,对一个群体定型的风俗,人人可观,人人可享,人人要恪守。虽然在具体的民俗审美活动中不排除个体获得美感的差异性,但个体获得的美感是在一种群体共同体验前提下获得的。

其次,民俗审美与本民族的审美趣味相符合,与人们的"心理距离"适中,更易为众多人所瞩目和享受。英国心理学家布洛用"心理距离"来解释审美现象,认为主体产生美感需和实际生活、实用目的有一种距离,即必须超越功利。"距离是通过把客体及其吸引力与人的本身分开来而获得的,也是通过使客体摆脱了人本身的实际需要与目的而取得的。"① 在审美中,主体的审美心理,尤其是审美能力和审美兴趣与审美客体之间确有一种"距离",距离合适即客体符合主体审美兴趣,主体审美能力能够接受这种美则能产生美感,否则就不能产生美感。主体心

---

① 布洛:《作为艺术因素与审美原则的"心理距离说"》,见《美学译文》,中国社会科学出版社,1982年。

理和客体间距离太远，超越了主体的审美能力，也就无法理解其中所蕴涵的美。只有主体对审美客体有极大的审美兴趣，主动对客体"凝神观照"，在观照中超越功利，物我两忘，才能产生一种审美的体验。从审美心理距离来看，青海民俗美源于生活，是与当地各民族戚戚相关，共生共长的，和人们的审美心理没有隔阂。正因为审美主客体之间审美"距离"的适中，使得民俗美为更多的人所喜爱、观赏和领略。青海各民族的节日民俗活动，由于适合了人们的审美需要而受到广泛的欢迎，并且在沟通人际关系，增强民族亲和力，调节人们社会生活和心理平衡方面具有独特的功能。生活总是需要娱乐活动来调节，节日"娱乐中的集体活动加强了参加者之间的社会纽带，因此它的作用超出了单纯的生理休息。"[①] 节日作为集体精神的凝结，是适应人们的物质生活和精神生活的需要应运而生的，往往成为一个民族审美心理同构的活动，人们在潜移默化的审美感染中，增强了民族的凝聚力，使同族人在共同的历史文化背景的观照下，产生出一种亲和力和强烈的民族认同感，强化了民族意识。同时对人们心理平衡的调节作用，也是节日审美文化适合民众心理体现出的一种审美功能。生命存在的最佳状态是自由，生命只有在自由的状态下才能得到创造性的发挥。而在现实中人们面对实际生活常常会遇到种种的不自由，由此产生出种种困惑和心理的不平衡。而节日的温馨气氛和欢乐活动会使人们暂时从世俗的羁绊中全然解脱出来，进入完全自由的审美天地，一切伦理规范、道德说教、生活中的个人恩怨全从肩上抖落，从心坎上卸下，消除了疲劳和痛苦，缓解了生存的困惑，享受着温馨的抚慰和快乐，使生命得到释放，并给人美的享受。正是在一次次节日的美的感受中，形成

---

① 费孝通语，转引自伦珠旺姆：《神性与诗意》，第96页，民族出版社，2003年。

了人们的审美期待视野,为节日审美文化的发展奠定了厚实的心理基础。与其他审美活动相比,青海民俗审美活动的突出特点是其首先造成一种氛围,一种气势,在民俗审美的温馨家园中,使人们更易于体会到本民族的共同的美。可见,民俗美迎合了大众的审美兴趣,适合大众性的审美能力,和人们的审美心理距离适中,为人们所喜闻乐见。雅俗共赏不仅给民俗审美赢得了更多的观众,也赢得了自身非凡的魅力。

作为社会生态因素的重要组成部分,青海民俗对青海审美文化发展的影响是不可忽视的,是我们认识、研究青海审美文化的宝贵资料。从美学理论的角度来看,青海各民族在民俗活动中表现出的审美意识可以说是一种"民间审美意识"。这种审美意识体现在各民族日常生活的风俗习惯之中,并没有形成一种理论化的形态。虽然这种审美意识的流露是不自觉的,缺乏理论的提炼,但它具有原始、质朴、真实的审美因子,在其深层中则不断积累和沉淀着一个蕴含自身规律变化的属性,这些变化属性的积淀如同一条条血脉,使人们能更加清醒地认识青海民俗审美心理与意识的由来、发展和趋向,帮助人们更加容易地理解青海民俗审美意识的独特品质和内在规律。

第五节 审美意识的集中展现——艺术美

人类早期的审美意识是与其他观念相混融的,只是到后来才逐渐独立出来,一般认为艺术的产生是人类审美意识独立的一个重要标志。艺术诞生之后反过来对人类后世的审美意识和观念又产生了积极的影响,从这个意义上我们不仅把艺术视为审美文化的典型代表,同时也将艺术放在了影响青海审美文化发展的社会生态环境因素中加以探讨，这更有利于我们对青海审美文化的发展脉络和规律有更加清晰的认识。

　　青海早期的艺术资源相当丰富，反映了早期先民审美意识的萌芽状态。青海境内许多自然生态景观大都有美丽、动人的古代神话传说和民间故事，有些神话传说见诸于古籍记载，如虎齿豹尾善啸的西王母、青海湖来源的传说、尧舜传闻、周穆天王西巡、天柱遗迹等。曾有国内著名学者把青海誉为"中国的希腊"①。在青海至今保留了许多先民创造的原始岩画，系国内岩画最密集的地区之一，有岩画分布点14处，1000多个个体造像，其中研究价值较高的有天峻庐山岩画、格尔木野牛沟岩画、德令哈德怀头塔拉岩画、刚察舍卜齐岩画等。这些岩画的内容有许多是古老的动物如大角鹿、野驼、野牛、麋鹿等，还有表现先民弯弓射猎动物的岩画，一般说来时代都相当久远。在生产力水平低下的原始时代，自然崇拜是普遍的社会现象，但原始先民对自然的崇拜并不等于对自然的单纯依赖，而是逐步主动地将这种巫术文化心理与狩猎、采集等劳动实践活动以及特定的社会生活方式结合起来。当他们依靠在以往长期生活实践中创造发明的凿刻绘制工具，辛勤积累的雕刻绘制技巧，在陡峭的岩壁上通过敲凿、磨制或者绘制的方式，将自己崇拜的自然对象表现出来的时候，作为具有精神文化性质的最早的造型艺术样式——岩画，便在笼罩着浓重神秘的巫术文化环境中诞生了。岩画的诞生在青海审美文化史上是一件大事，它证明青海先民不仅能从事物质生产实践活动，而且能通过造型形式从事精神生产实践活动，尽管这种相对独立的精神生产实践活动是与物质生产实践活动紧密联系在一起的，是具有较强的功利性。但从这些岩画中我们不仅可以体

---

　　① 崔永红：《青海省文化产业的资源禀赋与优势项目的探寻》，载《青海民族学院学报》，2006年2期。

第四章 社会人文环境与青海审美文化

察到青海原始先民充满艰险的狩猎活动,而且能感受到他们充满着自然崇拜观念的审美心灵世界,为我们提供了青海先民早期审美活动的信息。

青海东部新石器时代马家窑文化,以彩陶文化为代表,彩陶的数量之多、造型之奇、纹饰之繁、图案之美在全国古文化中占有重要地位,同甘肃一起被称为"彩陶的故乡"。从已发掘的一批出土彩陶制品来看,有的陶器纹饰、造型、图案别具匠心,给人特殊的美感,成为我国远古彩陶艺术百花园中不可多得的珍品。1973年秋,在青海大通县上孙家寨新石器时代遗址发掘的舞蹈纹彩陶盆,上有直接描绘新石器时代先民生活的图画。陶盆内壁彩绘的主要纹饰由三组舞蹈图案组成,舞蹈画面为五人一组,手拉手,头侧向一方,有类似发辫装饰。每组两侧人物的外臂画为两道,似是手持响板之物敲出节奏协调动作。画面中舞蹈者排列有序、动作统一,线条轻松流畅,舞姿优美整齐,充满了欢乐祥和的氛围。舞蹈纹彩陶盆的发现,向人们重现了距今7000年前先民们歌舞的风韵。10年之后,1994年,在青海同德县宗日遗址再次发现了又 舞蹈纹彩陶盆,其内壁为两组分别出11人和13人组成的群体性狂欢舞蹈图案,图案疏密得当,人物形象富有律动感。在形式上与组舞交相呼应,虚实相生,既有艺术韵味,又有精神指向,似乎正在进行祭祀活动和崇拜仪式,反映的舞蹈场面比前者更大。这种"相与连臂,踏地为节"的舞蹈图简直就是远古时代的一幅现实主义佳作。不仅用笔飞动流畅,线条奔放娴熟,而且构图极佳,人物的舞蹈动作描绘得十分准确,舞姿绰约,具有强烈的节奏感和律动感,就连彩陶盆的设计制作也体现了当时制陶工艺的熟练和审美意识的进步。当彩陶盆内注入清水以后,便巧妙地呈现出池畔欢舞的场面,如果盆内的水发生晃动,舞蹈者更显婀娜多姿。其特有的天真、自然、质朴的艺术形象向我们展示了人类童年时期的审美观念和审美情趣。

彩陶艺术是原始人类在创造陶器、满足物质需要的过程中表现出的对艺术形式美的追求，是人类审美意识的萌芽，这些舞蹈纹彩陶的发掘"是对青海高原古老羌戎文化高度审美水平的肯定，说明了马家窑文化的时代是人类开始萌芽艺术美及其艺术审美意识'自足发展'开始的伟大时代。"① 不管学术界对它有何种分歧，但古人那优美的舞姿，已将舞蹈艺术推向了成熟，这件彩陶盆艺术品是古羌人精湛技艺的反映，也是古羌人审美意识的升华。

马家窑文化青海彩陶精品迭出，令世人瞩目。除以上介绍的舞蹈纹彩陶盆外，还有民和阳山墓地出土的喇叭形彩陶器、乐都柳湾出土的人面彩陶壶、人像彩陶壶、陶靴等。马家窑文化彩陶的纹饰图形不直接描绘自然物象，而对自然形象进行高度的抽象。主要纹饰有三角纹、草叶纹、花瓣纹、平行条纹、漩涡纹、水波纹、锯齿纹、圆圈纹、菱形纹、网格纹、棋盘纹、变形蛙纹和波折纹等1000余种。创造者大都以符号语言来表达自己的主观情感、内心需要和美的感受。纹饰繁褥细腻，富丽堂皇，结构严谨均衡，线条流畅生动，注重多视角的装饰效果，把装饰艺术同器物造型完美地结合在一起，实现了实用与审美近乎完美的统一，使得原始彩陶艺术具有了强烈的视觉感染力，充满了神秘的超越时空的美感，形成了独特的艺术风格。除马家窑文化的彩陶外，青海地区青铜时代诸文化类型，如辛店文化和卡约文化中也有大量彩陶出现。鹿纹、狗纹、羊纹、鱼纹等写实图案，形象生动，充满浓郁的生活气息，太阳形纹、禾苗形纹、羊角形纹等抽象图案，简练清新，使人浮想联翩。这些早期的艺术品真实地反映了青海先民的审美追求和审美心理，尽管其产生还处于原始阶

---

① 王伟章：《从马家窑文化的新发现——舞蹈彩陶盆谈古羌人的审美意识》，载《青海社会科学》，1996年第3期。

第四章 社会人文环境与青海审美文化

段,但其纹饰图形的设计水平却达到了相当高的艺术水平,开创了一个"巧夺天工"的审美世界,标志着人类本质力量在人工造型中被高度肯定,表现出青海先民对美的追求具有了相当的自觉性。

青海是一个多民族地区,也是艺术形式丰富多样的地区。石刻艺术在青海境内分布广泛,玉树结古达日如来石造像,是雕凿在石灰岩峭壁上的,石造像9尊,正中是高7.3米的达日如来佛像,石造像形态各异,形象逼真生动,富有立体感,相传是文成公主进藏时命随行工匠所雕凿。西宁北禅寺露天金刚,是在原丹霞造型地貌基础上,经信徒们雕凿加工而成,高达30余米,同闻名天下的四川乐山大佛相媲美,亦称"西宁大佛"。天峻县江河乡境内的刻经石、泽库县和日寺石经墙、分布在藏区刻有六字真言的玛尼石堆等,形成特有的巨石文化景观。青海壁画以寺院为主,如西宁北禅寺"九窟十八洞"遗存有隋、唐、宋、元时期壁画,素有"西平莫高窟"之美誉。乐都瞿昙寺近800平方米明清藏传佛教壁画,其数量之多、连缀之长,在艺术之境,实为罕见。

世居青海的各民族能歌善舞,至今保留了大量的传统的艺术表现形式。"会说话就会唱歌,能走路就能跳舞",藏族儿女就是这样能歌善舞。在辽阔的青藏高原上,藏族民间舞蹈以它质朴热烈、清新明快的风格享誉海内外,其中流行最广最为人们喜闻乐见的有"卓"、"依"、"锅庄"、"龙鼓"、"则柔"、"羌姆"等。"卓"主要流行于青海玉树藏族自治州的康巴地区。"卓"的内容十分丰富,表现极为广泛,舞姿节奏变化比较大。轻歌曼舞时,舞姿舒展轻柔,节奏极慢,稳健而豪迈,给人一种飘逸之感;劲歌狂舞时,舞姿洒脱粗犷、节奏敏捷而热烈,透出一股阳刚之气。"依"是汉语"歌舞"的意思,在康巴地区又叫"弦子",也是青海牧区流行极广的一种藏族民间舞蹈。由于地域不同,流行于康巴地区的"康巴依"和流行于安多地区的"安多依",在表演风格上表现出两种迥然不同的韵味。"康巴依"节奏对比强烈,舞蹈动作幅度较大,舞姿起伏变幻较快,旋转时长抽撇向空中,人在彩绸中飘舞,显示出奔放、热烈、欢快的审美特性,给人以喜悦欢快的感受。"安多依",则以刚健柔和为其特点,舞蹈动作幅度相对较小,舞姿起伏变幻比较平稳,表现出浑厚、深沉、质朴的审美特点。[①]"锅庄"——是流行于安多藏区的一种古老的群众自娱性集体舞蹈。"锅庄"藏语安多方言叫"俄卓","俄"是圈、"卓"是舞,意为围圈而舞。跳锅庄时,大家拉手成圈,男女各半圈,跟着领舞,且歌且舞,顿地为节,由左而右,分班唱和,此起彼落。"锅庄"起源于古代雪域儿女围绕篝火或室内火塘,进行祭祀性和娱乐性的歌舞。舞蹈动作中包括对神灵敬畏的心态、对动物姿态的模拟、相互表示爱情等舞蹈语汇。藏文史料《拉达克工系》记载,早在3世纪前后的德绕勒时期,西藏各地歌舞盛行。这些旋转不息的歌舞,陪伴这个民族走过无数个世纪的时光,传承发展直至今日。人们用歌舞来消除劳动的疲劳,来感谢神灵的保佑,来抒发自己热爱生活、热爱大自然的情感。同时,"锅庄"也是另一种形式的转经和朝圣的方式。人体绕着心转动起来的时候,在心与神的认同、身的舞动变化中,化成了一个完美的圆。圆是藏民族同神灵交流、与大地对话的一种方式和途径。因而"锅庄"被誉为"圆的歌舞,圆的文化,圆的历史"。[②] 在长期的流传过程中,"锅庄"原有的宗教色彩逐渐淡化,经过千百年的加工、提炼、选择与组织而具

---

① 师守成:《绚丽多彩的藏族民间舞蹈》,载《中外文化交流》,1997年第2期。

② 庄春辉:《"藏羌锅庄"是阿坝的一张文化名片》,载《西藏艺术研究》,2005年第3期。

第四章　社会人文环境与青海审美文化

有超常化的特征——富于节奏性、韵律感。在漫漫的历史长河中藏族正是用歌倾诉着内心的情愫,用舞来渲泄内心的积蓄,用一种审美的方式进行生命的表白,最大限度地营造了人的情感世界,培育了极富创造性的审美想像力。

别具高原特色的青海文学艺术,除了文人墨客描写的有关自然风光、名胜古迹、风土人情的诗歌、散文、游记、历史典籍、碑记等外,更多的表现为历史传说、神话故事、叙事诗、民歌、宴席曲等民间艺术。如藏族神话故事"说不完的故事"、"阿克顿巴的故事",藏族英雄史诗《格萨尔王传》,是举世公认的中国藏族说唱文学巨著。流传在藏族民间的神话故事、谚语等哲理深邃、启示性强。至于酒曲、情歌(拉伊)、祝词等,更是人人得以说唱。青海藏戏集歌舞剧、舞蹈、哑剧等表演手法于一体,经典剧目长演不衰,是藏民族戏剧艺术的奇葩。回族神话传说"马五哥与尕豆妹";土族"安昭舞"、长篇叙事诗《拉仁布与吉门索》,还有撒拉族"骆驼舞"、"宴席曲"、"花儿"以及蒙古族英雄史诗《汗庆格尔》等,这些都是青海各民族文学艺术的优秀作品,散发着高原的芬香和泥土气息。被誉为"东方的罗马狂欢节"的民和三川土族"纳顿会",每年农历七至九月历时60余天,在欢歌曼舞中,人们沉浸在美的享受之中。青海的汉族大都是历代从中原迁徙而来,他们继承、发扬了中原文化的精华,天长日久,形成了具有高原特色的汉族文艺形态,如社火、平弦、贤孝、灯影戏等。河湟地区的这些汉族民间说唱艺术,以其各自的审美特点给人以美感。

青海各民族特色鲜明的传统艺术,说到底是各民族在特定环境中生存和生活方式及状态的生动体现,是凝结了群体审美意识和生存智慧的精神寄寓。青海传统的民族艺术从其生成到传承表现,主要体现为一种自然状态,是日常生产、生活与生存中的组成部分,所以具有自在性与自适性。回溯以往,无论是在草原还是在乡村，青海各民族的歌舞等艺术都是伴随着民族民间宗教、节庆、商贸活动而存在的。生活的艺术化，常常体现在歌舞在日常生活中的应用。土族热闹而隆重的婚礼仪式，从娶亲、送亲、结婚仪式、谢宴等每一个程序几乎都伴随着婚礼歌舞而进行。根据婚礼的次序，构成一套完整、固定、密切结合婚礼仪式的大型歌舞形式，唱词内容十分广泛，涵盖了土族人宗教信仰、文化艺术、伦理道德、生活习俗等方面内容，是一幅浓缩了的土族民俗文化的美丽画卷。土族婚礼犹如一部辉煌的歌剧，在它举行的始终都是用歌声来表达其中的内容的，它又像一部舞剧，"安昭"舞优美的舞姿贯穿始终。它是一部百科全书，其中有土族人民的全部生活、文化艺术及其精神面貌。[①]

在青海艺术海洋的巡礼中，各种别具风格的艺术扑面而来，使人目不暇接、美不胜收。同时有怡情悦性、审美教化的作用。传统意义上的青海民族艺术，都具有显著的地域和民族特性，在人们对民族艺术和文化传统的回忆与重新建构的过程中，既强化了对于自身群体的认同感和自豪感，又激发了新的创造热情和审美追求。青海艺术是青海各民族审美意识集中的体现，也是审美文化典型的代表。早期原始艺术的出现标志着青海先民审美意识的萌芽，随着各种艺术形式的不断发展和创新，人们的审美意识逐步成熟。艺术的成熟和发展加速了生活审美化的进程，促进了青海审美文化的发展，因而对青海艺术发展的历史进行梳理和挖掘，这是我们研究青海审美文化的一个重要内容。这一研究对于中国美学学科发展的本土性、当代性建设也大有裨益。

综上所述，影响青海审美文化发展的社会生态环境包括了多种因素，其中经济环境是基础，人类自身生产是直接的动因，伦

[①] 马占山：《土族的风情习俗与音乐文化》，载《中央音乐学院学报》，1996年1期。

第四章　社会人文环境与青海审美文化

理文化、宗教信仰、民俗风情、文学艺术作为上层建筑的重要因素在相互作用中，对青海的审美文化产生和发展都产生了积极的推动作用。因此，要全面把握青海审美文化的发展脉络，概括其形成的规律，必须结合上述各种因素加以认真的研究和探讨，在此我们只是讲述一个概貌，与之相关的具体问题将在以后的各章节中作详细的论述。

第二编　青海民族风情与审美

第五章 青海婚恋习俗与审美

第一节 青海民族婚俗的文化考述

按照人类学家的理解,研究人类的婚姻功能要从研究生育开始①,生育在人类生活中必须以婚姻礼俗作为正式、合法的标志。换言之,生育要通过文化的方式方能实现,而不是单纯的以自然生理的方式就能完成,只有完成了被社会认可的"通过仪式",婚姻才能被家庭、社会所接受。概括起来,青海地区的婚姻一般都遵循以下三个"神圣"法则,即族群神圣、生育神圣、财产神圣的法则,而青海婚俗之美的源泉便是对这三大法则的文化认同和诗性理解。

---

① 人类学功能学派学者 B. 马林诺夫斯基在其《原始人的性生活》(团结出版社,2005年,第61~67页)、马氏的后学雷·弗恩在其《我们提科皮亚人》(吉林人民出版社,2000年,第490页)、我国学者费孝通在其《生育制度》(商务印书馆,1999年,第72页)中都持这种观点。

一、成年礼与择偶通婚的范围

"历史上的决定因素,归根结底,乃是直接的生产和再生产。不过,生产本身又是双重性的,一方面是生活资料食、衣、住及为此所必需的工具生产,另一方面是人类自身的生产,即种的繁衍。"① 气候条件严酷,自然资源匮乏,生态环境严峻,使得青海地区各个族群始终都面临生存现实的挑战,促使人们更重视种族的延续、扩大等自身生产力的发展。人们赋予婚俗繁复、严苛的程序和仪轨,实际上表现出对于生命的无比重视和由衷礼赞。从这个意义上说,一切婚俗之美都源于对生命之美的礼赞。青海婚俗作为一种独特的文化呈现,其生命之美从文化表征上看更显粗犷、扬厉、率真,在本质上则显得更加本源、更加浓烈,更接近于人性之美。

成年礼是通过特定的仪式宣布或赋予年轻男女开始具有了与异性发生性关系的权利,成年礼就是确保种群延续的人生礼仪。因此,就一个生命个体而言,成年礼标志着生命形式的转换,婚姻生活的开始,社会身份的获得,在这个意义上说,成年礼是构成婚姻文化的重要组成部分。同时,各民族多样的成年礼的形成还是一个累进的结果,其生命意识和观念总是一再地被提炼,成为"表意的"、"象征的"经验和情感结构,总是蕴含着浓厚的艺术意味,最终被升华到审美的范畴,成为各民族特有审美情感的文化表达。

青海各民族的成年礼在时间、性别上总是存在着现实的序列性差异,仪式的方式主要是通过改变发型来实现。按照传统习

---

① 恩格斯:《家庭、私有制和国家的起源》,见《马克思、恩格斯全集》(1884年序),第7页,人民出版社,1956年。

第五章 青海婚恋习俗与审美

俗,土族的成年礼是以女性作为主要对象,姑娘在一个奇数的年龄段,如15或17岁时(虚岁)举行被称作"戴天头"的成年礼。"戴天头"是由父母择吉日为姑娘举行仪式:由两个已婚的妇女将姑娘的十二根小辫子辫为两股新辫子,然后由母亲将自己的嫁妆的一部分,或者购置、积攒的珍珠、玛瑙、玉石、银子等,编织成"头面"挂在辫子上。"头面"一戴,标志着姑娘已经成人,从此有了社交的自由,可以谈情说爱。因而"戴天头"作为一种文化标志,象征着土族姑娘在审美视角中具备了独特的成熟美和女性美,这是土族妇女伴随生理成熟后被赋予的生命美感。每年藏历正月初三,青海的安多藏族都要为年满15岁的姑娘改变发式,佩戴头饰,举行成人典礼,安多藏族方言称为戴"敦"。是日,家庭主要亲戚携带礼物从各自的放牧点前来向姑娘表示祝贺,母亲当着众人的面为女儿解开朴素的童式发辫,给她精心辫起成人的发辫,并在姑娘的背上挂上"引敦",这样就表明姑娘已经成人。此时的姑娘身着鲜艳的藏袍,腰系彩带,穿起绣有各色图案的藏靴,像一支含苞欲放的花朵,向众人展示着青春的娇美。人们以歌舞相庆:

今天是戴"敦"的日子,
是人生最大的喜事,
打扮吧,年轻的姑娘,
打扮成婚姻女神那样的仙姿。[①]

成年礼作为一种通过仪式,表明姑娘或男子由童年进入到成年,从一种人生境界进入到另一种人生境界。在绝大多数族群中,性的成熟是成人的标志——成为一个具有独立行为能力、可

---

① 仇保燕:《青海藏族风情丛话》,中国旅游出版社,1987年。

以参与公共事务的人。青海各民族举行的成年礼仪，除具有成人意味外，还具有打扮装饰美的意味，即按照本民族对成年女性所公认的审美标准进行打扮。成年礼是人生重大转折的开始，是青春旋律的第一乐章，它向人们展示着人生的成熟美和对性美的追求，使人们共享着青春的喜悦。

青海是一个多民族聚居的地区，人们的婚姻选择首先是将血缘关系所造成的族群界限作为认同和区隔方式加以确定，并由此形成许多婚姻禁忌。与中原汉族传统不同的是，藏族、土族社会中很难见到姑舅婚和姨表婚。青海的安多藏族和华热藏族以及土族都有以"骨系"、"骨相"——俗称"问骨头"（藏文读 rus – pa）来作为能否谈婚论嫁的前提，杜绝近亲之间的婚姻缔结。骨系的确定多以父系的血缘关系来确定，同一个骨系的后代禁止通婚。藏族和土族都对越限的婚姻通过社会舆论给予强烈的谴责，而且在习俗中有很多观念化的禁忌和规约，认为近亲的婚姻缔约是最不吉利的，会给家族和村社带来灾祸，族群的人们对于这样的现象也会以舆论和歧视的方式加以声讨和排斥。由此可看出，人们对于婚姻的认同是有前提的，这个前提就是在族群或社区内部以降低血缘内部的冲突为最低标准，在族群或社区外部以最大化提升族际交往为最大目标，是一种血缘和区位的分割关系，而不是等级的划分关系。

最自然的婚姻关系的缔结，应当是建立在恋爱的基础上的自由结合的婚姻，因为它最大程度地体现了当事双方对于婚姻的意愿。这一点青海各民族习俗较中原文化显得更具人文亲和力。藏族青年一般都很尊重长辈对他们的婚姻安排，父母和长辈在谈婚论嫁时也都先征求子女、晚辈的意见，因此，完全按父母之命选择配偶、安排婚姻的情形在藏族中非常罕见，相反自由恋爱——通过"祈通"（藏语读 khyi – rdung）方式交友择偶的却是最普遍的。"祈通"的字面意义是"打狗"，隐喻与情人的秘密约会。

第五章 青海婚恋习俗与审美

通常都是青年男子趁着夜色浓重，策马来到女子的帐房外，将已经准备好的肉扔给看家护院的藏獒，再把石子扔到帐房边叫醒女友，与之约会、言欢，因此青海的安多藏族形象地称之为"打狗"。一旦通过"祈通"以及其他方式使双方都能两情相悦，情投意合，双方关系确定后，两个年轻人就会向各自的父母表达准备结婚的意愿。如果男方父母没有异议，就会顺利地应允这桩婚事，由他们出面请媒人向女方家提亲，若女方也满意，那么这桩婚事就会被确定下来，自然而然地进入送礼、请佛爷选日子、举行婚礼等程序。这样的习俗至少在吐蕃时期就已经存在了，在近期德令哈发掘出土的吐谷浑贵族墓葬棺椁壁画上，1400年前，失国的吐谷浑后裔，已经逐渐融入当时还是新兴势力的吐蕃民族共同体中，但依旧保留着"祈通"这样的习俗：那些以赭面为美的青年男女在野外相识、相恋、婚媾，成家立业，生儿育女，戎马征战，放牧经商，以自己的方式走完辉煌的一生。通观整个过程，包括年轻男女双方在内的每个家庭基本上都是在平和、沉稳的气氛和自然、舒缓的节奏下，自然而然地运行，一切都是那样淳厚、深沉，不知魏晋，不问唐宋，任地老天荒，洋溢着质朴、纯洁的民风。必须指出的是，择偶时的自由恋爱被严苛的媒妁制度所取代，应该是近代以后的事情，与此相适应的文化观念也随之变化。在青海地区，接受程度最高和改易速度最快的是河湟地区的汉族，其次是伊斯兰民族诸如回、撒拉诸族，晚近的是土、蒙古诸族，最迟缓的大约是藏族，而且其程度在农区和牧区、城镇和农牧区之间都有很大的差异。

婚姻在一定意义上是千百年累积起来的生育法则，被上升到文化心理层面的审美呈现。青年男女在婚恋的态度上，更多的是将现实主义与浪漫主义结合起来予以表达。在择偶时不仅关注对方的自身条件如相貌和才干以及家境条件等，而且在恋爱的过程中，呈现出浪漫主义的审美心态，爱情的美酒往往是通过各种民俗活动作为酵母、酝酿而成的。青海海西的哈萨克族，在历史上一直过着逐水草而居的游牧生活，独特的生活方式和草原文化，形成了哈萨克族姑娘独特的求爱审美观和爱情观。"姑娘追"（哈萨克语"柯兹库瓦尔"）正是这种爱情审美取向的一种具体表现形式，是哈萨克青年男女求亲结爱的古老遗风。这项活动是由成双成对的男女青年骑着快马向指定的地方辔缓行，途中小伙子可以向姑娘任意倾吐爱情，说俏皮话，姑娘只能默默倾听不能有任何生气的表示。但等到了指定的地点，在折回的路上，姑娘则有权用皮鞭追打小伙子，以回报去时小伙子的调笑。小伙子只能逃避不准还手，形成了小伙子策马落荒而逃，姑娘扬鞭紧追不舍的风趣、动人的场面。若是姑娘不肯接受小伙子的爱情，又是一个调皮过分的小伙子，那他就要受皮肉之苦了。假如姑娘对小伙子有情有意，即使追上了，鞭子也只是虚晃几下以掩人耳目。正是在这"严厉"的马鞭下，姑娘巧妙地传递了对小伙子的爱慕之情，给那些初恋者留下难忘的、甜蜜的记忆。这种传统的求爱方式，充满喜剧的幽默感，不仅显示出哈萨克族高超的骑术和争强好胜的性格，而且成为青年男女连结佳偶的桥梁。在这种交爱的方式中，没有过多的思想禁锢，更多的是对美好爱情自由热烈的表达和追求。

　　以歌传情是许多民族共同的求爱方式，以歌为媒，对唱求偶，也是青海少数民族恋爱习俗中的一大特点。青年男女通过对歌相识、相知，传达爱的信息，因而恋爱往往不是谈成的，而是借助山歌唱成的。土族是一个能歌善舞的民族，他们喜唱的民歌花儿多是情歌，大多表现了男女对爱情的理想追求，而且曲调高亢，节奏奔放，非常适合在野外男女对唱。有些年轻人正是通过花儿表达了自己的衷情，在歌声的艺术美中产生了爱的共鸣。生活在青海牧区的藏族青年人人喜欢对"花儿"、唱"拉伊"，这种山歌多是赞美男女爱情的，因而只限于青年男女在野外对唱。

第五章　青海婚恋习俗与审美

"拉伊"有着自由的节奏和悠扬的旋律，对唱双方既可以用传统歌词，也可以触景抒怀，借物喻意。恋爱中的歌声不仅能使有情人在歌声悠扬的流转中互相倾诉衷肠，体验情绪和情感的细微变化，在两颗心之间架起一座爱的桥梁，而且情歌的美，使得爱的情意显得更浓、更甜，使青年男女在爱的甜蜜中获得艺术的美感。

　　用美的信物表示爱心，也是青海民族青年求爱的独特方式。信物，作为一种实物如果不被赋予情感，它充其量只具备实用的所指，但在青年男女的情爱历程中，它已然被赋予了情感的所指，这时的物就不再是简单的实用之物，而是情感的聚集体和象征体。土族青年在初恋时，姑娘往往送给小伙子一条亲手绣制的漂亮腰带。五彩的腰带融入了姑娘的深情，表现出对美好爱情生活的憧憬。青海蒙古族青年在恋爱的过程中，双方互赠戒指、手镯、手帕、烟袋等信物，以表示自己对对方的爱慕和忠贞之心。美的信物往往具有一定的象征意义，隐含着耐人回味的审美意蕴。如青海牧区的藏族青年在对歌互诉爱慕之情后，小伙子总是送上自己的镯子、戒指，或者互赠腰带、靴带作为信物。手镯、戒指是定情的表示；长的腰带是祝愿他们恩爱无边无垠；短的靴带是期望聚首之日近在咫尺。一件极为普通的信物，总是包含着恋人深深的情意，使对方"睹物思人"，形成难以忘怀的审美回味，共享恋爱的甜蜜，生活的美好。爱情的本质是美的，它是人生中的一种甜美，正如法国作家维克多·雨果所说："人生是一朵花，爱情是花中的蜜。"花朵般的人生是美好的，有了爱情使人生增加了甜美，成为美中至美，爱与美在这里达到了有机的统一。正是这奇异、独特的美，使那些身陷爱河的恋人陶醉。

　　青海少数民族青年在恋爱过程中，都有自己的择偶标准，容貌清秀、仪表端庄的美丽姑娘常常是小伙子追求的对象。在回、土、撒拉、东乡等民族的情歌里，常常把姑娘比作美丽的鲜花、盛开的牡丹,以美的事物作比表达对女性美的认识。当然,择偶的审美标准更重要的是体现在对内在美的重视和追求上。回族在择偶时,不主张以门第和贫富为条件,而注意男女双方的品德和才貌,即所谓:"议婚之道,先访门户乡贤,次察家教,务知男女贤否,或为子求妇,或为女择婿,皆不得慕声势而托高门,亦不可取便易而降贱类。"那些重门第,只认钱财以及不合伊斯兰教礼俗的"皆风俗之悖谬者,断断乎不可从也"①。男女婚姻必须遵循"婚姻无贫富,必择善良"的准则,充分体现了回族美、善的择偶标准。土族姑娘所追求的是心地善良、勤劳的小伙子。找"连手"(即情人,也可写作"恋手")不仅要看家境富、脸面好,还要心肠好。正如他们在歌中唱道:"钱财看淡人看重,仁义儿重于千金","妹妹爱的是勤快人,美日子等的是我们"。以德为美,以善为美,以勤劳为美,这是青海少数民族共同的择偶审美观念。

  透过上述婚俗文化的考察,我们认为青海婚俗文化的美学意义,主要表现在对生命的敬崇和礼赞,以充分体现人性本真为根本,一切古朴、繁复、奇特的地方化、习俗化、仪轨化的求偶、择偶标准和仪礼都可归结为是对于生命高贵、生殖神圣、婚媾庄严的迷狂、礼赞和膜拜,婚俗各个层面的审美呈现都是人性求真、人性向善、人性崇高的诗学的文化表达。

二、各族婚礼形态的多元特点

  婚姻与美的关系,一个重要的方面就在于二者的结合,使人类的两性关系注入了情感的因素,于是美满的婚姻总是与真挚的

---

① 刘智撰:《天方典礼择要解·婚姻篇》(卷十九),第409页,齐鲁书社,1995年。

第五章 青海婚恋习俗与审美

爱情相伴随。同样，爱情总是美的，没有美的吸引和爱慕，没有美的愉悦和醉心，也就不会有真正的爱情。情感是人类婚媾的内在原因，婚姻的完美是人性的完整，是由社会的认可、生育法则与人的情感三者结合而实现的。正因如此，凡是热爱生活的人，无不对它表现出心旷神怡和热烈向往。在青海各民族中，当姑娘、小伙子步入成年以后，便以各种独特的方式去大胆追求美好的爱情，爱情也被作为人类美好的情感加以歌颂，人们也总是希望新人能永远相爱，同甘共苦，共度美好人生。这种民俗审美心态在青海各民族的婚庆仪式上，常常以奇特的方式表达出来。如土族在举行婚礼时，先请新郎到闺房，让他解下新娘原发辫上的红头绳，拴在自己的脚脖子上，用男方家送来的木梳先梳三下自己的头，然后梳三下新娘的头发，寓意"千里姻缘一线牵，结发夫妻永相伴"。在青海蒙古族婚俗当中，有一种男方到新姑家送"佐斯"礼品的仪式。"佐斯"是一块呈长方形的骨胶，把它装在由五彩丝线编织成的小网袋里，悬挂于装满酒的瓷瓶颈上。人们认为胶能粘合天地，非常牢固，送"佐斯"表示两家婚姻关系天长地久。哈萨克族的"登门"仪式也十分独特。仪式在女方家的"哈萨包"中举行，未婚女婿和姑娘坐在毡房左侧的布幔中，要共同啃一块羊胸骨肉，因为骨和肉紧紧相连，象征着一对新人永远相亲相爱，白头到老永不分离。上述择举的不同民族的婚俗事象，表达了人们一个共同的心愿，即渴望真诚的爱情能够长久，幸福的生活永远甜美。这些美好的审美意愿以文化符号形式出现，赋予了婚姻习俗一定的审美象征意义，体现出浓厚的民族审美情趣，是各民族审美意识在婚俗文化中的物态化、具体化表现。

结婚意味着家庭的建立，子孙的繁衍。因而，婚姻的一个重要功利目的，是与人类自身的生产相关联的。这种实际的功利目的性，也构成了青海各民族婚俗审美意识中的一个重要内容，并通过各种婚姻礼俗体现出来。撒拉族婚礼上，当阿訇用阿拉伯语颂完证婚词后，便向屋里屋外的亲朋抛撒核桃、枣子之类的食物。这种习俗其意在祝愿两个新人像两片核桃仁一样相亲相爱、相依为命，取枣之意在暗示早生贵子。而回族在新婚之夜，新娘的姐姐（或嫂子或送亲娘娘）前来铺床，将核桃枣子压在毡角下，还另置数枚于新娘的怀里，祝愿他们儿孙满堂。有的地方还请二位新人睡前各喝一碗放有两枚熟红枣的牛奶，希望他们早生儿女、白头偕老。核桃和枣子都是多产植物，人们正是取这类植物的生殖意向，表达了强烈的生命意识。在土族婚礼上，男方迎亲准备的马匹必须有一匹是会下马驹的，这是专门给新娘坐骑的，而且在带给女方的礼物中，有一只白色的母羊，白色是吉祥如意的象征，母羊表示女子到男子家中生儿育女，男方家里送一只母羊到女方家里繁衍发展，这一风俗强调的仍然是一个生殖意向。哈萨克族婚礼上会举行拜火的仪式，新娘同公婆亲友见面、行礼之后，便从伴娘手中接过盛在碗中的牛油或羊油，撒进帐房中的火堆，顿时火苗熊熊燃烧。火在远古时期曾是许多民族崇拜的对象，曾经信奉过萨满教的哈萨克族，对火也有着特别的崇拜之情。在其传统意识中，火种不断，火焰旺盛，意味着子孙繁衍、人丁兴旺，这些民俗事象的深层内涵，是对人类生殖与生命的热烈歌颂和礼赞，是对人自身的赞美，体现出一种富有强烈生命意识的审美观念。

　　人们常说婚礼是民间生活中的喜剧。在青海各民族的婚俗当中，常常在轻松愉快的气氛中，表演出一幕幕的喜剧，给人以独特的美感。汉族、回族、撒拉族在婚礼中的"戏公伯"、"耍公婆"等风俗，就是人们以戏谑的形式所表现出一种喜庆方式。河湟汉族在新娘进入洞房后，送亲队伍中的来宾将新娘的父亲或叔伯等长辈的脸上抹上锅黑，翻穿皮袄，腰系铃铛，头顶破帽，象征性地捆住手脚，使之倒骑在毛驴或牛上"亮相"。有时还把

第五章 青海婚恋习俗与审美

新郎的父亲或叔伯经上述"打扮"以后，按坐在一张倒置的方桌内，抬起来吃喝嬉闹"示众"。这种滑稽的表演给人以轻松、幽默的喜剧美感，增添了喜庆的气氛。"挤门"是撒拉族婚礼上颇具喜剧性的风俗。当新娘被送到婆家门口时，男方的青年并非拉马垂蹬，夹道欢迎，而是堵住大门不让新娘骑着骡马走进婆家大门，也不能让送亲的长辈抱着新娘脚不沾地地进门，必须是新娘自己步入婆家大门。认为这样可以轻松地使唤新娘，否则则被认为有损于新郎的身份或男方的门面。女方家认为，此日是新娘一生中最宝贵的日子，应该是不沾土，由长辈抱进洞房。为了达到各自的目的，双方你冲我堵，互不相让，喊声鼎沸，笑声连天。"挤门"习俗最初有特定的寓意，但在历史的流传过程中，原有的内涵已逐步淡化，男女双方谁胜谁负已无关大体，而热闹的"挤门"仪式则成为撒拉族婚礼上不可缺少的娱乐形式。这种寓庄于谐的欢快场面，使严肃的婚姻大事变得轻松愉快，为婚庆又增添一种戏剧美和滑稽美。

　　青海少数民族婚俗的审美特点，还表现在对于色彩的审美选择上。这与汉族的审美传统是迥然相异的。在汉族传统文化观念中，祖先炎帝以火为名，故火之红为瑞色，乃是吉祥、喜庆的象征。婚姻作为人生大事，理应充满喜悦的气氛，因而在色彩上也多选用象征喜庆、吉祥的红色。婚娶时在环境装饰上满堂皆红，新郎必须披红，新娘要穿红裤子、系红腰带、头顶红绫盖头。整个婚礼以红色为主、以红色为基调。而在青海许多少数民族婚礼习俗中，表现出对洁白无暇颜色的特殊的崇尚心理，认为白色是圣洁、高贵、吉祥的象征。在土族婚礼上，冠戴新郎时，岳父除亲自颂赞辞，还给新郎额头贴"察汗托斯"（酥油），颈系洁白的哈达，以表示骨肉之情最为珍贵，祝愿幸福美满，同甘共苦，和睦相处，苦乐系于两家。"纳信"（娶亲人）的穿着以白色为主色调，头戴"察汗毡帽"（白毡帽），身穿"察汗木尔戈迭

145

勒"（白褐衫）。这独具文化特色的穿着，表示男方以真诚的心与对方结亲迎娶。在藏族心目中，自然界的各种颜色以白色为最美、最吉祥。因此，结亲时亲家要相互敬献洁白的哈达，新房用白帐房，里面铺上白毡，为出嫁姑娘送行时，要在姑娘的辫套上系一条白色的哈达。娶亲时要为新娘选备一匹银白色的坐骑。姑娘出嫁之日，如遇到大雪纷扬，山坡披银妆的场景，则被视为美满顺利的吉兆。这种尚白审美意识的形成，原因很多，但主要与各民族的实际生活有着密切的联系。生活在青海的各民族，在历史上多以游牧生活为主，生活中接触最多的颜色是白色。那朵朵的白云，明净的皓月，雄伟的雪山，雪白的羊群，以及赖以生存的奶汁、面粉，穿的皮袄、戴的毡帽都是白色的，白色在人们心目中占据着重要的地位。这种崇白仪式在漫长的历史发展过程中，逐步积淀在民族的审美心理结构中，使他们对大自然赋予的白色之美，具有一种特殊的情感。

歌舞作为美的集中体现，在整个婚姻过程中是不可或缺的共生体，是青海少数民族婚礼中不可缺少的内容，正如谚语说的那样：没有歌舞的婚礼，就像吃了没有盐的饭一样乏味。歌舞作为抒情为主的艺术，集中体现着人们的审美情感。歌舞艺术与婚礼相结合，使婚礼成为艺术的狂欢节，更具有浓厚的审美意味。人们也正是在婚礼的歌舞中得到自娱，获得强烈的审美愉悦。在众多的兄弟民族当中，土族的婚姻歌舞是别具特色的。土族的婚礼歌是由彼此独立（诸如赞歌、问答歌、诙谐歌以及舞蹈曲等）又有内在联系的一系列歌曲相互衔接组合而成的，依据次序，构成一套完整、固定，并结合婚礼仪式的大型歌舞形式。土族娶亲时"纳信"是最活跃、最风趣，也是最最重要的人物。一般都是由能歌善舞、有经验的两人分别担任大"纳信"和配角小"纳信"，从到达女方家门口直至新郎上马，告别父老乡亲，始终默契合作，以歌舞应对各种仪式场面。其中歌咏对是土族婚礼

第五章 青海婚恋习俗与审美

的一大特色。当迎亲的"纳信"来到女方家不远的地方时,身着盛装的阿姑们迎上前接过"纳信"带来的各种礼物,载歌载舞。调皮的阿姑们有意责怪纳信带来的礼物不好,"春天的羊肉被风吹干了,夏天的羊肉发臭了,秋天的羊肉白毛了,冬天的羊肉冻干了"。"纳信"则以歌对唱进行辩解,夸耀自己的礼物。转眼间阿姑们退进院子,关上大门,用歌向"纳信"发问:"我们的歌儿要回答,回答不上请回家!"有经验的"纳信"彬彬有礼,对答如流,当"纳信"刚被请进屋坐在炕上喝茶休息时,窗外又传来阿姑们逗笑"纳信"的歌声,这些歌曲调悦耳动听,内容风趣活泼,使娶亲人啼笑皆非,观者各个捧腹大笑,气氛十分热烈活跃。随之阿姑们冲进屋里拉出"纳信"来到庭院,围绕着院中的圆槽,跳起欢乐的传统舞蹈——"安昭"。"纳信"领舞领唱,阿姑们紧随其后,和声伴唱,在场的男女老少都被优美动听的歌声所打动,纷纷加入到歌舞的行列之中,尽情欢跳直到深夜。

第二天一大早,"纳信"在闺门外煽动白褐衫,边舞边唱:"天上金鸡叫了,地上雄鸡啼了,新娘上马的时候到了。"用歌声催促新娘快点梳妆打扮,早早动身。鸡叫头遍是良辰,新娘的姐姐亲手把新娘姑娘时的发辫改梳成新婚妇女的发辫。这时"纳信"在闺门外一边舞蹈一边唱婚礼曲。新娘启程前要举行"罗姆托日"(祝颂辞)仪式。新娘坐在堂屋折叠数层的红白毡上,主持人依次拿起预先准备的经卷、松枝、油灯、红筷、牛奶、茯茶、白羊毛、粮食等象征财产、吉祥如意的物品,在新娘的头上盘绕,口中唱着祝颂辞、"纳信"在堂屋门口煽动衣襟舞蹈,主持人拿什么就唱什么,不同的吉祥物用不同的祝颂辞。当新娘在娶亲人、送亲人的簇拥下,踏着红毡缓步进入新郎家门时,"纳信"手捧新娘的嫁妆,边走边唱:"各种各样的东西带来了,美丽的新娘娶来了……"表示自己已经顺利完成了迎亲

147

的任务。在男方家，无论答谢媒人还是宴请喜客，各种仪式都离不开歌。土族婚礼就是在一片歌舞声中进行的。土族人民正是以优美的歌声，欢快的舞蹈表达了对新人最美好的祝福。这种富有艺术特色的婚礼，不仅增添了喜庆的气氛，也使人经历了一次美和艺术的巡礼，从中得到了艺术的享受。

　　毫不夸张地说，在青海所有的少数民族婚礼上，我们都能听到动人的歌声，看到优美的舞姿。诸如撒拉族的"依奥依纳"，蒙古族的"婚礼歌"，不但在迎亲的路上一路欢笑一路歌声，而且在热闹的婚礼、婚宴上，我们都能听到此起彼伏的对唱和酒曲。传统的民歌、即兴的演唱、欢快的舞蹈，汇成歌舞的海洋，使婚礼的基调保持在艺术性的欢悦之中。

　　婚姻习俗是人类文化的一部分，有其自身相对的独立性和稳定性。当一种婚姻形态随着社会经济发展和制度的变革而消失以后，有关的婚姻习俗却仍在传承，或以某种变相的形式保存下来，使我们从保留的一些传统习俗中，仍能窥视到原始婚姻制度的某些影子，感受到早期婚姻文化以及古俗在流变中呈现的一些审美意识。在婚姻的发展史上，由从妻居向从夫居的转变，使婚俗在这场革命中发生了剧烈的变化。在母系氏族社会末期，随着生产力的不断发展，男子在物质生产中的地位日益突出，当男子的经济地位和由此决定的社会地位超过妇女，发展到占绝对优势的时候，男子便产生了利用这种增强了的地位来废除母权制的要求，父权制随之应运而生。母权制向父权制过渡，在内容上主要是母系继承制和从妻居向父系继承制和从夫居制的变革。这是人类所经历的最激进的革命之一（恩格斯语），但在当时遭到母权制的顽强抵抗，而新兴的父权制为了强制实施从夫居制，采取了抢劫妇女的方式来缔结婚姻关系。我国古代的《易经》卦中"乘马班如，匪寇婚媾"，就是对那种抢婚习俗的描绘。这种古老的婚俗时过境迁以后，在一些民族的婚俗当中仍被顽强地保留

第五章　青海婚恋习俗与审美

下来。当然，它在历史的流传中已逐步失去了原来抢婚的性质，而变为摹拟性、象征性的婚礼仪式，成为远古婚俗的戏剧性重演，体现着不同民族特有的婚俗审美情趣。

流传在青海藏区的抢婚习俗，其男女主角往往是一对相亲相爱的恋人，而且是在双方商定以后进行的。等小伙子和同伴在约定好的夜晚开始行动时，姑娘听到牧羊犬的吠声，偷偷从帐房里走出来，来到约定的地点，穿上情人带来的衣服，在情人和同伴的护卫下，一起消失在夜幕之中。姑娘的父母对发生的这一切浑然不觉。姑娘来到小伙子为她支起的洁白喜帐时，必须把所有的欢乐暂时藏在内心深处，蹙额结眉，装出一种忧心忡忡的样子，两眼泪汪汪，向隅而泣，甚至不吃不喝，以此表示抗议。次日，小伙子派人向姑娘家赔礼，经过长时间的说服，姑娘的父母平息了怒气，收下求婚的礼物。此时，小伙子家中的亲戚们纷纷前来祝贺，在帐房里举行庆祝酒会，青年们载歌载舞。当喜剧收场时，被劫持的姑娘由几位德高望重的男性长者护送回家，让她回去等待那即将到来的婚配佳期。①

在青海藏区的传统观念当中，抢婚被认为是天经地义、合情合理的，并以此为荣，以勇为美。那些为树立部落声誉去抢劫妇女的英雄们和维护部落利益威武出征的战士一样光荣，同样受到人们的赞美。正如一首《抢亲曲》唱道的：

在众人聚集的赛马会上
夺得第一是人生的光荣
从十三万户地卫藏地方
抢来美女是部落的光荣
前进吧，勇士！

---

① 仇保燕：《青海藏族风情丛话》，中国旅游出版社，1987年。

前进吧，英雄！

这是对古朴遗风的礼赞。受传统观念的影响，抢了姑娘的小伙子总是为自己的胜利而高兴，他的壮举会在草原上被传颂，小伙子也因此成为姑娘们崇敬的对象，受到人们的赞美。观看着喜剧性的抢婚，怎能不把人引入到对远古社会的遐想。这种与众不同的婚俗审美观，正是远古婚姻礼俗遗留在人们审美意识中的反映。

在土族历史上也曾有抢婚的习俗，史籍《魏书·吐谷浑传》说："至于婚姻，贫不能备财者，辄盗女去。"《新唐书·吐谷浑传》也载："婚礼富家原纳聘，贫者窃妻去。"可见，早在土族先民吐谷浑时期，抢婚就比较普遍，土族近现代保留的抢婚遗俗与此有着历史的传承关系。过去，青海民和一带的土族一直保留着一种在日食或者月食的日子里抢婚的习俗。土族旧观念认为，日食和月食的时候，阴阳错乱，阳世又回到以前混沌的世界，这时把姑娘抢走成婚是天意允许的，因而不需要给女方缴纳彩礼，也不用设宴摆席。象征性的抢婚喜剧，在这里又多了一层神秘的色彩。土族在历史上发生的抢婚现象，也表现在现代婚礼的某些习俗中。嘲亲或叫骂亲，是土族送嫁仪式中最滑稽的一幕。当迎亲的"纳信"来到女方家，阿姑们对他百般嘲弄，有时把几块猪骨头用托盘放在"纳信"面前，把"纳信"比作从新郎家跑出来的猪和狗。阿姑们唱的"骂婚调"措辞十分尖刻，并有意作出敌对的姿态。骂亲是伴随着抢婚习俗产生的。远古时代抢婚给妇女们带来了很大痛苦，因而他们对此非常反感，常与男方迎亲者之间形成一种对立，借骂亲之机发泄心中的愤懑，久而久之，成为一种习俗流传下来，使热闹的婚礼又增添了喜剧的色彩。

在青海许多民族的婚俗中都保留有"拦门"的仪式，也是

第五章　青海婚恋习俗与审美

从古老的抢婚习俗中衍化出来的遗风。河湟汉族在迎亲队伍到来时，女方家不是敞开大门迎接，而是紧闭院门，等迎亲人递进小小的礼物时才打开大门。在土族婚俗中，阿姑们把迎亲的"纳信"关在门外，以歌对答。各民族的拦门仪式的表现形式虽有不同，但实质上都是对古代抢婚习俗的曲折反映。正如陶立璠先生指出的："闭门迎婿，或叫'拒亲'，这是一种古老抢婚习俗的遗留，大多数情况下，表现为当男方家的娶亲队伍到达女方家时，女方家便将大门关起来，抗拒迎亲队伍进入家门。"① 由抢婚派生出来的"拦门"仪式，随着婚俗的嬗变，已经成为颇具滑稽意味的喜剧表演，表现出不同民族独特的审美情趣。

青海地区的婚姻常常具有很深刻的族群记忆，掠夺婚姻的遗子也常常是在超越纯粹生活的基础上被形而上学，并在审美的前提下被重新定义和建构。哭嫁也是青海许多少数民族常见的婚俗形式，也是往古掠夺婚姻的文化遗留，但已经被审美地赋予了新的内涵。青海藏族谚语说："女人出嫁虽喜事要哭，男人出征虽愁事要笑。"当新娘被扶上马，准备启程之际，愁眉紧锁，用长长的袖口捂住半个脸，呜呜咽咽地哭起来。送嫁的女眷们簇拥在新人坐骑的左右哭唱着送嫁的歌，此时，新娘哭得愈是凄惨，就愈能博得亲朋的赞美。为能唱好哭嫁歌，撒拉族姑娘在出嫁前一个月就开始跟着奶奶、姑姑和姨姨们学唱"撒赫希"（哭嫁歌）。出嫁时哭得悲悲戚戚，听众无不为之动容，无不为之辛酸落泪。土族姑娘结婚前要"黛罗纳"（意即坐嫁），整整一个月不许出门，不见生客，除了关于嫁妆的针线女红，几乎不劳作，主要跟随祖母或母亲学唱《哭嫁歌》。姑娘出嫁时，即将上路的姑娘，含泪哭泣，表达出对娘家依依不舍之意。哭嫁歌唱的好坏，往往成为人们评价阿姑的审美标准之一。

---

① 陶立璠：《民俗学概论》，中央民族大学出版社，1997年。

在结婚喜庆之日，新娘心中即使充满了蜜一样的欢乐，为什么也放声痛哭呢？对此有种种解释。我们认为要真正发掘哭嫁习俗的原生文化内涵，必须沿着人类婚姻历史的发展轨迹向前探索。哭嫁发生在父权制逐步取代母权制的抢婚时代。在婚姻缔结的过程中，被劫持的妇女全力抗争，但却无力挽回失败的命运，内心感到万分悲伤以至于放声痛哭。在抢婚盛行的时代，哭嫁已经成为习惯。"可以肯定，哭嫁是历史上妇女为女权丧失和母系时代的结束，即妇女神圣至高无上的地位已经丧失而哭泣的行为。母权制被推翻，乃是女性的具有世界历史意义的失败。"（恩格斯语）"历史为了让人们记住曾经有过的变迁，在集体无意识行为中保留了哭嫁之风，使妇女的哭泣成为一代又一代的文化本能。①"所以，从婚姻发展的角度看，哭嫁是对母权之丧失的一种嗟叹，是女子对抢婚的恐惧和反抗，这是隐含在哭嫁深层的结构隐意。今天，抢婚习俗在青海少数民族中已经逐渐消退，但在历史特定时代伴随着哭嫁习俗而形成的审美观念，却在各民族心理结构中积淀下来，形成出嫁姑娘善哭为美的审美风尚。姑娘哭嫁曲调是否动听，歌词是否优美，往往成为公众评价新娘的审美标准之一，所谓"送嫁不善哭，虽美也不姝"。会哭、善哭的新娘总是受到人们的赞美。

最初的哭嫁是为女权的丧失而作出的最后哀叹，歌中充满了忧郁的感情色调，体现出一种悲剧美。随着婚俗的嬗变，哭嫁的原生文化内涵逐渐淡化，在哭声中更多的是伴以欢乐的感情，体现出浓厚的喜剧色彩。当然，在这喜剧的悲歌中，我们仍能感受到忧郁的历史古韵，获得一种特殊的审美感受。

---

① 向云驹：《中国少数民族原始艺术》，第139页，青海人民出版社，1994年。

第五章　青海婚恋习俗与审美

第二节　青海民族婚俗审美的文化阐释

人类的审美既有共同的一面，又有差异的一面。特别是我国各民族婚俗审美一直都是在自己独特的地理环境、经济与生活方式、政治制度和文化传统，乃至自古承传的图腾崇拜、神话传说、宗教信仰、哲学观和伦理道德观等核心价值观下产生的。在此，我们主要是从青海民族婚俗的个案中寻找人类婚俗审美文化的共通性，研究共通性中的差异性呈现和表达。

一、民族婚俗审美标准源于族群的认同与区分

马克思主义认为："人们自己创造自己的历史，但是人们并不是随心所欲地创造，并不是在他们选定的条件下创造，而是在直接碰到的、既定的、从过去继承下来的条件下创造。"① 关于婚俗文化中蕴含的美学思想，特别是其审美标准，在外部应是独特生态环境的产物，在内部应是族群认同或区分的具体方式。

首先，考察客观环境对于婚俗的影响。我们认为，青海独特的地域生态环境是青海婚俗迥然有异的客观因素。异常沧桑、厚重、辽远、瑰丽的青海高原，以及宗教的精神、宿命的心态……铸就、磨砺、锤炼了高原民族的"族群资赋"，养成了他们豪迈的秉赋、自由的天性、诗性的气质、宽厚的胸怀、尚武的精神等。自然环境决定了人们的生产和生活方式，也陶冶了人们的性

---

① 马克思、恩格斯：《马克思恩格斯选集》（第一卷），第603页，人民出版社，1984年。

情，这两者的双重作用在婚姻制度中成为一种反复出现、不断整合的文化意象，滋养了该地区人们的审美观念，并以符号化方式和仪礼规范的方式，培育出青海高原各民族独特的审美定势（审美心理）和审美制度（审美标准）。其中，审美定势是族群中社会成员长期的审美经验的累计，而制度化积累即成为习俗的审美经验则是审美制度，这两者最终成为族群在外部交往过程中，作为族群区分的文化性标志，而在族群内部，则是社会成员以审美的方式作为族群文化认同的标志。在审美层面，相对于外部交往它是美丑判断的依据，相对于内部交往它是追求"诗意栖居"的依据。

我们选择青海穆斯林的一场婚礼仪式来说明①：

回族青年马海东的婚礼时间选在 2007 年 12 月 8 日星期五。这是宰牲节前的一个吉利日子，按照回族规定，斋月期间不得举行婚礼。

结婚前一天，男方要向女方家送礼，女方要向男方家回礼，这种形式被称为过大礼。男方送给女方家的礼物中，有牛羊肉食、果品（时令果品和干果）、装饰品（主要是新娘的头饰）等。女方的回礼一般是给新娘陪嫁的东西，如衣服、被褥、生活用品等。婚礼这天，新房里贴了大红喜字和对联，堂屋墙正中挂着阿拉伯文写的一段《古兰经》经文，两边是阿拉伯文条幅。一大早，男方的内亲们都跪在堂屋里，听阿訇跪诵《古兰经》，祈求真主赐福。

诵读完毕，婚筵的首席先招待阿訇。饭后，新郎在伴郎、媒

---

① 我们以青海省西宁市城东区回族聚居区的东关居民马已亥之子马海东的婚礼现场为例。马已亥，祖籍青海平安县人，1950 年生人，在青海西宁市义乌小商品批发市场从事布料批零经营；马海东，西宁市城东区东关大寺附近居民，1987 年生人，无业；马桂兰，青海省大通县城关居民，1990 年生人，无业。调查时间 2007 年 12 月 8 日星期五。

第五章　青海婚恋习俗与审美

人的陪伴下,驱车前往迎娶新娘。当到达新娘家时,大门却故意关闭着。伴郎随即上前代表新郎叫门,并说一些祝贺、感谢的话,几经周折,女方打开大门。女方家对迎亲的人们非常热情和礼貌,进茶点时让新郎坐上席,要上三道干果、三道糖茶款待迎亲的客人。茶点过后,又上牛肉冷盘、大块鸡和水煮鱼。等鱼上了桌,就意味着迎亲者可以迎走新娘了。这时候,由伴郎和媒人指引,让新郎起身并向女方父母行礼,将新娘迎进轿车启程上路。新娘的家长送出一段路程后返回,兄长、弟弟则乘坐另一辆车一直将新娘送到男方家。新娘到达男方家后,由两位中年妇女打开车门,拿一小碗拌有松仁、葵花子、大枣的红米饭喂给新娘,据说此意为早生贵子、多子多孙。新娘下车后,一手捧"赫听"(《古兰经》选段及圣训选),一手提钱,由新郎家选派的两个姑娘搀扶进门。新娘此种做法意为祈求真主赐福,把幸福和钱财也带到自己的新家。此时先到的新郎在新房门口迎接新娘。新娘进入洞房后,将从娘家带来的红纸包裹的喜糖分送给贺喜的人们。接着宴请娘家宾客。

　　结婚仪式于晚上举行,堂屋里红烛高照,坐着双方父母、亲戚和宾客。婚礼由阿訇主持,他先问新郎新娘是否愿意结为夫妻,当得到肯定的答复后,念《古兰经》中的"喜经",接着抓起桌上的松子、葵花子、红枣、葡萄干之类的干果撒向新郎新娘,并希望新郎、新娘用衣襟接住。喜果撒过后,阿訇又对新郎新娘进行训导性的讲话,内容大致如教育新婚夫妇要尊敬父母,要互敬互爱,诚实勤劳,不做违反教规之事等,同时还讲述一些回族的礼俗、历史和美好的传统。婚礼结束时,在阿訇的主持下,大家一起感谢真主。

　　婚礼结束后,新郎家以茶点、糯米饭招待阿訇和宾客,之后在专门定下宴席的酒店宴请各方宾客。晚上,新郎的朋友和帮忙的"东家"还要"闹床"戏新人,主要是说笑话、故事,引逗新郎新娘亲昵。庄重中伴有热闹，热闹而又不乏逗趣，诙谐中不失礼节，蕴含淳朴。

在整个婚礼过程中，有以下几个方面引起我们的注意：

在婚礼当中，各种有关财富、生育的信息通过一些细节性的、符号化的民俗事象加以呈现，诸如婚礼前后和过程中的各项彩礼、物品的置办，通过赋予食物的谐音符号间接地传达，特别是婚礼中的"闹房"，我们以为实际上是通过戏谑的方式给新人暗示、传授有关性与生育以及维护生育稳定的各种"知识教育"，它们融会在婚礼的各个环节和程序中，潜移默化地被不断强化，默契地遵守着数百年来的习惯法则。由此可见，婚俗之美在于对族群认同的程度，族群认同又将繁育作为最高价值判断。这些价值判断是通过赋予符号一定的审美意义，并通过寓教于乐的戏剧化知识才能实现。简单地说，婚俗之美是借由戏剧化的狂欢所形成的符号化体系实现的。

婚礼当中，很多内容都与汉族是十分接近或者说是相同的，而婚礼的时间选择以及多次出现的阿訇引用《古兰经》以及圣训对大家的各种训导，这部分细节却十分独特。在此阿訇以宗教训导、劝诫的方式一再强调的是作为穆斯林新人应该有的最低和最高的理想和价值观念。换言之，这个被一代又一代人不断重复的内容，实际上就是在对每一个新婚的年轻人强化信仰"族群资赋"的养成教育，使得下一代人在人生的特殊时刻被强化自我身份的"认同意识"。婚俗中渗透着强烈浓重的道德诉求。或者说，婚俗之美是在族群认同基础上，社会成员思想、行为的合道德要求。

婚礼上，特别是在迎娶、宴席等重要场面里，人们都尽可能地展示双方亲戚、朋友数量所形成的气氛，并通过这样的场合叙旧、交流、相识，非常投入地加入到婚礼的各个细节当中，没有人追问为什么要这样做，却知道这样做才是美满的、美好的。可

第五章 青海婚恋习俗与审美

见,那些古老的婚俗中,常常蕴含着十分久远的群体交换关系的成分。婚俗之美在文化传播过程中,族群意识已演化为那些细节化的、日常化的言语和行为。根据文化传播的一般特点可知,那些越是被碎片化、细节化、日常化的文化,就越古老,就越具有深厚的文化积淀。从中可以看出,个体的婚姻已经被赋予了群体的认识力量,人们所以赋予其美好的社会内容,恰是人们将婚礼作为族群之间交往的最佳契机,婚礼是达成族际间敦睦的契机。什么是美的?美就是族群之间通过婚姻媾合的敦睦之美。

婚礼上有很多充满戏剧性的"表演场面":如娶亲时男方的伴郎一行使出浑身解数请求女方家人打开院门的场面,媒人向女方家人连说带唱地"摆针线"的场面,阿訇向新人以及众人撒喜糖、干果的场面,阿訇跪拜念经的场面等,人们沉浸在这些场面当中,既是观众又是参与者,感染着对方、别人,也感染着自己。从形式上看,婚礼的整个场面都充满了仪式色彩,这无疑是一次"公众宣示",它告诉我们,婚姻的双方所达成的婚媾是经由族群内部、族群之间认可的,承认族群之间的交往是通过婚姻赋予的,是宗教信仰认可的"合法行为",也是神圣的行为。

从上述各条可以看出,婚礼当中的美是被群体意识赋予的客观存在,是经过长期的累积和层叠而形成的仪式化、戏剧化、符号化的群体意识,其中有很强的道德约束性、文化象征性,最后成为族群在同一信仰规约下的"审美定势"。

从历时性过程看,这种审美定势实际上是一种层叠和累积起来的区域文化,是一种特定区域人们生存方式的经验型累积;从共时性呈现看,这种审美定势是一种制度化的地方性知识,是各族群独有又相互区别的文化标识,人们在濡染中加以继承,并以此作为审美的基本标准"合目的"而审美地生活。基于此,从婚俗审美文化的功能上看,婚俗在内部关系当中是一个族群的认同方式,包括自我展示、自我欣赏、彼此接纳、相互理解等内

157

容，是群体意识建立的基础内容。在青海这样一个生存空间特别是交往空间十分有限的区域，人们唯有求取群体交往的最大化，才能使得所有成员实现和满足生命繁殖、延续的基本要求，因此，在婚礼上习得、濡染和积累下来的知识，是一个社会内部的成员存在和成长的基本养分。从这个意义上说，婚俗的所谓"合目的性"必须是可认同的，即被族群认同的就是"美"的，否则就是"丑"的。这种婚俗美对于族群关系来说，可能是两个原本不相隶属、缺乏实质性交往关系的群体交往和联系的开端，而所有的交往又是建立在对于彼此间相互理解、彼此认同的"最大公约数"上的。当然，婚俗所谓"合目的性"有时又是可区分的，即族群区分具有一个看似悖反的"通过界限"：一是族群不可逾越的文化上限，二是融入族群的最低下限。"族群不可逾越的上限"是指在以婚姻为主的社会交往中，作为穆斯林必须将对伊斯兰教的皈依、信仰作为最高标准，不能遵循这一原则的婚姻是不被认可的，换言之，遵循了共同信仰的婚姻就是可以通过的；而最低下限则是指生活习俗等习惯法方面，恪守伊斯兰的生活戒律，遵从穆斯林的生活习惯，在这个可控制的界限之内，婚俗之美唯有遵从于道德诉求的约定才能成立，即"不逾矩的"就是"美"，而"逾越的"便是"丑"的；符合族群整体要求便是"美"的，不符合族群整体要求，又不能消弭这两道印痕的便是"丑"的。

可见，在整个族群关系中，婚俗文化有着其他文化所不具备的特殊功能和审美价值。我们有意识地在美学研究中引进人类学的理论思维和研究方法来考察高原族群的婚俗及其审美，这通常被称为"审美人类学"，属于20世纪以来人类学和美学的亚学科（subdiscipline），也是美学研究世俗化、地方化、日常化、民族化的新尝试。这种研究主要侧重于美学与文化人类学的结合，是美学研究新的对象的选择，新的美学形态的建构。当代中国美

第五章 青海婚恋习俗与审美

学研究的一个重要任务就包括美学观念的中国化建构,而解决这个问题的根本就是要站在全民族的认知立场和话语立场观照全民族的文化,重视和珍视每一个具体族群所拥有的丰富的、多元的文化"个案"。我们的研究就是力图将青海高原世代生活的各个民族作为一个文化考察的"视窗",通过他们所呈现的民俗文化诸个案来建构和验证中国民族美学理论存在的共性与个性、全面性与地方性、普遍性与差异性,与中华审美的传统接轨。中华民族的审美心理几乎都是在血缘、祖先、信仰,甚至习俗等确认族群认同关系的实用法则之上的,从所枚举的回族婚礼个案上我们也能看出,隐含在婚俗风情当中的美不是抽象的,也不是形而上的,而是立足于生活实践的,是生命价值在婚礼上的呈现,是生命价值观的日常化、世俗化表现,因为婚俗之美是以族群繁育的可能、种群扩大的可能作为标准的。

  其次,考察婚俗对各族审美心理的影响。在我们看来,审美主体与审美对象之间所构成的审美,并非简单机械的镜像式的反映与被反映关系,造成民俗审美的一个重要原因就是不同地区人们的审美心理存在着结构性差异,而其民俗审美又是该民族审美心理定势的文化性呈现。从回族婚礼的个案当中,我们能够看到人们对婚媾都是把信仰、生活习惯一致性作为潜在的标准,把家境殷实、身体健康作为显在的标准,这些便成为穆斯林群体的基本心理定势,婚媾能否达成都取决于双方家长以及双方所代表的群体在这两个层面的满意程度。这个满意程度取决于双方婚姻约定的"最大公约数"的共同程度有多高,"最大公约数"的部分越高,那么这个婚姻被大家认可的程度就越高,婚姻的审美价值就越高。与此同时,一方面,族群的心理定势具有共性特征,如信仰、生活习惯、家境、健康、才能、端庄等可操作的实用心理基本上是趋同的。另一方面,族群生活的特殊性对个体成员审美心理定势的形成具有强有力的作用。在我们的观察当中,两个回族青年男女在婚姻的整个过程中,几乎没有多少发言权、参与权和决定权,相反,两个年轻人对于从长辈到家族的意见和决定服从、遵从程度越高,人们对于这两个年轻人的祝福和通过婚姻给予的实际资助(嫁妆、排场)也就越高,被人们看做是"天作之合"的"美"的程度也就越高。在这种情况下,回族婚礼当中逐渐形成了尊崇信仰、注重实际的婚俗社会心理。在这两者的双重影响下,便形成了特定民族的审美心理结构。

从心理学的观点看,审美的心理定势的最深层因素就是集体无意识现象。青海高原各族群的审美意识也存在于各自的集体无意识当中,以原生文化的形态影响一代又一代高原人群的审美心理,并以各种习俗化的文化意象保留在人们的心理结构当中,尤其以可操作的习俗定制被固定下来,成为这个族群的"既定资赋"的一部分。这种民族的集体无意识及其审美"意象",随着民族的演进和族群的分蘖,必然地会产生或多或少的文化性差异,而建立在不同集体无意识之上的民族审美心理结构,也必然会彼此产生差别,并造成审美在具体意象表达上存在特殊性。青海高原上的不同婚俗实际上就是这种特殊的审美意象的凝聚形态。民族的审美心理特征是通过每个民族成员表现出来,个体又总是处在群体之中,群体的、共性的东西又总是会对具体族群施加各种不同程度的影响。根据我们的考察,青海各民族的婚俗之美取决于三大"神圣"法则,即生育神圣、族群神圣、财产神圣的法则,而这些法则又是通过观念化、习俗化的审美意识所生成的审美定势(审美心理)和审美制度(审美标准)来实现的。

三大"神圣"法则与文化认同/区分构成一种对应的结构性关系,这种关系就是审美心理(审美定势)。定势美学理论的创始人苏联学者乌兹纳杰这样界定说:"定势是一种状态,它是意识的内容本身,但仍然对意识机能给予决定性的影响。在这种情况下,事情的真实情况应当想像成这样:我们的表象和思想,我

第五章 青海婚恋习俗与审美

们的情感和情绪,我们的意志决定动作,都是我们的有意识的心理生活的内容,而当这些心理过程开始表现和发生作用时,它们必然有意识伴随着,因此,意识着也就意味是表象着和思想着、情绪体验着和完成着意志动作……我们认为,这就是任何生物在它和现实发生相互关系的过程中实际表现着的定势。"① 乌兹纳杰的定势理论为我们澄清了以下两方面的问题:一是定势是主体产生于特定的需要,需要在特定的情境中才能发生,是外部作用(自然与社会的)与审美个体的心理活动之间、生理特征与心理机能之间的中介,这个中介已然成为审美心理的规范,而这个介质就是一个地区人们创造、传承和享用的民俗。二是定势是以民俗的形态作用于一个族群,甚至一个社区,成为这个族群或社区的普遍性行为和意识。因而我们认为对于青海民族审美结构及审美定势的理解,主要是依据各区域生态中的文化意象所形成的心理定势,确定审美的内容、审美的标准。研究青海各民族审美,"不仅是关于人类社会结构的理论分析,而且关注人们社会关系的物化形态,关注艺术和文化所产生的特殊变形。艺术以它特殊的方式折射出历史与现实,个体与对象,仪式和狂欢,亵渎和禁忌之间相互纠缠、彼此冲突的辩证关系"。② 这些物化的形态和特殊的形态,以及这些形态下所产生的各种关系就是青海少数民族美学的基本范畴,而我们关注各民族审美文化首先要关注的就是这些文化当中的民俗。从某种程度上说,回族婚礼就是将这三大法则作为婚俗之美的深层结构加以继承,在青海高原这样一个特殊的自然和生态背景下,反映了回族等穆斯林群体将这些潜在

---

① [苏] A·彼得罗夫斯基:《心理学文选·定势心理学的实验基础》,第280页,人民教育出版社,1986年。

② 王杰:《审美幻象与审美人类学》,第165页,广西师范大学出版社,2002年。

161

的心理结构渗透于日常具体生活当中，通过婚礼等一系列的民俗活动将这些意识升华为具有审美价值的意识，表达在这些非物质化的文化活动当中，婚俗之美乃是人情之美，其根本乃是人性的淳朴之美。

以青海回族婚俗仪式作为审美对象探讨审美文化的意义还在于：在婚俗当中，我们可以观照到审美定势的物质化形态，即高原民族的审美制度。其制度的内涵就是人们在潜移默化的过程中，将三大法则作为社会的基本心理构成日常审美诉求，所形成的习俗化、规约化的婚俗知识体系和仪式体系。人们在谈婚论嫁的过程中不知不觉地依循这些体系，将个体的、家庭的、族群的婚姻纳入到这个体系所赋予的内涵当中，唯其如此，他们的婚姻才是被认可的，才是尽善尽美的。随着时间的转移，尽管生活情景已经发生了巨大的变化，但是这些固化的体系已经转化为日常的行为模式，在人们的生活特别是心理当中还具有很大的惯性，对于人们的生活仍然有着显著的影响。笔者认为，研究审美制度就要将一个民族或地区、人群或族群、村落或社区文化中最具有特点的仪式，诸如将婚俗与这些人群的生存的自然和社会语境、意识形态整合起来加以研究，即在民族审美的场阈研究审美。每个民族的文化都有自身的审美场阈，当某一文化成员重视那些超越实用的形式，并以此主导实际生活，促使生活的主体在特定的时刻超越了日常状态，那么我们说这个文化成员及其活动就具备了文化的功能，而该文化的艺术也就出现了。在这个意义上说，婚俗是存在于族群语境当中，关于生命价值、生活意义及其生存意识仪礼化的审美制度。所谓审美制度，就是指"文化体系中隐在的一层规则和禁忌，包括文化对成员的审美需要所体现的具体形式，也即社会文化对审美对象的选择和限定，包括了成员的审美能力在不同文化中和文化的不同语境中所表现出的发展方向和实质，当然还包括了受不同的审美需要和审美能力限制所产生

第五章 青海婚恋习俗与审美

的特定文化的审美交流机制。此外，审美制度也体现在物质和环境的范畴上，包括了文化所给予的艺术创造的技术手段和历史形成的社会对艺术所持的接受态度和审美氛围"。① 因此，"我认为语境还有更深的内涵，即语境可以被理解为一种审美制度。仪式也是一种特殊的制度。因为只有强有力的意识形态规定，才能在仪式中出现许多神奇的现象，使仪式有强烈的通神性"。② 只要我们能够"废除现代西方的文化优越性的习惯性的设想"③，不再沉溺于赶潮流地捡拾所谓西方审美话语的牙慧，为何不去关注我们民族自身所谓审美的日常化问题呢？我们应从民族自身积淀下来的文化出发，站在中国民族多元文化的具体语境下，关注各族群仪式化的生活，回归民族文化的具体场阈，观照我们民族的生活处于恒常与狂欢、遗传与变异状态下的各种文化呈现，还有这些生活背后的意识形态、自然和社会的具体语境，立足各民族丰富多彩的文化个案，从中探索那些制度化审美形式。研究区域文化当审美制度的意义就在于，西方的审美思辨和审美范式已经不能满足中国丰富多元的审美内涵，我们民族的审美经验是在我国广阔厚重的生活土壤上形成的独特审美呈现，应当回到民族文化的现场和文化现实当中，以主位的思维观念去研究我们自己的美学观念。其中，最重要的一条就是回到具体的民俗文化当中，从族群的生活形态特别是族群在认同与区隔的过程中，透过族群的构成过程和族群的社会关系研究人们业已形成的生活观念。

---

① 王杰、海力波：《审美人类学与马克思主义美学的当代发展》，载《文艺研究》，2002年2期。

② 王杰、彭兆荣、覃德清：《审美人类学三人谈》，载《广西民族学院学报》，2002年6期。

③ 萨摩尔斯（David Summers）：Art Will Eat Itself [J]. Harper's Magazine, Aug. Vol. 307, 2003.

二、婚俗美的形式存在于民族的地方性知识

每一个民族的婚俗审美文化都是最独特的，存在于千差万别的民族文化、区域文化当中，包含在各民族的日常生活当中，以独具特色的地方性知识为人们所享用。

首先，婚俗美的形式包含在日常化的生活观念和生活方式中。我们所说的生活观念就是对于同样一件事情，由于族群不同，人们的理解所呈现出的文化观念、审美心态是不同的。这些观念是一个民族共同生活的经验的积淀和生活方式的知识呈现，对人们的审美认识和观念有着直接的影响。这种情况在青海的婚俗审美文化中也常有表现。撒拉族婚俗里有一个方言词"敏草背"，这是一个汉语与撒拉族语混合的词语，撒拉语称"吾吉枯的"，指的就是羊肉中细嫩的里脊部分。在婚俗中煮熟的羊肉装盘后，先是由男方家的舅舅献给女方家的舅舅，当娘家舅舅吃完宴席之后，主人便再次将"敏草背"恭恭敬敬地放在舅舅面前，还说"吾之小，莫嫌弃"之类的话，而娘家舅舅也以同样的方式礼让婿家舅舅，如此三番，方才罢休。原来居住于今天北疆一带骁勇善战的黄头突厥——撒拉族的前身，受成吉思汗的委派，以色目人的身份镇守黄河上源，来到今天的青海循化县积石镇，可惜蒙古政权不久就被明朝取代，行伍出身而今已经势单力薄的突厥移民，身处安多藏族的包围圈当中，很快成为当时政治权力和话语的边缘地带，失去依傍的撒拉族前身就只能与藏族通婚以延续血脉和文化。在建立这个婚姻关系的过程中，黄头突厥以往习俗中最尊贵的待客方式就被保留在婚俗当中被后人继承下来。待客的羊肉在不同民族的婚礼中，其尊贵的表现方式也不同：蒙古族、土族将羊肉的肋骨部分献给婚娶双方的尊贵者；藏族认为羊尾巴最为鲜美，献给参加婚礼的长辈，而将羊脖子故意交给女

第五章 青海婚恋习俗与审美

婿,观察他是否诚实、耐心,考验他的刀功;回族、撒拉族则把羊肉里脊作为羊肉中最重要的部分来待客,而通常被我们认为嫩肉最多、肉质最好的羊腿却没有被人们重视起来。高原人仍然觉得那些略带脂肪或者脂肪多的肉质属于上乘,而且食物的最后都指向特定的对象,如舅舅、女婿、宗教人士等,形成了特定的地方性知识,如藏族就有关于吃羊脖子的谚语:"如果给你羊脖子,你要认真地对待,因为每个凸起的地方都是肉;如果没给你,就不要轻易地去触碰,因为每个凹陷的地方都是骨头。"从这个意义上说,婚俗之美通过饮食之美加以呈现,抽象之美以实际生活予以实现。

其次,婚俗美的形式包含在人生历程的各种信仰和仪式中。在现实生活中,俗民能够解决的问题,就通过具体的、可操作的手段、方式加以解决,而不能解决的问题常依靠信仰来解决或解脱。俗民对于生命三大"神圣"原则的理解和认识并不是建立在今天所谓科学基础之上的,或者他们的理解和认识可能不是完全清晰而理性的,大多数还是存在于潜意识当中。但是,抽象的信仰是不存在的,只能存在于被社会化、仪式化的潜意识结构当中。因此,婚俗尤其是婚礼其实就是对三大"神圣"法则的具体信仰,是人生信仰的"宗教"仪式。仪式又将原本近乎本能的生活教条形而上,使得俗民的生活在不同的文化层面呈现出现实的、观念的意义,对应地形成一个有序的审美层次:在其最低的层面是一个操作系统,表现为仪范、规约、程序,体现于社会成员所承担的具体责任和义务之中,演化为习惯法等知识体系。在这个层面,人们的思维和行为只有被纳入到这一知识体系当中,才能得到人们的普遍认可和尊重。婚姻也是如此,只有在这些知识体系的操作下,婚姻才被认为是合法的、合德的,如若低于或者凌驾这个可操作的体系之上都是被人们所摒弃的、鄙视的,婚姻之美首先是功利的合德。第二个层面是一个解释系统,表现为话语方式、文化形态及其物质呈现——民俗事象，表现为各种物质民俗，诸如生产与消费民俗，体现于俗民的日常生活当中，演化为特定区域或族群的文化传统。要知道，处于民俗现场即生活过程中的人们对于自己的民俗活动以及行为常常是浑然不觉的，只有当出于对下一代的教育，或与他族交往的过程中，在人们生活中已经转化为民间文学等地方性知识时，才承担起了宣教、讲述、说明的任务，以解释自己及其族群包括婚姻在内的一切行为存在的合理性、合法性，以此构建和延续族群的记忆，划定族群的生存范围，解释其来源、存在、发展的正当性，并将此作为知识传达给族群内部和外部的人士，以求取在这个范围内审美地栖居，诗意地生存。人们在族际交往过程中，婚俗之美还是对生命存在价值的肯定。最高的一层实际上就是信仰系统，表现为各种精神民俗和附着在物质民俗中的精神民俗，体现于民俗的主体意识形态，演化为俗民的核心价值。建构一个合法、合德、合情的知识体系，实际上就是为建立起一套属于自己族群的价值体系。这些功利化的审美情感、审美观念会被人们的集体的情感一再地提炼，上升到审美的更高层，成为庄严、神圣和崇高的一部分。由于婚俗等民俗活动深刻地集中了三大法则的全部内容，所以，婚俗之美在形式上更具仪式的庄严性、神圣性和崇高性。

"夫妇者，万世之始也。"（《礼记》）婚姻是各种人际关系建立的起点，也是社会生活的起点。婚俗作为一个可操作的知识系统，主要特征就是趋利避害的现实功利性，婚俗的审美功能也因这种功利性而生发。在这个层次，主要表现的就是婚姻前后的仪式。早在春秋战国以来，我国就有婚姻"六礼"之说，将婚姻仪式程序化，具体为"纳采、问名、纳吉、请期、亲迎"，还有用"雁"作为占验的礼品等具体规约（《仪礼·士婚礼》），尽管这些仪式很快就进入到儒家的文化传统当中，成为一个新的解释系统，婚姻通过仪范、规约、程序的功能却被建构和保留，

第五章　青海婚恋习俗与审美

仪式又通过习俗传统加以传承和解读，不仅为中原汉族所接受，也为很多少数民族所继承，成为社会成员的具体的习惯法等知识体系。这一点，在青海少数民族中也有形式不同而内容相近的"规矩"，如卫藏藏族的迎娶有"问骨求亲"、"努仁定亲"、"切玛迎亲"三礼。华锐藏族送亲礼有谢亲、上头、启程三道主要程序。而土族的婚俗就更加复杂，由于受河湟汉族的文化影响，一般分提亲、定亲、送礼、婚礼、谢宴等程序。受藏族和藏传佛教文化影响的海西蒙古族也要经过婚前的提亲协商、定亲送礼、喇嘛择吉、备婚，其中仅定亲送礼环节就包括送"夏嘎托"（选配最好的骟马和鞍鞯）、送"佐斯"（向女方赠送哈达、美酒、骨胶），婚礼仪式包含改头饰、驮嫁妆、送新人、拜天神、拜岳父母，婚后仪式包括揭幕礼、回门等内容。各族的婚俗活动直接存在于传承下来的仪礼规范当中。在俗民的日常生活里，一切都被惯制化、规约化，多数时候也只有顺从才能具体实现，但唯有仪式才能将这些习以为常的行为上升到一个至高无上的境界，使之超越日常的卑琐、芜杂和沉闷，使之神圣、崇高和庄严，成为审美的范畴。因此，在婚姻的全部过程中，对于具体承担和操作的人来说，他处于审美的最基层和内部，人们不必去追问为什么要这样或者那样，但他们知道唯其如此才能趋吉纳祥，消除祸患，新人才能生活幸福美满。

这样，审美就又进入到一个新的层面，人们将一再出现的婚俗事象固化下来，反映为意识当中的文化意象，或者赋予民俗事象以族群特定的文化内涵，被保留在族群的文化传统当中，人们循此解读周遭的现实生活。这种解读有两种形态：人们通过这些意象作为生活的准则（在族群内部关系上），合乎这些准则的就是合道德的，族群内部的人士的行为才是美的；同时，这些意向也作为人群存在的界限（在族群外部关系上），外部的人士若要通过婚姻加入这个群体，只有认可、遵从了这些，才能被这个族群的群体成员所接受，他的行为才是美的。审美性的表达完全取决于族群的文化认同和认同所能企及的界限。对于族群内部来说，这些传统使得社会成员的身份得以确定，各种关系得以建构，使得整个社会结构变得合理而融洽；对于族群外部关系来说，这些传统起着区分、定位的作用。而这些关系又是通过许多具体信仰习俗而实现的。为了避免族外的人群进入族群内部自足的社会体系当中，人们通过对属相的确定、骨相的界定、生辰的选择等一系列的交感、模拟、转生等信仰巫术的方式予以实现，人们对此笃信不已；相反，为了实现族群内部自足的社会体系得以延续，人们通过祭祀、测验等信仰巫术去努力实现，或以载歌载舞的形式努力达成，如锅庄、果谐、拉伊、花儿、宴席曲、哭嫁歌等。婚姻已然与天命紧密地联接，婚姻是个人的事情，也是社会的事情，更是上天或者自然赐予的事情。由此，那些被精英话语所诟病的、主流话语禁而不止的"迷信"现象，所以"生生不息"的端倪大约恰在此处，这是文化传统赋予的完整知识系统（没办法以简单或武断的方法一劳永逸地剔除或灭绝，只能在认识民间社会知识体系和族群文化传统的基础上合理地引导）。信仰系统处于社会经济和意识形态的最高层，或者以各种精神民俗呈现，或者附着在物质民俗当中，是俗民主体核心价值的意识形态化表现，是三大神圣法则被仪式化、结构化的审美定势和审美制度，在历时性积淀的基础上形成，是内化而可物化特点、非自觉性而具全民性特点的意识形态。

其三，婚俗美的形式包含在各种规约和禁忌中。青海婚俗审美定势和审美制度的最好表现形式，就是各种约定俗成的行为定制（我们称之为规约）和禁忌。在俗民的生活里，包括婚姻在内的任何交往都是有界限的，那么婚姻之美也是在一定范围内的。既然审美人类学研究对象的"核心层次是特定族群的审美实践和审美文化创造性成果"，其研究的重要任务就是"揭开特

第五章　青海婚恋习俗与审美

定区域族群中被遮蔽的审美感知方式，激扬符合美的规律的文化创造原则，建构充溢审美氛围的生存环境"①。即试图通过族群美学的研究达到对人的审美生存的终极目的理解。我们对于青海各民族在婚俗中的规约和禁忌就要做精密的田野"深描"，"应当是在田野调查基础上，比较分析不同种族、民族在审美习惯、审美制度、审美传统方面的区别与联系"②。

禁忌是人类普遍具有的文化现象，是民间文化中较为低级的社会控制形式，是民俗中最简单的观念化形态。禁忌就是神圣的、不洁的、危险的事物，以及由于人们对其所持态度而形成的某种禁制———一种行为控制模式。一般说来，禁忌与法律制度意义和道德规范上的"禁止"意义有着十分明显的区别。民俗中的禁忌是建立在共同的信仰基础之上的，是族群因心存忌惮而表现出来的"自我抑制"的集体意识，不存在意志的"强加"和观念的"强求"。婚俗中的禁忌，学界大体上有四个方面的理解：对灵力的崇拜和畏惧；对欲望的克制和限定；对仪式的恪守和服从；对教训的总结和汲取。简称为灵力说、欲望说、仪式说和教训说③。婚姻禁忌是从可操作的层面确定归属，划分名分、区分群体族群或社区定制，都具有在族内防止乱伦，在族群之间则保持属性稳定、血统纯正的意向性表达特征。在青海地区，多数的人在婚姻观念上都有把涉及两个家庭内部当事人的事情，看成是一个家族甚至一个部族的事情，而且在禁忌上将其划定为同一血统或者血亲的传统，即婚姻是家族、部族的事情，而不是家庭的事情。禁忌在婚姻上的集体意志，通常通过个人和家庭的意

---

① 王杰、覃德清、海力波：《审美人类学的学理基础与实践精神》，载《文学评论》，2002 年第 4 期。
② 王杰、海力波：《审美人类学——研究方法与学科意义》，载《民族艺术》，2000 年第 3 期。
③ 任骋：《中国民间禁忌》，第 10 页，中国社会科学出版社，2004 年。

志去实现。在这个意义上说,禁忌就成为确认族内关系、划定族群界限的最低尺度和最基本的操作手段。婚俗中的禁忌就是认同的另一面——族群文化的边界。这个边界不是地缘上的而是心理上的,这也是一个族群的社会成员最远所能企及的地方,在这个被限制的范围内,婚俗的一切呈现都是被全体社会成员所认可和接受的,就预备达成婚姻的双方家庭来说,只有遵守这些禁忌的婚姻才是合乎道德的,才具有美的神圣性、庄严性,才是美的一部分。若凌驾于这个禁忌之上,或者僭越了这个禁忌所能企及的范围,那么则是亵渎的、践踏的、破坏的,是不能被人们所接受和认可的,也是"丑"的。

从本质上说,恋爱是有缔结婚姻愿望的两性间的初步结识、交往过程,也是一种择婚的过程。青海地区的许多恋爱的形式也都是在择婚习俗的基础上展开的。不同的是,这个性质下的择婚,已不完全是群体意识的体现而是着重于个体意识的体现。与中原汉族不同,青海有的民族的恋爱相对比较自由,他们的恋爱许多时候并不需要媒人的引介和帮忙,男女青年可以在游牧、劳动等公开的活动或者特定的文化空间下建立恋爱关系,同样也要遵循一些禁忌。青海各民族对于婚前性行为所持的态度不尽相同。既有认为在恋爱期间发生性关系是不道德的观念,将它归为禁忌加以约束和禁止的情形,也有采取默许和支持的态度,而通过其他方面的禁忌加以约束和禁止。河湟地区的汉族与中原内地一样,强调"童贞",并把这一禁忌集中指向女性;在民族杂居或者农牧交替的地区则持默许的态度,或者在程度上有所区别,却在"骨相"、"身袖"、地域等方面通过禁忌加以限制;在纯牧业区这种禁忌则有可能完全弱化,或者不同程度地丧失。

从分析中可以看出,禁忌是一种社会心理指向,这种心理指向来源于早期人类的生活知识,而这种知识是一个复杂的文化综合体,汇集了族群集体心理的、认知的、经验的调适性结果,以及宗教的、信仰的历史性积淀。婚俗美的形式就是蕴含在这些已经定制的禁忌当中,这些禁忌或者被观念化,或者被物化,但无疑都有一个共同的审美指向,即婚姻符合神圣定制的就是合规范的,就是"美"的。同时,遵守禁止定制的就是合传统的,那也是"美"的。这种知识已经转换为一种特殊的认知系统,禁忌所规定的界限实际上就是美丑之间的界限,"不逾矩"则是对族群生存法则的遵从,也是对美的范畴的肯定;而禁忌之外的不仅是不被允许的、不受保护的,在人们的观念里也是丑陋的、可怕的,是对已经存在的审美制度的破坏和僭越。人们按照这种对于美的界限的特殊认识,强化自己的思维和行为能够纳入到审美的范畴内。因此,我们可以看得到,即使是婚礼上一个具体的饰物,或者是某个物件上的颜色,只要合乎禁忌心理指向的就是美的,而改易的、相反的、残缺的就可能会破坏了共同的心理指向,那在集体意识中就是不可接受的,就是"丑"的。

其四,婚俗美的境界是人神狂欢。在青海地区,特别是青海各族的婚礼都离不开宗教的加持,在婚礼的仪式上没有宗教性的程序,婚礼会被认为是不完备的。因此,在婚礼的进程中,人的婚姻首先获得神灵的许可和加持,之后才能落实到人的现实生活。这些神灵可能是原始信仰中的苯苯、勃或者萨满巫师,也可能是藏传或汉传的喇嘛、和尚,也可能是道观的道士,即使没有这些神职人员的参与,也必须前往祖坟或者寺院前去迎请祖先驾临或者神灵赐福,这些程序的完成在表面上看是为了获得神祇的许可和赐福,而在实质上却是为了获得婚礼仪式所应有的神圣、崇高和庄严,婚姻在这个层面上已经不是世俗的单一诉求,而是在通过人对神祇的慰劳、祈求,将人的愿望与神的祝福结合起来,在人神俱现、人神同乐的二元世界,祈求人间世界能够合乎神祇的要求并得到神祇的祝福,共同趋于至善至纯、尽善尽美的境界。在社会系统中,群体的话语方式总是存在两种对立的文本结构，即主流的、官方的显形文本结构和民间的隐形文本结构，其中"显形文本结构通常由主流意识形态决定，而隐形文本结构则受民间文化形态的制约，决定着作品的艺术立场和趣味。民间隐形文本结构有时透过不完整的碎片方式表现出来，甚至隐藏在显形文本内部，作为对立面来表现"。① 在我们看来，民间隐形文本结构的表达方式是多元的，与显形的文本结构表达有着诸多的不同。具体到民间，人们也普遍过着两种生活，即日常的生活和神圣的生活，而将这两者联结起来的生活则是人神共享的狂欢式生活，这样的生活只有在包括婚礼在内的各种重大庆典当中才存在。人们在这两种生活状态下必然产生不同的世界观和审美感受，民间的隐形生活文本结构通常以非物质的、活态的文化进行表达，婚俗中非常规的热闹场面就是将神圣与世俗的界限暂时性地抛弃、颠覆和打破，以俗民最具戏谑色彩的戏弄、嘲笑、插科打诨等方式，既将最常态的、生活化甚至是刻板、僵化的生活引入到放肆、忘我的狂欢，又将神圣、庄严和崇高也置于俗态，以平等对话甚至同样戏弄、嘲笑、放肆的状态中，完全回复到生命价值的完全释放和热烈展现当中，婚礼的这一刻为人们放下包袱、完全释怀提供最好的可调整的间歇和机会，此时此刻的认识是最自由的、自在的自我。因此说，人神狂欢是婚俗审美的最高境界。

青海高原独特的地缘关系、人文关系使得婚俗充满了狂欢的特征，其产生有这样几个条件和具体原因：

1. 青海各族婚俗具备充分、鲜明的狂欢精神特质

所谓狂欢精神是指，高原民族以其旺盛的生命力超脱社会文化的束缚和限制，充分体现生命的自由与欢快的人文精神。造成

---

① 陈思和：《中国当代文学关键词十讲》，第128页，复旦大学出版社，2003年。

第五章 青海婚恋习俗与审美

这些特制的先决条件首先是地理的疏远、自然的隔绝，造成人文的疏远与隔绝，使得青海高原长期处于主流文化的视线之外，长期被轻视和漠视所造成的现实性压力，使得人们只好眼睛向内，去通过培育、经营出一种自足的价值体系、生活范畴，经过历时性的发展和演化，就形成了与中原汉地文化相对的精神特质。各民族的生活还原为最原初的人类与自然的对话阶段，追求与自然力量的神性契合，生活的意义和价值显得简单淳朴，人们的思维和行为表现为尊重肉体经验、满足和符合自然节奏的要求，看重率性而为，任性敦厚，尚武角力，注重叙事的而非单纯抒情的话语方式。这一切都为青藏高原民族的狂欢精神奠定了物质和精神基础。

其次，高原族群面对出产贫瘠、物质匮乏的生活重负，以及这种压力下对于纯理性的麻木和绝望，使得人们往往把自己的希望寄托于来世，并以此作为可以寄托的信仰。日常生活日复一日的乏味、卑琐，不能不使人饱受各种各样的磨难，人们的心境难免处于绝望的边缘。因此，在俗世的日常状态下，人们更多地借助生活化的节日习俗、婚姻习俗、人生礼仪、宗教活动等公众性仪式和活动去寻找情绪的突破口，在爆发性的释放中获得心灵上的慰藉。这种爆发只是对现实生活寻求心灵释放的解脱方式和调整路径，人们将那些充满自由自在、辱骂意味、嘲弄口吻，甚至心血来潮、放浪形骸的狂欢方式作为"现世"自我价值的实现方式。同时，对于宗教的信仰，虽然能使人们摆脱世俗的无奈、磨难和绝望，但是，他们付出的实际代价也不比乏味的生活所给予的重负少，人们不得不小心翼翼地对待主宰他们生活的各路神祇，人们在摆脱一种压力的同时又不得不扛起另一重压力。而当那些重大的节庆到来时，背负着双重压力的人，已然不是功利诉求下的各种利益的追逐者，而是处于自由状态下完全愉悦的人，此刻的美是最纯粹的，此刻的人也是最纯粹的。可见，婚姻不仅存在文化上的差异，而且根据历时性观察，婚姻本身也是在变化发展的，当婚姻在面临生活的压力时，在面对一种客观的多元结构时，婚姻的意义和价值就必然会发生变化，几乎每一个社会都试图在寻找符合其伦理的需求和审美标准。这种审美标准就是在实用的基础上通过信仰来完善，在狂欢的境界中去完成，其过程就是人的自我价值的实现过程，其结果就是人性价值的自我实现。

2. 青海各族婚俗具有狂欢的文化特质

青海婚俗所构筑的民间文化空间里洋溢着自由自在的美学品格。"自由自在"是作为青海民族的生活状态和生命理想最精炼和准确的写照。既包含了残酷环境下对生命的自由渴望，又包含民族生存的自在逻辑：一方面"自由"是经由在族群朴素、原始的生命力和想像力紧紧拥抱自然和生活本身的过程中体现出来。生命始终具有向往自由的本能，在追求自由的过程中，不可避免要面对苦难和不幸，但是高原民族的生命总是顽强地去承担或征服它，生命的力量和精神总是或强或弱地弥漫在这片高原冻土上，也反映在与民间各种隐在的文本话语中，诸如宴席曲、骂嫁歌、哭嫁歌等相关的婚姻的民间文学中。另一方面，"自在"又是指民间本身的存在逻辑、伦理定制、生活习惯、审美趣味等的自足呈现形态。高原民族日常生存的自在状态，有着自身的发展逻辑，有着自己的喜怒哀乐和生活方式。

在此，狂欢实际上是"自由自在"的另类表达，两个在外延上存在差异的美学范畴，在内在规定性上取得了根本一致，直指人的原生状态的生命本源，指向生命原始强力的肆意释放，指向生命形式的自由舒展，进入生命理想的最高境界。追求人的本能、潜意识（兽性）和人的平等与和谐（人性），剔除一切形式的外在压抑，特别是来自主流、强权话语立场的规矩、秩序、律令等的限制和规定，人们开始自由、平等的亲昵接触。

第五章　青海婚恋习俗与审美

3. 青海各族婚俗具有狂欢的思维结构

从心理反应上看,狂欢是人性欲望的发泄,是心理始终处在矛盾状态的人的自我调适机制。婚礼上的狂欢可以消除、遗忘人们在生活中所承担的不幸、压力,是一种自我抚慰、自我救赎的心理机制。青海地区的婚礼也具有这样的审美特点,人们在婚礼的狂欢中形成平等的对话,在婚礼上畅所欲言,开怀畅饮,欢歌笑语,通过狂欢使理性与非理性能够再度处在原始的张力状态下,人们的想像力、激情和创造力如归来的王者,为审美活动的迸发提供了一个凌驾一切而又妙趣横生的文化场阈,原来对立的理性与非理性在婚礼狂欢化的语境中成为崭新的、可调和的统一体,两种思维同时熠熠生辉,使审美处在理性和非理性同时在场的境界。

我们以青海北部祁连山下的华锐藏族送亲婚礼作为一个具体的案例,来说明青海民族的婚礼仪式及其"狂欢"景象[①]:

送亲仪式在女方家举行,主要包括答谢亲朋、上发盛装、启程仪礼三个方面。

1. 答谢亲朋

在娶亲之前,亲朋好友、左邻右舍先后都会将准新娘邀请到自家盛情款待,以表话别之意。宴席之上,无论男女均倾情参与,纵情高歌,一醉方休,通宵达旦,特别是女人们则通过歌声表达惜别之情,以"骂嫁"的方式对姑娘的出嫁远别表达着充满戏剧性的怨嗔:既有离别的交代,又有对家族男人们将女子早早嫁出的不满,既有已婚者对自己婚姻的不满,又有准新娘帮助母亲操持家务的辛苦诉说,还有对家长不负责将自己嫁出去的不满,但是歌曲内容和旋律悲而不伤。有时这种宴席几乎一个连着

[①] 本文是笔者为2007年5月青海省海北州电视台制作《藏家婚礼》专题片时,事先进行的田野笔录。

一个,要连续举行好几天,除了邀请的人家有所不同,参加宴席的人几乎没有什么变化,大家沉浸在周而复始的集会宴飨之乐当中。

婚礼举行的前一天,亲戚朋友、左邻右舍前来贺喜。这样送亲的仪式就进入下一个阶段。

2. 上发盛装

依华锐藏族的习俗,姑娘出嫁时要举行改发仪式,改发的具体时间和给姑娘梳妆的人一般由"拉弘"(藏语,指苯教僧侣、法师)按姑娘的生辰属相来选定,要求为姑娘梳妆的妇女,须上有双亲、有丈夫、有子女,且贤慧善良。梳妆时未婚女子和寡妇不得进入姑娘所在的房屋。

上发盛装充满仪式和象征色彩。仪式一般要准备两把梳齿成对、分别缠有白布和蓝布的木梳,一碗放有几枝侧柏的清水,一碗牛奶和一盘"箧玛"(汉语译为"五色粮食",即青稞、小麦、油菜、大麦和豆五种粮食相混杂的供盘),其中牛奶寓意姑娘心灵洁如鲜奶,与"木华"(爱人、丈夫)成家白头偕老,生活幸福富裕,其他物品如侧柏水、箧玛实际上是藏族祭祀时普遍供奉的贡品。

给姑娘梳妆的人一般需要二人,分工梳理,基本程序是:把先前从成人仪式上就辫好的一根拖在身后的辫子解开,先用柏枝蘸着清水给姑娘洗头,再将头发从顶部分成左右两半,用手蘸着牛奶开始辫细小辫子,十分对称地从头顶两侧垂落在脸部侧面,中间留一股头发辫成一条大辫,根稍系上"拉鉴"。自始至终,屋外都坐满了前来送行的妇女,她们满含眼泪,用忧伤的调子和着梳头者清唱藏族古老的《哭嫁歌》。

头梳完毕时佩戴被称作"伊麻"和"阿锐"的大头面,伊麻挂在背后,阿锐挂在两腋下。最后梳头的妇女将姑娘的"桃茬"取下,用白羊毛小心缠绕,放置在盛有箧玛的盘中,供奉在"巧康"(即"佛龛")前面。

此后,姑娘开始换上华丽的多层宽领衬衣,镶有织锦、水獭皮边的藏式彩袍,戴上用珊瑚、玛瑙、松耳石、翡翠等镶嵌的"格日健",再系上红、绿色的绸带,此时姑娘显得富贵典雅,美丽动人。

盛装完后,姑娘的母亲于院内桑炉煨起侧柏,青烟缭绕,告慰上苍。姑娘在两位妇女的陪伴下,绕着桑炉顺时针转三圈,进屋休息。此时,母亲又把白天亲朋好友们送来的衣物、礼品全部摆在姑娘面前,让姑娘从中选拿几份。之后,这些物件便作为陪嫁之物,连同娘家的陪嫁装在陪嫁箱中,等待次日送亲。

3. 启程仪礼

按"拉弘"选定的吉时良辰,盛装的新娘先要到自家的"巧康"前行最后一次祭拜礼:口诵六字真言,叩头拜别,敬献哈达。之后,倒退出门。即时,有长辈不住地喊"上苍,由拉好,由拉好……"。

新娘被人扶上马后,旋即有人用白色褐衫或毡衫将新娘全身裹起来。为求吉祥,新娘的乘骑一般是温顺的母马而不是矫健的公马,马头要面对远处的地方山神,以示敬仰,祈求地方山神保佑子民一生幸福平安。

此刻,新娘满怀着对不确定的未来的迟疑和惶恐,满含着对父母兄妹的无限眷恋,已经伤心欲绝。按照习俗,即将远嫁的新娘哭得愈是凄惨,就愈能得到亲戚朋友、左邻右舍们的赞美,也陪着伤感的眼泪目送部族的女儿上路。

对于"哭嫁"之风,民间认为,这是以悲代喜,可以避祟避邪,远离邪魔的侵害;学者研究认为同古代掠夺婚有关,姑娘被抢必然啼哭,久之成为习俗。

再说婆家。娶亲之前,婆家要选好一二名娶亲人,这俩人是婚礼中关键性的人物,既要能歌善舞,颇擅辞令,精通礼数,又要能随机应付各种不同的场面，连同"瓦日哇"①、美酒哈达以及新娘上马时穿戴的服饰、首饰，拉上一只母羊或母牛前往女方家（娶亲时"木华"不去女方家）特定的位置等待、迎接。新娘在迎亲队伍和喜客们的簇拥下朝婆家方向行进。

送亲和迎亲两家相距三座草山，道路十分曲折坎坷，只能策马行进，当日还有鹅毛大雪。经过大约半天光景，迎亲和送亲的队伍终于相遇了。此时，送亲的队伍将新娘团团围住，不让迎亲的人马靠近，尤其不让男方队伍中两位伶牙俐齿、巧言善辩的娶亲妇女靠近，不让她俩拿到新娘马匹的缰绳，如此你推我挤，几番争执，直到双方筋疲力尽，娶亲妇女拿到马缰绳后，双方各站一边，围成一个圆形盘坐于地，由男方代表开始敬酒献哈达，相互通过对唱问答。

女方问道：

我有好马行千里，
来人以何配鞍鞯？
我有健儿结队行，
来人到此欲何为？
我有歌手善辞令，
来人如何去收场？

男方答道：

我有祁连矫健马，
配那鞍鞯有何难；
我有海样好酒量，

---

① 瓦日哇：土语意为亲戚，此处可译为"做亲戚的人"。

第五章　青海婚恋习俗与审美

应对众人有何难；
满腹歌谣齐欢唱，
对付众人有何难。

如此往复，不胜酒量者已经开始东倒西歪，双方人马已经完全融为一体，于是策马下山。男方的婚礼正式开始。

借助巴赫金的诗学理论，我们可以将青海各族的婚礼狂欢具体从以下几个方面进行表述：

1. 消灭神圣界限的亲昵接触

在巴赫金的语境中，所谓"亲昵"是指社会等级的消弭，"人们之间随便而亲昵地接触"，"在生活中为不可逾越的等级屏障分割出来的人们，在狂欢广场上发生了随便而亲昵的接触"①，其意义就在于"取消的就是等级制"。根据我们的观察，青海地区的婚俗当中一部分等级是不可逾越的，主要是婚俗中的信仰所传递出来的等级关系是不能消除的。我们在前面的调查材料中也能看到，即将婚嫁的女子借助梳头妇女手捧"箧玛"献"巧康"，她的母亲要"煨桑"，临行之际又以马头的朝向，与山岭上的地方神揖别等仪式，都通过信仰仪式表达对神灵的敬崇和信赖。那么，婚礼上要"取消"的对象到底是什么？"亲昵"的又是什么呢？

笔者认为在婚礼当中取消的指向主要还是针对部族间的社会记忆保存下来的不平等的婚姻关系，亲昵的也是已经由"冤家"转变为结成亲家的各色人等。我们访问的这两个藏族自然村在当下的政治体系中，同属一个行政牧业点，而在牧民的生活结构中他们同属一个大的"峨博"（即同一个山神）即祁连山，两个部

---

① 巴赫金：《陀思妥耶夫斯基诗学问题》，第184页，生活·读书·新知三联书店，1998年。

族所属的"峨博"在神灵谱系和序列上,又是女方部族的"峨博"从属于男方部族的"峨博",神的谱系实际上映射的是人的谱系,可见在社会记忆上,这两个部族是从属关系,女方的部族可能是低于男方部族的。至于部族之间历史上到底是通过地缘纷争如因水草、山岭、森林等领地关系发生的战争、迁徙,还是通过社会矛盾,如部族间的权利、组织等社会常数而产生的政治结盟、分裂,或者因为经济纷争如贸易通道(这个地区是唐宋以来丝绸之路必经的重要辅道)、贸易交换(这个地区一直都有互市的传统)所产生的经济实力的不对等关系,最终导致两个部族之间的差序等级,我们已经不得而知。

在日常状态下人们相对稳定的社会关系和社会结构模式,尤其是部族中每个具体的人的"位置结构"(structure of status),包括与他们有关的权力地位、职业、职务、身份、社会的认可程度以及个人在部族中生理、心理、特征和情感等社会常数是被社会以差序排列的,不可能也没有办法轻易地逾越,社会理性占据着生活的上风,而只有到了婚礼这类特定仪式创造出来的特定情景,才能使得这一切变得暧昧而模糊,人们就处在阈限和转换的空间,在这个空间,人和神(自然神"峨博"、偶像神"佛陀")同时莅临,理性的程式和非理性的迷狂交相辉映,情感与理智同时在场,现实与理想水乳交融,审美在等级的偏狭和价值取向失位的情境中进入最高境界。

这就是为什么我们看到的庄严的信仰、怨恨的咒骂、严格的等级都被审美的愉悦状态所取代。这个时候,全体参加婚礼的人们都回归于真,完全打破旧有生产关系、社会关系的束缚,人性处于完全解放或者至少是暂时性的解放,此时婚俗带给人们的美是真正超越了世俗功利、文化偏见的纯美,并引导人们在婚姻的媾合中共同向善。

第五章　青海婚恋习俗与审美

2. 唤醒人性平实的审美对话

插科打诨是巴赫金狂欢理论的第二范畴，它与亲昵接触有机地联系在一起。在青海地区的婚俗当中，"人的行为、姿态、语言，从非狂欢生活里完全左右着人们一切的种种等级地位（阶层、官衔、年龄、财产状况）中解放出来，因而从非狂欢化生活逻辑来看，变得像插科打诨而不得体。"① 实际上，青海各族婚俗的每一处细节都充满滑稽之美和戏谑之美，而呈现这种美的时候，常常又是借助"丑"的形式。

首先，表现在婚礼行为上。人们通过"拦门"、"敬酒"、"摔跤"等夹杂在婚礼仪式当中的情节，用看上去是卑俗的、无礼的、逾矩的行为，完成对现实虚假的嘲弄和鞭笞，从而使现实生活当中美好的事物得到积极的升华。在我们的调查中，祁连婚俗中就有"摔跤"情节：当新娘被新郎家娶过来以后，娘家人和婆家人在一起对饮、狂欢，这个时候送亲队伍中的叔伯就以挑逗的方式，要求与男方家的叔伯摔跤。男方家的叔伯尽管已经喝得头重脚轻，仍然积极迎战。于是，婚礼的现场就上演了一出摔跤大战，围观的人越集越多，人人兴致勃勃，起哄、挑逗、喝彩之声响彻山谷，摔跤的人大汗淋漓，直到一方被摔倒，大家又在哄笑当中继续下一轮宴席上的酒量比拼，使得婚礼喜庆的高潮一个接着一个。我们可以把这样的戏谑场面看做是婚礼程序当中的插入情节，其作用就是通过插科打诨的方式，进一步渲染婚礼的热闹气氛，使狂欢的意味达到极致，充满了喜剧所特有的"形象压倒观念"（黑格尔语）特征，故意将生活中那些严肃的理念置于虚空的境地，使"虚伪的、自相矛盾的现象归于自我毁灭，……把那一条是可靠而实在不可靠的原则，或依据貌似精确而空

---

① 巴赫金：《陀思妥耶夫斯基诗学问题》，第 176 页，生活・读书・新知三联书店，1988 年。

洞的格言显现为空洞无聊,那才是喜剧。"①

其次,表现在婚礼的言语上。青海各族的婚礼当中,最具口头传统的部分,就是"哭嫁歌"和"宴席曲"。青海地区的藏、土、蒙古、撒拉、回、汉等民族都不同程度地有"哭嫁"的习俗,其中以土族、蒙古族最为常见。哭嫁的内容根据婚礼前后的顺序还可以分为"梳妆哭嫁"、"娶亲骂嫁"、"宴席骂嫁"等多种形式,其中,"梳妆哭嫁"是在姑娘出嫁前的梳妆仪式上进行的,包括"母女对唱"、"母女同哭"、"亲友对唱"和"妆人联唱"(即为女子梳妆的伴娘按照仪式要求哭嫁)等,在这个环节中,哭嫁偏重于"真哭",音调凄凉,感情悲怆,既有女儿的埋怨和不满、母亲的牵挂和忧虑,也有族群中已婚妇人的借题发挥和纯属满足仪式要求的空洞咏叹。而最具狂欢性质的哭嫁部分应当是男方前来迎亲时的"娶亲骂嫁",这时女方"拦门"的对唱、宴席之上"戏弄"或"赞美"的对唱,以及婚礼前媒人与女方家庭因为彩礼问题展开的"舌战",实际上是巴赫金狂欢理论的又一个范畴——"粗鄙","即狂欢式的冒渎不敬,一整套降低格调、转向平实的作法,与世上和人体生殖能力相关联的不洁秽语,对神圣文字和箴言的模仿讥讽等等"。② 对唱的双方一方抛来刁难的话题,另一方则诙谐应对,形成一种具有张力的对话结构,唱词中既有对新郎相貌生理缺陷的嘲笑、迎亲者的失礼甚至愚蠢的嘲弄,也有大量的"浑段子"和"埋怨",甚至使用近似"同归于尽"的"诅咒"。这时候也伴随有"哭嫁"的内容,但这时的哭已经演化为基于狂欢的"假哭"。参加婚礼的普

---

① [德]黑格尔著,朱光潜译:《美学》(第一卷),第84页,商务印书馆,1979年。

② [苏]巴赫金著,白春仁、顾亚铃译:《陀斯妥耶夫斯基诗学问题》,第175~178页,生活·读书·新知三联书店,1988年。

第五章　青海婚恋习俗与审美

通宾客，也不时引用一些民谣、谚语、浑笑话、俚语、方言，甚至故意夹杂其他民族的语言等俚俗体裁组织起来的"杂语"，这些"杂语"在通常情形下有些"胡搅蛮缠"、"语言粗俗"，但此时却冲破了一切语言背后的严肃禁忌，使过去"神圣"的事物被贬低和降格，而那些长期被边缘化的、非主流的、受挤压的声音被提升，在场的所有人员充分表达和享受着人性释放带来的快感和痴狂。

通观这些狂欢化的"插科打诨"，实际上是一种"寓庄于谐"的民间表演，所谓"庄"的不合理性被充分地暴露出来，诙谐、倒错、滑稽、夸张、变形等喜剧的审美形式洋溢于人们的唇齿之间、举止行为之间，却无不体现人的自由自在。这时候，娱神与娱人一同实现，悲剧与喜剧同台上演，神圣、庄严、崇高与"粗鄙"、"卑琐"、"丑恶"对立而统一，审美愉悦达到了极致。婚礼形成一个特殊的"狂欢广场"——狂欢化的文化空间。

3. 表现在婚礼的构建上

上述青海婚俗的狂欢化行为无论是消除神圣与凡俗的界限，还是唤醒人们在人性面前平等地对话，它与巴赫金的看法有所不同的是，这种狂欢化行为实际上都是对既有生活状态的临时性颠覆而不是破坏，甚至也说不上是重建，它只是将生活制度化中可能导致僵化、呆板的部分作临时消解。我们认为，狂欢实际上是人们为解决婚媾的本质与人们生活制度之间的矛盾而产生的。要知道，人类自身的生产有其独特的规律，要保证这种生产的正常、顺利且持续地进行，婚媾就必须超越人们自然形成的种群和熟知的社会状态和生存空间，以避免近亲繁殖、家庭序列被破坏可能产生的各种不利结果，这个时候，人们已经形成的原有群体交际、交往惯制和规约以及群体稳定的内部社会结构很可能使得婚媾无法达成，导致生产中断，至少是不能顺利进行。人们就不得不在基本制度和惯例的基础上，建立一套体制外的"另类"

183

制度来予以化解这个天然的矛盾。这个制度最好的实现方式是通过在婚礼上形成的倒错、戏谑、夸张行为，将人们全部情感、思维和行为都提升到狂欢的"非正常状态"，让制度的神圣性被消解，伦常的等级性被消解，全部都服从于生殖的基本规律和天然法则之下，所谓亲昵只能是对生殖崇高的尊崇，所谓平等只能是对生命延续的服膺。这一切在今天看来，更具备了生命价值取向的美学意义。人们用欢乐的歌舞、仪式来颂扬生命创造的神圣，用狂放不羁的行为和言语弥平实际生活的森严等级。

第六章 青海诞生仪礼与审美

人生礼仪包括诞生、成人（或婚礼）、丧葬，是生命通过仪式的重要组成部分，其意义在于人类生命形态的经验被赋予了社会的意义。因此，如果说诞生是人生的第一乐章，那么诞生礼仪实际上就是对人生的彩排，它是以个人生命作为起点，以社会属性的赋予作为终点的生命关怀。诞生礼仪作为生命成长序列的第一个阶段，其审美意义就是人的社会意义的诗学表达，其中蕴含着一个区域民族的文化传统，以及关于生命形态演变经验价值的叙事性附会。

生活在青海高原的各民族，在漫长的历史发展过程中，不仅创造了生命本身，而且按照审美的价值规律赋予生命于意义。在求取生存发展的艰苦实践中，促进了他们对自身生命的关注和思考，表现出强烈的生命意识，表达着对生命的无比热爱，并逐步形成了生命价值之上的审美意识。正如古人所说："生，好物也；死，恶物也。好物，乐也；恶物，哀也。"[①] 诞生礼仪与青海各族文化十分鲜明的地域性、民族性、历史性和信仰性特征相融合，不仅向人们传递着有关高原民族生生不息的生命价值信息，还通过诞生礼仪为高原各族演奏出一曲曲独具社会魅力的生命交响曲，体现了各民族特有的审美观念和审美追求。

---

① 《左传》昭公二十五年。

第一节 青海高原生命肇始的礼仪形态

一、青海地区诞生礼仪的缘起及其功能

从历史渊源来看，早期人类的崇拜主要表现为自然崇拜、生殖—祖先崇拜和图腾崇拜三种形式。诞生礼仪就产生和发展于早期的"生殖—祖先崇拜"，这种古老崇拜所蕴含的仪式化内涵实际是人的自我生产力的文化反映。1987年在新疆呼图壁县发现的距今3000年的原始生殖崇拜的大型岩画上，有或站或卧、或露或裸，身姿各异的男女人物形象300多个。青海海西的热水、海北的祁连也有为数不少反映原始生殖情景的岩画，青海大通上孙家村出土了5人一组共3组展露生殖器的牵手舞蹈纹饰陶盆，20世纪初还在青海德令哈地区出土了描写吐谷浑人野合的棺椁画。这些绘画形象地表现了当时人们祈求生殖、繁育人口的炽盛愿望和要求，是远古西部人生殖崇拜风俗的艺术再现。

从远古时代开始，作为一种求生的本能，生殖和繁衍直接关系到族群的存亡与兴衰，人类对自身的生存繁衍十分关注。早期人类对于生命的繁殖和生产，先是感到不可思议，难以解释，继而为之肃然起敬，并将其置于极致的神圣地位加以崇拜。在反复的、集体的崇拜中，人们逐渐形成了固定化、情节化、叙事化的礼仪，并试图从自身的生理属性中寻找生命的力量和源泉，表现出对生命的渴求和热爱，对创造生命的快乐的讴歌。但是，人类的生命崇拜及其礼仪不是绝然的生理反映，它包含着人生信仰的意象，"初民向生殖器、生殖神、性和性交顶礼膜拜，从而生发

第六章 青海诞生仪礼与审美

出五彩斑斓的原始文化"①,它既有社会认同下的身份转变,还有权利和义务的转变,而且还包含着精神上的转变。因此,诞生礼仪是生理角色的转变,更是社会角色的转变,青海各民族诞生礼仪中保留的种种生育信仰习俗,正是这一古老崇拜的文化遗存。

我们认为青海诞生礼仪的文化功能主要表现在以下几个方面:

首先,诞生礼仪意味着社会性抚育的肇始。"种族要在这世界上绵续下去,不能不继续不断地有新个体产生出来代替旧个体的位置,有如接力赛跑一般。"② 单纯地说,生殖是新生命的创造过程,而抚育则是生活的供养过程。个体的生命的确是依靠母亲天然的本能哺育的,但是对于生命的群体保障来说,母亲的哺育就不再是一件个人的事情了。进一步说,与动物不同,人的种族绵续是依靠文化的手段来保障的,因此,诞生既不是个人性欲的副产品,也不是母亲个人的责任,它是母亲"损己利人"(费孝通语)的社会行为,也是全社会存续的根本,更是全体社会成员的责任。在这个意义上说,诞生礼仪总是那么隆重、神圣和庄严就不足为奇了。

其次,诞生礼仪是社会完整的精神寄托。人在生理上虽然是一个自足的单位,但是单独的生存和谋生是不存在的,人的生长和发展必须在一个完整的形态下完成。青海高原个体的生理需要面临的威胁超乎想像,对于生命存在的要求更为苛刻,因而,个体对于社会的依附性更加强烈,只有通过人与人更加密切的关系,形成"群鸟效应",抱团合群地生活,人的存在和延续才能得以实现。在这种情况下,保持社会的完整自然就成为人的

---

① 龚维英:《原始崇拜纲要》,第 328 页,中国民间文艺出版社,1989 年。
② 费孝通:《生育制度》,第 49~50 页,商务印书馆,1999 年。

"第二本能",并且很直接地上升到人的精神层面,成为信仰最重要的组成部分。所以,我们在青海地区各族的诞生礼仪当中,都能看到丰富的信仰意象。

其三,诞生礼仪是对社会化生殖力的崇拜。如前所说生命的诞生在生理上是个人的,而在文化上却是社会的,于是生殖就成了整个族群的共同事务。青海地区各族通过仪式储存了这一传统,这个传统就是对生殖价值和生殖经验的赞美和崇拜。但是,这种纯粹经验性的价值观念在俗民那里从来都不是抽象地表达的,这种赞美和崇拜是通过高原独特的礼俗仪式加以叙述的,"在仪式里面,世界是活生生的,同时世界又是想像的……然而,它展演的却是同一个世界。"(Geertz, 1973:112),仪式具有很强的整合力量和综合价值,对于仪式的尊崇实际上是对于仪式社会功能的肯定。在具体的族群中,仪式的展演往往起到了调整内部变化、适应外部环境的作用。调整内部变化主要在于生育调整着社群内部的性别分工和身份分工,而适应外部环境主要是形成社会合力,以特定的组织方式与其他族群形成对话关系,与自然形成依存关系。

其四,诞生仪式还储存着一个族群最基本的社会记忆。若将仪式放置在诗学体系当中考察,我们会发现仪式被附会了许多"社会叙事"的性质,或者说,仪式是通过很多情节性、文学化的"文本"——口头传承作为载体的,人们通过各种仪式在时间性展开的顺序里首先提供了一种文化解释,将累积下来的关于生育的地方性知识传递给族群内部的人士,使他们能够在这个自足的解释中,相信对于生命的信仰、仪式的合理性、社会化抚育所应承担的责任,为日后整个社群提供了一个社会传承机制,为族群的行为和行动提供一种社会性的积极力量,从而使得仪式进入到审美的层面,具有了审美的特质。换言之,仪式的故事性叙述就具有了历史讲述的意味,仪式就超越了对于事实的简单追

第六章 青海诞生仪礼与审美

求,进入到诗性逻辑(poeticlogic)当中,仪式本身的叙事不仅包含着人们的某种价值认同和传承,而且是一种动态的社会实践活动。从这个意义上说,诞生仪式的社会功能性存在就具有了多元解读的意义,一种是族群内部知识或地方性知识的储存器和解释机制,一种是诞生仪式所包含的调整和协同机制,还具有审美意义。这正如布尔迪所言:"社会事实是对象,但也是存在于现实自身之中的那些知识对象,因为世界塑造了人类,人类也给这个世界塑造了意义。"(布尔迪,1998:7),所以说,仪式是叙述文本——地方性知识或者地方传统的存在化、物质化形态,具体到诞生仪式就是族群有关生命的诗学体验。

二、青海地区独特的诞生礼仪举要

(一)海西蒙古族的剪发礼

在青海蒙古族的传统习俗中,人生礼仪中的诞生礼共有两次,一次在婴儿出生后 5~7 天举行的"婴儿洗礼",当地俗称"洗娃娃",与中原汉族的"洗三"在时间上、仪式上和内容上相近,而独有的部分在第二次,即小孩长到 3~5 岁举行,它不行洗礼,仪式的内容和情节都有特殊的意旨。我们以德令哈乌图美仁的剪发仪式为例加以说明:

蒙古族对于生男生女并没有性别歧视,只要孩子出生,族人均会隆重地举行洗礼,待到三五岁之时,还要举行剪发礼。根据实地考察,整个剪发仪式大约由择吉、献祭、祝酒、剪发、飨牲五个部分组成。

首先是择吉。剪发的择吉有两种情形:一是由喇嘛决定的,即孩子的父母事先要宴请本部落的喇嘛,根据藏经占卜;二是距离寺院较远地方的人们,则向本部族中的长辈请教,选择一个具体的时辰作为吉日。届时主人请人把一口装满酒的大锅放在蒙古包的正中央，一勺一勺地舀到龙碗里，由主人把包裹着哈达的美酒一一递送给大家，并诵唱长调（或短调）《成吉思汗颂》作为祝酒辞。主人请亲友品尝蒙古族传统食品"须木尔"之后，整个礼仪的高潮部分——剪发就开始了。根据惯例，实施头剪的人一般选择与孩子属相合一（孩子的属相上方的第五个属相者）、德高望重（过去是头人、百户，现在是村长、乡长），且兄弟或子嗣较多的朋友或者远亲来实施，被称为是"执剪尊者"。但这一人选不能是直系亲属，之后的实施者就按照由远到近、由长到幼、由外到内、由父系到母系的顺序分批进行。据当地人称只有这样才能带给孩子好运道。

执剪尊者将剪下的头发塞入事先预备的哈达中，再拿出糖果，或者绸缎衣料、小日用品，引逗孩子，还要把数量不等的马、牛、羊、骆驼指给孩子。值得注意的是，执剪尊者通常送给孩子的牲畜一般是一只硕大的母羊，家长对此尤为重视，认为是这个孩子将来家产增值的根基，格外厚爱，决不出售转手。所有参与剪发的人等都要在施礼时吟唱祝辞，若不会吟唱可请周围人代唱，或者直接表达祝愿话语。而主人会给每个剪发的人敬酒示谢，待剪发结束，孩子的父亲会将剪下的头发用哈达包起来，悬挂在蒙古包左侧靠窗的木梁上（这个位置蒙古语称"渥尼"）。

缩牲，蒙古语称"德吉拉"，即答谢礼，主要是主人宴请大家吃的全羊宴。在这个场面里，高歌、饮酒是主要内容。主人敬酒分为两个部分，第一部分由主人敬"十献酒"（蒙古族称其为"巴燕颂"），即环绕蒙古包的支撑柱"巴哈呐"敬头勺酒、洒向蒙古包中央敬献祖先的二勺酒、洒向全羊祝福大家的三勺酒、洒向大地感谢草原的四勺酒、洒向天空敬献神灵的五勺酒、洒向西

第六章 青海诞生仪礼与审美

方敬献某某①的六勺酒、洒向西方敬献四方的七勺酒、洒向献歌者敬献佛祖的八勺酒、洒向天窗再献上苍的九勺酒、洒向全羊的开宴酒。主人每洒一次酒之前,专门献歌的人都要高诵"巴燕颂"辞。主人敬酒的第二部分主要是剪发仪式上的"执事"(一般由懂得仪式内容、程序,歌唱本领高超的人士担当)完成。执事以托盘置三杯酒,给尊长敬酒时,一般都单膝跪下,双手高举酒碗,对于一般客人亲朋也是双手奉上,每个接酒的人也是态度虔诚,弹指敬天。从这以后就是一连三天的狂欢酒宴,期间主人及家人高唱答谢的酒曲,亲朋放歌吉祥的祝辞。歌曲的形式从古老的长调短调,到蒙古族民歌、史诗片断,以及现代流行歌曲。一个人唱完,在场的人只要应和一声"特姆包勒图赫"②作为过场句,或者用过渡性乐段《笨布莱》作为转换曲,便会有下一个歌手立即跟进,一人高歌猛进,多人随声附和,独唱、合唱、轮唱、多声部唱,歌声此落彼起,不绝于耳,场面欢快,绵延不断。我们从整个礼仪的过程看,其审美价值主要体现在礼仪内容的社会美、礼仪规范的形式美和赞美生命的狂欢化上。

(二)穆斯林族群的割礼

青海穆斯林中的回族、撒拉族、哈萨克族等都有举行"割礼"的习俗,在民间诞生礼仪的系列中是颇具文化意蕴的一项重要仪式。举行割礼的时间一般在凉爽的金秋或转暖的新春季节,割下的包皮或放在门楣上方的墙上"让机灵的春燕叼去",或埋在果树下面,从不乱扔。对施行割礼手术后的孩子,要给大量鸡蛋吃,探视的亲朋好友也总是把鸡蛋作为最好的礼物送来表

---

① 根据我们现场和事后的多方问询,年长者、执事、乡亲等都已经不能解释为何向西方祷告献酒,尤其是献酒的对象已经不得而知。
② 蒙古语"如您所愿"、"如愿所言"之意。

示祝贺①。这些割礼仪式中包含的信仰民俗事象,都具有深刻的审美和文化意蕴。

借助春燕和果树作为文化符号,实际上是模拟巫术和接触巫术的基本表现。春燕和果树都是繁殖力很强的动植物,在人们的信仰意识中它们都是繁殖力的象征,人的生殖器官的一部分与这种象征物被人为地象征性接触后,就能对受割礼的孩子通过神秘的"传导"作用产生影响,使其将来儿孙满堂,人丁兴旺,这是人们基于巫术信仰的文化联想。割礼时机的选择除去春秋季节天气凉爽、伤口容易愈合的表层客观作用外,在人们心灵的深处,"春花"和"秋果"同样是"繁殖力"的象征。按传统观念来看,给受割礼的孩子吃鸡蛋,能达到以蛋补"蛋"即睾丸的目的,鸡蛋与睾丸不仅外形相似,而且都与繁殖密切相关。可见,对生殖的崇拜、对生命的渴求,仍是割礼这一习俗价值取向的核心,从中也透露出生殖崇拜和以生命为美的历史文化信息。

(三)祈子仪式

生命的价值是至高无上的,获得子嗣时人们欣喜若狂,以庄重的仪礼表示对新生命的肯定和由衷赞美,相反,没有后代则是人生的最大痛苦,于是这种愿望被提升到信仰的层面,以某种仪式化的具体方式去表达这种诉求。从信仰文化本身看,祈愿就是信仰文化的重要组成部分,其功能就是要实现人的身前身后事,尽力满足人们对于生命价值的追求。从宗教共同体的角度看,藏族、土族、蒙古族以及河湟地区的汉族,属于藏传佛教信仰共同体,这些民族绝大多数有祈子和招子的仪式,实际都可以理解为一种特殊的诞生仪式,这些仪式的源头可归结到原始生殖崇拜在青海高原的孑遗,以信仰文化的形态残存于民间日常生活特别是

---

① 详见本书有关章节。

第六章　青海诞生仪礼与审美

青海少数民族的人生礼仪当中。

祈子的崇拜最直接的表现形式就是生殖器膜拜。在人类发展史上，对自身生殖的崇拜是原始人类进步发展的重要标志之一，它使人类最终从动物的世界分离出来，确立了自己的主体意识，尽管这种主体意识是模糊的，但是人们还是逐步认识到自身的创造主体地位。伴随着原始人类对自身生殖的崇拜，继之便出现了对男性或女性的性器官及它的象征物神化的现象。土族民间至今还流传的"拜石洞"、"拜鞋"的招子习俗，就是基于土族先民早期生殖信仰而表现出的女阴崇拜的古代遗风。生殖崇拜最早出现在母系氏族社会，由于当时女性在社会经济生活和人类繁衍发展中的特殊作用，人类最早的生殖崇拜为女阴崇拜。父系制取代母系制之后，随着男子在社会经济生活中的作用和地位的提高，以及人们对女子生育与男性关系的认识，生殖崇拜对象便从女性转到男性，产生了对男根的崇拜。保留在土族中的上述求育习俗，都清晰地带有这种原始时代生殖信仰的痕迹。

在青海地区，祈子多是求助于佛教寺院、道观，具体的方式大概有：观音占验、佛诞求子、王母求子、娘娘求子。我们认为，佛教传播在中国走了一条十分巧妙、独特的传播路径，即立足民间，以妇女为主要对象，借助佛经有关善男信女求解脱的信仰，合理地提高观音的地位，使佛教逐渐为人们所接受的。简单地说，佛教在中国的媒神就是观音，佛经《观世音菩萨普门品》中这样表述："若有女子，设欲求男，礼拜供养观世音菩萨，便生福德智慧之男。设欲求女，便生端正有相之女。"[①] 在这段经文的引导下，向佛陀特别是观世音求嗣，是青海高原佛教信仰共同体下的俗民方式之一。对于没有子嗣的俗民来说，除了向观音

---

① 见《大藏经》（第九册）之《妙法莲花经（卷八）·观世音菩萨普门品（第二十五）》，青海民族学院图书馆馆藏，根据相关汉文经卷编译。

求助,还利用佛诞之时,即农历四月八的时候求嗣。《大藏经·因果经》中有这样的描述:"十月满足,于四月八日日初出时,(摩耶)夫人(即释迦牟尼之母)见园中有一大树,名曰无忧,花色香鲜,枝叶分布,极为茂盛,即举右手欲牵摘之,菩萨渐渐从右肋出。"① 这个时间段后来被俗民所衍化,转变为求嗣之俗,盛行于我国各地。中原地区早在魏晋南北朝时期就已经很是流行,在青海地区也不例外,尤以明清以降为盛。

人们不仅向佛陀诸神求救,而且基本上是"有病乱投医",向一切能求之神皆求,如中原汉族的九天玄女与佛教经义结合,很多寺院专设圣母宫,道教也将其挪移过去,设送子娘娘殿、王母娘娘殿。我们在青海乐都县北山道观就看到,人们利用王母的生日前来求嗣还愿,不足4平方米小殿的墙上,挂满了人们求嗣时的鞋子,主要对象均为不同年龄段的妇女。

随着生产力水平的提高,人类的认识能力大大超越了幻想和崇拜的阶段,直接崇拜性器官的做法已不多见,但生殖崇拜已积淀为一种文化的"原型"和"情节",演化成象征符号的形式,表现不绝如缕,最后成为种种民族习俗。如青海蒙古族则是借勒多子女之人的腰带,认为这样可以引来小孩的魂魄,就会生儿育女,以实现生育的民俗意愿。这一奇特的求育习俗,其深层的底蕴和本原,仍与生殖崇拜有关。青海各民族种种生育信仰、求育习俗的原生文化内涵,都充满了对生命的崇拜和美好期望,体现着以生命为美的原始民俗审美观。

(四)托生转世仪式

转世仪式最先来源于祖先崇拜——通过祖先法力的传递和轮换寄托有关生的愿望。初民的原始观念认为,万物不仅皆有灵,

---

① 《大藏经》之《过去现在因果经》(卷一),同前。

第六章 青海诞生仪礼与审美

而且周期性发生轮替,这就导致人的思维发生一系列的变化:模拟——感生——转世,即人们希望像万物那样可以周而复始,生命永续传递,在这个观念下,只要能够与祖先接触或者实现某种联系,就可以感而生之。这种原本流行于印度次大陆和青藏高原广大区域的原始信仰,后来为佛教大规模地运用,成为宗教仪轨的一部分。

这种托生转世仪式在青海民间,一种是认为某某是某某的托生,这是一种"去仪式"的民间信仰,即只有意含方面的认知,而无法以现实可操作的仪式来实施,往往用孩子身上的某些特征来解读,这个特征可能是褒义的,也可能是贬义的,俗民在信仰层面十分笃信。在青海地区,这种信仰往往以禁忌的形式表现。另一种是类似汉族地区抓周之俗,藏族、蒙古族、土族都有类似做法,但与汉族不同的是:将相关物件摆放好,任由孩子捡拾的方法只在佛教徒转世仪式中使用,民间可以由家长或其他相关人等挑选。第三种就是祈子仪式。

(五)婴戏仪式

生命的延续、种族的繁衍,是在新生命的诞生中得以实现的,当一个新的生命降临人世间时,人们总是怀着对新生命的喜悦之情用美好的礼物和独特的方式表示欢迎和祝福。过去,以游牧为主的青海藏族是在被视为净土的羊圈接纳新生命的出世,当婴儿呱呱坠地后,父亲把他揣在怀里,来到户外的白色经幡下,在祭坛燎烟煨桑,吹响声声海螺,口中发出"呜——,噜噜噜……"的呼喊,以此向上苍祷告:在这个幸福的家中,又一个幼小的生命降临人间。七天过后,亲朋女眷们纷纷前来"看月",她们把带来的食品连同洁白的"哈达"一起赠给在襁褓中的婴儿,并用吉祥的语言表达她们的美好祝愿。

撒拉族妇女怀孕后,受到格外的照顾,全家为之而高兴。孩

195

子出生后，乡邻纷纷拿着油饼、油搅团、糖果之类的礼物前来祝贺，撒拉族称作"看月"、"讨喜"。孩子满月后，亲朋们还要拉羊披红，带上食品、抬着衣服被褥再次前来祝贺，俗称"看大月"。家里择吉日抱孩子出门，并准备好古古馍馍①，施散给巷道里的大人小孩，让大家一起分享得子之喜并预祝孩子早日成家立业。

　　青海各民族不仅用送礼贺喜，还以许多独特的庆贺仪式表达对新生儿的祝福。在青海民和三川土族地区，婴儿出生后有一种别有情趣的活动——骑牛祝贺的礼俗，土语称"夫果尔·夫尼"。当土族人生了男孩且为一家的长孙时，被视为大喜之事，除妇女外全村老少会把新生儿的爷爷请来当场戏弄：让其翻穿皮袄，眼挂一副萝卜圈做成的"眼镜"，叼一杆麻秆做成的长"烟锅"，头戴破草帽，经过一番"化妆"后，爷爷就被扮成了"员外"的模样，众乡亲又簇拥着让他倒骑在牛背上，前呼后拥，在村巷里"巡游"，所经之处众人高呼"当上爷爷了，当上爷爷了！"，并不住地戏逗取乐。这种滑稽的表演，把一个家庭的喜庆活动演变为集体的广场巡游和狂欢节日，使祝贺活动平添了一份喜剧之美，使喜庆的气氛被推上高潮。

　　哈萨克族在青海高原属人口较少的民族，由于人口增长缓慢，所以非常喜欢孩子，谁家有小孩出生，整个村子都视为喜事。在哈萨克民间流传着这样一句话："有孩子的家像巴扎（集市），没有孩子的家像麻扎（坟墓）"。当刚出生的孩子发出第一声啼哭时，人们就开始向守候在外的父亲贺喜，这时做父亲的高兴地仰首向天高呼（即向"上帝"报告）："人世间又增加了一个小生命"。婴儿诞生后人们要让其在歌声中连续三次迎接晨曦

---

　　① 古古馍馍，是撒拉族的喜庆食品，以面和油揉制，然后炒熟的小面块，类似陕西汉族的面食"棋子豆"，都是一种适合野外生活的方便食品。

第六章 青海诞生仪礼与审美

日出。每当此时,男女青年们便聚集在产妇家,通宵达旦轮流唱上三昼夜"希里德哈娜"(祝福歌)。他们认为,在这种歌声中度过日出日落的婴儿,一生都将幸福美满,男孩会成为全民族为之骄傲的歌手,女孩将像欢唱的百灵一样有一副动听的歌喉。将民族的人生理想寄托给能说古唱今、给人民带来欢悦的歌手,并从出生就将这种理想规定为一种神圣的人生礼仪,这的确是原始美学的骄傲。

随着新生命的降临,各民族都以其独特的方式,将一个个美好的期望和祝愿寄托在这些小小的生命身上,表现出对新生命特有的一种审美情感,在这里一切祝贺的仪式和吉祥的祝词,都成为对美好生命的赞歌。

(六)取名仪式

给刚出生的孩子一个吉祥、美好的命名,以表达对新生命的祝福和期望,这也是青海各族诞生礼仪中审美取向的一个共同点。青海各民族曾经历过相当漫长的自然崇拜阶段,由对自然的崇拜而形成的审美观念,在他们的人名当中也得到了充分体现,如藏族名叫"桑格"的,意思就是雄狮。青海各民族最初的狩猎和游牧生活中,打交道最多的是大自然中的各种动物,那些雄健、强壮、力大的动物是最富有生命力的,往往也是人们欣赏和崇拜的对象,以这些动物的名字来给孩子命名,表达了对新生儿健康成长的美好愿望。藏族先民曾有过对日月星辰等自然物的神化和崇拜,在人与自然的精神交往中,这些自然物成为人的审美对象,这种古朴的审美意识也渗透在他们的人名当中,如尼玛(太阳)、达哇(月亮)、尕日玛(星星)等。古代藏族人从对太阳、月亮本身的自然属性的直观感受出发,视太阳、月亮、星星为神圣、高洁之物,并作为象征幸福、吉祥的美好形象。以这些受人崇拜的自然神化物取名,表达了人们对吉祥美好事物追求的愿望，寓意着对孩子今后幸福美满生活的深深祝福。以美的植物命名，在青海各族女性中最为普遍，其中以花取名在回、土、撒拉等民族中极为常见，这也反映了各民族一种相似的审美心态。花的美丽是自然美的典范，人们总希望自己的女儿长得美丽漂亮如同花朵一般，于是便把对姑娘美的期望寄寓于花的命名中。

用吉祥物、吉祥词取名，激发人们对美好人生的追求，这也是青海各民族命名习俗中的一大特点。如藏族人名中有些就是直接取吉祥之意来命名的，"扎西吉"意为吉祥乐，"才让措"意为长寿海，"端知布"是吉祥如意的意思；土族人名中"斯仁索"意为寿海，"加西斯让"意为吉祥长寿，"加西尼柔"意为吉祥宝珠。人们把对新生儿的一切祈愿、希冀和祝福都寓于这最美好的吉祥名字之中，体现了青海各民族对美好人生理想的追求和完善自我的向往。

宗教的兴起和传播对青海各民族产生了深刻的影响，也使命名习俗具有了多元的审美意蕴。藏族全民信奉佛教，因而在藏族人名中有许多和佛教有密切的关系。如以佛、菩萨的名字取名以求神佛保佑的有"桑吉"（佛陀）、"强巴"（弥勒）；"嘉祥（文珠）、"卓玛"（度母）、"豆格杰布"（白伞菩萨保）等；以护法神名字或求护法神庇护的有"久西"（怖畏金刚）、"丹真"（马头明王）、"普化"（金刚本尊）、"普化杰布"（金刚本尊保）等；以吉祥的佛教术语或法具等命名的有"扎西"（吉祥）、"索南木"（福运）、"完玛"（莲花）、东科尔"（法螺）等。这种独特的命名，让刚刚出生的婴儿一来到人世间便感受到了佛的恩泽，使其在与神的灵魂交流中，得到保佑，健康成长，以实现自身美好的愿望。我们从这些具有深厚宗教意味的名字中，依然感受到藏族为新生命趋吉求福的审美追求。

第六章 青海诞生仪礼与审美

第二节 青海高原生命肇始礼仪的审美意蕴

远古时期，人们将自己的生命视做天命的主宰，但从人类开始冲破远古蒙昧的迷雾，向文明跨出第一步的肇始，生与死就成为困扰生命本体的主要问题，正如人们一再追问的那样：我从哪里来，要往何处去？我是谁？在百思不得其解的过程中，人们主要还是从求生的本能中萌发了重生意识和长寿意识，人们一面不断地祝福新生儿长命百岁，祈求上苍保佑人类繁衍发展，一面又对未来生命无常、祸福莫测感到困惑和忧虑，为化解这种忧虑而出现的迭环相生的诞生礼俗是文化意识的积极产物。

第一，诞生礼仪是生命忧患意识的积极呈现。诞生礼仪的诗学意义主要来源于高原人对生命意识的深刻体察当中，对于生命短暂、生存无常的忧患意识，是隐含在诞生礼俗审美意识中的深层意义。视其为积极的文化意识产物，是指人们总是把生的无常、死的威胁搁置在一边，通过对新生命来临的由衷礼赞来表达乐生、重生、厚生的核心价值，以崇高的愿望、庄严的心态、隆重的仪式对即将展开的生活画卷充满了期待和向往之情。于是，当一个婴儿呱呱坠地，有关生命永续的价值观念就开始彰显，求存禳夭的人生礼俗旋即为他展开，社会意识就同时涌入。土族有一种特殊的满月祷祝仪式"保拉"，直译来说即保住生命，是土族祈求神佛保住男性子嗣生命的仪式。"保拉"仪式活动初次是在满月早晨进行的，届时请神职人员为新生儿命名，以祈求神灵保佑长命百岁。这是一个时间跨度很大的仪式，或者说这个仪式的效力持续的时间很长，第一次之后主要是依靠各种禁忌来实施约束，一般限定禳灾避祸的保命期为7岁、9岁、15岁，期间禁止剃头，禁去外公家、亲戚家，不准去暗房、孝子家，忌穿戴他人衣帽，禁食别人食物，认为这样才能保其生命无任何危险。

保命期满之日要举行剃头仪式，剃头时让孩子怀抱一只大公鸡跪于神前，由一老者净手剃头。礼毕，把头发揉成团缝在外衣背部或左肩上，认为胎发能避邪气保长命，因而以此护身避煞。孩子怀抱过的公鸡要送到神山放生或养至老死，此公鸡亦称长命鸡。这种文化象征的运用出自交感巫术观念，即以物命感人命，把二者作有内在的联系，以物命久长兆长生长存。土族正是通过"保拉"仪式，把对生的忧虑和美好期望，托付到自然和神灵身上，以期生命长久愿望的实现。可以看出在这独特的习俗中，负载着沉甸甸的心理寄托和忧患意识。藏族在婴儿出生后，要举行"邦色"仪式。在藏语中，"邦色"就是清除污浊的仪式，通过给婴儿"除污"，以求神佛保佑，祝福婴儿福运亨通。各民族正是以其独特的礼俗作为一种手段和媒介，来沟通人与神、心与物、现实与理想之间的联系，以求达到人生愿望的实现。这中间既包含了对生命的忧虑，对人生价值的追求，也包含了对生命未知世界和神秘力量的抗争，体现着一种积极进取的审美价值取向。

对生命的忧患意识，同样表现在青海各族命名习俗的审美意识之中。为使新生命能避灾禳夭，人们常取吉祥之名以期长寿。除直接以祝福平安长寿之意来命名外，与汉族一样，在许多民族中都有给孩子取"贱名"的习俗。如藏族人名中"奥约"意为小狗，"旺周"意为小驴。在青海蒙古族中，孩子夭折较多的人家常以"夏日瑙海"（黄狗）、"瑙海索里"（狗尾巴）、"尕吾日格"（狗娃）命名。他们相信看贱的孩子可以避灾攘夭容易成活，这是人们对生命现象缺乏科学认识，在无法把握自己命运的情况下，而产生出的一种民俗审美心态。

诞生礼仪中人们对长寿长生的祈望，无疑只是作为一种理想

第六章 青海诞生仪礼与审美

而存在,然而它折射出青海各族对生的向往,对生命的热爱,对生存价值的认识和对美好生活的追求。相对于远古社会中人类对未知世界的敬畏和顺从,它体现了人的自我意识的觉醒,透露出自强不息、积极进取的信息,表现出一种更加深沉而凝重的审美意蕴。人类在自身的生产和发展中,逐步认识到了生命存在的价值和意义,由对生命的渴求和热爱,表现为对生命的讴歌。青海各族在漫长的历史发展中所形成的多姿多彩的诞生礼俗,就是一曲曲生命的赞歌,它的美正是来自对生命的肯定。

第二,诞生礼仪是生命价值的社会呈现。诞生礼仪是人生的彩排,对于生命的全部意义来说,诞生礼仪和成年礼仪、丧葬仪式的文化功能是同价的,由于青海地区特殊的自然人文条件,诞生仪典的意义甚至超过了成年礼仪、成年婚礼仪式和死亡丧葬仪式。一般情况下,其他地区诞生礼仪的意含都比较单纯,即婴儿降生仅仅是人生之前的准备阶段,直到举行成年礼仪之后,一个人才真正具有社会意义的"诞生"。青海地区的许多独特的诞生(更准确地说,应当是庆生、护生)仪式,都有一个重要的暗示作用,通过顺从、模拟、接触等文化遗留形态,表达社会性的生命理想,似乎都是在做使婴儿成丁而立拟仿,像是对人生而立的一次彩排,寄予了上一代人对下一代人的殷殷期待。诸多仪式都以预演的形式交待人生的职责,把生命的文化意义贯彻到未来的时空。例如藏族的"抓周"仪式,婴儿的父亲把孩子郑重地交到长辈的手中,请来喇嘛念经,并为孩子挑选一件中意的物品放到孩子手中,嘴里还念叨说:"你现在从这儿拿了书本,带走吧,这样你就可能成为最好的经师。"然后绕着桌案顺时针走三圈,每一次都选择一件物品交到孩子手中,同时"教授"物品的用途。参加仪礼的人们在一旁把食物、糖果、哈达奉献给孩子或者父母,嘴里唱着赞美的歌曲,之后还要到院子里围绕着桑台念经祷祝。这种礼仪或许与中原地区的"抓百岁"、"抓周"是同一文化观念的不同变体。宋代释文莹所著《玉壶清话》卷一，有宋初大将曹彬抓周的记载："曹武惠彬，始生周晬日，父母以百玩之具罗于席，观其所取。武惠左手捉干戈，右手取俎豆，斯须取一印，余无所视。后果为枢密使相。"曹彬周岁时自己从各式各样的小玩艺儿中独抓干戈、俎豆、官印几样。干戈是兵戎之器，俎豆是祭祀的礼器，所谓"国之大事，在祀与戎"（《左传》），而官印更是自不待言。曹彬抓的这几样东西，如果我们能抛弃所谓天断的虚妄成分，从诗学文化的层面上看，这等于是为他未来人生的辉煌而彩排，预演了他官至主管军事的宰相的高隆地位。藏族不同的地方是由父亲代为选择的，这虽有迷信之嫌，却真实地反映了一种文化心理抑或文化观念，至少显示父母望子成龙的心愿。《红楼梦》中的贾宝玉不就是抓了胭脂而惹贾政老大不快么？中原地区的"自抓"，多了点天断的色彩，藏族的"代挑"，则强调了长辈的愿望，而其作为对未来人生的预演、彩排却有着类同的文化心理。在青海地区诞生礼仪的文化中都有对孩子的规范导向，只不过这种规范导向是依据具体物品来喻指和象征的。汉族地区早期生儿子称"弄璋"，生女唤"弄瓦"，玉璋形类剑戟，而瓦为谷粮存储之器，初民时代抓周的属性实际上被定性在性别的社会分工上，藏族抓周和汉族早期弄璋弄瓦的渊源，不正是人生、社会的文化要义的同一性展露吗？可见，青海各民族诞生礼仪作为人生的彩排形式，具有多元的审美意蕴，其审美意义的核心是族群有关生命的诗学体验，以特殊的民俗方式表达了对生命美的礼赞和歌颂。

第三，诞生仪礼是生命意义在人生历程的空间向度安排。在这里，新生命首先是在赐予生命的主体上产生意义的，它既是生身父母对于自己情感的安顿，也是对于婚姻的实质性安顿，是对于生命在种族繁衍上的社会化安顿。这种安顿实际上是赐予生命的父母对于婚媾的双方共同生活的定位，他们的生活观念、生活

第六章 青海诞生仪礼与审美

方式由此而逐一被新生命的到来而确定下来。其次,那个新生命——生命的接受者全部生活也就被父母这个生命的赐予者预先作了规定,其生命的全部价值观念、生活观念,乃至对于事物的审美判断也就都有了"事先"的预定。诞生,既是新生命审美生活的开端,也是审美传统的延续。

第七章　青海丧葬习俗与审美

　　丧葬作为人类文化的符号表达,是人生最后一项"通过仪式",也是最后一项"脱离仪式"。丧葬是由生者为死者将人从现世的各种状态脱离,获得离世——另外一种现世身份角色的通过过程,在历史的发展中这一对死者的处置程序,被赋予了很多人类独有的认识和观念,逐渐形成了一套葬死者和敬鬼魂的民俗文化。青海各民族虽同处高原,但每一个具体的族群所处的自然环境、社会形态、宗教信仰不一,于是形成丰富多采的丧葬仪礼和丧葬方式。据在青海柳湾、马厂、同德和诺木洪等广大地区的考古发掘,有大量的墓群和考古材料证实,青海地区的墓葬至少在 6000 年以前就已具备了相对完整的丧葬制度,丧葬礼仪隆重,葬后还有定期的祭祀活动。因此,从青海各民族丧礼的视角,我们可以亲身体验到地域文化的差异,深切理解青海各地的丧葬文化对于生命的思索和无限讴歌的美学蕴涵,从不同民族的丧葬习俗中看到审美文化的传承。

第一节　青海丧葬文化的形成原因

　　死亡是人类最具哲学意义的命题,而丧葬则汇集了人类物质

第七章 青海丧葬习俗与审美

和精神的全部资源,细致而深刻地反映了这些哲学意涵。丧葬文化是在自我意识觉醒的过程中逐渐建立、完善起来的,丧葬表面上是针对亡者的,实际的指向却是生者。于是,丧葬不仅是死人的事,更多的则是活人的事。与其他民族一样,青海每一个民族的丧葬对于死亡都有着自己深刻的理解和解释,甚至同一个地区的不同民族、同一个民族的不同部族,也都通过丧葬实施的行为、内容、方式、时间、禁忌等来实现对死亡本质的认识和体察。丧葬所包容的文化内涵十分丰富,包括丧葬观念、丧葬习俗、丧葬形式、墓葬类别及与此有关的哲学观、生死观、历史观、审美观等。

一、地理环境和生产方式的影响

青海受大地势结构和大气环流特点的制约,形成了自东南向西北由暖湿至寒旱的差异,受自然条件的限制,相当一部分地区还保留着原始状况,特别是在高原腹地,自然资源的利用仍处于初期阶段,总体上适合游牧生产,部分地区适合经营林业和农牧兼营。只有河湟谷地垦殖历史较长,农田基本建设较好,是农业较发达、经济较繁荣的地区。复杂、特殊的地理环境决定了青海地区的多元的生产方式和特殊的生活方式,其中包括不同民族的丧葬方式。

土葬是世界性的,也是高原地区普遍采用的。青海地区的土葬基本不占用耕地,多葬于丘陵山坡,除了东部农业区受宗法观念的影响,有少数家族墓葬,多数墓葬以自然社区为中心分布,如回、撒拉等穆斯林。除此以外,很多民族不约而同地采用天葬、火葬、水葬等习俗,如藏族、蒙古族、土族等。这些不同的丧葬形式虽有不同观念的渗透和影响,但在客观上首先是基于当地生物、资源等环境特点考虑。

青海的生产形态主要有牧区的畜牧和农区的种植两大方式，由于传统农业总量较少，相对薄弱，物资的匮乏限制了丧葬的规模和行为，在生产力水平普遍低下的情况下，青海丧葬文化始终处于相对稳定的、静止的原生文化状态，总体上追求奢华浪费的观念十分淡薄，而崇尚自然丧葬，主张薄葬、速葬等，以简朴为美的丧葬观念深入人心，从而形成了以俭为美、以简为美的审美观念和审美标准。

二、社会交往与族际关系的影响

青海高原独特的自然和人文生态，使其具有独特的走廊文化①，这是在青海独特的地缘关系中民族交往的产物。在丧葬习俗中，藏族、土族、蒙古族和本土的汉族丧葬文化成为一个系统，回族、撒拉族、东乡族、保安族的丧葬文化形成另一个系统，其中，第一个系统中的民族绝大多数都使用"坐姿"停尸的方式，第二个系统中的民族采用几乎完全一致的丧葬程序。各民族间也相互影响，土族接受了藏族的天葬习俗，汉族和蒙古族接受了藏族的丧期定制，蒙古族又接受了汉族的"寿衣"习俗，蒙古族受藏族的影响，改野葬为天葬等等。同时，在形式的改变背后，常常是更为深刻的观念影响。

三、宗教文化的影响

丧葬习俗受影响最大的恐怕要算宗教文化了。青海各族的信仰经历了远古的自然崇拜即自然神信仰，藏族的苯教、蒙古族的

---

① 费孝通 1979 年最初提出。关于"民族走廊"另见笔者所承担的国家社科基金项目《丝路羌中道民族走廊文化研究》。

第七章 青海丧葬习俗与审美

博教（萨满教）、穆斯林的太阳/火崇拜等都是在这个基础上形成的，各自有着自己理解的"天人合一"观念，以及关于死亡形式、死亡形态等生命价值观。总体上，在死亡文化上基本倾向于回归自然，无论是土葬、水葬、天葬、火葬，以及平台葬都属于回归自然的葬法。

各种宗教文化对丧葬仪式的渗入，使得青海各族对于死亡有了自己完整的理解和观念，诸如灵魂救赎、灵魂不灭、轮回观念等。以卫拉特蒙古族丧葬为例，浓郁的宗教气氛几乎渗透于丧葬的全过程，整个丧葬仪式都体现了藏传佛教的生命转世、轮回的观念。同时，丧葬的细节又体现了蒙古族灵魂不灭的原始信仰意识，如忌讳在守丧的四十九天之内和出殡的过程中哭泣、梳头等。这种灵魂不灭（本土信仰）和生命轮回（佛教信仰）观念，使得卫特拉蒙古族视死亡为今生的终结、来世的开启。穆斯林认为人生来有罪，人活着必须赎罪，死后才能进入天堂。因此，青海广大穆斯林轻视肉体的安葬，而重视灵魂的救赎；轻视肉体包括对尸体的处理，同时又反对弃尸荒野，反对不尊重尸体。

四、哲学认识和历史观念的影响

整体上看，青海各民族的哲学认识始终重视群体的作用和个体在群体中发挥的作用，认为个体的价值不是自我的实现，而是个体对于群体的贡献。人们普遍轻视物质生活的享受，忽略人的现实个性。他们追求的正如苏格拉底所说的："真正重要的事情不是活着而是好好的活着……而好好的活着意味着活得高尚抑或正直"，"真正难以逃避的不是死亡，而是罪恶。"在这种认识观念的影响下，死亡就没有什么可怕的了，人们强调"生不害义"，主张"简丧薄葬"与"回归自然"。渴望生存是人的本能，但生存的时间长短不是衡量生命质量的标准，而是在有生之年为他人的仁爱和助益有多少,因而"死亡并非死者的不幸,而是生者的不幸"(伊壁鸠鲁语)。

从青海各民族的丧葬文化的发展来看,在丧葬观念和形态上,人们畏惧的不是死亡本身,而是死亡后灵魂的安置,讲究的是对个人灵魂的敬重。因此,在丧葬过程以及丧葬的实物形态等方面与中原内地有着较大的差异,如没有"事死如事生"的观念,认为"阴间"的死者应该像"阳间"一样,在丧事上也不热衷于"冥器"之类的象征物,相反,丧葬文化在葬式上表现出极大的丰富性和灵活性,保持诸如天葬、水葬、火葬、树葬、平台葬、室内葬等多种丧葬方式。人们有一种特殊的"习惯死亡"心理,加之世俗权力又是神权的奴仆,"简丧薄葬"一统天下,人们在丧葬过程表现出浓郁的报恩心理。

第二节 青海丧葬文化的审美价值

一个人从降生到走向坟墓,这是生命的必然历程,但对于热爱生活、热爱生命的青海各民族来说,死亡并不意味着消沉。人们总是通过各种形式的葬礼表达着对永恒生命的执着追求,并由此给死亡注入新的希望。青海各地的丧葬文化实质上蕴含的是对于生命的哲理思索和无限讴歌,其美学价值也蕴涵于此。"生命是美的"这一主题在青海各民族的葬俗中始终贯穿其中。

一、死亡意识下多样辐射的生命观,对亡者形式繁多的追思,是对生命状态的审美思考

生命与死亡在形式上是对立的,但是,在人们的实际理解

第七章 青海丧葬习俗与审美

中,对于有虔诚信仰的人来说,死亡意味着生命的另外一种形态的开始;对于看重现实生命存在形式的人来说,丧礼意味着对死者的尊重、对生者未来的安顿。但是,无论从哪个方面看,都是对生命延续的合理安置,对于死亡的认识被赋予了美的意味,使有限的生命具备了无限的价值。就文化而言,死亡观映照生命观,丧葬是对亡者的安顿,也是对自我的安顿,本质上,就是对于生命存在方式的安顿。在青海民间生活里,死亡是人在现世最后的通过仪式,这里的"仪式通常被界定为象征性的、表演性的、由文化传统所规定的一整套行为方式。它可以是神圣的,也可以是凡俗的活动,这类活动经常被功能性地解释为在特定群体或文化中沟通(人与人之间,人与神之间)、过渡(社会类别的、地域的、生命周期的)、强化秩序及整合社会的方式。"① 如藏族,不管是塔葬还是水葬,也不管是天葬还是土葬,在本质上都是在特定群体中通过沟通、过渡,来规约、整合、调适人际关系的社会方式,它所反映的都是人在现实生活中对于生存在实践行为中的追索,其美学意义就在于通过"美化"了的礼仪,审美地思考人类对于自身、现在、未来,以及关于幸福的审美憧憬。尽管肉体的生命在有限的时间里已经宣告结束了,但是人们却将更多的关于生命的企盼、礼赞寄托在丧葬的全过程,表达了人们对于生命的无比热爱,生命存在的意义被上升到崇高而神圣的地位,因之,丧葬几乎成了高原民族关于幸福的实现表达,不管以何种形式进行超度,也不管这些形式如何繁杂漫长,对于亡者的亲族——生者以及生者的社群来说,他们都怀抱着最美好的愿望,祈求亡者尽早超度,尽早安顿,尽早转世,而且能有一个比现实更好的归宿和结果,能在那里有个比现在更好的生存环

---

① 董海军、易勇:《成人仪式:从生活教育到政治教育》,载《思想战线》,2003 年第 6 期。

境，比现在更加舒适幸福的命运。正因为人们对于生死两者都怀有非常美好的愿望，抱有坚定的信念，当死亡临近时，藏族并不会过分地表现出悲伤绝望，相反倒是对于亡者哀而不伤，伤而不绝，自己对于死亡也表现出死而无悔，死而无怨，表现出异乎寻常的平静和肃穆。人们通过丧葬过程中的各种信仰仪式，使死者能够脱离对人世的眷恋，让"亡魂"轻松地超度（通过），走进中阴（过渡），完成转世过程（实现）。青海绝大多数民族都没有守灵招魂的观念和行为，即使是停尸守丧也不是在虚妄中尽力挽留魂魄，而是尽快将肉体与魂魄两厢安顿。

　　丧葬的所有文化意含和功能都要借由仪式方能实现。丧葬仪式是一种祈求性交流，是一种生命转折型仪式，而一切关于死亡的美学品格恰恰蕴含在这些仪式之中。丧葬就是依靠仪式以求得某种神祇、精神、权力或其他圣灵的通融、宽容与福祉的降临。人与动物不同，人有自身特定的表达情感和诉求的方式，丧葬仪式就是与人的情感相对应的。丧葬仪式中，人们请喇嘛、阿訇为亡者念经超度，是一种信仰方式，一种宗教行为，同时也体现了人对当下和未来的祝愿和期待。从青海地区丧葬行为的目的看，各族的丧葬仪式都表达了生命/灵魂从当前的状况脱离，进入另一种全新境界的仪式，它不是生命形式的终结，而是一种转折。如果说出生仪式是人生由孕育到诞生的一种重要的变化，是一种前往状态的仪式，而死亡仪式则是再孕育的仪式，既包含有脱离，又包含有前往。只有通过状况，到了呱呱坠地的诞生日，人才脱离了前一种状况，仪式之后，既有对亡者的社会认可和接纳，也有对生者的社会认可和接纳，是个体身份由一种形态进入到另一种形态的社会方式，同时也是对亡者生命力的一种肯定。

　　观照现实人生，丧葬文化的审美价值在于将生命的有限纳入到无限的生命追求和向往当中，在对于生命之"真"的把握上，建立起认知自我、认知生命的知识系统。生命的全部价值和意义

第七章 青海丧葬习俗与审美

也是通过丧葬仪式所传递的"美"的形式，引人向善，把"善"作为人生的终极关怀。其审美途径不是真善美的理念化过程，而是真善美的功利化过程：其一，能为生者树立正确的死亡观念，培育充满辩证思维的灵魂观念，使生者面对死亡能顺利进入生死同乐的优美境界。其二，能传授基本的道德观念和生活常识，仪式的过程就是对于生者的教育过程，使得生者对于现实的磨难能够泰然处之，在对亡者的缅怀中实施亲和人生、善待人生的教化。藏族、蒙古族、土族等民族在吸收佛教思想的基础上，形成了顺化而生、顺化而死的观念，死的结果是超越生死、超越贵贱的"天界"。在青海穆斯林那里，也有异源并流、殊路同归的价值指向。穆斯林的葬礼，无论亡者在世时是位高权重者，还是造诣颇深的阿訇学者，是普通教民，还是鳏寡孤独，是百岁长者，还是年少夭亡，均无贫富贵贱之分，一律平等。所有的亡者都是在阿訇的引导下，用水冲洗，白布缠身，举尸而葬。因此，在死亡来临时，没有去日无多的惶惑与恐慌，丧葬仪式上充满宗教氛围的程序、语言、行动，既扣动生者的心智窗棂，又使生者体验和感受到死亡的神圣，理解个人作为社会生命个体的存在价值和意义。其三，青海各族的丧葬民俗培育了和谐的自然社会观和自然道德观，体现了本土原生文化中由来已久的众生平等、生命相依的生命观。人们在高原多变的自然生物现象面前，在生死的截然对照中，发现了生物之间相互依存的规律，并把这种理解和接受建立在对于其他生物存在权利认可的基础之上，形成了相互尊重和关照的自然社会观，进而孕育了高原民族倡导自然人生的生存观念和自然道德观，并以与自然和谐、与自然一致为着眼点来考虑、设计丧葬形式。

二、生存意识下的多样统一的死亡观，是人们对于生存现实的生命体验，是生命审美的经验累积

作为社会民俗中最重要的环节之一，丧葬反映着人的社会属性、组织形式以及包含在这些内容中的价值观念，其中包含了人的社会分层关系、个人在社会谱系中的社会定位及不同价值评价。在这样的生命意识影响下，人们对于生命的理解、美的理解已经不再是个体对于生命的理解、认识和关怀，而是人的社会化呈现，最终成为人的社会美在崇高层面的反映。青海藏、土、蒙古族中的天葬、火葬、塔葬、水葬、土葬以及其他葬俗，都或多或少地有这种价值取向的历史烙印，其中塔葬反映了"神权"代替"王权"成为最高统治形式的历史，反映了政教合一制度中教权神圣和至高无上的实质。作为政教合一统治者的象征，活佛有权力将自己的肉体以永恒的方式遗留人间，让信徒们膜拜、瞻仰、供养、祭祀，更重要的是让信众始终感到神权的永恒，具有永远监管和掌控他们命运和前途的精神威慑作用。塔葬可以装饰华贵富丽，可以铺张奢靡，无论是肉身塔，还是灵骨塔，它都永恒地矗立于人世间，宣扬的是佛法无边，神权在上。推而广之，无论是藏传佛教文化系统，还是伊斯兰教文化系统，都试图通过丧葬说明的是政教合一统治形式的可续性、永恒性，特别是合法性，其价值取向不是在六道轮回之中，也不在现世罪孽之中，而是进入极乐世界、进入天堂。在死亡的面前，人人都是不能幸免的，人人都是平等的，人人都要经由神祇的护佑才能得以安顿和超脱。唯其如此，生命才能被赋予美的存在价值，生命才有了流光溢彩的华美，从而进入到壮美、崇高的境界。

多样化的丧葬文化也反映了平民的死亡观，天葬和伊斯兰教徒薄葬、速葬的价值取向表现的是平民的理想。藏传佛教文化系

第七章　青海丧葬习俗与审美

统不希图肉身的不朽，却企盼以身饲鹰带来的功德，能在六道轮回中进入"三善趣"中，还原生不带来死不带走、赤条条地来赤条条地去的原初和洁净。即使是那些身份低贱的鳏寡孤独，穷困潦倒的乞讨者，无所依凭的流浪者，还有被社会抛弃的恶性传染病人，那些无法成年的婴幼儿，他们或水葬、或土葬、或树葬，虽不能有正常状态下规模、形式的葬礼，甚至在仪式程序的繁简、丧葬制度等方面都表现了社会潜意识的等级偏见，但是，对于死后都希望能够尽快转世、有一个全新的归宿，即使是一个不幸夭亡的孩童，人们也希望从水中或者树上尽快托生，在现世里他们可能遭遇社会有意识的不尊重，把他们贬为下等贱民，给予了太多的歧视和冷遇，但对于他们灵魂的转世、重生却有着相同的道德诉求。生命的本来意义在死亡的面前凸显，人们重新还原到"至善"和"完善"的功利上，去追求崇高的来世或者天堂世界。

三、生命观照下充满辩证思维的灵魂观，是对生命永恒精神的深沉追求，反映了高原民族的生命审美价值取向

灵魂观是建立在人类对自身生命探讨基础上的重要认识和观念。青海各族对于生命的认识不仅源远流长，而且充满原生文化的辩证思维。以藏传佛教文化系统为例，青海藏民族在汲取佛教思想的基础上，又结合地方文化传统，形成了灵魂独立、灵魂不灭等多层面的灵魂观念，其丧葬礼仪也主要围绕着这一观念来展开。

首先，青海藏族的灵魂观是把人的魂魄作为独立而无形的物质来看待，辩证地认为人的身体是灵魂的载体，而灵魂又是通过肉体来表现和反映的，两者既相对独立又不可分割，是互依互存的统一体，血肉之躯可以消失，而灵魂却是永恒的。正是这种灵

魂观的驱动，使青海各民族少了陈腐的墓葬方式，退隐了虚妄的"招魂"意识，可以豁达开明、平和理智地抛弃躯体，以坦然的心态面对生死，以健康进取的精神探索灵魂的归宿，并且能够与灵魂共舞，虔诚地超度灵魂——送魂安魂。

其次，灵魂被认为是运动的、活跃的，是可以转换的。这种被当代人理解为近似荒谬的观念，实际上是高原各民族在严酷的生态条件下，能够坦然面对磨难和艰辛，顽强生活的信念之源。这种精神转化为巨大的物质力量时，生命在瞬间由狞厉之美转向崇高之美，由神性之美进入人性之美。就一个生命的个体而言，死亡是可怖的，人们将其想像成某种可怕的形象或者阴森的景象，常常无法正确面对，这时若有美的形式存在那就是狞厉之美。但是，当信仰里有了灵魂的存在，或者说灵魂成为信仰的一部分，那么这些顾虑不仅可以坦然释怀，而且引领人们进入到神圣的境界，这个时候，美的形态是崇高之美。当人们把生命的存在理解为是崇高的时候，便会由衷地感激他们自己创造出来的神祇，这个时候的美就又转化为生命的庄严之美。进一步地说，当人们通过对于灵魂的信仰直到认为生命是运动变化的，可以通过对信仰的坚守而转换的时候，人就又回到了新一轮的生命礼赞和向往当中，人性在对信仰的追求过程中更加完善，人性在对信仰的坚守过程中更加崇高。这种灵魂观念，还规范了高原民族的生命价值取向，潜移默化地培育了人们的利他意识。以佛家学说看，亡者的灵魂可以转向三善趣（天、非天、人），也可投入三恶趣（地狱、饿鬼、畜生），而进入何趣的最后决定权完全在于个人的自觉意识和行为积淀。在面对极乐世界和地狱苦海时，人必须采取强制性的道德选择和实践，采取劝人向善的规定性，通过善行善举塑造出纯净、高尚的灵魂，使灵魂得到好的安顿。在现世就是要求人们主动舍己、积极利人，不断地积累"善业"，不求现世报，唯求来世偿，使生者能够自觉抑制甚至牺牲自己的

第七章 青海丧葬习俗与审美

私欲，讲求奉献，积极地弥合人与自然之间的对峙关系，有力地缓解人与人之间、族群与族群之间可能的竞争关系，强化个体的社会属性，使个体与社会和谐而友善相处，稳定而有序地发展。同时，通过自身的自觉道德行为，求得灵魂的解脱和精神的净化。

四、和谐观照下的多元生活观，是从死亡出发，逆向观照现实生活的审美价值

死亡意识、灵魂意识和生存意识的交织互动，培育了青海各民族多元而和谐的生活观念。人们对于生活多了感恩的思想，少了索取的意识。所谓感恩，是指青海各民族在长期的生产实践和宗教意识的浸润中，对于自然、对于物质、对于人都充满了感激之情，在行动上都以克制、内敛的心态对待自己，以包容、热切的心态对待周遭环境和人事。感恩既是人类最美好的人道主义情感之一，也是青海各民族对于生死深切体悟和思考的结果，既是理性、文明的标志，也是创造和谐生活美的重要内容。

在人们的意识中，是大自然哺育了万物，也哺育了人类，正是大自然提供的阳光、河水、草木、空气，使人们能够生息繁衍。越是在严酷的地理环境中，人们对大自然的恩泽的感受就越深刻，从而形成了高原民族强烈而自觉的报恩意识、利他意识下的环境生存意识，并以各种禁忌习俗化地约束自我的行为，如不在泉水濯洗身躯、衣物、器皿和食物，禁止将任何污垢混入水源。感激自然、报恩自然、维护生态环境的良性循环，表现在丧葬方式的选择上，就是或用自己的肉体以水葬喂食鱼类，或以平坟浅葬避免对田土和路道的占用，不置棺椁而直接火化、喂食苍鹰等等，几乎都是一种尽力偿还行为。人们对于生命的存在意义理解得越是透彻，对于包括周遭其他生命形态的人文关怀也就越深刻，人们就会推己及物，自然而然地迸发出悲天悯人的人道关怀，在无限的苍茫中将自己自觉地置于与自然、社会平等的地位，而不是居高临下，人定胜天地看待彼此之间的关系，尽其所能地修好与自然、社会的关系，成为生命在现世首先要关注的问题，把握生命、怀抱自然的审美情趣和价值取向油然而生，自然、社会、人生成为一个完整的生命共同体，三位一体地和谐相处，审美地生存，诗意地栖居。

和谐多元的生活观念使青海各民族对于现实有着二元统一的认知，对于生命的现实演进产生了独特的阶段观念，少了现实功利，多了诗性天然，从而培育了人们完全释放而少受禁锢的想像力和创造力。少了几分回避、搁置死亡的意念和回避、搁置背后的盲目乐观、及时行乐，多了几分担当、果敢的生活理想，即使对于各种生活重压和寂灭的阴冷，仍然能够建立起积极的态度，不抛弃、不放弃，直面生存的重压、直面死亡的毁灭，用毅然决然的勇气升华生命的主体意志，避免因软弱怯懦、麻木不仁而造成的消极心态，体现出超乎常态的韧性和坚毅。生活态度决定了人的基本价值观和生活方式，若这态度是积极的生命体现，那么对生活的千灾百害、死亡的恐怖纠缠，人们就能坦然以对，泰然处之，生命的价值便能够得以升华，进入永恒。于是，自我存在的实现方式就进入了一个全新的领域，自我的存在于短暂的生命旅程就多了几分从容和宽厚，人的生命短暂便是可以逾越的、超脱的。那么，生命便是不灭的，生命之美就是崇高的。

青海各民族的死亡观念，实际上与海德格尔提出的"本真的向死存在"的理论是不谋而合的。所谓的本真的向死存在，不是对死亡这种属于自己内在规定可能的逃避，不是把这种可能性弄得晦暗不明或者掩盖起来，而是把死亡视为是在人生旅途中被不断揭示出来的可能性。不是在弥留之际，而是在人生不同阶段就建立起死亡意识，把死亡作为最本己的可能性来体验和认

第七章 青海丧葬习俗与审美

识,站在死亡的制高点上真正体悟世界和人生的本质,从而创造出真正本己的人生,重新发现生命价值和人生的意义。

值得注意的是,青海丧葬文化当中蕴含着自己所独有的文化内容和审美意蕴,具有显著的地方性和民族性,这一切又是青海各民族在空间向度的现实张力和时间向度的传统积淀中,逐步形成、发展和完善起来的属于民众的、民间的地方性知识,对于丧葬文化不能以文明与野蛮的进化观点,也不能以孰是孰非和孰优孰劣的两分观点来作为评判的标准和尺度,而需要我们摒弃文化上的偏执,以敬重的心态和平等的思维去看待。

第八章　青海饮食民俗与审美

青海各民族在自身的历史发展过程中不断追求和探索，创造出了独具特色的饮食文化，不仅美化了自己的饮食生活，也为中华民族饮食文化景观增添了异彩。通过对青海各民族饮食文化中美学蕴含的探寻，可以从中透视各民族不同层次的审美心态和审美价值取向，为我们认识青海民俗文化和审美特点提供了一个新的视角。

第一节　青海饮食民俗文化

古人讲"民以食为天"，文化人类学功能学派的代表马林诺夫斯基认为，"人类极其关心的是传种和营养"，这里所谓营养就是饮食，而饮食又是人类最重要、最基本的生存、生活内容。饮食民俗作为物质生活民俗的组成部分，包含着十分丰富的文化内涵。从食俗类型上看，饮食民俗包括日常食俗、节日食俗、祭祀食俗、待客食俗和特殊食俗；从文化类型上看，饮食民俗文化包括饮食生产、饮食生活、饮食事象、饮食思想和饮食惯制。

中国传统的饮食文化思想是建立在本味主张、饮食养生、食

第八章　青海饮食民俗与审美

医合一和孔孟食道①几个方面，实际上是道家养生思想和儒家乐生思想的统一。青海高原饮食文化与其有"大同"，但亦有"小异"，其根源十分深厚，其形成包含客观的物质生产资料基础和多重文化思想影响两大方面。相对而言，青海饮食民俗文化具有以下的几个特征。

一、食物原料获取的单一性

青海处在亚洲大陆的最高处，地域辽阔，山脉纵横，主要是高原大陆气候。自然资源主要是草地资源，十分适宜游牧生产，农区的面积相对较小，适宜农作物栽培的地区大多集中在河谷地带。野生植物主要为药用植物、纤维织物、淀粉植物等，而适于人类基本生活饮食的粮食、菜类、果类、香料植物较少，人类生存、生活面临的挑战较多。基于以上情况，青海地区的食物结构总体上较为单一，粮食作物主要是引种的小麦和青稞，肉食产品主要是牛羊肉和乳汁。因此，原产的、丰产的食物习俗比较易于从饮食文化的立场予以建立，诸如同是大乘佛教，内地和青海的信仰者对于荤腥的理解和接受就截然相反，内地的僧侣是严禁吃肉类、乳类食物的，也禁止使用各种刺激类调料，具体的禁忌颇多，而在青海，这些食物对于广大僧侣来说则是基本的食物来源，辛辣类的香料并无禁止。同时，社会心理以及与之相适应的文化形态也从不同的角度规约着人们的食物来源，诸如民间信仰、苯教信仰、佛教信仰等，从万物有灵、生命有魂和普度众生的观念文化中派生出的敬畏自然、护佑自然、回馈自然的生态文化思想，使得人们对于种植和放牧所得以外的、可供食用的动植物，基本上都保持生命无类、共生同处的心态，滥采滥伐、滥食

---

① 赵荣光：《中国饮食文化史》，第6~22页，上海人民出版社，2006年。

滥用的情形相对较少，这也是促成食物来源和饮食结构单一的原因之一。

二、饮食心理生成的丰富性

由于青海高原总体上食物来源较为狭窄，所以就从另外一个方面促成对于现有食物的深度和广度开发更为丰富。首先，这种丰富性主要表现在肴馔品种、加工工艺的多样性和多变性。青海地区的食物观念总体上没有对于食物本身的精细粗劣之分，也无以食物品种、粗细等作为区分人际关系的标准，最多只有食物数量所体现的经济实力的差别，而食不厌精，口福品味，享受人生等尚食层面上的意义都是一致的。人们对于食物的本来意义和家庭、族群意义更为看重，而对于更大的交际意义和社会意义并不刻意追求，特别是通过大宴宾客，以壮大个人或家族声势地位，追求食俗礼仪排场的需要也并不强烈。青海各民族以面为主食者居多，但食法各异，有擀面、软面、散面、炒面和烤面五大类几十个品种，各具风味。有些大众面食看似平常，但吃起来却味美可口。如"雀舌面"是撒拉等民族常吃的面食，撒拉语称"赛吉迪里阿西"。这是一种将面切成菱形棋子、形似麻雀舌尖、味美适口的汤面，费孝通先生曾在《撒拉族菜单》一文中对此大加赞美。"卜达"（汉族称搅团）是海东地区土族、汉族喜爱的食品，原本是陕甘宁一带的内地舶来物，属于豆面饮食。青海农区的土族、汉族根据当地的特产稍加改易，用当地产的青稞或豌豆磨成面，搅成糊状放在烧开的水中煮熟，其他烹制工艺如底汤、佐料与内地相同，加菜臊子或浆水做底汤，以蒜泥、芥末、辣椒作调味，酸辣适中，香气扑鼻，仅仅是原材料的不同，就已然与陕甘宁的搅团相去甚远，发生了变异，成为青海土乡独特的风味食品。

第八章 青海饮食民俗与审美

其次,这种丰富性表现在饮食民俗文化的丰富性上。费孝通先生在博士论文《江村经济》中描述了东部"中国农民的消费、生产、分配和交易等体系[①]",在研究到亲属关系的扩展时这样描述道,"(分家以后)各种社会义务还仍然把他们联系在一起。开始时,他们通常住在附近的房屋里,有时共用一个大的堂屋。他们互相帮助,在日常关系中比较亲密……他们之间相互帮助和日常交往的密切程度,视亲属关系的远近和居住地区的远近而已。分家后弟兄们如果住得较远,互相帮助的机会就减少,下一代的兄弟姐妹更是如此"。[②] 费先生强调的是在一个家族或者一个社区,人们的社会关系是依靠血缘的亲疏和居住地的远近来确定的,而且会一代代传承下去。在青海这种情形就完全不同,一把青盐、一包茶叶、一瓶酒——以饮食为中心的习俗惯制可以消弭一切实际距离所导致的人际疏离,而这并不是出于某种临时性的利益关系,更不带有任何贿赂的意味。相反,居住点的远近,血缘关系的亲疏,都不能描述他们的密切程度。人们的消费、生产、分配和交易,仍以家族、部落、社群的整体融洽关系来处理,人际间渴求交往的朴素愿望超越了空间带给人们的距离阻隔。其中,以饮食为核心的礼物及其礼俗是联接他们关系的重要纽带,并形成了十分丰富的饮食民俗文化。一个外来的人士可以到蒙古族、藏族敞开的敖包或牛牦帐篷里打尖,随意吃饭、喝茶、睡觉,走的时候只要放下一份食物(不是货币)作为礼物——哪怕这礼物是非常微不足道的,主人的内心也是充满快乐的。如果刚好能和主人一家同席共餐,在开锅的羊肉面前,一边吃一边聊,主人对客人带来的逸闻趣事等各种信息充满浓厚的兴趣,对他们来说将是一种神圣的赐予,而你如果在黄昏时分离

[①] 费孝通:《江村经济》,第8页,上海人民出版社,2006年。
[②] 费孝通:《江村经济》,第61页,上海人民出版社,2006年。

开,对他们来说则是莫大的耻辱,蒙古族谚语有云:天黑时留不住客人,就是主人的无能。距离可以用饮食来缩短,亲密可以用饮食来增进。

三、肴馔制作方式运用的灵活性

总体上讲,青海地区物产不太丰富,食品结构也较为单一,但与我国饮食文化的整体风貌是相协调的。饮食的压力使得青海各族对于现有饮食材料在制作上狠下功夫,以致饮食制作方法十分灵活,饮食的品种随之花样翻新。在青海地区,人们对妇女的"茶饭"(即厨艺)看得很重,认为一个好媳妇的前提条件就是做得一手好茶饭。因此,在传统观念的影响下,几乎每一个妇女都是一位高明的烹饪师。

俗话说:巧妇难为无米之炊。但青海地区的人们对于食物短缺有着一套自己的认识方式,对"鼎中之变,适者口珍"有着别样的理解,单一的食材待到成为上餐桌的食品时,改易和创造总是随处可见,变化总是出人意料,美不胜收。人们总能以更加灵活多变的肴馔制作来弥补食物短缺的遗憾,形成了许多更具灵活性的饮食传统。青海地区不出产茶叶,但饮茶是青海地区人们饮食生活中的头等大事,喝茶的口味也有别于我国其他地区。青海地区的饮茶习俗源于隋唐时期,至今仍然保留着唐人吃茶的习惯:大块的茯茶先是被揉碎放在铁锅或茶壶当中,放上金芥、草果、生姜、红枣和青盐等,用沸水煮开,讲究的是一个"酽"字,追求的是一个"醇"字,味道厚重,解乏生津,提神醒脑,更有助于消化肉类食品中的脂肪。这种茶饮对于没有喝过的人来说,有时可能会导致"醉茶",但这几乎是汉族、回族、藏族、蒙古族、土族等家庭里通用的、基本的调制方法,人们称之为熬茶。早饭或者晚饭时,还在上述做法和程序之后,加入牛奶,便

第八章 青海饮食民俗与审美

成了奶茶。到了藏族、蒙古族牧民家中，熬茶中又加上了酥油、核桃仁、人参果等，熬茶又成了酥油茶。熬茶还是调制炒面、糌粑的最佳汤料。喝一口熬茶，吃一块糌粑，能使人一天神清气爽，不知饥渴。同是饮茶的人们，断难想像就这么一道茶饮，竟能有如此多的变化。

青海饮食的灵活性还表现在善于借鉴和吸收其他地域的饮食制作方法上，敢于主动地改易舶来的饮食传统和习惯，人为我用，化异为己，丰富自己的饮食内涵，扩大自己的饮食范畴。近些年来，内地饮食中的川菜、粤菜、鲁菜以及两湖、江浙风味，甚至外来的肯德基、德克士、西餐都能在青海地区大行其道，青海各族食不厌精、食不厌味的生活品位，追求善美的饮食品位几乎无所不用其极。灵活性当中表现的是极大的包容性，这在内地或其他地方是不多见的。

四、历时区域饮食惯制沿袭的传承性

我们认为，一个民族抑或一个家庭，最持久、最基本的文化传承是饮食。生活在青海高原的藏族历史上以游牧生活为主，从而形成了他们以肉类和乳类为主的饮食习惯，藏族牧民食肉无烧、烤、煎、炸、炒之类的烹饪习惯，通常是将带骨的大块羊肉放入锅中，用旺火开几滚就捞出来供食。这种白煮的开锅肉虽肉中见血，但吃起来鲜嫩而不腻人。血肠是用洗干净的羊肠灌进鲜牛羊血，入锅将血水煮到凝固状态时便出锅，其味鲜美、营养丰富，是藏区具有草原风味的古老珍馐。

青海农区各族在面食上除了吃面条、馒头、烤饼、包子等主食以外，还有一种特有的面食叫锟锅，其做法是将发好的面团，放入直径一拃余宽的圆形生铁扁锅里，扣上口径一样大的生铁盖，填埋到事先煨透的麦秸里烘烤。烤制好的锟锅外表金黄、瓤

223

子酥软,是下地劳动、外出旅行的方便食品,也是居家待客的面食佳品。据我们推测,这种食品的来源大概有两种可能,一种来源是远古饮食的孑遗,我们在春秋时代的青铜器皿中见到过与之类似的炊具,只是形制较青海的锟锅高大一些,其他地方也没有相似的炊具器形和做法,唯一遗憾的是典籍中至今还没有发现对应的烹饪记载;另一种可能是屯田移民的发明,炊具的形制非常接近明代军人的两个头盔相扣的样子,我们猜想锟锅很有可能就是这些军屯移民,因长期野外生活的临时发明,是一种适宜野外生活的方便干粮。古往今来,我国各地都有一些便于出行的干粮,如陕西的棋子豆、锅巴,山东的石头饼,藏族的炒面、牛肉干、风干肉,塔吉克族、哈萨克族的馕子,而锟锅很有可能最初就是汉族军屯士兵的一种方便食品,一种便于携带储藏的干粮,功能类似今天的压缩饼干,但口味要远比压缩饼干香甜。出于以上原因,这种古老、传之甚远的食俗很快就为汉族以外的人们所接受,成为这个地区最好的干粮类食品。

青海小吃烤羊肉讲究用料和掌握火候,烤好的羊肉串焦黄油亮,具有肉嫩油鲜、辛香四溢、肥瘦相间和不膻不腻、鲜脆可口的特点。烤羊肉串是在烤肉的基础上发展起来的,据《突厥语大辞典》记载,在10世纪前生活在新疆以及中亚其他地区的突厥语民族中就普遍流行着吃烤羊肉的习惯。1972年我国考古学家在甘肃嘉峪关发现的魏晋时期的古墓中,就有不少烤肉串的庖厨图像。可见,我国古代北方地区很早就有吃烤肉串的习俗,可能是当时"胡食"的一种。

青海特有的食品"麦仁粥"(简称"麦仁"),是将小麦舂去皮,然后像煮稀饭那样熬制而成的一种食品,是土族、汉族过腊八节必备的"糊涂饭",由于别有风味,后来逐渐成为甘青回族、华热藏族都喜欢的饮食。据笔者的考释,它传承到青海最初应当是土族用于"冰祭"仪式的一部分。土族家庭在每年农历

第八章 青海饮食民俗与审美

腊八节的前后,由男子于清晨时分在封冻的河里凿挖冰块,拿到宅院中将冰块砸开,分别献于堂屋(敬献财神)、院落(敬献佛爷)、田地(敬献土地)、肥堆(敬献肥神),并根据冰块中的气泡大小、疏密来确定来年何种庄稼会丰收,如气泡大而圆则预示着豆类丰收,气泡细小致密则认为小麦会丰收,之后将剩余的冰与小麦混合放入口袋里杵捣,去掉麦皮,由主妇们熬制"麦仁粥",献于各处,并与家人分享,认为"吃了麦仁粥,一年不糊涂"。这种饮食习俗的制作时间和方法,与《诗经·豳风·七月》中"二之日凿冰冲冲,三之日纳于凌阴,四之日起蚤(通"早",笔者注),献羔祭韭(通"酒",笔者注)"的记载如出一辙,与屈原在《招魂》里的"挫糟冻饮,酎清凉些"记载也十分相似,其历史至少可以追溯到春秋时代,《左传·昭公四年》、《礼记·月令》都有关于"藏冰"、"祭冰"的详细记载。这种古老的"冰祭"仪式在青海传承下来,后来发展成为一种食俗[①]。

由此可见,在漫长的历史岁月当中,青海各民族以自己独有的方式,历时性地将本土的、内地的、域外的饮食习惯比较好地继承下来,形成了适合本土生态文化特点的具有自己材质特色、口味风格、烹制工艺等内容特点的民俗饮食文化传统。

五、共时区域饮食习俗传播的通融性

青海高原各民族的形成是一个十分复杂的历史过程。由于长期生活在一个相对一致的地域环境中,饮食文化传统也必然自觉或不自觉地会互通有无,相互濡染,彼此借鉴,使得饮食习惯以

---

① 李朝:《"冰祭"习俗及土族来源的文化考释》,见《西部文化与文学艺术》,第130~141页,青海人民出版社,2004年。

及饮食文化发生通融，整体趋同是一个十分显著的文化特征。

　　青海各民族都非常喜欢吃的"尕面片"，根据笔者考证，应当是早期来到黄河上源的内地汉族发明的面食。屯田戍边军士远离故土，远离亲人，一切生活都要靠自己打理，这些男子们只能按照军旅造饭的方式，在通风的地方支起三块太平石，架上大锅，在很小的操作台上将面和好，但是在野外，和好的面容易干皴失去筋力，于是只好简单地炒一点肉，将面团切成一条条的分给众人，用手扭好抻长，一片一片地揪在锅中，简单地加入不用煎炒的菜叶、萝卜，便做好了一顿饭。做尕面片的最大的特点就是随时随地可以埋锅造饭，易于集体参与加工，不受场地、加工环境影响，无需太多的烹饪技术，节省时间，十分符合军旅紧张节奏的要求。这种方便饮食，很容易被人们所接受，使之成为整个地区超越民族的共同饮食传统。

　　类似的情形还有很多。由于生活在同一生态环境当中，人们的生产方式相近，也形成了许多相通的饮食习惯。牛羊肉是青海地区的主要食物来源，青海地区放养的主要是改良过的绵羊，素有"吃的是冬虫夏草，喝的是天然矿泉水"之说。羊肉耐嚼，味道甘美，既没有内地家养绵羊的肉质松散、味道杂乱的感觉，也不似内蒙古、新疆一带的羊肉有浓重的膻气。人们烹制羊肉的方法都是用凉水上锅，将大块羊肉同时下锅，开锅后将血沫撇干净，只放青盐这一种调料，以尽量保持羊肉的原味。待羊肉上盘以后，手抓刀削，辅以当年产的新蒜就食，或辅以花椒、生姜、辣椒、青盐等调制的浆料蘸食，味道鲜美。这种手抓肉最初是来自牧民的饮食习惯，后来逐渐成为青海各民族的共同喜爱的食品。

第二节　青海饮食文化的审美

青海各族饮食习俗经过长期的历史发展过程，在满足人们生存需要的功能性基础上逐步具有了更多的美学意蕴，其中有蕴含在食香食味中的自然情趣，食形食色中的审美意蕴，饮食礼俗中的和谐之美，传统饮食中的象征美韵。青海各族饮食美学所追求的并非只是口欲之福，而往往是人们在美享、美用的饮食美感之后，扩大到精神性的心觉、心境的美的感悟和享受，因而已升华到了超越生存的生命哲学的审美境界，成为青海民族审美意识的特殊载体。

一、追求饮食的美味是生命意识的现实映照

食物是神圣的。在一个环境艰苦、空气稀薄、物产匮乏的自然环境生活的人们，对待食物的态度总是严肃的。在这样的环境当中，人们几乎每天都处在生存的现实压力之下，尤其物产匮乏，食物获取不易赋予人们的生存危机感，使得生活几乎每时每刻都充满了挑战，难免使人们对于仅有的食物充满了感恩一般的神圣感。在这个前提下，青海地区各族对于食物的态度具体表现为：一是追求本真而简朴的本味调合（即不主张辛辣、刺激的口味），二是追求饕餮而狞厉的仪式参与。

首先，注重无味调和与生命本真和谐。味是食物的灵魂，也是人性的折射。不同的经济生活方式形成了各个民族不同的饮食风味特性。古代圣哲先贤认为"鼎中之味，适口者珍"。这里的"适"应当从这样几个方面去理解：青海各民族各具特色的美味

饮食，是生活在这个区域的各族民众对自然生态环境和物质生产成果的文化性适应，追求美食的生活经验的结晶，是生命个体对于严峻的气候、残酷的环境、匮乏的出产达成妥协性契约关系的结果。各民族对于饮食的原料选择、食用品位、口味偏好是根据自己所理解的生活法则确定的。追求饮食的美味体现着一种独特的美性饮食观念，也是青海各民族饮食文化普遍表现出的一种审美价值取向。

　　青海各民族追求饮食美味的一个重要方面，表现在对于食物的处理和食用保持着原生地饮食方式——化解腥臊，维持原味的烹制原则。青海许多民族除面食外，多以牛、羊、马肉和奶制品为主，饮食习俗带有突出的牧区特点，如哈萨克族喜欢吃的食物"金特"，是用奶油混合幼畜的肉装进马肠里蒸熟后制成；回族食品肥肠又称"筷子肉"，是将洗净的新鲜羊肝、心、肺、肚子等切碎后拌入姜、花椒、盐和葱末等，掺面粉拌匀作馅，灌入洗净的羊肠煮熟，食用时再拌以各种佐料，使饮食原料和佐料的气味相互渗透，巧妙地将各种调料和谐地用于烹饪，达到美味的至境。这的确是青海民族的一门饮食艺术，其调和之美体现了中国烹饪艺术的精要之处，反映了独特的美性饮食观念。

　　其次，注重饮食仪式的饕餮狞厉。这主要表现在对于食物的处理和食用保持着浓郁的仪式特色——块大盘满，维持数量的吃饱原则。青海地区无论哪个民族都习惯于"大块吃肉，大碗喝酒"的饮食传统，这并不是我们从表面上理解的那样，认为青藏民族具有豪侠之气，有古道热肠，或者追求排场，这是这个地区总体上食物短缺造成的。食物的短缺促成饮食的仪式色彩浓厚，形成了以饱为主的饮食原则。青海各族的家庭里都有这样一个风俗，无论年节祭祀还是日常家居，凡有亲朋来访，家庭主妇都会为你奉上满满一盘的馒头、包子，抑或锟锅、花卷，冲上一壶浓浓的熬茶，男主人则要先将一块馒头给你掰开，送到你的手

第八章 青海饮食民俗与审美

上,在与你亲切攀谈的时候还会一而再、再而三地劝食。但这不是正餐,不一会儿,主妇便炒出一盘又一盘的热菜奉上,然后是一轮又一轮的面片、饺子、包子——即使这些是主人家仅剩的一些食物,他们都会悉数做给你吃,对于一个不知内情的外来者来说,稍不注意,这一天都会在餐桌上度过,那一道道的饭菜让你应接不暇。在饮食习俗上各族家庭的待客都充满了仪式色彩,哪怕是有矛盾的一方都要先让食客吃饱。

这种意识还表现在人们对于以食物为主的礼仪态度上。青海地区的各民族在日常、节日、宗教等交往活动中,十分注意礼物的赠与和回馈。若有客来访,必然携带以食品为主的礼物,可以是一包茶叶、一瓶青稞酒、一条哈达、一只羊腿、一包自制的月饼或锟锅,数量、内容根据各民族的具体风俗而定。一般来说,所有的家庭都会把茶叶作为首选,汉族只要凑够双份即可,两样四样皆可;藏族则不拘数量,如果是三样当然更好(分别代表神、佛、人),但是决不能少了哈达;回族、撒拉族等穆斯林送礼除了宗教禁忌的烟酒外,数量、内容并无具体要求。客人要离去的时候,一定不能让送礼的包袱空着,一定要装上自家生产的果品、锟锅、酸菜、蕨麻等食物,有时干脆就是装上数量不等的粮食、清油作为回赠,其中就饱含着浓郁的礼仪色彩。

二、追求饮食的美色是热爱生活的艺术化的表现

青海各族饮食不仅追求美味,也追求美观,十分重视食品的色彩和形状。如果说饮食的美味还偏重于生理审美的层次,那么饮食的形与色可以说已经到了艺术审美的层次,即已超越了它维持生存本能,而升华到满足人的精神需求的境地,表现出更加丰富的美学品味。

许多饮食正是通过独特的形色体现了各民族的审美情趣。藏

语称"星"或"图"的食品，是牧区藏族的常见糕点。它是在研磨细致的曲拉中掺入红糖或白糖、核桃仁、葡萄干、熟蕨麻等，用酥油汁（藏语称"马日科"）混合拌匀倒入大小不等的碗、盆器皿当中，在上面点缀鲜红的大枣，使其冷却凝固制成的。在人们的视觉感受中，乳黄色的糕面上核桃仁、葡萄粒恰似即将隐去的晨星，若隐若现，闪闪发光的大枣犹如镶嵌在银面上的红宝石，又像刚刚露出地平线的太阳，给人赏心悦目的美感。这种食品不仅吃起来美味可口，生津润喉，观赏时也美丽诱人，给人以生活的希望，是兼具食用价值和观赏价值的风味食品。

每个民族在源远流长的岁月里，都有对美好事物的渴望和追求，其间的差别仅仅是追求与表现的方式不尽相同。回族就常常把自己对美的认识和向往，淋漓尽致地表现在各种手工面食的制作上。"花花"是回族的传统食品，制作时将调和好的各色面团分别揉制好，摊叠在一起收紧，搓成面棍，从横切面分成片，再捏成花、鸟、鱼、虫、兽等惟妙惟肖的图形，或者捏成各种美观怡人的几何图案，一一摆好，下锅煎炸，食来酥脆爽口。他们还用红、黄、绿三种可食色料揉成色面，细心地捏成"菊花"、"牡丹"、"佛手"、"仙桃"等，色泽鲜艳，形象生动；有的用青红丝在食品间巧妙地勾勒花卉、果树、垂柳，色泽艳丽，条纹清晰，令人爱不释手，不忍进食。

这种食俗是内地回族借鉴陕西关中汉族饮食"花馍"，后由经商仕宦的回族带入青海的。回族的"花馍"上面塑有小兔、雄鸡、小狗、佛手、苹果、石榴、桃梨以及一些花卉，再辅以各色染绘的图案，其形象形神兼备，色彩耀眼夺目，表现了回族多彩的审美追求和高超的造型技艺，流露出回族人民内心深处所蕴藉的热爱自然、热爱生活的审美情趣。与之相媲美的还有土族月饼。土族月饼是将揉好的面擀开摊平，放上蜂蜜、核桃仁、姜黄、香豆粉、青油，层层叠叠地卷起来，外面再包一层表皮，在

第八章 青海饮食民俗与审美

表皮上盘绕两条面制游龙，以花椒粒点成双眼，再用梳篦挑起的鳞片突兀有致，在剩余的空间贴上各种精美的花卉图样，之后上笼蒸制，从而构成了一件完美绝伦的艺术品，审美价值极高。

青海各民族饮食的形色之美不仅要求制作者具有高超的食艺，而且还要有精湛的艺术头脑、丰富的艺术想象、精巧的艺术创造，才能达到"观之者动容，味之者无极"的境界。饮食的形色之美融入了各民族的美好情感和审美追求，因而这些饮食不仅使人赏心悦目、精神愉快、增加食欲，而且具有了潜移默化的审美教育作用，使人产生美的联想，激励人们在相对艰苦的环境中更加热爱生活，饮食已然升华到一种精神满足、心理愉悦的艺术美境界。

三、追求饮食的美伦是人际关系的和谐呈现

通过饮食的礼俗追求一种和谐之美，是青海各民族饮食文化的又一个特点。饮食的礼俗注重个体的修养，强调人们在美食享受时平和心境、协调自身、愉悦精神、净化心灵，以保持生理和心理上的平衡。饮茶是青海各民族待客食谱中的头道饮品，不同民族的茶道各具特色。回族茶俗中的盖碗茶是最富有特色的一种，青海俗谚有"回回三件宝，白帽汤瓶盖碗茶"之说，可见其重要程度。回族盖碗茶配制时讲究"料足水沸"，饮用时讲求"清稳静洁"，其程序是用花茶、桂圆、红枣、枸杞、葡萄干、核桃仁、冰糖、"牡丹花"（即刚刚沸腾起浪的开水）作为主料，名曰"八宝盖碗"，是借鉴从前官绅富豪饮茶的习惯，稍加地方化改易形成的独有茶饮习俗。饮用之时，须坐姿四平八稳，情绪需心安理得，轻、稳、静、洁四大原则贯穿于整个茶事活动，冲茶、刮茶、喝茶、品茶各个环节均须到位，即沏茶要落点准，恰到好处，似蜻蜓点水，不浅不溢，不漫不流；饮茶的环境清幽宽

敞，窗明几净，悄无声息，饮水、茶具、案几等干净如新，一尘不染；饮者须正襟危坐，左手托举茶托，右手轻推盅盖，缓缓捻刮茶末，抿一口润嗓，再抿一口品味，复抿之入肺怡情。此时的茶已经不再是单纯意义上的解渴之需，而是在细细品味生活，品味生活所赐予的宁静祥和，品味宁静祥和给人的无尽妙趣，茶体现的是心情之美、茶德之功、养性之效，是陶情养性的清真之美。受佛教文化和苯教文化双重影响的藏族饮茶之时则追求"敬、逸、和、静、怡"，茶奉神灵，茶敬宾客，饮茶不羁，口咂舌尝，自由舒畅，以茶调食，和合为美，正所谓以茶"调食为和，宁馨为静，寓乐为怡"，茶饮在保健养生的基础上，调节身心，平和心态，带来的是快意舒畅的美感，是修身养性的审美享受。饮食的礼俗内在功能在注重个体的养生、冶性、怡情，追求自身内心世界的丰富和谐外，还要求以恭敬之心待人，与他人和谐相处，促进社群协调，因而饮食的外在功能往往表现为相互敦睦情感、整合与稳定人际关系上。

　　青海各民族无论是婚丧嫁娶、生儿育女、乔迁新居以及节日盛典，还是平日招待亲朋都与饮食直接发生关系，人们用饮食表达最真挚的情感，使饮食成为社交场合的"融情物"，人们融洽感情的良方。在饮食活动的就位、劝食、程序等方面，各民族均讲究长幼有序，尊卑有位，主客分明，体现出一种和谐的人伦关系和尊老爱幼、热情好客的美德，无形中使得个人感情、人际关系和社会群体整合凝聚。在撒拉、土、回等民族的宴席上，当大家团团围坐，共享一席美餐之时，美味佳肴放在一桌的中心，食物既是人们欣赏、品尝的对象，又是人们交流感情的媒介，人们相互让茶、劝食，相互攀谈，载歌载舞，在合欢中体现着人与人之间的尊重之美、礼让之美，实现了集体情感的交流，调和了人际关系，族群、社群更趋和谐，伦常更为有序。

　　酒是青海许多民族礼尚往来、宾朋聚会中沟通关系、娱情和

第八章 青海饮食民俗与审美

事的催化剂,大有"无酒不成礼,无酒不成交"的风气。宾朋来访、离开均需行酬酢之礼,少不了以酒为媒的饮食礼俗作为主要内容。当客人访问土族人家,主人一定在客人下车伊始,先敬上"下马三杯酒",进入宅院之前,又在门口奉上"临门三杯酒",客人上炕落座,还要献上"吉祥如意三杯酒",席间又要奉上"宾客相欢三杯酒",主敬三巡,客让三巡,宾主尽兴,不时还有家中媳妇以酒曲相敬相劝,客人即将告辞离别还要再敬上"上马三杯酒",不胜酒力者,恐怕要被这一轮又一轮的盛情敬酒醉倒了。青海地区的共同乡俗是"客人不醉,主人失敬",一杯杯美酒映照的是土族一颗至纯至美的心灵。对于藏族来说,酒是人们结识、交往的纽带,是人们表示诚意、会盟结约的信物,还是人们沟通心灵的桥梁。即使人们在日常生活中发生摩擦口角,甚或打架斗殴,调节的一方也是以酒待客,讲茶说酒,理论是非,按照乡规俗约,理亏的一方必须"牵羊搭红,提酒上门",一杯美酒下肚,一顿美餐过后,前嫌尽释。此时酒已是化解仇雠、敦睦关系的妙药,饮食文化的智慧信仰与礼乐文明的规约人伦相结合,创造了一种和谐美伦的人际状态,是青海地区各族人民追求中华和谐之美传统的具体实践。

  提食馈赠也是青海各民族的传统习俗。穆斯林在自己的节日里,走亲访友,互致祝福,但不会像汉族那样鞭炮齐鸣,锣鼓喧天,载歌载舞,图的是一阵热闹喧嚣,他们更追求温馨静谧的祥和之美,在宰牲节,无论贫富,不论多少,一家之内,诸家之间,要么以兄弟之情相约,以亲戚之谊相契,均要在礼拜之后合宰一头牛,亲戚邻居之间,都要把自己家中精心准备的各色食品敬献给长辈和亲朋品尝。是日只见得街巷之间,着新装的妇女手捧盖着新纱的肉盘,东出西进,往来不绝;只闻得门楣之下,带白帽的男子以安拉的名义互致问候,彬彬有礼,整个村落的上空,弥漫着开锅新肉的鲜香,久久不散的和睦,洋溢着浓浓的人情之美。

四、追求饮食所蕴含的美意是生活理想的美好象征

饮食之美还表现在特定食物和饮食行为所寄托的民俗象征意蕴。青海海西蒙古族的婚俗一直保留着原始宗教的"萨满"遗风,婚姻的约定必然要以太阳所代表的苍天作为见证,而食物献祭则是必备的程序性情节。婚礼这天,男方一定要送女方一只宰好的整羊,贡献在案几之上,以示婚姻的完整、美满,象征着吉祥、幸福。婚礼之上,两位新人要面向太阳跪在一张用青稞摆成吉祥图案的大红毯子上盟誓,象征以苍天为证,二人共持一根羊腿,表示打断骨头连着筋,表达共守爱情誓约,婚姻永恒,忠贞不渝的决心。回族婚礼受汉文化的影响深厚,婚俗当中加入了下聘、纳礼等程序性情节,同时还赋予食物以特定的象征意义,甚至还沿用了汉族的谐音民俗事象讨得口彩。一个小伙子向女方求婚时若得到对方的同意,男方就必须向女方送"开口礼",即下聘礼、认亲,众多的礼品中一定要预备两包圆形的红糖,象征婚姻圆满、甜蜜。其中也不乏鱼米、年糕等礼物,表示男方家里连年有余(鱼),步步高(糕)升,有肉有粮,不愁吃穿,暗示女方到了男方家里不会受到委屈;茶叶也是必不可少的,它预示着双方对此桩婚姻十分赞赏,对亲事坚定不移,借助的是"茶不移木,植必生根"的生态特性,取誓不移志、从一不悔之意,象征男方对新娘的婚约永不变心,白头偕老;红枣取早(枣)生儿女之意;芝麻预祝双方糟糠不弃、相亲相爱,创造一个美满幸福的家庭;订婚宴上的全羊则象征两家人和睦团结。众多的婚礼食俗都有一个共同的审美心理价值取向,即对幸福美满婚姻的企盼和祝福。

节日习俗中,食俗的象征意义更为突出。青海地区的藏族、

第八章 青海饮食民俗与审美

汉族、土族、蒙古族等，都有互赠茶叶等礼品的习俗。春节期间，蒙古包里熬茶时水蒸气向上蒸发，表达了对客人的祝福，客人离开时回敬一份茶叶，象征带喜回家，有祝愿一年人丁兴旺之意。藏族敬客人时，会把羊尾巴送给他们最敬重的人，与汉族所谓末尾之意毫无关系，而是因为羊尾巴吃起来尽管羊油肥厚，但食而不腻，被认为是羊肉中最好吃的部位，因此特意拿来敬客，尤其要送给那些年长者。蒙古族、藏族也像汉族那样蒸包子煮饺子，但是蒙古族要特意包几个藏着钱、奶豆腐、糖、青盐和柏叶的包子或饺子，其中各有象征寓意，钱意味着富有，奶豆腐预示着丰收，柏叶象征长命百岁，青盐表示才华出众，红糖则为生活甜蜜。藏族把包子称作"阿卡包子"，一个家庭把家中最好的食物之一包子献给佛爷，认为这是佛爷最爱吃的。藏族有一种美食叫"桂丹"，它是用文火煎煮放了红糖、奶渣、人参果和糌粑的低度青稞酒制成，它不仅是一道香甜可口的节日食品，还是一种充满祝福的礼物，各种食料各有寓意，红糖象征着甜甜蜜蜜，奶渣象征着风调雨顺，农牧丰收，人参果象征来年好运。除夕晚上，家家户户都要煮"桂丹"，初一上午主妇们很早就会将煮好的"桂丹"送到每个家庭成员的身边，用煮好的"桂丹"向家人送去第一个美好祝愿。

受宗教传统的影响，青海各族的食俗也带有浓重的宗教色彩，使得饮食文化的审美意蕴更加丰富、复杂。青海安多藏族和华热藏族在每年的八月十五都要做一种大大的月饼敬献佛爷，这种吸收了汉族农耕文化的食俗，在制作上构思巧妙、花样繁多，与汉族不同的是，他们将一个用掺合了香豆、红曲等调料的千层面做成一个大月饼，外观上还要增加宝塔图案，用十八朵面花合围，寓意"十八朵莲花庆三宝"。有的则用榔头型的"卐"字相连，环环相扣，以十个为一组，周围还要再做上十个头呈灵芝曲柄的如意，取"扎西德勒"中佛家所言十万如意之意，佛教意味十分浓厚，表达了人们对于神佛的敬仰，以及渴求神佛护佑、向往幸福生活的审美理想。

食物献祭最为隆重的恐怕要数塔尔寺闻名中外的酥油花。关于这种习俗的来历民间有很多，我们试举一二：某日佛祖释迦牟尼梦见天花飞舞，万紫千红。青海地区信众每年于正月佛祖怀梦之日，在各寺以酥油花再现佛祖梦境，成定制而传之，以塔尔寺为最；另一传说，文成公主入藏带去释迦牟尼十二岁时等身佛像供于大昭寺，吐蕃人民为感念其送佛入藏，在佛前供奉鲜花、净水、涂香、熏香、明灯、青稞，以示佛家所言"六度"，即布施、持戒、忍辱、精进、禅定、智慧。时值冬季六供之一的鲜花难以觅求，于是有聪明人将酥油捻塑成花以替换；又云藏传佛教格鲁派大师，曾在祈愿大法会前梦见佛国遍地荆棘化为明灯，杂草化为鲜花，世间万物化为奇珍异宝，光彩照人，富丽辉煌，人们为还宗喀巴大师之夙愿，于每年正月十五布展酥油花，再现大师梦境。

我们认为，酥油花最初应是苯教信仰仪式中食祭的一种类型。原始宗教的祭祀仪式中，敬献之法非常多，通常有水祭、燎祭（亦称火祭）、食祭、人祭、牲祭等，是沟通神灵的主要媒介，也是原始巫术时期的主要祭祀内容和方法。藏族僧俗的酥油花展演活动中的展演时间、受众、地区分布以及托梦传说等都能看到古老食俗的踪迹和线索。藏传佛教进入藏区后，这种古老仪式的内容已经片断化、情节化，淡化成为佛教祭典中的程序性情节，而酥油花则是宗教世俗化的一种表现。换言之，就是俗民信众为表达敬意而将食品贡献给佛祖，寺庙将其吸收，用佛教造像的法则将其规范化、神圣化，成为我们看到的宗教盛事。

第九章 青海服饰民俗与审美

　　服饰，是各个民族都离不开的社会和文化生活内容之一，位列"衣食住行"之首。服饰又是一个民族最富有标识和徽记意义的文化符号，是民族文化和民俗文化中最直观而富有美感、最绚烂多姿的事象。服饰随着一个民族的成长而发展，从物质文化层面看，受生存环境、气候条件、物产出土、生产方式、经济条件和文化交流等因素的制约和影响，呈现出鲜明的民族和地域特征，类型和款式十分丰富；从精神文化层面看，是悠久而丰厚的族群质素、民族心理、审美情趣、文化传承积淀下来的综合性文化载体，展现出深厚的民族精神和浓郁的民族风情，义化和审美的意蕴十分丰富。

第一节 青海各族服饰类型举凡

　　服饰既是一种民俗事象，又是审美文化的特殊载体，服饰之美便是生活之美的实在反映，服饰是各民族最显著的标志。历史上，由于青海各民族的生活环境和族群来源各有不同，因此即便是同一个民族的服饰也在细节上存在一定的差异。这些具有原生态性质的活态文化，保持着自己纯正的质地和良好的文化品格，丰富了中国作为"衣冠之国"服饰文化的内涵。研究青海地区的服饰类型对于我们进一步厘清各个族群在民族认同和文化认同上的差异，寻找蕴含在服饰文化中的文化特质，检视各个民族的审美心理和审美取向，认识青海文化的博大与厚重具有十分积极的意义。

一、藏族服饰文化

藏族是辽阔的青藏高原上最早的土著民之一，不同的地理环境，不同的区域文化，不同的族群关系，其服饰习俗也存在十分鲜明的性格，折射出迥异的文化特点。传统藏族的服装，从地域看，可分为农区和牧区类型，这是藏族服饰总体差异上的基本类型；按生活方式，可区别为农村与城镇类型；从身份讲，可分为平民、僧人、达官贵人等类型；从地区分布上看，在青海有安多类型、康巴类型、华热类型和海西类型。藏族服饰品种主要有：

（一）藏袍

藏语称"曲巴"。藏袍虽有地区差异，但其共同的基本特征为：一是款式多样，类型以肥大长阔为主，具体表现为大襟、右衽、宽腰、长袖、超长、无扣等特点，通常由长袖高领衬衣、宽腰粗布衬裤、长袖皮袍（或布袍、无袖袍）、长短坎肩、腰带、帽靴等组成；二是保暖实用、一衣多用，适于高原游牧生活的需要；三是富于装饰，款式典雅古朴；四是形制传统固定，大量地保留了藏族古典服装的风貌。一般牧区以皮袍为主，农区和半农半牧区以氆氇袍为主。

1. 牧区皮袍

牧区的皮袍肥大，袍袖宽敞，臂膀伸缩自如，冬天或者天气寒冷时，两只袖子都要穿上，扎上红色或黑色、绿色的腰带，睡

第九章 青海服饰民俗与审美

觉时可以将藏袍解开，作为被褥铺一半盖一半，和衣而睡，适于放牧的游走生活。白天可以方便地脱去一袖或二袖，袖子束在腰间，以调节体温，同时也显出牧民豪放的性格和豁达的风度。皮袍穿时提起下部，腰带一束，怀里和腰间成了一个大行囊，里面可装不少随身用品。在传统的穿戴方式上，不论是农区还是牧区，人们在腰间的束带上缀挂各种装饰品，男子缀火镰、小刀、鼻烟壶、银元，妇女挂奶钩、绿松石、珊瑚石、银元等装饰品，这是藏民族服饰的一个特点。

藏袍是用土法熟制、加工的绵羊皮缝制的，既经久耐用又抵风御寒。青海果洛地区新婚女子穿的藏袍多为油板皮袍，袖边镶彩条氆氇，讲究用豹皮领水獭边作装饰，着装时有着华丽背心，在背上挂汗巾的习惯。牧民一般都有一两套节日盛装，这种藏袍质地优良，做工精致，用羊羔皮缝制，面子用獐皮制作，袖口、襟领、下摆用红、蓝、绿纹呢子装饰，用水獭皮或豹皮镶边，显得格外漂亮。

与藏袍相配的衬衣一般为白色或红色、绿色棉布或薄绸制成。藏族的衬衫男女有区别。在颜色上，女的用印花绸布作衬衫，男的用白色绸作料为多。男式衬衫多高领，女式衬衫多翻领。藏族衬衫的特点是袖子要比其他民族的长 40 厘米左右，长出部分平时卷起，跳舞时放下，以增姿色。

2. 氆氇袍

氆氇是由手工纺制的羊毛毡子、毛料及布料制成。氆氇袍形制多为大领或圆领，右开襟，设一扣或无扣，衣边或领口多镶彩布或豹皮等，一般多为气候温和湿润的农区和城镇人群穿着。以黑氆氇为原料的藏袍，款式仍属大襟服装，右腋下钉一个钮扣。一般男式氆氇袍用绿色或蓝色绸布做两条宽 5 厘米、长 20 厘米的飘带，男式白氆氇藏袍的领口镶上6厘米宽的"加洛"①。女式氆氇袍大都是黑色的，一般冬装有袖，夏装无袖，也有四季均穿无袖，冬春之季外加一个氆氇短褂。氆氇生产几乎遍及整个藏区的农区和半农半牧区。

（二）鞋帽

1. 藏帽

藏族的帽子式样繁多，安多地区普通百姓的帽子主要有四耳帽、狐皮帽、礼帽和羔皮帽四大类。四耳帽藏语称"纳西"，又称"金毡帽"。顾名思义，这种帽子有四只耳朵，男式四耳帽是高而圆的筒形，女式四耳帽帽筒低矮，形体巧妙，略呈椭圆。四耳帽的四个耳翼呈"U"形，过去用印度进口的黑色毡呢做，现在也以黑色毛呢、水獭皮或其他兽皮作为坯料，帽筒环绕金丝缎，形成规则的卷叶纹、缠枝纹或水波纹，由于这种帽型高雅美观，现在已经被整个藏区所使用。狐皮帽呈现出浓郁的地方特色，热贡等农区通常将一张狐皮分做两顶，筒式开叉，叉口于后，也有人干脆将整张的狐皮做上帽芯顶在头上，保留狐头和四肢的原来模样，让长长的狐尾垂在脑际，兼作围脑，显得英武、机灵。礼帽来源于近代汉族，但在藏区被改造，帽筒两侧微微翘起，且在帽沿装有暗扣，可根据使用者的喜好调节帽沿的弯曲程度。羔皮帽流行于牧区，牧民将夭折的羊羔整筒剥下，一头上翻，然后根据自己的需求和喜好，随意调整，或卷起，或开口，并不追求样式的规整、雅致。

康巴地区帽大致可分为金毡帽、狐皮帽、大盘帽、遮阳帽。金毡帽康方言称"郎西夏莫"，意为四耳帽，形制与安多藏族一样，男帽纹饰素，华贵高雅，流行于城市和农区。狐皮帽与安多

---

① 加洛，藏语，一种间隔有十字图案的花氆氇。

第九章　青海服饰民俗与审美

藏族也相同。毡笠式帽,以白色毛呢为料,帽为圆锥形,防水御寒,主要流行于与安多相邻的半农半牧区。遮阳帽也称博士帽,用于春夏季,为各地藏族所喜爱。

2. 藏靴

藏族男女鞋,外观类似中原地区戏曲舞台上扮演将相的皂底靴,底高二寸,腰高至小腿之上,在牧区通常以牛皮缝制,鞋面一般采用完整的皮革材质制作,力求靴子的密封性,以确保冬季抵挡严寒。安多地区的鞋面没有过多的装饰,而康区一带的鞋面通常用红绿相间的毛呢装饰,鞋腰上有的依据对称原则有意识地加上装饰性线条,这与在20世纪70年代在该地区出土的古陶靴几乎如出一辙。为使靴面更加美观,有的还有花纹装饰、绣花装饰。值得指出的是,传统藏靴在制作时一般不刻意地区分左右脚,据藏族裁缝、靴匠解释,这样制作便于左右脚倒换穿着,及时矫正行走习惯对靴子的磨损,使靴子的使用期限得以延长,使其实用功能发挥到最大。

藏靴可分为"松巴"和"嘎洛"两大类。松巴靴底都是用牛绒捻的细绳纳制的。还有一种靴底用牛皮包裹,一般多见于冬天穿着。其中较为高级的称"松巴梯呢玛",用牛皮制底,并以粗毛线或绵线密密缝制,厚达一厘米多;靴帮色彩斑斓,分别用红、黄、绿、蓝等八种颜色的丝线在靴帮上绣出美丽的图案;靴面也绣花,十分艳丽。这种靴子做工精致考究,只有喜庆日子里才穿用。

嘎咯靴以牛皮制底,靴帮由三层氆氇缝制而成,其黑色呢在下约30厘米,彩条毛呢在上约3厘米,花纹竖立。靴跟与靴尖缝上黑色牛皮,靴面用染黑牛皮拉条及金丝线镶边,结实美观。靴帮开15厘米竖口,口边分别用染红的羊皮加固,便于拉携。这种靴的特点是靴尖朝上翘起,看上去威武大方。

在我们看来,包括藏靴在内的藏族服饰在实用第一的原则下,充分发挥了它们在高原防寒蔽体的基本功能,在此基础上根据自己的生活实践和生活经验,为服饰赋予了更多令人难以想像的文化功能,使服饰从实用文化层上升到观念文化层。观念文化层中,包括信仰文化和审美文化的内涵,而审美文化蕴涵正是在满足实用需求的基础上建立起来的。

(三)佩饰

1. 珠宝

藏族广泛运用珠宝、金银、象牙、玉器来装扮自己。藏族头饰和佩饰多以金属和石料制作,包括金、银、铜、锡、玛瑙、珊瑚、绿松石等,精美的饰物有纹花手镯、嵌石戒指、玛瑙项链、配丝发饰、刺绣辫套以及玻璃、铜制、锡制鼻烟盒、装有护身符等的"卡乌"小盒、藏式银元、铜币等。珠宝饰物佩带部位是从头到脚,有头顶上的"巴珠",发辫上的银币,耳朵上的大环,脖子上的项链,手腕、手指上的镯子与戒指;甚至背上、腰上也佩戴有长串的金属币等等。僧俗人等手持的念珠,也有许多装饰品,如翡翠玛瑙、松耳石等。

2. 阿龙

"阿龙"即耳环,多为银制,直径3寸,为男子所戴的一种大耳环。环的前面镶有珊瑚及绿松石,后面有钩,戴时挂在耳上。玉树男女都戴耳环,男戴左不戴右,女戴双耳环,多镶嵌有各类珠宝,女子还有花坠儿。

3. 围裙

藏语称"邦典",是藏族妇女喜爱的衣物之一,也是藏族妇女的标志性装饰之一。围裙织法独特,编织精密,美观大方,色彩鲜明。围裙品种很多,最好的藏语称"斜玛",用约十四至二十种染色毛纱精工织成,穿戴的装饰功能十分突出,一般用于节日庆典服装。日常生活中使用的称"布如",是比较普通的围裙,制作方法较为简单。

4. 腰刀

腰刀是藏族传统佩饰,分长、短两种。长的约为60~80厘米,短的约为15~30厘米,最初是防身的武器,也可用来砍伐荆棘,平时多用于切割肉食或其他物品。出于实用的要求,腰刀常被挂在腰间,久而久之成为服饰的重要组成部分。腰刀也因材质、款式、工艺的不同而成为藏族男子炫耀身份和地位的象征。传统腰刀刀鞘用白银包裹制成,上面镌刻藏族喜爱的吉祥图案,等距离镶嵌红色玛瑙石、绿松石,看上去雍容华贵。刀刃用精钢锻打制成,刀柄与刀鞘的形制一般相同,也是裹银镶石。整体而言,藏族腰刀注意了随身携带的便利性,故而刀头、鞘尾以及周身都作圆弧处理,防止擦挂。于是,腰刀外观的圆润与内刃的锋利恰好形成一个对立统一的整体。

二、回族服饰文化

(一) 回族男子服饰

1. 顶帽

回族男子戴的无檐小白帽,亦称"号帽"、"孝帽"、"回回帽"或"礼拜帽",意为回族的号头和标志。从颜色上看,顶帽有白、灰、蓝、绿、黑五色,分春、夏、秋、冬不同的季节来戴,但青海地区主要以白色为主,一般春夏秋季戴白色帽最多,冬季戴灰色或黑色。阿訇一般多戴绿色帽,特别是"穿衣"的阿訇一般均戴绿帽。据宁夏的《固原州志》载:"阿訇由各庄公送四角尖顶冠,(着)长领袍,(阿訇)尚绿色,而回民寻常帽式,则多用白色者。"

回族的顶帽样式繁多,一般因教派和地区而有所区别,有戴小圆白帽的,有戴白色角帽的(有四角帽、六瓣帽)。其中,归属什叶派的回族爱戴白色和黑色圆边六角尖顶帽,其帽由六个等边三角形缝合而成,上尖下宽,帽顶缀一个同颜色的布料结成的疙瘩,形似阿拉伯式的圆形屋顶,六瓣表示坚守"六信"①,帽圆表示万教归一,帽顶表示真主独一无二。

　　回族喜欢戴无檐小白帽主要与伊斯兰教有关。表面上是基于礼拜叩头时为了前额着地方便,实际上是对服饰传统的依循。回族男子无论是老人还是孩童,上寺礼拜和不上寺礼拜的都喜欢戴这种具有民族和宗教双重意义标示的"顶帽"。所以在生活中,每当回族举行节日会礼和每周五的课礼时,放眼望去,白色的顶帽汇成一片耀眼银河,流溢街衢,充塞门巷,盛况一时。

　　2. 缠头

　　德斯塔尔,是波斯语的音译,指清真寺阿訇或教长头上缠的布。基于这样的传统,回族除了戴白色顶帽,也有用白、黄色毛巾或布料缠头的习俗,故回族俗有"缠头回回"之称。缠头的习俗可以追溯到公元600多年前后,相传穆罕默德早期传教、礼拜时,头缠的就是德斯塔尔。德斯塔尔长度一般为1~1.5米,缠头时颇有讲究,前面缠到前额发际处,但不把前额缠到里面,以利于叩头礼拜,缠巾的一端要留出一肘长吊在背心之后,另一端缠完后压至后脑勺缠巾层里。过去回族头缠德斯塔尔的较多,现在多数只戴白顶帽,只有经常在清真寺里课礼的阿訇、满拉和笃信宗教的回族老人缠头。

　　3. 迈塞海袜

　　阿拉伯语音与汉语的合译,意为"皮袜子",亦称迈塞袜

---

① 六信,伊斯兰教信仰内容的简称,即信仰安拉是唯一的神,信仰安拉唯一的使者是默哈穆德,信奉诸天神、信奉《古兰经》是安拉启示的经典、信仰一切皆由安拉前定、信仰"末日审判"和"死而复生"。

子,是青海及北方穆斯林老人冬天穿的一种牛皮制成的袜子。根据伊斯兰教"五功"的规定,穆斯林每日五次礼拜需以汤瓶小净,而穿上迈塞袜子可以免去小净中的洗脚程序。

4. 谆摆

阿拉伯语音译,意为"袍子"、"长大衣",是回族满拉、阿訇和老人及笃信伊斯兰教者喜爱的服装,一般选用黑、白、灰等颜色的棉布、化纤料或毛料制作,有单、夹、棉、皮四种,款式近似现代老式的大衣或风衣,只有领子是制服领口。

5. 敞口鞋

一般都是自制的方口或圆口布鞋,也有用麻和线自制的凉鞋。随着社会的发展,大多数回族现在到商店购置各种布鞋和牛皮鞋、凉鞋等。农村男子的袜跟、鞋垫一般都是绣花的。回族老人有扎绑裤腿的习惯。

6. 腰刀

一些地方的回族男子还喜欢随身佩带一把小刀,俗称腰刀,一是为了装饰,二是为了随时宰牲、救牲。这种习俗与唐代杜环记载的大食"系银带,佩腰刀"的习俗是一样的,由大食传入后逐渐成为回族的习惯。

7. 坎肩

回族聚居地区的男子除了戴白帽外,山区还有穿坎肩的习惯,夏天往往在白衬衫上再套穿黑色坎肩,别具特色的坎肩黑白分明,清秀素雅,整洁利索,据说其原型来自武士的装束。据史书记载,来自西域的回族先民骁勇强悍,孔武有力,善骑射,好拳术,以后虽事农桑、多商贾,但仍保留了尚武的精神,坎肩就是武士铠甲的遗存形态。

(二) 回族妇女服饰

1. 盖头

青海的民和、大通，甘肃的临夏、张家川等地的回族妇女，都有戴盖头的习俗。戴盖头是依循《古兰经》中叙述的"令她们把头巾垂在衣领上"的服饰原则，必须"俯首下视，遮其羞体"，将头发、耳朵、脖子都当做不能示人的羞体看待，都要遮盖起来，意在要妇女们集中精力礼拜，眼不观邪，耳不听秽，口不言恶，后逐渐发展成为回族妇女普遍的服饰。

盖头根据年龄有三种颜色：青年妇女戴清新秀丽的绿色盖头，中年妇女戴清雅庄重的黑色盖头，老年人戴洁净素雅的白色盖头。但是，在具体的生活范畴里，盖头的色彩是因地域文化的认知差异而定，而不是完全根据年龄来加以区别。有些地区还有戴纱巾的习惯，青壮年妇女戴灵巧素雅、俊俏秀美的绣花圆顶撮口白帽式纱巾，中年妇女则冬戴红、绿、蓝等色的棉头巾，夏天戴轻薄红、绿纱巾，老年妇女冬天喜欢戴黑褐深色，夏天披粉白浅色。这应当被看做是盖头的变体形式。

2. 大襟长袍及佩饰

回族妇女的传统衣服一般都是大襟为主，回族女装都是右边扣扣子，纽子吸收汉族盘扣的方法，其他装束方式与男子的形制基本相似，而装饰内容却很丰富。少女、媳妇等青年妇女很喜欢在衣服上嵌线、镶色、滚边等，有的还在衣服的前胸、前襟处绣花，色彩鲜艳，形象逼真，起到画龙点睛的作用。传统回族女子的鞋袜比较注重装饰，鞋头和袜子的遛跟大都绣花，袜底多制成各种几何图案，也有绣花的。

三、撒拉族服饰文化

撒拉族主要居住在青海循化、化隆县和甘肃积石山大河家一带，聚居地比较集中，因而其服饰也相对统一。撒拉族的服饰大体与回族相同，区别在于上衣一般较为宽大，腰间系布。其服饰也有两方面的特点，一方面具有浓郁的伊斯兰教色彩，另一方面与回、藏、汉等民族服饰相互影响和融合。撒拉族最早的衣着穿戴，具有中亚游牧民族的风格，男子一般头戴卷檐羔皮帽，脚蹬半腰皮靴，身着"裕木夹"（类似维吾尔族的"裕袢"），腰系红梭布，或穿无布面的羊皮袄或羊毛织的"褐子"，脚穿布鞋或牛皮绱成的"洛提"。

撒拉族青年男子头戴六角形的黑色或白色圆帽，爱穿白色的对襟上衣，腰系红布带或绣花腰带，外套适体的黑色短坎肩，黑白对比鲜明，配以蓝色长裤，显得清新、干净而又文雅。结婚时，腰束用红、蓝缎子缝制并绣有各种花卉图案、缀有绣带的"绣花围肚"，脚穿绣花袜子和布便鞋。在色彩上以白、黑色为主，忌讳红、黄色及花色繁缛的服饰，讲究"冬穿皮袄，夏穿衫"，富有者则系绸带，头戴黑色或白色六牙帽等，脚穿平底布鞋。女子戴盖头，穿右衽上衣，衣色多用花绸，艳丽多彩，外套黑或紫色坎肩，妩媚俊俏，颇具特色，还讲究在额间或手背虎口刺蓝色纹饰。男女上衣均长于坎肩，穿时以露衣边为美。

妇女头戴盖头，穿五颜六色的大襟衣服，套黑坎肩，喜佩耳环、手镯、戒指等金银首饰。受伊斯兰教影响，撒拉族老年人做礼拜时，头缠约数尺的达斯达尔白布，身穿称为"谆摆"的服装；妇女戴盖头要求遮盖除面部外的头部其他部位；孩子的服饰从降生到成人与回族有许多不同之处，婴儿一降世，就给穿上无领无扣的白色衣，意味着清白纯洁地来到人间，会走路时，女孩穿花衣服、扎辫子,并在脖颈上挂一块三角形白护符,里面装进避邪驱鬼的经文。青年妇女喜欢穿色泽鲜艳的大襟花衣服,外套黑、绿色的对襟长、短坎肩,显得苗条俊俏,喜欢佩戴金银耳环、戒指和手镯等装饰品;中年妇女的衣服较长,裤脚一般触地,脚穿绣花翘尖的"姑古鞋"。

明末清初,撒拉族妇女外出劳动时,用青布缠头,喜庆节日身披宽敞的绣有花边的披风。改戴"盖头"已是近代的事情,盖头的颜色因年岁而有所不同,规制与回族妇女近似,一般少女和新婚妇女为绿色,显得朝气蓬勃;中年或婚后生有小孩的戴黑色的,显得沉稳持重;年长者多为白色,显得自然朴素。

如今,随着人民生活的改善和市场的繁荣,男女衣着发生了更大的变化,妇女们身穿五彩缤纷的化纤、绸缎及毛料时装,头戴质地优良的乔其纱盖头;男子多穿毛料中山服和西服,脚穿新式皮鞋。

四、土族服饰文化

土族族源至今在学术界还有不小的争论,趋于统一的认识是,土族以历史上的吐谷浑人为主体,在以后吸收了部分羌、藏、蒙古、汉等民族成分发展而来。基于此,土族服饰款式多元、鲜艳夺目的事实就不难理解了。

1. 斜襟袍

土族男女均多穿高领或翻领斜襟袍。这种袍最富特色的便是五彩袖。五彩袖土语称"阿拉肖缝",是用红、黄、绿、白、蓝等五色彩布或彩绸拼制而成的,因其袖筒长过手臂,又称之为"罩袖"。有些土族的服饰袖筒由里向外一截比一截窄瘦,也有呈宽长的直筒状,袖口里子缝半尺长的红边,穿戴后将红里翻出外露。传说早期的花袖以七色彩布缝制,后来演化为五色,且按照彩虹的颜色顺序拼接而成,显得谐调、鲜艳、美观、大方,土族因此也被称为"身穿彩虹的民族"。

2. 肥襟上衣

土族是一个有过游牧经历,现在以农耕为主的民族,服饰习俗中往往保留了这种历史的痕迹,即在土族服装中没有完全放弃皮袍、皮袄等皮毛制品,男子还常以袍服作为礼服;妇女的上衣虽用棉布、绸缎等制作,但普遍较为宽大,一般都长及膝盖,外面还常套穿一件长长的坎肩,比较集中地流露出畜牧民族袍式服装的影子。

3. 头饰

土族语里头饰称"扭达",款式十分复杂,因地区不同而存在显著差异,名称也各有不同,如"三叉"、"干粮"、"羊腔"、"马鞍橇"等。从形状上看,最接近东北满族贵族妇女的头饰形制,对照民族考古案例看,与鄂伦春人的头饰最为接近,与华北一带出土的慕容鲜卑的"金步摇"非常类似;从区域考古案例看,与海西德令哈各处出土的墓葬棺椁、墓室外壁上所绘的贵族头饰有着渊源关系。现在,繁多的头饰已经没有人用了,姑娘一般梳三根发辫,已婚者梳两根,末梢相连,以珊瑚、绿松石等缀饰,再戴上织锦毡帽,十分漂亮。

4. 耳环

土族妇女的金、银、铜制耳环多刻有花纹或镶有红珊瑚、绿宝石,下面还垂有五色珠,并在珠上缀挂穗子。其中最讲究的要数"上七下九"或"上五下七"的银耳坠,用数串五色瓷珠把耳环连在一起,珠串长长地垂在胸前,好似数条项链,款式接近吐谷浑服饰。

5. 毡呢帽

土族的圆顶卷檐毡帽也很有特点,女式毡帽称"拉金锁",多为棕色或白色,翻檐高而均匀,周围饰以织棉花边。男式毡帽称"鹰嘴啄食",多为白色或黑色,最明显的特征是帽的后檐向上翻,前檐向前展开,前低后高,形似雄鹰俯冲嘴啄之状,有北方草原民族鹰崇拜的痕迹。

6. 腰带

土族腰带的制作比较讲究。男式腰带称"花头腰带",一般用4米长的窄幅蓝布或黑布制成,两端缝上十五六厘米长的绣有花卉盘线图案的接头;女式束腰有一种称"达包普斯"的大型绣花腰带,由8块宽30厘米左右、长16厘米左右,面绣各种花卉或盘线图案的条幅缝制而成。在草绿色布带两头各接4块,一头缠于腰间,另一头吊于臀部。此外还有大型绣花带、褐带、绸带、布带等,有藏族服饰的影响。

7. 套裤

土族妇女喜欢穿被称为"帖弯"的布制套裤,并以颜色的差异作为区别妇女婚否的标志。其中,已婚妇女多穿黑色或蓝色的套裤,而未婚姑娘则多穿红色的套裤。许多民族的服饰都通过头饰、服饰在色彩、形制上的差别来区别妇女的身份。这应当是服饰基于功能性等级、地位等身份认定和区别标志之外,在性别基础上进行年龄性身份认定和区别的重要标志,我们认为这种做法实际上是先民基于抢婚习俗的现实压力而出现的分类方式,主要用于确定婚权的归属关系。

第二节 青海各族服饰文化的审美传统

"服饰是人类文化的显性表征"。青海各族服饰民俗的审美传统受多重关系的影响。从文化产生的适应性关系上看:首先,青海虽然民族众多,但由于同处在一个自然环境条件之下,服饰

第九章 青海服饰民俗与审美

的原型具有同一性；其次，青海服饰的族群特征受制于各地区的生产方式和生活方式，这是同一性服饰原型产生的物质文化基础；其三，服饰原型的变异，取决于外部交往关系的张力，服饰成为划定族群边界的表征。从文化的机制上看，民族服饰的习俗化传承，往往与本民族包括价值观、审美观在内的历史、文化、社会的发展进程紧密相连，与该民族的群体信仰紧密相连，与群体内部的社会组织和分层关系息息相关。换言之，从内部关系上看，服饰是一个信仰共同体社会关系的体现，体现着民族的集体智慧，呈现着民族的习惯规约，蕴含着民族的审美意识和审美情趣。基于以上认识，我们认为服饰除去实用功能外，其文化功能审美性应当这样描述：

第一，服饰原型的生成是人们对于特定区域环境适应的产物，服饰是地方性知识的组成部分，是实用美学观念上升为生活美学的直接体现。一般论者认为，丰富多彩的民族服饰，既有悠久的历史，又有鲜明的个性，都是由这个民族的审美观所决定的。但是，审美是一个实践性、过程性的"事件"，而不是一种简单"事象"。在此，我们讨论的重点就是这些审美观是如何产生的（因此，我们的讨论可以被称作是前审美的问题）。

人类早期就确立下来的游牧生产、生活方式，培育了先民具有同质结构的"游牧思维方式"，体现在服饰上就是人们普遍将襟袍作为基本的衣着形态和美的服饰。大量的考古事实可以证明，襟袍是中国北方（包括整个西北地区）的大多数地区主要的服饰原型。作为一种服饰文化的原型，襟袍像一粒草子，在青海地区以及中国大多数具有严寒天气的千里莽原上生根。从服饰发展、演变的历时过程看，襟袍始终应当是基本服饰原型。古代羌族主要活动在西北的广大地区，今青海的黄河、湟水、大通河，甘肃的洮河和四川岷江上游一带是古代羌族的活动中心。从服饰关系看，羌像头戴羊角头饰之人，代表以羊为图腾的起源于我国西北的原始游牧部落。"其妇人嫁时著衽露……衽露有似中国（衣）袍，皆编发"①。其中，袍（尽管被认为"似中国同"）是中国北方境内"反复出现的意象"，具备构成服饰原型的基本要件。吐谷浑也是青海境内特有的古代民族，是安多藏族、土族和部分汉族的先民，关于他们的服饰，《魏书·吐谷浑传》称："丈夫衣服略同于华夏……"，这里的"与华夏同"指男子"通服长裙"与北方汉族"长帽短靴，合裤袄子"略同。从性别所处的社会关系上看，妇女由于处于家庭的中心，与外界交往相对少，其服饰更能保留和体现"族性"特征，吐谷浑妇女一般着"裙襦"，与内地汉族妇女相似。王室可汗的妻恪尊（可敦）则"衣织成裙，披锦大袍，辫发于后，首戴金花冠"。在青海西北部还有一个古代民族东女，他们"王服青毛绫裙，被青袍，袖委于地，冬羔裘，饰以文锦"②。我们从列举的三个早期青海民族服饰上可以看到，"裙襦"、"长裙"、"合裤袄子"以及"衣织成裙，披锦大袍"都是以统称的"襦袍"为服饰基本意象，它是构成青海民族服饰的原型。

可见，青海地区的各个族群，其服饰虽然要受到价值观（如宗教）、利益观（如地缘关系）的规约，形成了相应的异质性联系，产生了不同的服饰文化群，使我们看到了以伊斯兰教、藏传佛教和汉族儒家思想等三大观念在服饰上的差异性表征。但是，当我们从服饰的原型上看，青藏地区的人们无论是什么民族、什么宗教信仰，一律都要服膺自然环境对人们服饰选择的规定性，这就造成了青海各地人们以襦袍作为基本衣着的思维模式。因为这在人的基本需求层面是最能适应这个地区自然环境的要求，是最好的御寒方式，因而也是最美的服饰。

---

① 鱼豢：《魏略·西戎传》。
② 《新唐书·卷十一》。

第九章　青海服饰民俗与审美

服饰作为一种实用与观念相结合的文化形态，具有其内在的变化规律，其中族群的认同是内在审美判断形式之一。换言之，服饰美与不美的判断标准不在于色彩、款式等因素本身，而在于这些色彩和款式能否合乎群体的规范在认同上的区别性需要。但是，即使是不同的民族和宗教信仰，当其面临文化的传承问题时，它们是相互生成，相互借用，构成共生共赢的图式，特别是那些处在非中心文化地带的各个族群，都要毫无例外地要按照各自区域的文化规定性并以此作为源头，通过变异、扩展、分衍来实现传承和运行，并在这一规定性的源头中逐渐消解、变更族群的"文化边界"，实现"辖域"的解构。由此，我们进一步认为，服饰并不能作为族群文化的主要标志，也不能仅以生产力水平来作为衡量服饰文化的标准。服饰的实用功能所形成的规定性，使得青海地区各个族群的服饰在民俗的层面具有强烈的趋同性，这是青海传统服饰文化审美性的一个显著特点。我们从历代宫廷绘制的《职贡图》中可以看出，明清以降，至少在日常状态下，青海各民族服饰已经没有了显著的差别，藏族、土族、汉族的服饰整体趋同，回族、撒拉族的服饰整体趋同，这些族群为了强化其族性特征，都只能选择在社会环境层面寻求服饰的差异，以色彩、佩饰、装饰、形制等方式进行倾向性、细节性的描述。

第二，青海民族服饰是族群特有"社会认同与区分体系"的文化反映，社会的需求规定了服饰的形制和色彩，也规定了服饰之美的内在意义。青海民族服饰作为一种独特的地方文化现象，不仅要与当地的自然环境相适应，还必须与一定的社会环境相适应。在我们看来，服饰是个人身体的延伸，依据这样的延伸思维，服饰被用作强调个人或"我群"的自我认同以及与"他群"之间的区分。从这个意义上说，穿着某种服饰是在特定社会情景中的一种民族文化展示。因而，从民族审美的视角来看，合乎社会群体规范的服饰就是美的，而违拗社会群体规范的服饰则是丑的。

服饰的发展，经历了御寒用具——伪装用具——符号象征三个阶段。青海高原很早就是华夏民族休养生息的聚居地，古代羌人就在严寒的气候条件下将动物的皮毛作为御寒的衣着，后来当发现动物之间的相生相克关系以后，羌人便以羊皮裹身、羊头做冠，以此作为伪装，在黄河上游两岸频繁活动，成为最早的狩猎民族。当人们已经能够制造彩陶作为生活器具，生产能力大大提高以后，羊皮原先主要用于伪装的功能就逐步丧失了实用价值，其文化的价值则日益显现。随着人们审美意识的进一步确立，原型的形式固化在人们的记忆当中，羊头装饰遂成为部族的象征，用以区别族属关系，成为图腾符号。可见，服饰最初是基于满足人类御寒需要而产生，以防止生命受到病患威胁为辅助功能，以伪装捕猎作为延伸功能，这是由本能发展而来的服饰的第一个需要，可以称作是生命需求阶段。此时先民们发挥自己的创造力，利用自然物做成衣服以御寒，尽管它最初是如此的原始和稚拙，但这是人类光辉灿烂的文化事业的发端之一。与传统观念理解不同的是，我们认为，作为人类文化现行表征的服饰并不与一定的社会生产力发展水平具有必然的联系，或者完全与之相适应，服饰文化的发展实际并没有按照普鲁士模式以"社会进化"预设的格局那样顺序演进。服饰一旦完成了御寒保暖的功能，就进入文化表达的领域。这时，生产力水平就不能决定服饰的取向了。当服饰第一需求被满足后，就可能超越人的本能需求，为模仿动物而进行伪装，服饰便作为狩猎的方式之一具备又一个新的发展方向。从这个意义上而言，服饰具备了图腾——文化标示的意义。于是，服饰之美就逐渐脱离了物质文化的意义，开始具备精神文化意义的端倪，这是人类生存质量提高的第二需求，可称作是图腾符号阶段。在这个阶段，服饰美或者不美，从内部关系上

第九章 青海服饰民俗与审美

看主要取决于是否能够确定归属关系，它是取悦族群内部成员的符号，即能否确定或者获得一致的社会认同；而从外部关系上看主要取决于是否能区别群体关系，它是划定族群界限的身体延伸或者身体展示，即能否确定或者有助于进行社会区分。这时，服饰就承担起划定界限的任务，作为确定这一界限的标识。

我们认为，不同的民族服饰实际上比较全面地反映了社会关系的发展和人的意识的丰富，并不局限于御寒、护身这一单纯的实用目的。当人类最初的社会关系进一步向前发展，随着社会分群和社会意识的产生，人的动物式的关系就转变为真正的人——文化的关系。这种转变，一方面体现在共同的劳动合作中，也体现在性的交往中：动物式的杂婚消失，乱伦禁忌确立，并向族外婚过渡。这样，由于性权力专属性质的作用，在一个族群的内部，性器就不能随便在他人和异性面前展露，羞耻意识因此萌生，此时的服饰又有了一个新的发展方向，即作为身体尤其是性器官的遮蔽物。早期墓葬中大量出土的遮羞板、羞耻带、兜档布，说明服饰作为性掩蔽物或保护物事实的普遍存在。另一方面，由于生活环境的制约和规定，人们的食物来源可能是单一的，长期与某种动物、植物有着食物上的依存关系，人们会赋予这些食源性动物以图腾的意义。这种因食物而获得的图腾意义也随着生产和生活的演进，使服饰逐渐成为符号化的表征，我们在众多的民族服饰当中都能找到某种自然灵物崇拜或宗教信仰的"遗留"。在不同的民族服饰中，往往有一些与众不同的衣物或饰物，表现出强烈的原生民族特色，是该民族服饰中不可缺少的一部分。而这些已经与一般御寒、遮羞、美观、财富、权力等都没有直接的关系，却与族群的认同和区分有着密切的关系，以至于外来的人士看到或感到服饰中拥有一种崇高或神秘的意味。我们把这个阶段的服饰称作是服饰的象征阶段。探究这个阶段服饰所包含的文化内容，大都与原始自然灵物崇拜或某种宗教信仰有关，相当一部分就直接是某种自然崇拜或宗教信仰的"遗留"。在服饰所反映的自然崇拜中，有图腾崇拜、祖先崇拜、鬼神崇拜、英雄崇拜等；有些服饰，在自然宗教仪式或巫术魔法中就是最好的祭物或法器。即使是后起的宗教，如佛教、伊斯兰教等都包含了原始自然宗教的元素。所以，服饰尤其是特点突出的民族服饰中，便包含着某种深刻的自然宗教或人为宗教方面的内容。

这个时候，服饰的美学意义就变得更加深刻、丰富起来，完全脱离了服饰原初的意义，具有了我们今天所能解读的意蕴：不同的民族服饰，反映出不同民族、不同时代的装饰习俗、文化观念和其中蕴藏着的审美情趣、审美理想和审美追求。审美，是人类在认识世界和改造世界的过程中很早就诞生的一种精神欲求和能力，尤其是那些作为服饰配件的各种装饰，其中包含的审美象征意义是最深刻而丰富的：早期的吐谷浑人用枝状金步摇象征，羌族用羊头象征，今天土族的七彩袖用颜色象征，藏族的脚铃用声音象征，回族的顶帽用形制象征，这些纯粹的装饰品，很难说它们有多少实用的功能，它们的象征意义却非同寻常。可见人类装饰自己的要求和行为都是古老文化的浓缩，单纯地谈论服饰的审美是毫无意义的，服饰之美是上述文化内涵被一再地抽象以后产生的。作为族群的一部分，社会成员装饰自己的要求和行为肯定会表现在衣着上，而这些表现是被确认了、被规定了的，这些确认性和规定性才是服饰能否成为美的重要标准和依据，脱离了这些确认和规定的服饰是很难被认为是美的，这就是服饰之美的基本规律。

第三，记忆的诠释，时间的流转，为青海服饰附着了群体的秩序性划分和时代特点，服饰之美乃是区域历史的累积性观念的保留。民族服饰及其类型所呈现的社会认同与区分体系，使得我们能够体认到一个族群社会认同与区分体系的变迁，透过民族服饰我们还可以观察青海各族群的"民族化"过程实际上是一个

第九章　青海服饰民俗与审美

传统的创造过程，服饰之美也是一个不断被建构的历时性审美意识的产物。在此过程中，民族内外的权力结构关系影响着服饰的展示，这些展示当中又呈现、巩固着各种认同与区分及其背后的权力关系，而且从社会认同和区分的体系当中，可见族群内外的人们藉由各种不同的记忆媒介（文献、口述与身体仪式展示）对服饰的重新定义、控制、传承与变迁。

一方面，青海各地的民族服饰，表现出不同民族过去时代的历史倒影，既可能保留着母系制向父权制转化的痕迹，也可能表现出民族在文化走廊中的大迁移的征候。任何民族的服饰都不是一成不变的，而是不断地变化和发展的。服饰在不断地变化和发展中，总会或多或少地留下一些历史的影响和痕迹。服饰中历史的影响和痕迹，有的表现得十分明显，但大多数却已变得十分隐蔽。藏传佛教格鲁派中的黄色内衣和帽子，既是僧侣地位、权威、身份的反映，也是僧侣与权力结盟、宗教与世俗的象征，这取决于藏传佛教在蒙元以后获得了皇权合法的认可；而土族七彩袖的传说，妇女衣袖上层层叠叠的装饰，宣示土族为彩虹的代言人，是萨满教向佛教过渡时对妇女的一种束缚。如果说这样的"史影"的确隐蔽的话，那么近代以前藏族官员将藏袍与清政府的朝服浑搭穿着，则明白地反映了藏族曾受中央政府册封并效命于清政府的近代史实。

另一方面，青海各族的服饰反映了族群内部的社会划分、等级差别和一些特殊的财产观念。当人类社会生产力充分提高以后，分配的不均衡性使得服饰文化也就染上了"阶层"或"等级"的色彩，某些由统治阶级提倡或明文规定的服色和饰物自不待言，就是一些表面上看起来是"纯粹的"民族服饰，也或显或隐、或多或少地烙上了社会分层的印记。这些印记，在族群内部有些反映了纯粹的年龄和辈分级差，有的则反映了家庭中的主从关系，在一个比较宽阔的领域时而体现出身份的区别，时而体现出职业的区分。青海地区信奉伊斯兰教的民族妇女外出顶戴盖头，其色有绿、黑、白之别，反映的就纯粹是年龄级差：少女戴绿盖头，结婚后戴黑盖头，而老年人戴白盖头。在藏族中，黄色因为有了皇权的介入，就有了高于一切的宗教身份与身处世俗的地位区分。同时，由于财产分配的不均，服饰中的配饰部分在表现社会等级时也有了"露富"、"夸富"的用意。青海各民族直接用金银装饰女性的发辫、颈项，用玛瑙或珊瑚做耳坠和服饰配件，甚至佩戴的火镰、腰刀，都有显示富裕和尊严的用意在内。这种财富显示又往往和由实用到抽象的观念考虑联系在一起，有的甚至和某种原始崇拜联系在一起，如有的民族认为金器可以避邪和治病等等。这当中，青海各民族服饰反映了一种特殊的文化内容，往往折射出不同的民族性格、民族心理和人们对自我实现的不同追求。我们可以十分形象地从服饰上看出：有的民族强悍，有的民族坚毅；有的民族粗犷，有的民族细腻；有的民族平和，有的民族热情；有的民族含蓄，有的民族洒脱。凡此种种，这些民族的人们，不管他们已走上现代化的道路，还是仍处在"原始"阶段，都在用包括服饰在内的自我实现方式来表现自己，都是自我实现原则下的审美追求。在服饰的选择上，自我实现的要求表现得既深沉含蓄又强烈突出，反映出一种深层次的文化内容。但是不要忘记，这些服饰之美，是一种更为后起的、附着的意义，是青海地区独有的地方性知识表达，是服饰符号化以后建立起来的新的审美象征体系。

第十章　青海民族建筑与审美

"要了解一个民族,最重要的是要从了解她的建筑开始"①。建筑是人类建造的栖身之所,亦是民族文化的物质载体。正如美国人类学家 J. 斯图尔特所说的那样,建筑作为一种独特的文化形态,"不仅反映人类在适应调节和求取生存方面的遗传潜质,更表明了人类社会的本质"。②青海民族建筑作为高原民族的生活空间,既是对特殊的自然环境生存方式进行文化选择的产物,也是历史文化的活化石,是高原人文因素的综合体现。从审美的角度看,青海民族建筑作为一种实体文化和审美对象,蕴涵着诸多关于人类的生态智慧和人文思考,不仅是青海各族人民独特的生活方式体现,更是融汇和凝聚着青海各族人民充满智性生活理念的意象空间和充满梦幻般的诗意空间,蕴涵着独特而深厚的美学价值和审美情趣。

---

① [美]布鲁范德著,李扬译:《美国民俗学》,第 233~234 页,汕头大学出版社,1993 年。

② [美]J·斯图尔特:《文化变迁论》(Theory of Culture Change), University of Illinois Press, Urbana, 1955。

第一节　青海民族建筑美学观念的形成

与黄河、长江、澜沧江的源远流长一样，青海亦是孕育中华民族传统建筑原型的源头，各个民族建筑的历史十分悠久。要研究包括青海民族的建筑美学观念，仅仅依靠建筑学理论是不够的，还必须从民族学、生态学、美学三维共生的空间概念出发，既研究民族主体对自然与建筑的感受和创造，还要研究在此维度下的生态审美场，从历史的追索和探寻开始，研究人类如何"审美地生存、诗意地栖居"① 的问题。青海民族建筑美学观念的形成是一个复杂的历史过程，早期的建筑既是高原民族与自然、民族与民族之间选择、竞争、适应的遗留物，也是高原与族群、族群与族群诸要素之间彼此依存、美美与共的兼容体，还是高原民族遵循礼制传统的复合物。

从 20 世纪 20 年代以来，考古学家经过 80 年艰辛的田野考古，在甘青地区发现包括房屋、墓葬在内的建筑遗址有 80 多处。在新石器时代的文化，包括马家窑、半山、马厂、齐家、卡约、辛店、诺木洪等文化类型②的遗址中，不仅发现了代表从新石器时代到青铜器时代各个时期社会经济形态、精神文化生活的器物、作物等，而且几乎在青海全境特别是黄河上游水系的湟水、大通河流域，长江上游水系的沱沱河、通天河、金沙江流域等广阔区域发现了最能体现这些文化特征的大量建筑遗址，从中我们能够比较全面地认识各个时代的社会结构、经济状况、知识信

---

① 黄秉生、袁鼎生：《民族生态审美学》，民族出版社，2004 年。
② 谢端琚：《甘青地区史前考古》，第 11 页，文物出版社，2002 年。

第十章 青海民族建筑与审美

仰,还能够窥视到当时人们的建筑审美观念和审美情趣。

一、青海民族传统建筑的内涵和形态,很大程度上保留着远古建筑文化的历史风貌,青海高原的民族建筑美学观念既是高原生态系统中人类文化适应的结果,亦是中华民族建筑文化的重要源头和重要的标志之一

(一)马家窑文化(前3230年—前2690年)遗址的建筑

这一时期的建筑遗址被学者确定为早期的石岭下类型、中期的马家窑类型、晚期的半山和马厂类型。早、中期典型的房屋一般是见方为16平方米的半地穴式建筑,平面呈圆形或方形,中间有过道,有的房屋在门外置一方形门斗,平面呈"吕"字形,结构较为特殊。地面及四壁皆以黄土泥和灰褐色草拌泥分层铺抹而成,平整坚硬。晚期最有代表性的房屋为长方形半地穴式建筑,东西长7.4米,南北宽6.5米,面积约48平方米,门向东。室内中部有高出地面10厘米的圆形灶炕,四周有8个柱洞。依据柱洞分布可复原为长方形两面坡房屋。典型的建筑为修筑在黄色生土中的窑洞式房屋,房壁呈弧形穹顶,平面呈椭圆形,门向东北,有门道,为方形。笔者认为这不仅是迄今发现最早的窑洞式建筑之一,也是我国古代游牧民族"穹庐为室"的雏形。远在西汉时,远嫁乌孙王昆莫的刘建之女刘细君公主在她的诗《黄鹄歌》中就曾这样描绘乌孙的生活:穹庐为室兮,旃为墙;以肉为食兮,酪为浆①。这种"穹庐为室"的营造方法既能适应高寒地带恶劣的自然环境,最大程度地解决存储热量和通风散热这对相反相成的矛盾,同时也适应部落时期频繁而残酷的战乱,

---

① 《汉书·匈奴传》,第318页,吉林摄影出版社,2002年。

最大程度地解决隐蔽防护和瞭望出击这对彼此依存的矛盾。藏族古代经典《苯教源流》就有"地穴树木人所栖"的记载。事实上这种建筑类型在青海各地仍然能够看到一些遗迹,例如海西、海南、黄南的藏族传统房屋有一种名曰"马康"的房屋就是以此为原型的。"马康"是在半地穴的上部篷以草木,中间开一扇隐蔽小门的房屋。在青海化隆的半农半牧地区也有一种房屋,前半部分修筑成包括屋瓦、水槽、门脸、前庭、庭院、花园、围墙等在内的汉式民居,与之相连的是以山体为主的后半部分。在视觉上造成依山而建居所的错觉,如果不走进居所内部仔细观察,根本不能发现背后的窑洞,它把实用功能和审美情趣发挥到了极致。从建筑学方面看,马家窑时期的房屋建筑应当是中国早期人类摆脱穴居时代向筑居时代过渡的一种房屋建筑类型。我们可以作出下列判断:如果说河姆渡文化①出土了代表南方地区最早的"干栏式"房屋建筑原型,那么马家窑类型已经具备了北方"庭院式"房屋建筑原型的基本特征,它们一个在江河源,一个在江河尾,是中国传统建筑中遥遥相望的最早、最典型的文化原型。

(二)卡约文化(前1185年)遗址的建筑

卡约文化遗址中,一般分为潘家梁(或卡约)、阿哈特拉、中庄三个类型。主要是半地穴式和地面起建的房址,有的在房屋周围修筑河卵石围墙。房屋平面呈圆形或方形,墙体四周由石头垒成,分为单间和双间两种,室内有圆形灶炕。房屋的周围有圆

---

① 河姆渡遗址:我国新石器时代的重要遗址。在浙江省余姚河姆渡村东北。1973年开始发掘,遗址分四层,以三四层为主,是长江中下游新石器时代的一种早期文化,发现了干栏类型的建筑遗址,梁柱间用榫卯结合,地板以启口板密拼,上层居住家庭成员,下层取水、养畜,兼顾防潮,有较为成熟的木构件技术。

第十章 青海民族建筑与审美

形、椭圆形或长方形的窑穴。尽管卡约文化出土的房屋建筑遗址很少,但是就目前情况来看,就地取材,以石料为墙体材料,却是中国房屋建筑又一种类型——碉房的先声。不仅如此,河卵石围墙的出现,表明人们的属地观念已开始建立,房屋建筑由原来纯粹自然的本能行为,进入到能动的创造阶段,早期建筑立足于安全、防御的心态,开始向内敛、内向的方向发展,具有了保全、稳妥、趋于完善的建筑心理机制。

(三)辛店文化(前1085年)遗址的建筑

这个时期的建筑有房址、窑穴等,房屋的数量较少,形制较为单一,主要是长方形的半地穴式建筑,而窑穴分布的数量较多,而且十分密集。其中,姬家川类型的房址最为完整和典型,半地穴的长方形房屋,长在5米以内,宽在3.5米以内,门向西南,有斜坡状门道,在居住面的中央有锅形灶坑,直径1米。房屋周围分布有密集的锅形、袋形和长方形窑穴,以锅形窑穴为主,墙壁整齐。这个时期房屋建筑的突出特点就是在充分体现前代各种建筑文化元素的基础上,人们逐渐建立了以家为单位的亲属、亲族观念,房屋的布局开始依据族群交往关系确定,建筑在传递信息、确定秩序、解释社会等方面的文化符号属性逐步加强。

在梳理这些文化遗址的同时,我们也惊异地发现,直到1949年前青海各地的许多建筑都在选址、布局、构造、规格、材料、形制等方面都包含有远古建筑文化的特征。如从建筑选址看,青海的建筑自古以来都有在河台高地建房筑屋的传统,临河而居便于随时获得饮用水,生存和生活有了最低层面的安全保障,同时避免了洪水、动物和外族的突发性威胁;在建筑布局上,青海各地的建筑传统自古都有以鄂博、神山、神树、社祠等信仰类设施构成建筑聚落的中心,或以首领、巫祝居所等建筑为核心，周围散布着以家庭为单位的院落，形成一个血缘关系亲密、具有共同信仰的社区。这种房屋之间的关系逐渐成为后来中国建筑以血缘关系确定宗族地位和社会成员之间的关系、划分院落位置、大小、多少的基本规范。我们认为这是建筑适应自然的必然选择要求之后，从文化上适应社会成员内部关系要求的体现。从建筑的基本特征看，青海远古建筑及其传统始终遵循着梁思成、林徽音先生总结的"下为台级，中为柱身，上为屋顶"的规制。这充分说明青海民族建筑从一开始就是针对高原独特的生态系统灵活地进行文化适应的结果，其中蕴涵的建筑审美文化观念也是在此基础上逐渐形成的。

从发生学的观点来看，民居建筑的产生总是实用先于审美。在人类早期的建筑审美观念中，实用就是美，不实用就不美，实用和美是紧密结合的。正如普列汉诺夫指出的："人最初是从功利观点来观察事物的现象，只是后来才站到审美的观点上看待它们。"[①] 建筑作为人类最重要的生活方式，其功能在于能够遮风避雨、防寒祛暑、确保安全，它最根本的意义在于它提供的内部空间与人类的生存活动具有一种适应性关系。正是在这种实用价值中，产生了它最根本的审美特性——功能美，即通过产品的材料、结构和形式所表现出来的产品功能的合目的性特征。青海各民族在发展中总是按着合规律性和合目的性的要求，根据自身生存的自然环境和条件从实用的角度来考虑房屋的建构。因而，按功能美的原则创建居所，这是青海各民族民居建筑共同的审美追求。所以，"建造新的住所，首先碰到的是如何适应环境条件，克服不利因素"[②]，无论哪一个地方的民居，都只能将其适宜的

---

① [俄] 普列汉诺夫：《艺术论》，第31页，人民文学出版社，1962年。
② [美] H·J. 德伯里著，王民等译：《人文地理—文化社会与空间》，第181~182页，北京师范大学出版社，1988年。

第十章 青海民族建筑与审美

建筑物与当地的自然环境有机结合在一起,才会显得十分协调、和谐与优美。

当人们按照功能美的规律建造房屋时,首先体现在力学的安全性、耐久性和功能美的多样性上,应符合人的生活和生产这一根本目的。青海乐都农业区的汉、回、土、撒拉等民族的传统民居建筑多为坐北向南、土木结构、墙体厚重的平顶房屋,人们形象地说"青海的房顶能赛跑"。这种独特的房屋建筑形式是与当地的自然环境密切相关的。青海地处高寒地带,冬季时间长,房屋坐北朝南可以充分接受阳光,减少东、北风带来的寒冷,加之高原少雨、干旱的气候特点,房顶修成平顶,既节省材料又能发挥多功能的作用。农家常利用房屋的平顶晾晒粮食,堆放少许杂物,发挥了其他民居形式没有的功能,而且建筑外观也显得质朴厚重。

与衣、食、行比较,居住行为和自然环境的关系更密切、更直接。人类最初的建筑在很大程度上依赖于当地自然环境为其所能提供的自然物质。生活在西藏和青海青南农区的部分藏族居民的居住形式主要是碉房。碉房建筑已有久远历史,清《西藏志》曰:"前后藏各处,房皆平顶,砌石为之,上覆以土石,名曰碉房。"① 碉房多为石木结构,在青藏高原,特别是在雅鲁藏布江流域,长江、黄河上游大量裸露的岩石,为传统的碉房建筑提供了充分、廉价而且经久耐用的建筑材料。传统的碉房建造就地取材,多选取当地石料砌成,外墙用块石或片石砌筑,墙体较厚,房屋门窗的开口尽可能朝南,楼层的北面和底层各墙不开窗,而且窗户较小,有利于保暖。屋顶为平顶,并用"阿嘎土"拍打得紧密厚实,几乎没有屋檐,有利于防止漏风而引起的热量散失,选址常常采取西北高、东南低的地势,这能达到顶层避风向

---

① 《西藏志·卫藏通志》,第 132 页,西藏人民出版社,1982 年。

阳、暖和的需要。藏族人民在长期的实践中，经过不断探索研究终于创建了适合高原寒冷、多风天气的民居建筑。这种独特的建筑形式，不仅体现了藏族人民的建筑智慧，具有很强的实用性，而且体现了高超的建筑技艺，显示出独特的审美特性。就碉房建筑本身看，雕房皆依山而建，随山势起伏，鳞次栉比，宛若一座城堡，体现了藏族人淳朴、自然又追求自由、浪漫的审美观念；碉房结构严密，外观坚实稳固、粗犷厚重，体现了藏族人民以浑厚凝重、雄伟粗犷为内涵的追求崇高美的理想。碉房已然成为凝聚着民族审美意识的物质载体，负载着藏族人民无形而浓郁的情感和审美追求。

  生活在青海牧区的藏族、蒙古族等民族自古过着逐水草而居的游牧生活，受生息繁衍环境的影响，每年都要按季节转移牧场，因而往往居无定所。为适应这种流动的生活方式，便于搬迁、适于游牧的帐篷、毡房，便成为了他们最理想的移动居室。尽管这两种移动居室在建造形式的细节上有所不同，但都是以毡木结构为主，一般由栅栏、房杆、顶圈、房毡、门和门框等组成。这种房屋其突出的特点就是结构简单，支架容易，拆装灵活，便于搬迁，可以最大程度地适应游牧生活的需要。帐篷、毡房不仅携带方便，而且具有坚固耐用、居住舒适、防寒、防风、防雨、防震等特点，从而成为千百年来藏族、蒙古族等民族牧民喜爱的民居形式而延续至今，被人们称为"驮在牦牛背上的家"。人类建筑的审美价值取向往往与物质的生产、经济水平、生活方式密切相联，青海各民族正是依据自身不同的生活方式和生存环境，在生活实践中通过对客观现实规律的把握，即对"真"的认知与理解，并通过自身的努力，创造出符合自身利益的居室，即实现合目的的"善"。正是在合规律性和合目的性的创造中，青海各民族在最大限度地发挥居室实用功能的基础上，形成了各自民居建筑不同的审美特性。

第十章　青海民族建筑与审美

二、青海民族传统建筑所体现出来的特点和形态，很大程度上是各民族之间在文化上相互涵化、彼此熔融的结果，青海各民族建筑美学观念是高原民族文化"美美与共"的结果

人类自诞生的那一天起，便将对于安身之所的需求，即像果腹与蔽体一样置于根本和急迫的地位。但当人类运用工具创造自己的住所时，其所创造的建筑就不同于一般的兽穴和鸟巢，而成了既适于居住又具有一定的审美因素的建筑物了。因此，那些属于真正人类的营造，从一开始就称得上是一种"建筑艺术"。黑格尔把建筑艺术看成是美的过程的第一阶段，认为它的"最初形成要比雕塑、绘画和音乐都较早"[①]。居室建筑的形成和发展，是人类文明与进步的标志，也是民族传统文化的基本表现形式之一，正如梁思成先生所说，建筑作为人类文化的结晶，"建筑之规模、形体、工程、艺术之嬗变，乃其民族特殊文化兴衰潮汐之映射……今之治古史者，常赖其建筑遗迹或记载以测其文化，其故因此，盖建筑活动与民族文化之动向实相牵连，互为因果者。"[②] 从青海建筑文化的发展来看，各民族文化的交融使建筑也体现了"你中有我，我中有你，谁也离不开谁"的文化关系。由于生产力发展水平不同，青海各民族的建筑文化存在着十分显著的差异，这就为彼此之间的学习和借鉴提供了广阔的空间。需要说明的是，人们通常都认为处于经济强势或军事强势的民族常常会取代处于弱势的民族，其建筑文化似乎也无例外，实际上这是一个形而上学式的误解。根据威斯勒的观点，"如果是文明战胜野蛮，无异于扩散了先进的文化；如果是野蛮征服文明，胜利

---

① 金元浦：《美学与艺术鉴赏》，第161页，首都师范大学出版社，1999年。
② 梁思成：《梁思成文集·中国建筑史》，中国建筑工业出版社，1985年。

者则常常被同化，文化中心也随之转移或合并"。① 中华民族的漫长历史已经证实了威斯勒的观点，在建筑文化中也是如此。青海建筑文化始终围绕着青海独特的地理环境、气候条件、物产水土等建筑的物质基础发展的，建筑美学观念处在动态转移和中心合并的关系当中。换言之，青海各民族的建筑，从来都是在彼此吸收、彼此借鉴、互相融合、互相促进的良性互动的历史过程中向前发展的，很难找到哪种类型是"纯粹"的本民族特征反映的建筑。

按常理说，西宁市的东关清真大寺应当是纯粹的伊斯兰建筑风格的体现，但是其建筑形制、结构布局、建筑理念、建筑风格也同样是多民族建筑文化的融合体。西宁东关清真大寺始建于明洪武年间，迄今有600多年的历史，是西北地区最大的伊斯兰教寺院之一。该寺按照伊斯兰教教轨的基本要求由山门、仪门、唤醒楼、礼拜殿、学房、浴室等组成。大门为西式三门，中间为大门，左右小门，错落有致，和谐统一，门顶嵌有寺名，流露出典型的汉文化倾向。仪门为阿式拱形门（又称重门、中五门），大拱门两侧各有两个小拱门，耸立在十余级花岗岩台阶上。唤醒楼建在仪门两侧，为三层六角攒尖顶建筑，高达18米，与仪门浑然一体，巍峨壮观。礼拜殿建在高1.3米的台基上，是汉族典型的传统庭院式庙宇营造法式，汉式的歇山顶由灰瓦覆盖，殿顶镂空花卉砖起脊，上置三个藏式鎏金经筒，与唤醒楼上的两个鎏金经筒交相辉映，异彩缤纷。大殿两侧有砖雕八扇屏，上刻有各种古典图案和花草。两侧大楼拔地而起，按照汉式规制协调、对称布局，增添了寺院的壮观气势。很显然，这座用于伊斯兰教信徒礼拜的教堂式公共建筑，是在融合了阿式、汉式、藏式等诸多建

---

① ［美］克拉克·威斯勒著，钱岗南、傅志强译：《人与文化》，第3～4页，商务印书馆，2004年。

第十章 青海民族建筑与审美

筑元素基础上兴建完成的，各民族建筑元素之间协调一致，美美与共，相得益彰，风格包容大度，气宇轩昂，堪称青藏高原宗教与信仰建筑当中的经典。

在人们的印象当中，越是边远的地方，传统势力就越保守，诸如房屋建筑、家居装饰等就越保留着古老的传统形制和样式。但在玉树的称多、果洛的班玛等城镇中，这种过于肯定的印象恐怕就会被客观事实打破。我们以坐落在果洛州班玛县灯塔乡具有200多年历史的传统藏式碉楼民居为例。在灯塔乡，牧民们一般在向阳的山坡择地建居，因坡制宜，灵活地布局。民居多数是独门独院，其院落为单院、双院，兼有上下院、三进院等形制，院落的布局一般多为矩形、长方形，呈"一"形、"凵"形、"口"形排列，很少看见有不规则的院落。其中，双院、上下院和三进院最为典型。双院中的内院、上下院中的上院一般为生活区，外院或下院是辅助区，饲养牲畜，以木梯垂直联系。从外观上看，这些两三层的房屋造型犹如踞守在山岭关隘的城堡，稳固端庄，粗犷古朴，外墙自上而下适度收缩，内墙仍保持上下垂直，故常被称作"雕楼"。同样是"雕楼"，与西藏、甘肃、四川等地的藏族、羌族的碉楼有着显著的差别：形制上没有囿于藏式传统民居单一的独体建筑制度限制，却巧妙地吸收了汉式建筑上下套用、内外套用格局，借鉴了汉式民居四合院落的元素，于变化中求统一，在统一中求突破，在材质、工艺的使用上都有明显的差异，对堂屋、经堂的安置、营造、装饰都十分庄重、精细，而其他房屋就比较简陋。大有汉族民居体现"礼制"的哲学理念；结构上同样是就地取材，以石木结构为主，石料砌墙，包裹着木柱框架，内不见石，外不见木，具有汉式民居木架构立柱起梁、砖坯砌墙的特点，房顶并不选择汉式民居的歇山顶或坡屋顶，仍然用"阿嘎土"或"鞭麻"等工艺来处理，层层叠叠、反复捶压而成，大大规避了因使用石材而使民居可能加剧自重的问题，又回到了高原因少雨而平顶的地方化、民族化制式。

应该指出的是，这种汉藏合璧的民居风格并不能简单地理解为是民族同化现象在建筑文化中的一种反映，这当中实际上包含着一个深厚的文化人类学命题——"文化涵化"（或称"文化适应"）问题。适应，作为一种文化机制，是指人类群体为求生存发展而与所处环境相适应的一种生存方式。建筑美学适应，实际上也是构成整个人类适应中的重要一环，是不同建筑审美文化经过长期的接触、联系、调整，而改变原来的性质和模式走向新质的发展过程。"建筑审美适应不是单向的文化制约或抑制，而是双向或多向的互动过程，建筑审美适应的完成和实现意味着审美互动取得了结果。"① 建筑美学思想的深层常常隐蔽着文化涵化或文化适应的内在力量，人们在现实生活中为了更好地生存和发展，在居所的建造和使用中逐步发展出与之相适应的建筑模式、技术手段、生活方式、风俗习惯、宗教禁忌、社会差别等，这样建筑就不再仅仅是一个遮风挡雨、取暖避寒或纳凉避暑的居住空间，它既是一个生活的空间，也是一个文化的空间，一个在自足基础上包含着自为、自在、自由精神的文化系统，这个系统的原动力就是文化适应。以藏族碉楼来说，文化涵化或文化适应指藏民族要维护或凸现自身文化特质综合体的生存与发展，就必须最大程度地同时满足自然环境、物质条件和人文生态三者的基本要求。但是，这一切又并不就是在汉文化强势面前的被动适应，在这个系统的终端是文化关怀，在藏族碉楼空间这种独特形制内部，虽然我们看不见也触摸不到，却能深切地感觉到藏族人民在自己的建筑文化中，始终把维护以血缘胞族为核心的部落文化和以佛教哲学为核心的观念文化作为自己的终极取向。在长期、艰

---

① 唐孝祥：《论建筑审美的文化机制》，载《华南理工大学学报》（社会科学版），2004年4期。

第十章 青海民族建筑与审美

苦的游牧生活和农业生产中，藏族人民通过盟誓、缔约、熔融，已然结成了亲密无间的生命共同体和利益共同体，形成了珍重血缘、长幼有序、平等竞争的现实主义生活态度，同时又通过皈佛、礼佛、颂佛形成了博爱、怜悯、持戒、内敛的理想主义价值观念，两者熔铸成为藏族人民独特的社会关系，这恰恰与汉族儒家思想主张以人为本、克己复礼、中庸平和的观念殊途同归，不谋而合。文化理念的相似性导致生活方式的同步性，也使得建筑审美文化在适应、选择的过程中最终具有趋同性。我们可以肯定地说，如果没有文化理念上的交叉和共同部分最大程度的存在，便没有青海建筑审美文化的彼此溶汇。

可见，青海民族建筑艺术同其他文化现象一样，总是处在相互交流、相互影响、相互促进的开放环境中，是融合多种文化的成果。因而，在某一民族的建筑风格中往往也吸收了其他民族的民居文化特征，总会出现与其他民族建筑文化杂糅的特点。在青海穆斯林各民族的民居建筑中，明显带有中亚细亚的建筑风格，特别是建筑中的雕刻艺术，在今天的青海已为其他各民族所吸收。在居室的软装饰上，民族之间审美意识的互渗现象也十分明显，如青海藏族、回族地毯构图华丽、线条清晰，高彩度、高亮度的色调成为其显著特色。许多专家认为，这种特色与青海各民族的热情奔放、开朗外向、能歌善舞的民族性格气质有关，同时也反映了这种图案曾受中亚阿拉伯风格的影响。而撒拉、东乡、保安等穆斯林群众的居室中的地毯、挂毯，彩度、亮度均不太高，构图也较为简洁、朴实，画面显示出一种幽静深邃的意境，给人一种宁静致远的审美感受。这种居室软装饰风格的形成与各民族长期与汉族杂居，受到汉族等农耕民族文化影响多有关系。

三、青海建筑审美文化是在一定自然环境、社会条件和文化背景下逐步形成的，从审美反映的层面上说，其本质是一个三维的系统，即解释系统、礼仪系统和操作系统

在青海历史上，我们很难就特定区域中的人群用"民族"这个概念来概括，青海的藏族是在融合了羌、吐谷浑、党项以及汉等民族成分以后逐渐形成的，土族则是吐谷浑、蒙古族的后裔，其中还包括汉族的成分，回族更是经商定居在青海的阿拉伯人融合了突厥、汉、藏、维吾尔等民族的成分形成的，撒拉族则是突厥阿拉尔罕人和藏族融合的结果……即使是青海的汉族也分别是两汉时期、隋唐时期，特别是明清时期江南、中原、山陕各地的移民汇聚而成的。因此，青海民族不仅是一个历史的范畴，更多的是一个地域性的文化范畴，中国有史以来的各种记载和现实都告诉我们，青海的社会群体从来都是一个动态的社会结构，没有哪一个民族是一脉相承或一成不变的。所以，我们在这里借用人类学的概念"族群"（ethnic groups）或"社会群体（social group）"来表述似乎更准确，站在地域文化层面可能更有利于我们清楚地了解青海的建筑审美文化。

建筑学者认为，建筑审美文化的动力取决于建筑审美活动的群体性冲突、分化、整合与调适四种动力机制。[①] 在我们看来，建筑审美冲突是建筑审美差异性的必然结果和现实表现，建筑审美冲突既反映了性质相异的建筑审美文化之间的联系，也体现了不同群体的建筑审美意识、建筑审美标准的相互区别和个性特征；建筑审美分化和整合是建筑审美文化发展的具体性和阶段性

---

① 唐孝祥：《论建筑审美的文化机制》，载《华南理工大学学报》（社会科学版），2004年4期。

第十章 青海民族建筑与审美

表现,也是审美文化丰富性和生命力的表现;而调适作为冲突、分化、整合的基础机制,就是将特定区域当中的生产力和生产关系历时性地投射在人们的审美心理当中,或强或弱、或明或暗地反映在这个特定区域社会群体的族际关系和族内关系当中。

建筑作为文化的表现形式,通常以艺术或文化符号的形式来传递审美信息,透露的是某种情感意绪观念,心灵对外部世界的感触,表现了人们丰富而变化的精神世界。建筑文化符号在意义上大致有三种类型,即单一性、集合性、整体性的象征符号。①建筑文化的符号、意义、价值在相互影响、相互制约中变迁嬗递,成为一个完整独特的文化系统。归纳起来,我们认为青海的建筑文化从审美表象层面上说,其本质可以理解为是一个三维的系统,即解释系统、礼仪系统和操作系统,其作用已经渗透到人们的家庭、经济、社会组织、意识形态、信仰、感情生活,乃至心理构成、民族质素等各个方面。

(一)建筑是文化的解释系统

作为解释系统的建筑文化是体现人的本质的物化形式。作为解释系统的建筑,是指通过建筑的方式、布局、形制、规模、结构、装饰、功能等建筑符号对人的存在方式、等级、身份、性别、归属、地位等加以确定、界定和规范。建筑的功能是社会赋予的,建筑的类型是人的社会情境赋予的,中国公共建筑更是将上古祭祀、巫术等敬献自然神的礼仪进行系统化分类和归纳,上升为家族文化、儒家文化、佛教文化集体意志的反映。在青海各地的公共祭祀建筑、寺院建筑常常位于聚落、村庄和社区之外的山岭、高地、土丘、河流、衢口,却凌驾在心灵之上,是人们确定族群关系,包含族群全部信息的宿主和护佑社会成员的"保

---

① 袁忠:《建筑艺术的符号、意义与价值》,载《华中建筑》,1998年4期。

护神",是一个物质化、对象化的又是唯一可容纳、寄托灵魂的空间。这些建筑不仅仅是一个单纯的知识客体,而对应的是一种特定的情感寄托,人们只有在这个保护神的面前才能知道"我是谁"、"属于谁"、"我要到何处去"。换言之,唯其如此,人们在族群中的身份才能得到认同和区隔。同时,建筑之间存在明确的亲属和等级关系,构成了一个更大的社会群体,形成一个有着血缘关系的社会生态链条,最后统摄于一个更大的建筑空间。在青海民间建筑中,不论是汉族的"庄廓院"、"四合院",还是藏式碉楼和寺院、蒙古包等,无论小到以家庭为单位的农家小院、三角帐篷和蒙古包,还是大到宗教殿宇,无一不是人的社会属性的文化产物。

由于我国以畜牧和种植为核心的农业文明的早熟,国家大一统政治格局的相对稳固,特别是俗民文化现世哲学理念的壮大,原始文化意味在进入到文字时代就日趋式微,但建筑用于标明血缘、宗亲、身份、等级乃至宗教、信仰的意义被完整甚至扩大化地保留下来。无论建筑的社会意符如何演变,我们都发现一个不争的事实:"决定事物分类方式的差异性和相似性,在很大程度上取决于情感,而不是理智。"[①] 同样,青海民间建筑特别是公共建筑,很大程度上是精神需求和情感慰藉的产物,"至于审美的规定依据,我们认为只能是主观的,不可能是别的"。[②] 于是,建筑的社会规定性与审美的共同性在文化上找到了契合点,审美成为建筑的文化标准之一,建筑只有属于这个确认的系统才是美的。"原始分类绝不是个别或例外的,也绝不是与开化民族所采

[①] [法] 爱弥尔·涂尔干、马塞尔·莫斯著,汲喆译:《原始分类》,第91页,世纪出版集团,2005年。

[②] [法] 爱弥尔·涂尔干、马塞尔·莫斯著,汲喆译:《原始分类》,第87页,世纪出版集团,2005年。

第十章 青海民族建筑与审美

用的分类格格不入的;恰恰相反,它们似乎可以在丝毫不打破连续性的情况下,与最初的科学分类一脉相通。事实上,纵然原始分类在某些方面与科学具有很大差别,前者也已经具备了后者所有的本质特征。"① 因此,虽然那些用于确定血缘系统、族群关系、氏族等级、族际界限的观念已经成为文化基因保留在青海民族的文化记忆当中,成为民族的集体无意识,成为反映在建筑上的一种悠远的文化情结和独特的建筑原型,但根本上成为了决定人的本质的核心要素。一个社会成员脱离了这个系统,也就意味着失去了存在的意义。推而广之,建筑的本质在一定意义上就是人的本质的形象体现。

(二) 建筑是文化的礼仪系统

从生活礼仪的角度看,那些属于或者具有生活公共建筑、信仰公共建筑功能的建筑,所担负的仪式成分和礼仪功能可能是最强的,它的建造和存在已不局限于实用,更多的是在日常状态下安置神祇、闲置或作他用,而一旦在社会成员要举行公共活动的时候,它就成为了"神圣"建筑,要承担起礼仪宣示的象征功能,具备了崇高的价值,而这类建筑的空旷、高达又给人们以威严的压迫感和神圣的庄严感,于是,作为礼仪系统的建筑是人们表现优美和崇高审美情感的社会形式。神话学家何新指出:"礼教起源于祭神的仪式,且艺术起源于精神的庆典和装饰。"② 一方面,建筑是一个标志血缘、等级、存在、地位等本质属性的符号依据,用来确定部族群体成员的身份归属,每个部族成员在各

---

① [法]爱弥尔·涂尔干、马塞尔·莫斯著,汲喆译:《原始分类》,第87页,世纪出版集团,2005年。
② 何新:《艺术分析与美学思辨·中国上古神话的文化意义及研究方法》,第294页,时事出版社,2001年。

自的建筑空间内，达成身份的认同，找到自己在部族中的位置，落实信仰的归宿；另一方面，部族成员按照这个确定身份的"纯粹思辨"体系，了解事物与事物之间的联系，指导自己的行动，将自己的意识、行动统一到整个部族的集体意志和信仰体系当中。在这个"纯粹思辨"的体系当中，每个社会成员在这个已经具备了超自然和超人力的体系面前，要实现或体现自身的价值，就必须首先膜拜这个已经脱离了本意的象征文化体系或者文化符号体系，而兴建这些公共建筑，膜拜这些建筑当中的神灵则是实现自我、体现自我的一种最佳的、有形的现实方式。于是，在这些建筑面前便形成了一整套的礼仪规范，一方面用于统一人们的意志，人在这个建筑面前所体现出来的皈依感，实际上就是人对于建筑的秩序、规范的遵从，使整个社会成员能够以和谐、均衡的关系存在于社会系统的面前，从而使人的状态和行为进入到优美的层面；另一方面用于整合人们的行为，人在这个建筑面前所体现出来的敬畏感，也是人在整个社会成员面前所体现出来的以庄严、宏伟为主要形态的崇高。在这种情况下，建筑就从"善的诱惑"和"恶的恐吓"两个方面，完成了人们对建筑从情感到信仰的完全而坚定的依归。

（三）建筑是文化的操作系统

作为操作系统的公祭建筑和其他公共建筑与承担集体意志的个体建筑、家庭建筑，都是人们审美地生存、诗意地栖居的社会形式，那是因为一旦处在这个"第二自然"的空间当中，人的内心情感就会被建筑所形成的氛围以及建筑中所陈设塑造的形象所牵引、控制，将我们内心世界的苦难、混乱和以往的生活处境、生活经验全部拿掉，精神被实体的建筑所统辖，被赋予新的意义。建筑仿佛是塑造灵魂和行为的模具，将人的一切合理意志和行为都纳入到这个空间，而将那些逾矩的、无序的意志和行为

第十章 青海民族建筑与审美

都以合理的尺度予以界定和修正。从青海民族发展的历史来看，早期的原始宗教、藏传佛教和伊斯兰教，在不同时期都曾对人们产生过极大的影响。青海少数民族建筑作为物质和精神文化的复合体，在其发展的过程中也渗透着宗教意识，使那些由于自然条件限制而建设起来，确乎有些简易的建筑，在俗民的审美观念里被赋予了浓厚的神秘色彩。正如法国大作家雨果所说："人类没有任何一种重要的思想不被建筑艺术写在石头上。"佛教和伊斯兰教的传播，同样在青海建筑民俗中留下了深深的印记，这不仅在宗教建筑中得到了充分的体现，就是在一般民居建筑中也表现得十分充分。

与我国其他许多区域文化所呈现出的传统社会一样，已然上升为集体意志的青海各民族建筑及其文化符号系统，首先与我国深厚的农业文明密切地结合，其后同与之相适应的伦理型哲学——家庭综合体文化类型相结合，建筑从最初作为确定信仰归宿、族群社会关系的标志，成为渗透到社会生活各个领域的文化符号，成为人们判别区分事物的依据，成为凝聚族群关系、坚定和统一族群意志的象征，且成为人们进行贸易、婚姻、竞技、娱乐等交往活动的舞台。人的一切活动无不在这个空间或者从这个空间出发，而且人的思维方式都是与中国各地所具有的生存环境、生产方式、行为方式是协调统一，包括种植、栽培、饲养、放养等农业文明为基础、小农经济形态为结构遗存下来的内容在内，在那个漫长时代最具可操作性的，当然也是那个时代最完美、最完备的文化系统。在这个系统的引导下，中国人养成了敬畏自然、皈依自然的社会生态观，形成了"天人合一"和"师法自然"建筑文化观，人们的所有的社会生活都在这个观念下井然有序地予以安排、调适、整合和规范，人、建筑与自然就成为密不可分、和平共处、和谐一致的生命共同体。于是人们也获得了最佳的生存空间和在这个空间生存的最佳理由——在这个空间建筑当中，人们只要依凭这个生活理念就可以和谐有序地审美地生存，诗意地栖居。

第二节 青海民族建筑的类型和审美特征

建筑是文化，也是艺术。研究青海建筑离不开文化视野，离不开建筑艺术生长的时空，离不开青海独特的地域文化。因而，理解、诠释青海建筑的审美神韵也应当从文化层面入手，追寻蕴涵在建筑中的内在生命力和建筑文化发展的原动力。吴良镛先生在《广义建筑学》中指出："建筑问题必须从文化的角度去研究，因为建筑正是在文化的土壤中培育出来的；同时，作为文化发展进程，并成为文化之有形和具体表现。"[①] 青海地方民族建筑是中国建筑艺术中独特的文化体系，在漫长的进程中，具有与我国其他地区迥异的美学特征。在此，我们力求站在中国文化的大视野下，以青海地方文化为理论基础，透过审美的视角，运用综合比较研究的方法，从时空意识、审美尺度、物质材料、装饰意匠等建筑文化的审美特征方面，阐述青海各民族建筑的美学品格。

一、汉族建筑的类型和审美特征

建筑是文化的组成部分，也是人类的物质、精神产品。文化内涵决定建筑形式，建筑的文化形式也丰富着文化的内涵。相对而言，青海地区民族建筑美学品格的差异在于各自文化内涵的不

---

① 吴良镛：《广义建筑学》，第168页，清华大学出版社，1989年。

第十章 青海民族建筑与审美

同。从总的方面看,少数民族建筑深受宗教文化的影响,以神为中心,表现出对神祇、来世的虔诚向往和宗教迷狂,而汉族传统建筑在空间布局、结构造型、装饰设计等方面以人为中心,深受农耕文化的影响,体现出乐生、重生的现世理性精神和浪漫情怀。尽管各地区、各民族的建筑差异性在当代文化中逐步缩小,而由于文化内涵和精神指向的不同,青海汉族建筑所呈现出的丰富性、地域性、交融性特点仍然十分独特。

青海汉族素喜聚族而居,传统民居多为一户一院的庄廓院。庄廓院是汉族四合院在青海的变体,其建筑形制的早期形成,主要在充分体现家族观念的基础上,因地处边远,人迹稀少,盗匪滋扰,故更加强调建筑的安全性,可以说一个完整的庄廓院就是一个防御功能齐全的城堡。院落的围墙一般均由夯土筑成,标准庄廓院占地七八分,大的庄廓院也可达三五亩。高约5米的土筑厚墙,难以逾越。每户庄廓正房12间,角房4间,面南背北的为主房,民间叫上房。正房建筑在用料、装饰及规格上格外讲究,单坡平顶,前出廊,土木结构。明间安四扇格子窗,次间、稍间各安花格支摘窗,窗下砌砖雕槛墙。前檐木雕装饰十分精美,内容丰富,很有特点。青海汉族民居与北京四合院和江南的宅院相比少了许多奢华,看似土气,甚至简陋,但多了厚重和拙朴。

汉式建筑无论是普通的庄廓院民居还是官式行辕建筑,最大的差别在于规模的大小,其余诸如形制、法式、结构、布局、技术、装饰等都没有太大的分别。具体表现在:第一,充分而严格地遵循汉族礼教制度对房屋建制的古老仪轨。依照《考工记》内化而形成的等级传统和《营造法式》遗留的具体规制,官式行辕建筑大都遵循标准的法度,而民间庄廓建筑则使用的是习俗化的法度,即把官式标准以传说、故事、口诀、歌谣等形式加以传承,或以堪舆、算命等潜规则加以规范,几乎完全按照中原各地区建筑的传统加以建设。由此说明在建筑文化上青海汉族追求以家庭为基本细胞,秉持族群成员内部的和谐与族群长幼尊卑的等级结合的礼仪观念,建筑整体流露出谦卑、温和、内敛的文化气质;第二,建筑装饰选材细腻,做工精巧,充分表露出汉文化的审美情趣,这种审美取向亦为其他少数民族积极而富有创造地吸收。汉式建筑按照木构件立础建构,门、柱、梁、椽、拱、窗、檐一般都选用精良细腻的杨木、松木、柳木,无论贫富皆粉梁画栋,精雕细刻,门板常饰以儒家经典故事或松竹梅兰四君子,门楣饰以喜鹊登梅、苍龙出海等民间吉祥图案。木雕主要用于古典建筑和木板装裹的民居的装修之中,雕刻有抽象图案,也有龙、凤、狮、虎以及各种花卉,以艺术形象出现于建筑物上,发挥了装饰、美化作用。在内外檐装修中运用木雕,克服了建筑物的笨重感,增添了艺术的光彩,同时也给人一种华贵的美感。廊拱、瓦当、柱头等处又饰以佛教吉祥八宝或"卍"字符等。马步青公馆使用了大量的砖雕图案装饰,进入公馆的大门首先映入人们眼帘的就是大型影壁砖雕画《江山图》:红日高照,阳光洒满崇山峻岭,巍峨的山峦,郁郁葱葱;江面上白帆点点,桅杆倒影水中,浮光耀金;碧空中飘荡着白云,仿佛是充满生机的仙境。雕幅上方用刚劲有力的行书刻着题图诗句"间摘柳条编太极,细分花瓣点河山",使诗书与画意融为一体,具有很高的审美价值。① 彩绘装饰在汉族传统建筑中,美化作用十分突出,具有较高的审美价值。回族等少数民族建筑的彩绘是在吸收了汉族各种彩绘的基础上发展起来的,具有构图饱满,纹样繁密,设色素雅等审美特点,又融合伊斯兰教建筑彩画装饰,主要是几何图形和花卉,植物的花蕾、果实、花朵、枝叶的变形和美化形式,使创造性的形象和丰富的图案纹样按一定的规律组合而形成,构

---

① 此处的照壁已于20世纪70年代被拆除。

成了传统民族图案的美学特色。

二、藏族建筑的类型和审美特征

藏族几乎全民信奉佛教，佛教又为原始苯教深深地濡染，敬神拜佛成为人们的精神寄托。在日常生活中，人们总是以虔诚的态度敬拜神、佛，乞求神灵的保佑，因之与神同在，也成为藏民族建筑的审美理想。

（一）寺院民居建筑

寺院民居建筑亦可称之为宗教聚落，指分布在藏传佛教寺院附近的民居建筑群落。朝佛、礼佛是信仰虔诚的藏族每日必需的人生课业，因之青海许多地区的民居聚落都分布在寺院的周围，逐渐形成受佛教影响而布局的宗教聚落。这些建筑在布局形式上，并不完全按照一般民居在选址上取决于饮水、耕作、放牧的实用需求之上，而是建立在对宗教仪礼的皈依之上，理想的感性追求完全取代了现实的理性需求。在藏传佛教占主导地位的青海，这种宗教聚落已成为藏族民居建筑主体格局，其中以湟中塔尔寺、黄南同仁隆务寺最为著名。湟中县的藏族民居群，就是围绕塔尔寺发展起来的。附近的民居建筑围绕着塔尔寺所处的八瓣莲花山坳四散而建，绝大多数民居的大门都是朝向寺院，这既方便了转经朝佛，也暗含居室主人对佛的虔诚和向往，反映了人们深厚的宗教情怀。

在藏族民居装饰中，最常见的有在门上悬挂风马旗或其他印有避邪图案的布画，外墙门窗上挑出的小檐下悬挂红蓝白三色条形布幔，周围窗套则为黑色。屋顶的女儿墙的脚线及其转角部位用红白兰黄绿五色布条缀成"幢"。在藏族的宗教审美观中，红色象征火，白色表示云，蓝色代表天，黄色寓意土，绿色意味水,以此表示吉祥如意的愿望。在藏族民间建筑装饰中,常采用符号式的办法来表示神的存在,体现与神同在的审美理想。如"卍",佛教认为它是释迦牟尼胸部所现的"瑞相",称作"雍仲",是藏传佛教中的一个吉祥符号。藏族修建新房时,画"卍"于房基地,意谓坚固耐用,大门上绘饰"卍",表达了祈求佛祖保佑、全家平安的美好愿望,使民居建筑显示出一种独具特色的审美情趣与特征。居室内部的装修,无论色彩的使用还是壁画的内容都具有浓厚的宗教意味。富有的家庭在所有墙面、回廊墙上都绘满壁画,墙壁与顶棚交界处则画成红蓝、红绿相间的布幔状花饰,壁画内容多为佛祖本生故事及宗教历史人物等题材,使建筑在华丽的装饰中营造出了一种神秘的宗教文化氛围。可见,佛教的广泛传播,使宗教的观念已渗透到藏族人民物质和经济生活的各个领域,在建筑民俗中也总是折射出具有宗教意味的审美文化心理。

(二) 民族民居建筑

在玉树地区,由于青藏高原地壳运动,山脉呈褶皱状,加上长期风化,大小不等的叶片风化石成为当地群众首选的建筑材料。玉树石材建筑的碉房与其他藏区有一定的差别。据说当年文成公主入藏时曾小憩玉树,因而当地传统建筑受汉文化影响的程度较深,这种石材建筑一般按照汉族北方平屋顶的格局设计,但没有按照先以木质框架筑屋而后砌墙建房的建筑模式,而是平地起屋,直接垒筑,建成一层、两层不等的独体建筑。值得一提的是,许多民居还以北方汉族的双面坡屋顶的式样设计,向阳处开窗采光,只是门窗较内地的略微狭小,是考虑了冬日寒风较大的一种保暖设计。屋顶安置鱼鳞瓦,正房的屋檐下端饰以彩绘的椽头、横木、瓦当。乍看上去,仿佛置身于汉家院落,仔细端详,才发现这些部件都是仿制件。工匠们按照主人的喜好,在宽约

50厘米的长条木板上分别刻制整齐的椽头、架瓦的横木、封檐的瓦当，然后再按照藏族习惯粉彩、绘画，饰以吉祥法轮、如意宝瓶等装饰物，最后镶嵌在房檐之下，原本色彩单调的青石墙，瞬间变得色彩浓烈绚烂，祥云缱绻。

这些地区的藏族在建房时，还将一些宝物如玉、玛瑙等放入房屋的墙体内，意为使新房充满财气。乔迁新居之际，要在新房的院子当中放置一堆牛粪和一桶清水，意寓新生活如同牛粪燃烧那样火热，祈求人畜水源不断。藏族人民因地制宜，就地取材，至于建筑装饰更是体现出独特的审美情趣。藏族民居建筑的色彩装饰别具特色，他们习惯在所建碉房的大片石墙上，粉白或涂红，嵌上梯形黑框的小窗，楼层之间的楣檐，在挑出墙外的楞木上涂以朱、蓝、黄、绿、青等各色，对比十分强烈，给人极度反差的视觉审美效果。建筑材料色彩的搭配也颇具特色，泥土的淡黄色，石头的青色或暗红色，檩木涂以五彩，整个建筑线条鲜明、节奏齐整、敦实浑厚，仿佛一首古朴的壮美乐章。

三、土族建筑类型与审美特征

土族民居建筑的类型由于深受汉、藏两种文化的深刻浸渍和影响，其建筑形制从功能上保留了北方汉族庄廓院落蕴含的儒家文化特质，在民居装饰上则因皈依藏传佛教又有了深厚的佛教文化痕迹。事实上，土族的信仰系统是一个三维的文化系统，在其文化的发展进程中，既吸收了处于强势地位的汉文化和藏文化的有机成分，但也顽强地保留了土族先民原始信仰的成分。在家庭、家族内部的族群系统中，出于整合和规范族群的需要，在道德机制的层面上，土族敬崇祖先，关注血缘，专务农桑，家庭、家族的主要成员严格遵循儒家积极入世的文化传统，因而浓厚的小农经济意识需要四合院形制的文化空间作为其生活方式的载体。同时，出于恪守共同信仰的需要，在宗教信仰上，家庭、家族的全部成员将心灵的归宿寄托在藏传佛教，故而院落里又不乏高耸的"麻呢杆"、飘扬的经幡等宗教建筑装饰。在此基础上，我们还能依稀辨识隐含在这些文化表象背后的原始文化痕迹。在土族建筑民俗中，当新"庄廓"打成后，人们并不忙于打地基、起屋架、盖房子，而是选择吉日举行奠基仪式，这也不同于汉族传承的以"石敢当"、"镇宅石"为原型的奠基形式，而是在院墙的四角镶嵌白石。镶嵌的白石一般为乳白色或圆柱型，表面光滑。其中包含的文化内涵人们说法不一，但从历史渊源来看，这一建筑民俗带有明显的原始信仰的遗迹。从白石的外形来看，是圆柱体，似为男根的拟形，奠基者要求是承担传宗接代任务的男主人，或者是代表生殖力旺盛的"家全人全"的外姓男子。所以，在这一民俗事象之中，隐约显示出这一民族早期原始生殖崇拜的观念，表现了土族对家族人丁兴旺、香火绵延的一种美好愿望。土族人在新庄廓建成后，还要择日献牲谢土，意为太岁头上动了土，多有冒犯，祈求免罪，永保平安。

　　土族人民在建造住房时不仅考虑满足生活的基本需求，而且也按照美的规律不断地去美化居住环境、美化生活。建筑装饰是人们用以美化生活的最普遍的形式，也是建筑中最能体现人们审美观念和美学情趣的重要部分。因而用精美的装饰增强房屋的美感，是包括土族在内的青海各民族民居建筑共同的审美追求。建筑装饰的应用不仅美化了建筑物，增加了建筑的艺术审美价值，而且也赋予民居建筑以一定的人文内涵，体现出各民族浓郁的审美生活情趣。以农业为主的土族，其建筑的梁、檐、门、窗等多采用自然界的花卉和事物的图案来装饰，这与土族农耕生活方式形成的审美观念有着密切的关系。土族居室的门、窗、楼外廊挡板，檐口底部以及柱身都刻有各种花卉、鸟兽、吉祥图案，不着色，淡而幽雅，朴素大方，使简单的建筑富有一种自然美情趣。

居室内常以牡丹图进行装饰。在土族传统审美观念中牡丹是月亮的女儿、吉祥的象征,故有"土族人家满眼里牡丹"的说法。在院子里常种有色彩艳丽的牡丹花,走进堂屋门迎面摆放的就是绘有牡丹图案的大红面柜,厢房内建有绘满牡丹的壁柜,房屋中许多木刻的图案也是以牡丹为题材的。这种独特的审美偏爱,反映了土族人民热爱自然、热爱生活,以祈幸福吉祥的审美情趣。

四、穆斯林民居建筑的审美特征

(一)撒拉族建筑

建筑不仅是人们物质生活的载体,也是民族精神的物质化体现,它选用的物质材料、结构方式、建筑造型和艺术风格,一方面直接体现着一定社会、民族、时代的物质技术水平和政治、经济状况,另一方面也物化了一定的民族、不同时代的心理情绪、精神风貌和审美理想,积淀了社会历史文化的记忆。因此,人们把建筑称作"石头写成的历史"。阅读撒拉族用石头写成的史书,我们总会从中感受和发现许多积淀其中的丰富文化内涵和蕴含其中的美学思想。

直到 20 世纪 50 年代初期,撒拉族民居因受藏族风俗的影响,房屋造型皆为藏族民居式样,以方石为墙,多为双层楼房,房顶是出檐的,宽有三四尺,室内地面为石灰土筑地,坚硬光滑,墙上挂着麦加地图,低矮的院墙由层层叠叠的牛角砌成,明显带有回藏文化交融的特点。青海各民族在长期的历史交往中,民居建筑的审美文化观念,常常表现出交融现象。在农村,信仰佛教的藏族人修建庄廓时,在墙的四角顶上各放有一块洁白的石头,喻意吉祥如意,但我们在信仰伊斯兰教的撒拉族人的院墙四角顶上也能看到这样的白石。据说这种民居习俗就是撒拉族先民在与藏族通婚过程中，受其影响而形成的。青海各民族的审美理想在建房仪式中得到了最充分的表现，这同样也体现在撒拉族的建筑民俗当中。撒拉族人在房屋竣工后，常在大梁中端系上一块方绸带，富有人家常在里面装少许沙金，或银币若干，一般人家放些钱币和一把粮食，有的还放一张写有阿拉伯文字的纸，以示五谷丰登，财运亨通，人丁兴旺，吉祥如意，祛邪平安，安居乐业。通过这种独特的民俗事象，表达了人们祈求美好生活的愿望。

（二）回族建筑

回族民居建筑受伊斯兰教美学的影响和制约，显示出强烈的宗教色彩。在空间造型上"围寺而居"是回族民居的重要特征。人们总是将寺院作为中心来建造居室，因而清真寺就成了一个回族穆斯林民居群落的最大、最明显的造型标志。在民居内部的布局分配上，回族受伊斯兰教"以西为贵"思想的影响，通常将西房让老年人居住。传统的回族民居建筑虽然不具体地表达某种宗教观点，但它在空间形式、体量规模、色彩装饰等方面，往往创造出一种宗教氛围，激起人们庄严肃穆的审美情感反应，引起人们的独特的审美联想与共鸣。

伊斯兰教认为，真主创造了世界万物，并给予了它们灵魂和生命，所以真主是真正的创造者，不允许以任何物质形象的创造来代替对真主的崇敬。这种思想在伊斯兰美学中就体现为反对偶像崇拜。因而，审美追求在回族民居建筑中主要表现在装饰和陈设方面，如回族家庭的室内不置人物或动物画，一般以山水风景、花卉、几何图形、植物画代之，而且，民居的装饰图案暗含着极为丰富的文化意义。如软装饰织物上的蔓草花纹连续展开，交织重叠，巧妙的曲线变化，给人以极大的想像空间。变化多端的自然曲线和动态韵律，使整个图案组成的画面始终处于流动的

第十章 青海民族建筑与审美

状态，它隐喻着世界上的穆斯林精神无所不在，不可阻挡，将在流动和曲折中不断发展前进。

受河州文化建筑的影响，青海回族古典建筑中的砖雕、木雕、彩绘最富特色，堪称"三绝"。回族擅长雕刻，他们把生活中的美雕刻在砖石、硬木上，并以此来美化自己的居室。砖雕在回族雕刻工艺中最有特点，也最有影响，在我国的砖雕艺术史上亦占有一定的地位。回族禁拜偶像，因而砖雕避人物，以花草树木、山水见长，图案较多取材于山水、风光，植物中则以松柏、青竹、牡丹、梅、荷等草木花卉为主，以及少量的动物如仙鹤、梅花鹿等。同时也多有几何图案，以传统的吉祥纹饰作为主体，多用云纹、连纹、牡丹纹、集合纹等进行装饰。雕刻技法主要有阴线刻、凹面刻、凸面刻、浅浮雕、高浮雕、透雕等。砖雕广泛运用于青甘宁等地的清真寺、官厅公寓、庭院居室等的山墙影壁、屋脊栏杆、甬道门牌等，因物设图，巧施雕镂，美不胜收。

在一些传统的回族家庭中，进门正面的案桌上，正中有"炉瓶三设"，即香炉、香瓶、香盒，香瓶内插有香筷、香铲。有的正中放经匣，装《古兰经》等经典，在"上房"正壁挂有阿拉伯文书法条幅或麦加"天房图"，整个房屋陈设具有浓郁的民族宗教氛围。在回族家庭中，最有特色的装饰是用阿拉伯文或波斯文写成的匾额和条幅等，即通常所说的"都哇"（意为祈祷）。"都哇"的内容以"太思米"和"清真言"为主。在城市，"都哇"还是回族家庭的标志，主人将"都哇"张贴或悬挂在门楣上，以表示自己是穆斯林。这种装饰代代相传，成为回族主体审美认知结构中的一种主动性观念，成为穆斯林民居建筑美学思想的一个重要部分。

五、青海蒙古族建筑的审美特征

民居建筑作为一种物质文化的创造，总是以自己的形象体现着人们对生活的认识和创造，渗透着人们独特的审美情趣。蒙古族的包房文化就记载着这一民族生产实践、家庭关系、婚姻制度、伦理观念以及社会组织制度文化，体现了蒙古族在特殊生存环境下的审美文化选择，是蒙古族传统文化精神积淀的物质形式，也是世世代代蒙古族人的智慧的结晶。因而，蒙古族与之结下了难以释怀的情结，即便在现代社会中，蒙古族的一些人虽然已住进了砖房和高楼，但它们依旧珍视包房这种古老的民居生活。在一些节假日里，人们利用宽敞的场地或在草原搭建起蒙古包，载歌载舞，尽情地去感受先辈们曾创建的生活。蒙古包是蒙古族在长期的生活实践中按美的规律创造的产物，凝结着这个民族对美好生活的憧憬和向往，已成为蒙古族的一种精神寄托。在这里，蒙古包作为蒙古族创造的独特的物质审美文化成果，最初的审美功能已有所转化，它所包含的美学蕴含已无法用简单的房屋建筑的物质功能来解释。这种现象表明，青海蒙古族在传统民居风俗中形成的民族审美意识，已成为一种审美心理积淀，深深植根于人们的心灵深处，一演而成为立足大自然的民族情结。

蒙古族传统的民居审美特点往往包含了丰富的意蕴。在建蒙古包时，门一般朝向东方，牧民们相信"门朝太阳升起的地方，全家可以吉祥幸福"。青海海西蒙古族在举行新蒙古包落成仪式时，有一种传统的习俗就是朗诵"蒙古包赞词"，人们用美好的语言赞美蒙古包玉石珍珠的包门高大雄宏；经久耐用的包毡冰洁玉净；用红檀木做成的包杆象征着吉祥幸福；精心雕刻的天窗永远闪耀着日月的光辉，是八个吉祥物（指佛教中的胜利幢、宝伞、金鱼、宝瓶、妙莲、右旋白螺、吉祥结、金轮等）的象征；

第十章 青海民族建筑与审美

精制的白银火架（支放于蒙古包中间用来支锅、茶壶的铁架，俗信是火神所在地）带来温暖的火光，带给人们生活的源泉，祝新蒙古包的主人家道殷实，生活幸福。在这动人的赞美词中深切地表达了蒙古族人期望新居带来幸福生活的美好憧憬。这些独特的民居风俗反映了蒙古族人民祈求平安幸福的民俗审美心理。

青海各民族人民按照美的规律创造房屋、美化生活环境，不仅满足了人们的物质需求，带给人们舒适的生活环境，同时也创造出浓厚的审美的文化氛围，满足了人们精神性的审美需求，使人们得到一种美的享受。更为重要的是，从建筑上去划定族属、判断族性，乃至寻求单一的审美旨趣从一开始就会陷入虚妄的泥沼。在千百年来的文化交往过程中，青海各地的民族建筑都具有了显著的文化复合特征，即从建筑理念上、形制上、材料及装饰的运用上，都有彼此借鉴，相互吸收的特点，呈现出了与青海各地自然环境、人文观念和生活态度相得益彰的中和之美与和谐之美。青海各民族对居住环境的美化，实现了"人诗意地栖居在大地上"（荷尔德林语）这句闪耀着光辉的哲语最为温馨的现实内容。

第十一章 青海节日民俗与审美

青海各民族节日是各民族在长期的社会实践和斗争生活中，经过一代又一代人的创造和传承形成的，折射出各民族不同的文化心理和审美观念，是构成民族审美文化和民族精神凝聚力的一种重要的民俗文化现象。

第一节 青海节日民俗的类型特点

恩格斯在《卡尔·马克思〈政治经济学批判〉》一文中说："物质生活的生产方式制约着整个社会生活、政治生活和精神生活的过程。"青海民族传统节日的产生与民族的经济生活尤其是生产劳动的关系十分密切，许多传统节日习俗的最初形成往往与生产劳动中的祭祀活动有关，或者直接是在生产实践的基础上产生的，反映了各民族当时物质文化生活和精神文化生活状况以及不同时期人们的审美观念。从来源上看，青海节日民俗主要是从节气、历法、信仰、宗教、禁忌几个方面发生；从民俗呈现的类型上看，大约有信仰节日、生产节日、竞技节日、民间艺术节和英雄纪念日等；从文化属性上考察，这些节日又可分为农耕文化节日、游牧文化节日；从举行的程序上看，可以分为庆典节日和

第十一章 青海节日民俗与审美

时令节日。其中，信仰节日又可分为民间信仰节日、宗教节日等。这些节日内在地与俗民的生产生活、信仰宗教、人生礼仪、社区组织相联系，外在地以竞技、娱乐、休闲、歌舞等文艺生活为表现形式，使节日包含着物质与精神的共同价值，成为一个具有立体结构、多元意涵的文化空间，成为这一地区丰富、悠久的文化载体。

一、物质生产节日

（一）时令节日

在与大自然长期斗争的过程中，青海各民族充分发挥了自己的聪明才智，并创造出许多独具风格的时令节日文化。

1. 春播节

也称试播节、试种节，于每年正月的某一个吉祥日子，给第一次学耕地的小牛套上轭木，试耕土地，这主要集中在青海农区的藏族中间举行。节前三四天各家都要酿造青稞酒，给牲畜准备好行头装饰。到春播节那天日出之时，由一个当年属相的妇女和几个老农民，穿上节日盛装，将准备好的茶酒、经幡、香炉带到破土耕地之处祭祀土地神、农业神。这时，全村的男女老少便穿着自己最漂亮的衣服，牵着耕畜一起来到准备开耕的那块耕地上。大家欢欢乐乐地分成几摊子，喝茶饮酒。茶酒之后，由几个男人在开耕之处烧香、竖经幡、高唱颂词、祭祀神灵，准备试耕。一般说来，每户带来一对耕牛，由该户主妇向天敬酒三次，在耕牛脑门上抹三道酥油，以示吉祥。新耕的第一犁，由当年属相的妇女撒出吉祥种子，然后开始翻耕。敬神仪式之后，还要举行跑步、角力等娱乐活动。

2. 三川土族纳顿

"纳顿",是土族语音译,意为"玩"、"娱乐"、"游戏"等,是青海省民和县官亭、中川、甘沟(合称三川)一带土族人民喜庆丰收的节日,也称"庄稼人会"、"丰收会"、"七月会"等。从节日意识和内容上看,纳顿本是劝农、酬田的娱神仪式。起初是那些曾经专事行伍之人,在转成为农后,将酬犒军神的仪式发展为酬犒农神仪式,进而演化为娱人之戏,在祭拜土地、规劝农事的同时,也夹杂武士傩演,酬唱农家,供人娱乐。

纳顿会是从庄稼收割最早的下川鄂家、怀塔村开始,然后逆黄河而上,从东向西,一村接着一村直到上川的赵本川村方为终了。纳顿的活动都是各村提前准备,当日结束。届时主会场搭起白色大帐篷,以备供奉地方神塑像。场内高插旗杆,树立幢幡,垂挂缨络,肃穆的气氛使人顿生敬慕桑梓之情。"纳顿"活动首先是"会手"相迎。"会手"是集体舞蹈的队伍,人数一般在二三十、四五十乃至百人不等。本村"会手"按老、中、青年龄顺序列队,着长服,擎彩旗,执柳条(有普洒甘露之意)组成仪仗,后随鼓手、锣手、旗手,鼓锣喧天,人人起舞,粗犷的舞姿伴随着嘹亮的歌声,万众欢呼"大好!大哎好!",此起彼伏,群情激昂。两村迎送地方神的"会手"相逢后,阵容陡增,人们抖擞精神,起舞三匝,主队向客队焚香,递烟敬酒,互致贺意,共祝丰收,同祈平安。纳顿活动表演是以面具舞为主要内容的傩戏,内容多是传统的农耕和英雄赞等。日渐西斜,人们互赠蒸饼,焚钱供神,馨香祷祝来年风调雨顺,民丰财阜。然后,把地方神抬送到下一村庙会的"纳顿"。

纳顿会从农历七月十二到九月十五,前后持续六十三天,堪称"世界上最长的狂欢节"。纳顿具有广泛的群众性,既是土族人民的传统庙会,也是蕴蓄着浓厚的民族特点的文娱盛会。每当纳顿节到来之际,三川土族都会穿上最好的民族服饰,从下川到上川扶老携幼，追随纳顿，笑逐颜开，探亲访友，畅谈丰收的喜悦和对来年美好生活的祝愿。

3. 鸡蛋会

农历三月十八的土族传统节日"鸡蛋会"是典型的农事生产期间祷祝神灵、预防灾害的节日。据传"鸡蛋会"起源于明代嘉靖九年（1530年）的一场自然灾害。这年天降雹雨，山洪暴发，百姓们为保平安请来法师念经，晓喻神旨，祈祷一方平安，五谷丰登，举行"青苗会"，贡献猪牛羊三牲跳舞酬神。农历三月正是母鸡产蛋的旺季，赶会的人带了煮熟的鸡蛋充饥，吃时互相敲击做戏。当会终人散，场地上铺满了白花花的蛋壳，如同下了一场雹雨，认为"白雨"（即冰雹）已过，禳免这一年的自然之害，青苗可保平安。此后每年如法炮制，蔚然成风，相沿成习。现今的"鸡蛋会"仍然沿袭古风，程序上还是法师诵经，舞蹈"邦邦"，避祸禳灾，人们奔赶庙会，上香供灯，敬献香钱，酬答神灵，以土族人特有的奇妙幻想，表达了人们祷祝农业生产丰收的理想。

鸡蛋会流行于青海大通回族土族自治县和互助土族自治县等地区的土族、藏族、回族当中，一般都在农历三月三、三月十八、四月八等时间以庙会的形式举行。此时正是青海河湟地区春苗破土、杨柳叶翠的大好时节，也是雷雨、冰雹、霜冻等灾害天气易发期，"鸡蛋会"就是易受雹灾侵害的人们，希望通过与地方神灵（主要是道教神灵）达成默契，取得他们的护佑，消除灾害，以期新的一年里风调雨顺，五谷丰登，人畜两旺。因此，庙会期间，人们一则进香、供灯，以托神灵保佑之心愿，二则也会借春耕之余，自我娱乐，借酬神之名，行人间之乐。远近赶庙会的土、藏、回各族信众蜂拥而至，摩肩接踵，车马络绎不绝。其中尤为引人注目是土族阿姑们，人人盛装艳服，头戴"拉金美"、"圣贤魁"等各式毡帽，上插花嵌镜，鬏婆辫套垂吊胸前，耳挂银坠珠珞,身披环佩荷包……阳光下,这些熠熠生辉的饰品耀眼夺目,更是把会场装点得花团锦簇,五彩缤纷,喜庆欢乐。

(二)庆典节日

青海庆典节日主要有赛马节,亦称"欢乐节"。青海许多地方都有赛马节,但来历不同、侧重不同、参与的民众也各有不同。青海牧区是骏马的故乡,马作为当地的主要生产工具和生活伴侣,充满了力量、灵气和机智,显示出草原灵畜的俊美,因此也常常被作为审美对象备受各族人民的青睐,有的部落甚至将其作为图腾加以崇拜。

青海藏族的赛马节是在特定的畜牧业生产方式中逐步形成发展起来的,每年一度的赛马节(又称赛马会)是草原上最热烈、最隆重的传统娱乐节日,其中以玉树结古镇的赛马会最为著名。玉树赛马节于每年夏季牲畜进入"夏窝子"① 以后举行,现在统一在7月25日至8月1日举行。赛马时节,百花盛开,天高云淡,山清水秀,风光无限,人们在地势平坦、水草丰美的草地上围成圆圈,载歌载舞。赛马会的主要内容有跑马射箭、跑马倒立、侧拾哈达等马上表演,有越野快马、策马追逐等赛马竞技,以及赛牦牛、藏式摔跤、射箭、射击等竞技性、娱乐性很强的项目。赛马会上,参赛的选手在力与智的搏斗和竞赛中,显示着自己超群的勇敢、智慧和力量,给人以粗犷、机智、刚勇、壮美的审美感受,体现了草原文化的特有审美情趣。也正是从骏马那扬蹄飞奔、勇往直前的形象中,藏族人民观照到了与自己民族的本质力量某些相通的特点,从中感受到了独特的审美愉悦。

期间藏族传统的羌姆、锅庄、堆谐、果谐等戏剧、舞蹈艺术表演活动也是盛会的一大亮点。玉树藏族禀赋刚烈,勇猛尚武,

---

① 青藏地区地方性指涉话语,即夏季牧场。

第十一章 青海节日民俗与审美

具有积极进取的民族精神,同时,玉树藏族又能歌善舞,激情澎湃,具有极高的艺术天赋。柔情似水的款款歌舞与刚健豪迈的赛马活动完美地结合起来,构成了玉树藏族独特的民族品格,使得赛马盛会更具艺术魅力和审美价值。在这个充分张扬玉树藏族民族性格的文化空间里,届时绵延百里、千万顶五彩缤纷的帐篷组成的帐篷城、潇洒靓丽的康巴藏族传统服饰和万人参与的锅庄展演,构成了玉树赛马会的三大奇观。

二、信仰与宗教节日

民间信仰的普遍存在,宗教意识的渗透,人们对神灵的信奉,给青海各民族的许多节日增添了浓厚的神秘色彩。有些原始宗教的仪式在传承过程中逐渐演化成为传统节日中的重要内容,有的传统节日习俗就是直接从宗教祭祀活动演变而来的。从体系上看,信仰节日包括民间信仰节日和宗教信仰节日,而宗教信仰节日从信众的来源上又可分为两大体系,即以藏传佛教作为信仰共同体的藏族、蒙古族、土族、汉族信仰体系和以伊斯兰教作为信仰共同体的回族、撒拉族信仰体系。尽管宗教以迷离的方式给人以虚幻的感受,却也折射出一个民族去恶从善、追求美好未来生活的深层审美的文化心态。

(一)民间信仰节日

1. 河湟大华社火

社火是中国民间的狂欢庆典,是农历春节期间最为隆重而又具特色的民间自演自娱节日,它历史悠久,种类繁多,是各族民众祭腊日、迎春节、闹元宵,寄托美好愿望的社会性民间娱乐活动,俗称"耍红火",据考证来源于古老的土地与火的崇拜。明清以降,随着河湟地区汉族的不断迁入,社火已成为这个地区汉族的民间文化盛会。其中,湟源大华社火以其规模宏大、历时久远、内容广博、地域特色鲜明而深受瞩目。

  大华镇在西宁以西60公里,全镇13个村,每年从农历正月十一开始至正月二十日止,各村陆续开始社火表演。社火的主要功能是官民拜年、禳邪祈福、设擂竞技、群众狂欢,以正月十五元宵节的社火最为热闹。大华社火在其传承延续的过程中,糅合了青海其他民族的一些民俗文化和艺术形式,形成了丰富多彩且独具高原特色的社火艺术,有舞龙、舞狮、高台、高跷等数十种表演形式,以及近百种脍炙人口的社火小调。同时,大华社火又吸取了兄弟民族特别是藏族舞剧的一些艺术手法,创造出了具有河湟特色的社火节目。

  除了河湟地区的湟源大华社火,青海的社火按其形式可分为锣鼓类、秧歌类、车船轿类、高跷类、灯火类、信子类以及禽兽、鬼神模拟类等。虽然渊源可能近似,但各地传统不同,内容亦不相同,著名的还有海南州贵德城关社火(以高跷、杂耍最有特色)、互助碾伯社火(以太平鼓而闻名)、湟中塔尔社火(以抬信子、踩高跷并融入浓郁的佛教内容而著名)。

  2. 年都乎於菟

  "於菟"是生活在青海省黄南藏族自治州同仁县隆务河畔的年都乎村土族人的一种古老的祭祀节日。年都乎村名为藏语,意为"霹雳闪电"或"凶险地"。该村的"於菟"仪式于每年农历十一月二十日午时前后举行,届时村民纷纷集中于本村寺院,首先举行诵经活动。正午时分,各家男主人又集中到山神庙,开始举行规模盛大的煨桑敬神仪式。之后,"於菟"舞正式开始。"於菟"舞由7名男青年表演,在推选出来的"拉哇"(藏语,意为神人)的带领下,来到山神庙内向神跪拜,短暂表演舞蹈,待场外鸣枪放炮,"於菟"闻声惊跳,四处狂跑,逾墙穿院,演驱妖除邪之状,意在祛解灾祸,保佑来年平安吉祥。

第十一章 青海节日民俗与审美

"於菟"属于乡人傩类型,是一种带有明显原始文化观念的民间舞蹈形式和古老的民俗活动,距今至少已有数百年历史。"於菟"蕴藏的文化异常丰富、独特,既有原始信仰的遗迹,亦有藏传佛教的内容,娱神与娱人并行,驱疫除邪与丰产巫术同在,是人神共享的狂欢盛宴,也是充满禁忌的严苛仪轨,组织严格,全民参与,各种文化因子交汇相融,形成青海独有的民俗风貌。"於菟"的舞蹈语汇与节奏相对单一,是一种由原始踏歌组成的拟兽舞遗存。年都乎"於菟"舞已经完全失去了狩猎、军旅生活的功能,而转变成为以民族民间祭祀活动为主的节日庆典,其意义在于"驱魔逐邪,祷祝平安",是原始人万物有灵的宗教文化观念在民间舞蹈中的遗存,也是最具原生文化性质的民间艺术形式,整个舞蹈自始至终都似乎充满了深邃的图腾崇拜色彩,是研究青海高原艺术史的"活化石",也是研究中国早期艺术发展历史的鲜活资料。

3. 青海湖祭海

青海湖是中国最大的内陆咸水湖。祭海就是环青海湖地区官署与民众公祭青海湖的活动,最初是蒙古族民间文化的传统。蒙古族原来信仰博教,博教秉持万物有灵观念,认为自然的一切都是具有灵魂的,特别是山川、湖泊更具有通神的能力,甚至是神灵的居所。元代以降,就一直被海西蒙古族纳入博教三大崇拜,即祭天、祭山、祭海之中。受共同原始文化观念的影响和藏传佛教的介入,环湖地区的藏族也随之加入。有明以来,青海湖祭海还是民间自发的信仰仪式,祭海活动先是为藏传佛教所吸收,成为佛教信仰的一部分。清代以降,历代政府都通过祭海举行会盟仪式,联合青海一带信奉藏传佛教的蒙藏信徒,维护该地区的稳定,祭海仪式遂被纳入官方祭祀的范畴,成为清政府后期、民国时期国家在西部最大的民间公祭活动之一。青海湖公祭活动每年在农历的五六月份进行,祭海活动不仅是带有浓郁宗教色彩的活动,也是这一地区参与人数最多、具有广泛影响的民俗活动,更是一种具有深刻社会内涵的文化现象,其主旨体现了人与自然长期共存、和谐平衡的渴望。因而,祭海活动不仅具有宏扬神祇与驱逐鬼魅的原始宗教成分,又具有从娱神到娱人的美学的特质。

4. 热贡六月会

热贡六月会是流传于黄南藏族自治州同仁县境内的一种具有独特风格的民间习俗活动,距今大约已有400年的历史,每年农历六月十五日至二十八日定期举行的祭祀活动,除迎接诸神时进行诵经祈祷外,最热闹、最壮观的场面就是傩戏舞蹈和神灵祭祀,主要活动包括祭神、上口扦、上背扦、跳舞、爬龙杆、打龙鼓,最后是法师开山。其中最具特色的是上口扦、上背扦和开山。上口扦是法师为自愿的年轻人在左右腮帮扎入钢针,当地人称"锁口"。据说,此举可防止病从口入,禳除灾祸。上背扦则是将10~20根不等钢针扎在脊背上,舞者赤裸上身,右手持鼓,左手击鼓,边敲边舞。开山是法师用刀划破自己的头顶,把鲜血撒向四面八方,这种古朴奇特的祭天方式,非大智大勇品格的热贡民众而莫能为。六月会的舞蹈包括三种类型:神舞、龙舞、军舞,舞姿潇洒粗犷,场面恢宏壮观,属于祭祀圈文化形态,是由各村自觉组织轮流举办的祭祀活动。人们为酬谢和取悦各路神灵的护佑而聚集在山神庙前跳神舞蹈。

5. 祭峨博山神

受万物有神观念的影响,藏族、蒙古族、土族、汉族都有祭祀山神的民间信仰,其中藏族的祭拉泽、蒙古族的祭峨博、汉族的祭表木和朝山会都属于这种性质的信仰活动和祭祀节日,但由于文化的地方性差异,信仰的主旨、取向、目的以及仪式程序,

第十一章 青海节日民俗与审美

参加人数和性别等各个方面都有所不同①,而且深受当地宗教文化的浸染,内容十分复杂。在民族神山信仰的体系当中,每一个村落都归属一个山神管辖,而每一个村落的山神又统归更大的一个山神,如海南、青南地区的山神都归属于阿尼玛卿山神,最后落实到隆务寺、塔尔寺的佛陀那里,万法归宗;大通老爷山、湟中莲花山又统归塔尔寺,使得过去的苯教信仰系统与佛教信仰系统接轨合流;在蒙古族和土族生活的地区,山神通常以家族、部落的形式由小及大地形成亲属关系,形成一个谱系鲜明的信仰复合体。各方山神(拉泽、峨博,有的地方翻译成敖包)所形成的亲属关系和亲属制度,实际上是村落关系和地方组织结构的映射。以蒙古族祭峨博为例,它的举行时间在每年农历五月初开始的7~22天,与藏族、汉族、土族的具体时间都不同,这一天蒙古族男性牧民大约在天没亮的时候就开始上山,有的以家族集体参与的方式,甚至提前两到三天前往。人们身着节日盛装,带着简易的帐篷,骑马乘驼,从四面八方来到供奉山神的地点——峨博之下,进行祭祀和祈祷。祭峨博时要脱帽行礼、敬献哈达、煨桑献祭、鞠躬叩头,请喇嘛念经作法,信众则口颂佛号,环绕峨博三周,向山神祷告,祈求山神保佑一方风调雨顺,人畜兴旺,吉祥平安。同时,女性有专属的峨博,主要用于祈祷生育和健康,但妇女不能参与其他各种形式的祭峨博。祭峨博仪式完毕后,通常还会举行被称作是蒙古族"三大男儿竞技"的骑马、射箭、摔跤(蒙古语谓搏克)传统民族体育竞技运动,使严肃的宗教活动具有了丰富的娱乐内容。

---

① 可参考笔者著本课题的阶段成果:《比较视野中藏蒙峨博文化的诗学特征》(载《青海民族研究》2007年第1期)和《民间公祭建筑艺术的系统研究和文化批评》(载《中外建筑》2006年第6期)。

6. 波波会

青海互助土族自治县的"波波会"是融传统跳神敬神仪式、藏传佛教信仰，又植入汉地神祇的民俗节日活动。波波会的"波"读"biá"，系摹拟鼓声的像声词，土族地方话称"勃勃拉"。每逢农历二月二、三月三、四月八等日子，土族乡村凡供奉土族地方神祇的寺庙都要举行酬神祭祀活动。波波会举行时，没有固定的地点，搭起帐篷临时请来神灵进行祭祀。届时，人们要请"波波"来作道场，仪程分为竖幡、跳神、招魂、放幡、卜卦等环节，主要功能是乞求农业丰收，保佑风调雨顺。波波会的仪式规程十分严格，跳神仪式举行前，村落民众均要斋戒三日。上午，作道场时把所有供品拿到广场上，煨桑、上香、点灯、磕头祷祝。跳神的巫师，头顶黑色方瓦帽，身穿黑色长服，外套四面开襟的女裙衫，腰系红带，呈半男半女的法师模样。有时，巫师也头饰假发，腰束护生牌，直接装扮成女性。羯鼓（一种单面的羊皮鼓）响起，巫师纷纷上场，一般是大法师领班，其余法师随其后，出行或单或双，舞蹈动作有简有繁，夹杂杂耍翻滚。最为精彩的是那些本领高强者，能从几人高的桌子上空翻落地，从沸腾的油锅里捞取铜钱。"波波"表演得越"狂"①越受好评。"波波会"是土族传统的民俗活动，时至今日，每年的"波波会"仍香火旺盛，法鼓不断。这种原始、质朴、粗犷的民间活动，生动地反映了土族人民征服自然的精神。

7. 天社

受汉文化的影响，青海特别是河湟地区的汉族、藏族、土族会在春分前后的某一个午日作为天社，上坟祭祖。这是典型农耕文化的祖先崇拜的节日习俗。是日，一个祖宗的同姓亲房们将一

---

① "波波"在青海指那些胡言乱语、不务正业者，甚至指神经不正常，文中特指举行道场的法师。"狂"在青海方言中表示惊险、有力、厉害。

第十一章 青海节日民俗与审美

头猪或一只羊宰杀后抬到祖坟献祭,有的家庭还会做一盘鸡碗,周围还摆上以豆芽、鸡蛋、腊肉、葱等做成的5碗凉拌菜,供献在祖坟前,焚化纸钱香表,男女跪拜,长者祈祷祖先赐福于后代。祭奠仪式结束后,把猪肉切成块全部下锅煮熟,按辈分大小列坐地上,边饮酒吃肉,边讲家谱、祖规及家族中荣耀之事。结婚后没有子嗣者爬在祖坟前痛哭,以示向先人要儿女,高辈年长者拿柳条在哭者身上打,要子嗣者发誓许愿,长者祈祷祖先显灵,麒麟送子。待煮熟肉,将猪头敬给长者,其余给大家野餐。在民间,献祭仪式更多地表现为通过祭祖活动,沟通和加深亲属间的血缘关系。

8. 冰祭①

冰祭仪式的过程大致如下:凌晨时分,各家选精壮男子前往河滩凿河取冰,置于果树下、粪堆上或地里,复抱麦草燃烧,以示烟燎。长者盛一碗清水置于院落待结成冰后,根据冰凸起和气泡的形状,预测来年庄稼的收成情况。早上,妇女用男人取回来的冰块揣掉麦子的皮,用麦仁制成粥饭,再将麦仁涂在各类果树上,用木棍敲打树身,问道:"结不结果子?"旁边另一人回答:"结——"。然后,全家老小同吃麦仁饭。

早饭后,孩子们自发组织起来祭祀山神和巴蜡爷(当地称之为专管蠕虫的神)。从各家各户收取青油、面粉、香表、柴禾等,带上灶具,到野外选个地方,自己起灶,炸小油饼,大家分享,将剩余的油、面等做一锅油面疙瘩饭,舀一碗用树枝向周围泼洒,一边祷告道:"给天泼洒,给地泼洒,保佑挡羊娃平平安安;给山神泼洒,狼的眼睛里麻飕飕;给巴蜡泼洒,害虫不伤人畜和庄稼。"毕后分吃油面疙瘩。显然,这是源于内地古老的冰

---

① 该部分可参阅笔者著《冰祭习俗及土族来源的文化考释》,见《西部文化与文学艺术》,青海人民出版社,2004年。

祭仪式，与阴阳五行观念的盛行有关，更是古代三大习俗之一腊日中"腊祭"习俗在当今的唯一遗存。

（二）宗教信仰节日

1. 藏传佛教节日

藏族的传统宗教节日主要有雪顿节、祭佛节和塔尔寺四大观经会（又称如来四大经节）、酥油灯会（灯节）、晒佛节、燃灯节等，有的地区也过端午节和八月中秋节。

（1）酥油花灯节。酥油花灯节原为传召法会的组成部分之一，每年正月十五，青海各地藏传佛教寺庙的僧人及民间艺人，用酥油捏成各式各样的灯花挂在街道上。夜幕降临，街道上花灯闪烁，宛若群星降落。花灯上有五彩油塑的花卉和惟妙惟肖的飞禽走兽及人物。人们徜徉于灯海之中，狂欢起舞，彻夜不眠。其中，以青海塔尔寺每年农历正月十五日举行的灯节最为著名。届时，寺院举行法事，展出的各种油塑作品，有各种争奇斗妍的花朵、千奇百态的珍禽异兽、小巧玲珑的亭台楼阁、形态逼真的佛经传说和人物等形象，巧夺天工的精湛艺术，吸引着从各地汇集的数以万计的藏族百姓和中外游客。入夜，点起酥油灯，彻夜不熄，这些五彩缤纷的酥油塑品，在灯火照耀下，与金碧辉煌的殿堂交相辉映，可与城市元宵花灯相媲美。灯节期间塔尔寺讲经院还举行"羌姆"，在如意塔前举行"高跷会"等文艺活动。

（2）九月九庙会。农历九月九至十一日，青海三川的一些村专门举行庙会，首日，请来法师和阴阳先生剪幡立杆，法师穿戴法衣时，由旁边二人唱《装扮曲》，大加夸饰法师从头到脚的穿戴。装毕，拈香祈祷，开始作法，边舞边唱《莲花曲》，这种曲目分五段，即青、红、皂、白、黄，人称五色莲花曲。其中，青取"请"的谐音，唱莲花即请神，接着唱《灵神曲》，表达对供奉的神袄的敬仰感恩。次日，举行踏七星仪式：在地上先划北

第十一章 青海节日民俗与审美

斗七星图,并在七星分布的点上燃七盏灯,由男童举灯护法。法师拎一只小鸡踏七星,一颗绕一圈,共踏三次。同时,数人抬神轿紧随法师,唱"六十甲子"、"二十八宿"、"二十四节气歌"诸曲。三日放幡杆、焚宝盖、化钱粮,法师复唱《送神曲》,以表达对玉皇大帝等诸路神灵的敬仰,祈求村落太平,四季吉祥。这个庙会十分特别,完全是道教文化的民间遗存,在笃信藏传佛教和原始宗教的土族的文化背景下十分特别,堪称奇观,更能说明土族处于藏汉文化之间,为求取自我认同,设定族群归属,划定族群界限,处理族群关系,增强族际联系等方面复杂的社会心理。

2. 穆斯林宗教节日

青海的回、撒拉等民族与我国广大穆斯林共同庆贺的传统节日中,最重要的是"尔德节"、"古尔邦节"和"圣纪节"。其中,"尔德节"的戒恶、"古尔邦节"的敬主、"圣纪节"的赞圣等都具有浓重的宗教色彩,各种节日蕴含的审美意识也呈现为更加复杂的状态。

(1)尔德节。尔德节是阿拉伯语"尔德·菲士尔"的意译,是"莱麦丹月"即斋月的最后一天。根据传说,"莱麦丹月"闭斋(也有称"封斋")是穆罕默德40岁那年,得到真主的真传,获得了《古兰经》的全部内容。因此,广大穆斯林视莱麦丹月为最尊贵、最吉庆、最快乐的月份以示纪念,选择这个时间闭斋一个月。参加闭斋的人在东方发白前要吃饱喝足,破晓之后至太阳西落前,断绝饮食,无论寒暑,不管饥饱,越是在艰难困苦的条件下越要坚持。据说,闭斋的目的,就是让人们体验饥饿和干渴的痛苦,让有钱的人能够真心救济穷人,并逐步养成坚忍、刚强、廉洁的美德。以上这些仅仅是狭义的斋戒,广义的斋戒不仅不吃不喝,更重要的是要做到清心寡欲,表里一致,对耳、目、身、心都要有所节制,即做到耳不听邪,目不视邪,口不道邪,脑不思邪，身不妄邪。否则，都不能视为是符合斋戒真谛的，也是不全面、不完美的。斋戒期满便是一年一度最隆重的节日之一——尔德节。

（2）古尔邦节，阿拉伯语音译"尔德·古尔邦"、"尔德·阿祖哈"，意为"牺牲"、"献身"，故亦称"宰牲节"、"献牲节"、"忠孝节"。据说宰牲过古尔邦节是伊斯兰教的古代先知易卜拉欣曾于夜间梦见安拉命他宰杀儿子伊斯玛仪献祭，以考验他对安拉的忠诚。易卜拉欣伤心痛哭，泪如溪流，难以决绝。儿子伊斯玛仪却不住地劝说父亲要下定决心，真主受感动，派天仙吉卜热依勒背来一只黑头羝羊作为祭献以取代伊斯玛仪。从此，穆罕默德就把伊斯兰教历十二月十日规定为宰牲节。

（3）茂鲁德节。茂鲁德节是纪念穆罕默德的诞辰和逝世的纪念日，也称圣纪节。穆罕默德于伊斯兰教历纪元前五十一年三月十二日（571年4月21日）诞生于阿拉伯麦加一个没落的贵族家庭，取名穆罕默德（意为"最受赞美之人"）。伊斯兰教历第十一年三月十二日（632年6月8日）穆罕默德因病归真，终年63岁，葬于麦地那。穆罕默德归真的时间恰巧与诞辰同在一日，故被合称"圣纪"。是日，人们要到清真寺诵经、赞圣、讲述穆罕默德的生平事迹，晚上烹制炒牛肝等美味与人分享，白天则要众人赞圣，众人捐散，众人宴飨，以表团结、友爱的精神和普天同庆的喜悦。

三、休闲节日

1. 花儿会

花儿又称少年，是青海、甘肃、宁夏等省区民间的一种民间歌谣。花儿会是西部一些民族颇具特色的民歌节日。根据我们粗略的统计，仅青海一年中举行花儿会的地方大约有50处，与会

第十一章 青海节日民俗与审美

者少则几千人,多则数万人,对歌赛歌,人山人海。农历六月是花儿会的高潮阶段,从月初到月末一个接一个,特别是六月六和六月十五前后,同时举行的花儿会简直令人目不暇接。其中,以五峰山六月六花儿会的规模最大,与邻近省份甘肃的莲花山遥相呼应,互不相让。

花儿会期间,人们撑伞摇扇或拦路相对,或席地而坐,歌词多为即兴创作。最令人惊异的是,藏、土、撒拉等族都有自己的民族语言,却也操着不甚纯熟的汉语方言,与回汉两族一样要来唱花儿、漫少年,传统花儿会堪称多民族文化的奇葩。花儿会主要源于早期的对歌求欢、唱和求偶活动,是青年男女选择对象的美妙场合,他们以歌为媒,歌身边事,唱内心情,向对方表白心迹。平时的各种禁忌,此时都要让位于人们的对歌言情。随着时间的流转,这种活动已经演化为以花儿对唱为平台,集物资交流、宗教活动、文体表演、竞技体育、娱乐休闲于一体的综合盛会,既包含着丰富的文化内涵,具有重要的民俗价值,也体现了各民族独特的艺术创造才能,具有很高的审美价值。

2. 贵德六月拉伊会

一年一度的六月二十二的拉伊会是驰名海南藏族自治州的文化盛会,起源于明清时代盛行的六月二十二祈神活动。节日之初,人们诵经降香,祷祝风调雨顺、国泰民安。20世纪40年代初叶,贵德吴世瑾县长借祈神活动诱导民众开展文娱活动,并在西河滩兴建娱乐场所,邀请歌手唱家以藏族情歌"拉伊"为主到此聚会赛歌,由此贵德六月拉伊会成为青海地区最具传统的民歌盛会。

拉伊会举行之日,周围百数十里内外的群众,从四面八方向这里云集。赛歌开始,一男一女,双方站起,怀中取出酒瓶,先唱者饮上一大口酒,便悠悠扬扬唱起"拉伊"来。唱毕,向对方献上酒瓶,喝一大口酒,便对唱一支"拉伊",你方唱罢我登场、比内容、比声嗓、比唱腔、比机敏、比即兴编唱之才。一旦歌家脱颖而出，对唱形式迅速改变，众人便集中力量和唱家比赛。通常历年夺魁者大多为女性，所谓"女唱家压会场，千万人喜洋洋"，她们尽管大多不识字，但个个才华横溢，出口成章，如诸葛亮舌战群儒，锋芒凌厉，咄咄逼人，人们也对女性歌手充满了由衷的期待。每到傍晚时分，分成各摊子的唱家逐渐汇集起来，形成一个庞大的赛歌群。清脆婉转的歌声、喝彩声、鼓掌声、口哨声、黄河的咆哮声交织在一起，响彻西河滩上空，组成一组全民欢乐的交响乐章。

3. 海西那达幕

"那达幕"在蒙古语中意为"游艺"。因其历史悠久，规模大、活动内容丰富、参加者众多而成为传统节日之一。"那达幕"一般在夏秋之交举行，参加者骑马乘驼，男女老少，络绎不绝地从各地赶来。开始时，人们供上整羊、须术尔和"松"、乳制品等，由德高望重的年长者，手捧盛满鲜奶的银碗和雪白的哈达，高声说着祝赞词，边说边向众神佛撒泼供品。祝赞词中，赞美蓝天的高大、草原之辽阔、祖先的丰功伟绩和人民生活的幸福，感谢神佛的保佑和恩赐，祝福大家节日愉快、家庭欢乐，祝愿参加各项比赛活动的人们取得优异的成绩。接着，举行骑马、射箭、摔跤比赛和歌舞等活动。

4. 威远擂台会

互助县府所在地威远镇，每年农历二月初二唱擂台戏。据史料记载，宋代以前，威远镇一带叫"诺术斗"（土语意为森林地区），宋时改称"牧马营"，为军事要地，是兵戎活动频繁之区。打擂台之俗约始于宋代，流传至今。其内容形式随着时代的变迁不断变化，近代以来的擂台会主要是演秦腔戏来祈求风调雨顺、国泰民安的一种祭祀求神活动。除唱戏外还进行物资交流以及转轮子秋、跳安昭舞、赛马、摔跤、武术表演、唱花儿等文体娱乐活动。

第二节　青海节日民俗的审美特征

在复杂深远的历史演进中，青海各民族创造的难以计数的民族民间节日文化，具有内容多元的区域文化特色、取向多元的信仰文化内涵、意趣多元的歌舞传统、价值多元的生活追求等文化特征。这些反映和折射民族记忆的节日文化，饱含着各族民众十分深刻的心理素质和精神追求，洋溢着高原民族的思想情感和理想愿望，体现出鲜明的民族审美特征，反映了青海民族独特的审美观念和审美情趣。

第一，节日内容多元的区域文化特色，饱含着十分丰富的民族记忆，是青海各民族审美经验和审美价值观的集中体现。

青海节日民俗文化包含着各民族十分久远的历史文化成分，不仅有十分丰富的民族性，还表现出内容多元的地方性的认识和知识。节日文化所呈现出的民族民俗志的叙事策略，饱含着极为深刻的民族记忆。与中原民族一样，蒙古族也以满腔的希冀迎新年、过春节，而其节日文化的传承和仪规却被赋予了民族记忆的内涵，表达了鲜明的自我认同意识。青海蒙古族的春节包括吉祥白月（蒙古族称正月和春节为"察汗撒喇"，其中"察汗"指白色，"撒喇"意为月亮）、祭火神、吃团聚饭、羊头饰、拜谢王公、拜年等。在节日中，洒扫庭除、除旧去秽、庆贺团圆、互致祝愿等要件都是一致的，但在这些共同点的背后，还保留着蒙古族从漠北草原迁徙之初的原始信仰文化。同样是洒扫庭除、除旧去秽，虽都起源于远古的"改火"（或"烟祀"、"烟燎"）仪式，但祭祀的神主不是灶王爷而是博教中的火神，与草原文化的太阳/火崇拜的民族早期记忆紧密相连；同样是喜迎新春，同样遵循的是农历的立春历法，保留的却不是年夕的转换，而是拜月的仪式，从色彩的审美偏爱看一个图的是红红火火（尚红），一个求的是纯然高洁（尚白）；不仅如此，蒙古民族崇尚游牧，有很明显的饰羊图腾痕迹，同时敬崇部落首领，崇尚集团权威，两者遵循的不是家族的谱系原则，而是部族的生存法则。拜月、祭袄、尚白和部族崇拜四个元素，在民族的文化基因里，记忆和反映的完全与农耕文化截然不同，凸显的是浓郁的游牧文化特色。这种情况在青海地区，实际上表达的是特定区域的人们为了共享同一片自然资源，通过节日确认民族归属，划定族群界限的生活方式的符号化表达。以花儿会为代表的青海民族歌会，尽管每年举行的地方难以胜数，但是，其发起者和参与的主体都有特定的来源和归属关系，都有特定的价值指归，人们通常都是在遵循凝重祭祀性活动的基础上，通过一系列的礼仪交往，首先推进的是各族对于各自社会属性的认可，然后在这些社会关系的基础上，试图努力建立一种超越一般亲情与友情，在更大范围内都被普遍接受的族群关系，使得他们与外部世界的交往更加顺畅，更加和谐。

　　基于这样的认识，我们以为节日实际上是对人们周期性交往事件的回顾和再现，是一个历时性积累的结果，反映了人类对于自身境遇的基本态度和策略。其中，这些态度和策略的内容在反复的纪念中被符号化、仪式化。从审美的角度看，这种符号化、仪式化的态度和策略就逐渐成为一个民族的集体记忆和文化认同方式，成为一民族艺术创造的基本元素和最初的想像力，是一个民族一切自由意志——艺术创造的源泉，也是民族文化多元性发生的源泉，也是审美多样性的源泉。青海地区的节日民俗，很多方面都与群体信仰、人生仪礼，以及这些民俗事象的副产品诸如竞技、娱乐、休闲等文化表演相联系，充满宗教的娱神性、生活的娱人性、内心的自娱性，充满了神性、人性的戏剧性，使得社

第十一章 青海节日民俗与审美

会在物质和精神的再生产能够在节日的联结和推动下,获得来自文化的认同和审美的表达,并得到持续的强化和延续。

第二,节日多元取向的信仰文化内涵,饱含着十分特殊的民族情感,是青海各族审美经验集中体现于青海地区的信仰,各民族情感更是十分丰富,由于有了情感上执著的信仰,各民族情感的这种丰富性又不是过分物质化的形而下,而是具有神性和诗意的形而上,因此,各民族在许多节日中表现出的审美情感、审美创造和艺术呈现,也就具有了鲜明的信仰倾向和宗教迷狂。

青海民族的信仰是多元的,主要表现在以下几个方面:其一,民族的多元,促成信仰的多元。如此,多元的信仰就为人们提供了多样的审美范畴和审美途径。以藏族为例,藏族的先祖是生活在青藏高原的土著民,在其发展过程中羌人、氐人、温末人、吐谷浑人也在松赞干布统一前后逐渐加入,其本身就是一个多民族、多信仰的民族共同体,并因佛教而成为青海高原上力量最为强大的信仰共同体。同时,就一个民族本身而言,一个由信仰而凝结的民族共同体由于生活的领域、生活的经历、生活方式和生活的实践结果不同,可能同时拥有多个信仰,形成了信仰的多重结构,这些多重结构的信仰以二元甚至多元结构的方式,凝聚、认同、规约、调整着人们的日常生活,主导着他们生活的基本意识,以及对世界的基本态度和价值观。以藏族的苯教传统而言,藏族早期信仰苯教,藏语称"本曲"、"苯苯",俗称黑教。从7世纪吐蕃赞普松赞干布信仰佛教,抑制苯教,经赤松德赞时期至赤祖德赞时期,强令苯教徒改信佛教,至9世纪中叶,赞普朗达玛兴苯灭佛,此期苯教在与佛教的斗争中,深受佛教影响,将藏传佛教的许多经典改为苯教经典,使苯教的教理教义带上若干佛教色彩,同时保留了某些原始苯教的内容和仪式。藏族一般把佛教影响较深,变化较大的称为"白苯";处于偏僻地区,保持原始特点较多的称"黑苯",还有介于二者之间的"花苯"。

可见，即使是一个非常古老的宗教，也往往受到多重文化的影响，其结构亦呈现出多元化的色彩。这种传承中的变异说明，多元的信仰结构，既有来自传统的历时性积累，也有来自交往的共时性结果，而这种结果又是藏族为了适应青藏高原自然与社会生态的需要而创造的。藏族的信仰当中，如今依然还以佛苯同构的形式存在于人们的意识和心理当中，佛教成为全民族显在的信仰传统，而苯教则是存在于日常生活当中，被佛教情节化、细节化、元素化地加以利用，成为佛教自印度到中国藏区完成本土化过程中不可或缺的信仰基础，信仰的双重结构构成藏民族节日的多元化价值取向，使得藏民族的内心世界在严酷的自然环境下，在处理人与自然、人与社会，以及人与人之间的交往关系时，依然能够将神性与诗性统一起来，构成藏民族丰富多彩的感情世界，具备仿佛天成的审美禀赋。在这个丰富的审美世界中，人们对于美的理解和认识也就变得复杂而厚重，人们对于美的认识就更加接近于本真、原初，人们的情感在这样的情景下就更容易点燃和完全释放，审美就越发能够展现和实现人的价值。因此，在节日的庆典当中，对于今生，则能够一方面保持着隐忍和宽容的心态，另一方面又充满了酒神般的狂欢意识；而对于来世，又充满期冀和向往，愿意将现世一切能够体现崇高的审美情感都虔诚地奉献给佛陀和神灵。

其二，多重信仰的复合结构，实际上传达的是人们面对生活困境时复杂的心境、智慧的态度和多样性的应对策略，使得青海各民族能够在生存宿命的压迫下，仍然保持和洋溢着乐观、幽默而悲壮的喜剧性格。在这个意义上说，节日成为滋养和抚慰人们被自然和社会环境折磨的内心世界的物质养料，成为他们乐观地面对生活的理由和一种生活资源。但这种生活资源不像其他生活资料那样，可以通过攫取和掠夺而获得，必须放置在民族的集体生活中，通过特定的"文化空间"及其互动过程在交流中获得，

第十一章 青海节日民俗与审美

是一种可再生、可共享、可转换为物质力量的精神资源,也是审美最宽广、最丰富的诗学形式。在节日这个包含多重信仰构成的"文化空间",始终洋溢着自由自在的美学品格。自由主要是指民族民间朴素的、具有生命原动力的生活之爱,对于生命和生活的紧紧拥抱;自在则是指民族民间文化内部存在的生活逻辑、人际伦理、生存法则、生活惯制在审美趣味中各种呈现形态。一方面,生命本身始终具有向往和追求自由的本能,青海各民族的生存过程不可避免地要面对比平原地区更多的苦难和不幸,但是各民族在民间的状态下,总是以生命赋予的激情顽强而坚毅的去面对、承担或征服它们,拥抱生命的精神便始终弥漫在青海各族民间生活的沃土之上。这种民族的文化精神存在于现实的民间生活,也体现在与之密切相关的节日文化中。另一方面,民族民间生存的自在状态,虽然在不同的历史时期,或多或少地受到外来思想和文化的渗透和影响,但这不可能完全取代民族自身、民间内部的发展逻辑。民族在自己的民间生活中,始终有一整套完备的生活方式,民间始终以自己丰富的生活化的情感来理解和应对生活,具有自己传达、张扬喜怒哀乐的审美生活方式。简单地说,青海各民族的多元信仰极其特殊的民族情感是青海高原这块荒芜而冰冻的土地赋予的,是其他地区所不能具备的独有情感,而青海各民族的审美文化部分内容正是通过节日文化里所包含的自由精神和自在逻辑实现的,反过来,这些节日文化又反哺了高原民族的心性和情感,两者相互攀援,交织成长,使得青海民族既有依循隐忍、坚韧的一面,使得他们能够虔诚而驯服地皈依信仰的各种神谕,但却没有做了信仰的奴仆,反倒是神启赐予了他们更加坚定的生活信念,激发了他们对于今生无穷的创造欲。同时,这种神启的创造欲望,使他们能在恶劣的环境中诗意地生存,审美地栖居,狂欢地享受着人生节日的饕餮盛宴。

综论之,狂欢化和自由自在是青海各民族节日文化中最重要的两种美学范畴,两者可能在外延及其表现上会存在差异,其内在规定性却有着本质上的一致。两者都直接指向高原民族的生命本源,指向生命原创力量的肆意释放,指向生命以审美的形式自由舒展地面对各种困境的挑战。

第三,节日意趣多元的歌舞传统,渗透了丰富的民族心理,节日的美学意义是青海各民族深远文化内涵的艺术化呈现。闻一多先生曾说舞蹈是"生命情调最直接、最实质、最强烈、最尖锐、最单纯而又最充足的表现",也是"一切艺术中最大综合性的艺术"①。舞蹈从不同侧面和角度反映和表现了各民族一定时期的历史、政治、经济、文化、宗教、风俗习惯以及心理状态等,值得说明的是,青海高原的每一个民族节日几乎都伴随着或悠扬、或欢畅、或曼妙、或狂放的歌舞,而且每一段歌舞几乎都被寄托在神奇的故事或传说等叙事——民间传统当中,其传承过程中承载着十分深刻的地方性知识,特别是蕴含着高原民族的审美情趣,折射着深刻的民族心理。

安昭舞意为"圆圈舞",是土族先民在长期的游牧迁徙和劳作征战中,与周边的藏、汉族密切接触,特别是吸收藏族传统舞蹈锅庄而创造的富于民族特色的歌舞。这种舞蹈原本是远古祭祀仪式的一部分,土族先民们围着部落的毡帐或夜幕下猩红的篝火,把酒起舞……后来,祭祀娱神的成分越来越少,而娱人之乐的元素更加充实,人们把这种舞蹈用于胜利、丰收、婚礼等节日庆典上,祝愿人畜两旺、五谷丰登、吉祥如意。在保留原始祭祀舞蹈的踏歌形式的基础上,逐渐形成了以圆舞曲和圆形队伍为基本特征的安昭舞蹈形式。复沓回环、款款而舞的安昭蕴涵着丰富的艺术情趣。俯首向地,表示对大地的膜拜;舒袖朝天,是对苍天的敬仰;双手平托,是对朋友的坦诚;脚步稳健,是对生活的

---

① 闻一多:《闻一多全集·说舞》,第141页,三联书店,1982年。

第十一章 青海节日民俗与审美

挚爱。安昭舞意境高远,舞姿柔美轻盈,节日中那些身着五彩花袖衫的土族妇女舞动双臂时,恰似无数道彩虹从蓝天下挥舞而下,给人极强的审美视觉感。

锅庄舞和安昭舞一样,都有各种原始舞蹈遗存,从中我们不仅可以看到人们早已形成的对自然、祖先等人文英雄崇拜,寄望于天的文化观念,而且还可以从中追寻先人们的"舞影"。锅庄分为大锅庄(藏名达尔嘎底)、小锅庄(藏名达尔嘎薏依)。其中,大锅庄属礼仪性舞类,多为寺庙念冬经或迎宾时跳;小锅庄属娱乐性舞类,不拘形式,在宽敞的房间、院落、场院都可以随时随地跳,内容多表现爱情、劳动、花鸟、自然等,因而活泼、洒脱,长袖挥舞,步伐欢快自如。藏族谚语中说:"天上有多少颗星,锅庄就有多少调;山上有多少棵树,锅庄就有多少词;牦牛身上有多少毛,锅庄就有多少舞姿。"人们对锅庄的赞誉说明锅庄的音乐曲目多不胜数、舞姿种类繁多。随着时代的变化,锅庄舞祭祀酬神的色彩逐渐暗淡,再加上佛教的吸收和改造,反映信仰和宗教的内容已经逐渐开始丧失,逐渐成为节日庆典的组成部分。从锅庄具有的审美功能来看,歌舞成为节日的伴生物,实际上是为了传达节日期间人们不同的思想感情,满足人们交际的需求,如传统锅庄无论是喜是忧,自始至终都有严密的程式,即序歌、相会、狂欢、辞别、挽留、尾歌,尽管每个程序的锅庄都有数调或数十调曲子,跳唱完全按照具体的程序进行,但都是为满足人们交往的需求而自觉或不自觉地设定的,不过这种文化的功能的实现,是伴随舞蹈的审美而产生的。

锅庄舞、安昭舞系出一脉,作为高原民族节日舞蹈蕴含着古老而深刻的社会心理内涵。早期舞蹈往往是集体参与,面向熊熊燃烧的篝火,在同一节奏下以拉手围圈、踏地为节的方式载歌载舞,在周而复始、通宵达旦的氛围中,心理得到舞蹈所给予的极大快感和欢欣,体会到群体的凝聚力和向心力,歌舞抒发、宣泄、交流人们质朴的情感,整个氏族乃至族群的关系更加融洽,每一个在场的人在歌舞中都感受到强烈的生命力和团结的感召力。德国艺术史学家格罗塞说:"原始舞蹈的社会意义在于统一社会的感应力。"① 在自然环境严酷的环境下,个体的力量是非常薄弱的,脱离群落则意味着不幸和死亡,群居生活是人们唯一赖以生存的方式,而歌舞所组成的团聚方式,使得人们能够同围篝火,拉圈跳舞,面对面,手牵手,在共向圆心时获得归属感和安全感,伴随着整齐统一的节奏踏歌起舞,个体相互联结又融入在整体中,集体的歌舞感受替代了个体意识,个体又通过群体,获得个人激情的释放。载歌载舞是人类情感最美好最真率的表现,锅庄、安昭正是通过圈舞的形式使得人能够动静相宜,体能消耗适度,符合自娱性舞蹈在情绪上由慢渐快,由冷到热,由拘束到舒缓,再到张扬,复又重回舒缓的审美规律,使得人们的情感在回环往复、跌宕起伏的歌舞形式中得到最彻底的解放。正如明代音乐家朱载堉所阐明:"乐舞之妙在乎进退曲伸,离合变态,若非变态,则舞不神。"② 藏族的锅庄舞、土族的安昭舞的审美魅力也在于这种离合变态之中。

 第四,节日价值多元的生活追求,反映了十分鲜明的民族理想,是青海各民族审美实践的原生性和活跃性的体现青海各民族许多节日渊源于古老的宗教活动,起源于人类社会的蒙昧时期,当时的自然界是作为一种完全异己的、有无限威力的不可制服的力量与人类对立着。为了求取生存和发展,人们在与大自然进行卓越斗争的同时,也幻想祈求得到自然的恩赐,于是在依赖、恐

---

① [德]格罗塞著,蔡慕晖译:《艺术的起源》,第121页,商务印书馆,1998年。

② [明]朱载堉:《乐律全书·书律》,载《万有文库》影印明万历三十四年(1606)原刻本。

第十一章 青海节日民俗与审美

惧和迷惑之中萌生出万物有灵的观念,产生了对大自然的崇拜,在节日风俗中表现出的审美意识也常带有原始崇拜的神秘色彩。每逢藏历三月,藏族总是举行"迎鸟节",撒青稞迎候回返的鸟禽,这是藏族先民鸟崇拜的遗俗。因为在生产力低的原始社会,藏族人民面对变幻莫测的大自然,感到恐惧和不安,从不安的现象中解脱出来的渴求、自由飞翔的欲望以及对未知世界的憧憬,均凝聚在鸟的神话、故事里。藏族先民把鸟当作传达神灵的旨意、给人们带来美好生活的图腾来加以崇拜,其根本目的是祈求神鸟保佑风调雨顺、农牧业丰收,赐于人们财富和好运。在这里人们把习俗的情感融进宗教的虔诚,人性的欲望披上神性的光环,把美的理想寄寓敬畏的神灵。这是把信仰和审美建立在共同的想像和幻想心理基础上的创造。正是在这迷离的宗教节日中,人们以虔诚的心态、无声的行动,以神秘色彩、非科学思维,在想像中通过行为感应来实现生活现实中不能办到的事,把自己的向往和追求、理想和期望,向神灵和天国倾诉,用祭祀和颂歌来博取神灵和天国的同情,用自己创造的美去侍奉神灵和天国,以求得到同等的报偿,人们也在心灵的慰藉中,与神灵共享自己创造的美。这是精神寄托的特殊运作,在其浓重的神秘色彩中仍旧传递出的是对美好幸福的渴求,包含着一种凝重而深沉的审美意蕴,是原生文化深刻的朴拙之美。

青海各民族节日大都反映了人们的现实生活。以节日歌舞为例,锅庄当中有打青稞、捻羊毛、喂牲口、酿青稞酒等劳动歌舞的形式,又有颂扬英雄的歌舞内容,以及表现藏民族风俗习惯、男婚女嫁、新屋落成、迎宾待客等锅庄。节日当中还通过民间歌舞说唱形式表达生活愿望,如牦牛舞、卓舞中的鼓舞、折嘎、吉达吉姆等。其中的折嘎源于民间乞讨时的说唱表演,折嘎艺人头戴面具配合表演,用面具上最美的象征符号,伴随表演者动听的祝福博得施主欢心,求得施舍。折嘎虽是早年的乞丐曲艺,却也满含热爱生活的渴望。如今藏历新年、林卡游园、新婚庆典等节日活动中,折嘎艺人向人们祝福,为节日增添了几分欢乐的气氛。吉达吉姆是一种抗灾歌舞,只能在受灾期间演出。一般由九个人表演,人物关系以家庭辈分的大小排列,扮演父亲的四兄弟、母亲和四个阿扎尔(印度僧人),父母亲面具与传统藏戏面具相似。吉达吉姆舞蹈为圆圈状,中心为打鼓人和放置供品。歌舞内容以表现人们耕作、纺织、生育等生产生活的场面。最后舞蹈者举刀拉弓,将放置在场地旁的干羊腿砍断,表示将冰雹魔鬼制死。其内容、表演形式、面具道具都渗透着原始文化的痕迹。表达了人们期盼降服灾害,夺取丰收的美好愿望。

  青海地区的传统节日还承载着一些其他的生活理想内容,它是传承民族优秀饮食文明、优秀服饰文明的重要载体,是传承各种民间美工技艺的重要时间,同时也是一个传承传统道德、伦理的重要场所,展示地域独特文学艺术形式的重要窗口。更重要的在于节日发挥了青海各民族在严酷的自然环境下调整身心,休闲娱乐,解除体力上的疲劳,获得生理的和谐,赢得精神上的自由,营造心灵空间的积极作用。节日使人在社会必要劳动时间之外,为不断满足人的多方面需要而呈现的一种文化创造、文化欣赏、文化建构的生命状态和行为方式。休闲的价值不在于实用,而在于文化,使人在精神的自由中历经审美的、道德的、创造的、超越的生活方式,呈现自律性与他律性、功利性与超功利性、合规律性与合目的性的高度统一,是人的一种自由活动和生命状态,是一种从容自得的境界,是人的自在生命的自由体验,是生存境界的审美化,审美境界的生活化,更是高原民族生生不息的生命实践性和审美创造性凝结。

第三编　青海宗教文化与审美

第十二章　青海信仰文化与审美

青海高原各民族在漫长的历史发展过程中，始终纵横交错地表现出许多具有信仰色彩的民俗事象，信仰的形态也是气象万千，主要包括灵魂信仰、自然信仰、人生信仰、图腾信仰、祖先信仰、土地与文化英雄信仰，以及各种巫术和禁忌，这些信仰有的有严格的仪式仪轨，有的仅存记忆的残片，大多散落在各族民众的日常生活当中。这些具有原生文化形态的信仰习俗作为民族精神文化意识，积淀着异常丰富的心理背景，渗透了高原民族特有的审美观念。

第一节　青海信仰文化的多元形态

一、青海信仰文化形态溯源

从根本上说，民间信仰是一种世界性的宗教信仰。全部的信仰本身都是一种文化的聚合物和传统的储存器，不同的是，传统意义上的宗教信仰核心是神灵观念，民间信仰则以非体系化、非教义化，有时甚至是非神主化或者万物皆神主的多元状态存在，其核心是万物有灵观念的根深蒂固。民间信仰当中,最为深刻的是灵魂信仰,即灵魂不灭的观念,而且在他们的思维和眼睛里,宇宙的自然现象有着各自的主宰及其主宰的方式,神灵无所不在,神灵无所不包,神灵无所不知,神灵无所不能。青海高原的民间信仰是在世代传承而自幼耳濡目染,在族群规约形成的民俗文化空间当中自然熏陶习就的。青海各族的民间信仰也都经过各自社会生活、地缘政治、族群关系、文化交往的洗礼和考验,经历了无数次的本土化、民族化的再造过程,形成了以民族文化走廊为背景的信仰圈和祭祀圈,大都从灵魂崇拜、自然崇拜、图腾崇拜、祖先崇拜、生殖崇拜、灵物崇拜,以巫术为沟通媒介,以仪式为程式范畴,以祭祀为实现方式,以禁忌为规约界限。

按照英国人类学家爱德华·泰勒(tylor)的解释,人类的生理与梦境或幻觉两两并置,于是在观念中分别产生了生命和幽灵两个属性。生命是有感觉存在,有思想和行为存在,而一旦因梦境、死亡出现,幽灵就成为生命的影像,并且在远离生命本体的地方显现。在早期人类的意识当中,人的概念就是肉体与灵魂合而为一的生命共同体。在灵魂观念的催生下,自然信仰在青海各族信仰习俗中较早出现,持续时间也最长。各民族先民早期在开始与大自然共存相生、逐步繁衍发展的过程中,面对自然界变幻无穷的神秘威力,由于当时生产力和认识水平所限,无法对种种自然现象作出科学解释,以减弱自然灾害给人类带来的损失,他们只好力求在精神上减轻自然界造成的重重威胁和压力,便将许多自然物幻化为神,不仅赋予人的情感、智慧、意志和权能,而且还寄托造福免灾的希望,并十分虔诚地加以供奉和崇拜,祈求自然不断地惠赐给人财富和好运。"正是这种人格化的欲望,到处创造了许多神",[①] 青海各民族早期自然崇拜就是在这种心理

---

① 《马克思恩格斯全集》第 20 卷,第 672 页,人民出版社,1972 年。

第十二章 青海信仰文化与审美

定势下逐渐萌生的。藏族早期崇拜过猴、鸟、牦牛等动物,崇敬天地山川,是一个典型的多神民族,即使藏传佛教全民化地深入人心,有政教合一的社会控制功能,但是民间还是顽强地存在着一个同构的信仰体系——"苯教"仪轨及其文化遗留,大量的自然崇拜都被保留在这一仪轨系统之中。在土、藏等民族先民的观念中,凡大山皆有神灵居住,而这些神灵又都具有人的品格。青海地区信仰人数最多的自然信仰仪式是阿尼玛卿雪山信仰。从生活的地理环境来看,青藏各民族大都居住在山峰耸立的地区,因此,人们为这些山峰赋予灵性,使其本身具有的独特的审美品质,带给人们无限的遐想,寄予了许多美好的理想,成为人们崇拜的神奇形象。这种自然崇拜极具人情意味,是以人性为内在固有尺度创造出来的,折射着人的生活和思想感情。

由自然崇拜引申出来的是对与自然物特征和属性的信仰,这中间最具有文化指征的事就是各民族对于色彩所产生的信仰观念。崇尚白色是藏族独特的一种自然崇拜习俗。青海各民族中,白石常被供置于院落四角墙端、门顶及门前,表示了一种祈盼吉祥、幸福的美好心愿。藏族尚白习俗的形成一方面与藏族古老的神灵崇拜密切相关。在藏族原始自然崇拜观念中,白色是生灵之神的化身,是一切善的本源。在藏族神话传说中,"长寿五姐妹"之一的吉祥长寿女一面三眼,全身皆白,骑一头白狮子;史诗中的格萨尔王头戴白盔,身穿白盔甲,玉树人号称自己是雪山白狮子的后裔……所有这些都表明,在藏族白色自然崇拜观念中,已经赋予了人的核心价值在其中,反映了对真、善、美的一种审美价值取向。另一方面,这种尚白审美倾向与他们长期生活的地理环境息息相关,藏族生活的青藏高原,地势高寒,不少地区常年积雪,被人们称为"雪域高原"。这样,白色就自觉或不自觉地进入了人们的审美领域。人们不仅对白色有亲切感和神秘感,而且赋予它许多的文化价值,由此产生向往和追求,将白色从自然化引申到神化层面，并寄予善良、美好、光明、圣洁的象征意义，成为一种极具象征意义的"人化"色彩。正是在这种生活环境和观念的影响下，塑造了藏族崇尚白色、向往光明的美好感情和文化禀赋。藏族自豪地将自己称为"喀瓦蒴"（即雪域人），表明像白雪那样神圣、洁白、美丽。①

自然崇拜的特殊形态是风物传说信仰，是一种后起的自然信仰形态，主要基于对族群形成或来源的解释和附会，通常的做法是人们将本来具有特定形貌的自然与人文英雄联系起来，以诉求当地的人杰地灵的文化特征，或者干脆将其他地方的为人们所熟知、具有一定影响力的地域，通过传说、神话、故事等口头文本复合建构，组成一个自足的解释系统加以信仰。最典型的就是藏族苯教伏藏派的巫师和僧侣，将格萨尔及其妻子、将领与某一个地区的自然风物联系起来。青海玉树县肖荣乡有一处宽阔的盆地，盆地中央的一座小山上时常涌出一泓清泉，据当地民众介绍说，这股泉水非常奇特，能够预卜一年牧草长势和牛羊的肥壮程度，如果看到泉水涌现得很高，则预示着一年牧草丰美、牛羊壮硕，人们便会在特定的时节，绕着泉水祷祝；如果泉水涌现得凝滞，则显示着一年可能遇到牧草长势差，牛羊可能掉膘减产。传说赋予这神奇力量的是格萨尔的妻子珠姆，格萨尔征战小憩时，珠姆曾在这里浴洗秀发，将神力遗留于此。

图腾崇拜作为古老的信仰习俗，是构成青海各民族早期审美文化的又一个重要内容。原始图腾崇拜起源于原始人类的幼稚观念——"泛神论"，是在自然崇拜的基础上发展起来的，按列维·斯特劳斯所说，是在近似联想律的作用下产生的，认为其他事物身上有与人类一样或相通的规律和特点，即相信人与某种动物或生物有着某种血缘关系，并把它视为氏族部落的祖先、保护

---

① 谢热：《论古代藏族的图腾信仰》，载《青海社会科学》，1998年1期。

第十二章 青海信仰文化与审美

神加以供奉和崇拜。远古时期人们不善于抽象思维,他们往往通过感性形式达到对世界的把握,以人格为模本创造各种图腾,其实这是人的生命意识的转嫁,是人格同化的结果。图腾作为原始部族精神信仰的对象,以它亲密的血缘关系和群众崇拜意识,从精神上实现了氏族内的沟通,激发起强烈的氏族情感,因而图腾也成为部族心目中最神圣和最美好的象征。在图腾社会里,图腾崇拜在氏族意识中,往往形成了对某种事物美的认同感、契合感,营造了氏族的审美趣味。

狼是古代突厥各民族共同崇拜的图腾,并被视为美的形象受到人们的崇拜和赞美。流传于哈萨克以及其他突厥语民族当中的"狼妻"故事,从一个侧面反映了突厥先民视狼为祖先,以狼为图腾的风俗。在与自然界的斗争中,人们逐渐发现狼不仅具有凶狠、残暴的一面,同时又具有坚韧、耐劳、勇猛等特征。藏族在牧区有禁杀狼、狗(藏族认为狼与狗为同种)的习俗传统,并视藏獒为家庭成员,或者是家庭的保护神;古代突厥部族、藏族崇拜狼并非是偶然的,因为他们一直生活在青藏高原荒漠、半荒漠的恶劣自然环境里,拥有力量和勇敢始终是他们抗拒大自然威胁、获得生存自由的最可靠的武器,也是他们孜孜以求的理想。所以古代藏族、突厥民族的狼崇拜习俗,其核心是对力和勇的崇拜。然而这种生存能力在现实中求而不得,于是,便将具有力量和勇敢的狼奉为图腾和美的事物而加以崇拜。

文化英雄信仰在青海各民族中是十分普遍的。我们所说的文化英雄是一个广义的概念,包括人文始祖、部族英雄、行业领袖、民间智者等。藏族最大的人文英雄恐怕要算格萨尔了,格萨尔信仰遍布整个藏区。尤其是青海的玉树、果洛、藏北、甘南崇信甚多。这种信仰还流布到其他民族当中,如河湟土族、海西蒙古族,从而衍化出土族的格赛尔、蒙古族的格斯尔,进一步衍生的还有珠姆(格萨尔的妻子)、格萨尔的将军们。青海地区还有一些被称做能人的"智者",如藏族的米拉日巴、松赞干布、文成公主、阿古顿巴,以及近年流传的"憨当周"(有的地方称"瓜当周")和蒙古族的巴拉更藏。这些人物的产生大约有以下几种情形:部族祖先成为民间信仰的直接继承者,现实政治人物的神祇化改造,部族祖先人物功业的叠加复合,族群地方性知识的话语累积集中。如松赞干布及其妻子文成公主是吐蕃先民诸部的统一者,是藏族的第一代赞普及王后,因此藏族许多发明创造、技术引进、典章制度的创制权和首倡权就被附会在他们身上,这正如汉族首凿西域的人是张骞,于是人们就将来自西部地区的蔬菜、药材、香料、工艺品的"引进权"都归于其身,以致信史无可考,首倡殁其踪;有一种情形是部族几代的首领或英雄的发明创造或者英雄事迹,都以这个部族的图腾或者族名命名,格萨尔就是这样的人物;或者借用经典作品中的人物名号、部族中最稀松平常的姓名,将那些富于智慧(相反的情形是那些被认为是愚蠢的)的故事、传说、事迹、笑话等都虚拟地敷衍起来,形成一个形象的文化集合形态,最典型的就是黄南土族的二郎神,藏族的米拉日巴、阿古顿巴,以及"憨当周"。

占卜巫术也是青海地区盛行的巫术信仰,其中骨占巫术是一种最古老而独有的形式,这种占验方式与青海高原悠久的游牧生产方式有关。在各种信仰之中,只有巫术才能沟通人神,使信仰有了支撑和皈依。关于甲骨占卜,考古学界有"南龟北骨"和"东热西冷"之说,北方多为牛、羊、豕,南方多以龟甲为贵,中原地区的骨占主要用活体牛羊的肩胛骨、腿骨、肋骨、蹄子刻写祷祝之语,置于火上灼烤,然后根据开裂的纹路走向占验,被称为热卜,其中牛、豕较多,而羊骨占验最少,用羊骨钻孔的方式占验的冷卜更是非常少见。这种钻孔冷卜在甘青地区却非常多,考古材料也非常丰富。青海东部边缘曾出土马家窑文化石岭下类型的羊骨占卜残片53件，占全国这一时期羊骨占卜的73%①，这说明长期游牧生产方式的沿革和承继，使得这一原始文化形态，以文化基因的形式，大量保留在从事游牧生计的藏族、蒙古族、撒拉族的民间传统中间。藏族骨卜的形式有很多，诸如牛羊的肩胛骨钻孔占卜、牛羊的肋骨钻孔占卜、牛蹄或马蹄摇卜、牛羊腿骨节摇卜等，其中羊骨占卜居多。占验以后的卜骨不少会转变为护身符被人们佩戴、收藏，可以理解为项链作为饰品前的文化遗存，或者甚至说项链的前身就是占卜后的护身符，具有驱傩避秽的作用；也有许多骨卜已经演化为成人、儿童游戏，如儿童游戏玩具"抓骨节"，实际上是骨节摇卜的遗留事象。骨卜就地取材，解读生活，祈祷未来，包含着对生活、对未来所寄予的热切企盼，其安天守命、隐忍厄运、虔诚祷祝成为高原民族审美的基本质素和禀赋，是高原民族民间审美的生命原色，为铸造高原民族"人生诗化，诗化人生"独有审美意识奠定了深刻的信仰基础。

第二节　青海信仰民俗文化的诗学意义

原始信仰习俗的出现，标志着青海各民族先民思维和想像力的养成和提高。人们通过想像和幻想，在内心深处虚构了一个非现实的世界，把人的精神（意识）对象化、物态化，催生了原始宗教及其信仰习俗，而原始宗教幻想和信仰习俗活动，又直接促进了原始艺术想像和人们审美意识的发展。青海各民族早期信仰习俗的种种表现形式，有许多正是原始时代留存下来的最为珍

---

① 谢端琚：《中国原始卜骨》，载《文物天地》，1993年6期。

贵的艺术创造。

一、自然信仰是艺术审美的创造之源

　　自然崇拜作为人们对自然的心灵观照和人类的审美活动存在着内在精神的一致性，两者都追求着主体本质力量的显示。"自然崇拜给予人类艺术和审美的起源发生，最大的影响是为人类美感奠定了想像、移情、将自然力人化等心理基础。"[①] 原始人类由于当时认识能力所限，加之抽象思维不发达，往往只能凭借自己切身的感觉经验去感知世界，因而以己度物便成了他们的习惯思维方式，他们以人的生活和思维来观照自然，并把自身的生命特征和情感赋予到自然和神灵的世界，各种形象的类比不但使认知的对象都有具体可感的形象，而且还有活生生的情感。这是人类用自己的生物尺度去把握世界的最初表现形态，也是"自然人化"的初级形态，它既是先民们在"泛灵论"影响下，对自然物加以人格化崇拜的结果，也是对大自然进行审美创造的重要特征。从美学视角来看，神山体积的庞大与超常的力量和气势同美学范畴中的崇高有着密切的联系，是产生崇高美不可缺少的形式与内容因素。神山造型的巨大感和随季节出现的变幻，常常使膜拜者在观赏时产生出神秘感、敬畏感、恐怖感，这与审美产生的崇高感有着异曲同工之妙。神山在青海各民族人民的生活中，已成为重要的精神文化载体。因此，在人们的心理感受中，不仅具有崇拜感，同时也伴随着一种雄壮之美和油然而生的崇高感。在青海一些民族的审美意识中，山崇拜已成为原始崇高范畴的古老原型。

　　青海各族在早期的自然崇拜中，不仅祈求超人间的形式和力

[①]　向云驹：《中国少数民族原始艺术》，第30页，青海人民出版社，1994年。

第十二章　青海信仰文化与审美

量赐福于大众，使人们在精神上有所寄托和安慰，而且在对自然崇拜物的崇尚和关注中，发现其固有的美，并将人文内容灌注其间，将崇拜意识和审美意识融为一体，借自然的崇拜表达了人们最现实的审美理想和愿望，这些亦信仰亦审美的民俗事象，是人格对象化的产物，成为青海各民族重要的精神文化载体。青海各民族早期的舞蹈大都产生于人们信仰心态的土壤之上，巫舞就是在这一土壤中生长出来的果实。在一些宗教仪式活动中，巫师常装扮成各种动物或图腾形象，一边起舞，一边口诵祷词或咒语。人们确信这种巫术形体动作本身是可以转化为一种实际力量，足以战胜一切恶鬼，而取悦于善的神灵，以获得报偿。在这种娱神的舞蹈中，人们仿佛找到了与神共欢的机缘，实现了对神灵的赞扬和对恶魔的征服，同时在精神上得到了宣泄和自娱，进入到生命力鼓动和情感抒发过程，从中体验到了一种审美的愉悦。此时原始的崇拜活动和审美活动完全一体化了，正如李泽厚所说："它们既是巫术礼仪，又是原始歌舞"[①]。青海各族早期流传下来的图腾舞，动作多以模拟动物的动态和生活为主。在藏族历史上曾存在过猕猴崇拜，至今在藏族舞蹈中仍保留着猴子式踢踏舞。这种舞步活跃，极富弹性，其节奏之急促，营造了一种欢快的气氛。具有悠久历史的"马背民族"之一的哈萨克族，很早就认为马是神圣的、聪明的动物，并膜拜马神——"哈姆巴尔阿塔"，因而早期舞蹈艺术中，相当一部分是模仿马的走势和奔跑姿态，表现马的体态美。这些舞蹈既是远古动物及其动作的再生写照，也是早期图腾文化的遗留，具有很高的艺术性，充满了独特的审美价值。从世界人类文化史的资料来看，在近代澳洲土人的舞蹈中就发现有模仿驼鸟、袋鼠动作的舞蹈，因为这些土著民族就是以驼鸟、袋鼠作为图腾的。处于图腾崇拜时代的人们正是

---

① 李泽厚：《美的历程》，第 13 页，中国社会科学出版社，1992 年。

通过模仿代表自己图腾的动物的舞蹈,来表现自己和所崇拜的图腾之间的一种神秘的联系以及对图腾的崇拜和敬畏。青海各族以模仿动物为主要内容的舞蹈最初正是体现了这一原始的民俗心态,只是随着漫长岁月的流逝、图腾原生时代的消失,其中所包含的图腾崇拜意义已为人们逐渐淡忘,而更多地感受到的是舞蹈本身那独具民族特色的审美价值。

伴随早期信仰习俗而产生的原始神话、岩画、歌舞等,表明了青海各民族先民最初的审美意识总是与原始宗教观念相融合,还未出现严格意义上的独立的审美艺术,然而它们中所包含的美学品格,表达了先民们在远古时代的审美追求,促进了各民族审美意识的发展,在青海各族艺术发展史上留下了不可磨灭的一页。

二、图腾信仰是民族审美的个性之源

远古时期青海各民族都以游牧生活为主,因而图腾崇拜的对象大都是一些与他们生活有着密切联系的动物,而这些动物往往表现出极强的生命力和勇猛,对这些动物加以神化、崇拜,并予以歌颂和赞美,在心目中树立为美的形象,这正体现了青海各民族原始游牧生产方式以及各民族先民早期图腾信仰习俗中的审美观念的特点。每个民族都"在幻想中、神话中经历了自己的史前时期"①。在早期的信仰习俗中,青海各民族以其丰富的原始神话,再现了远古神秘的图腾世界。在苯教的原始信仰中,雄鹰被视为创世与生育的神灵,被当作本民族的图腾受到人们的顶礼膜拜。在这种原始信仰的影响下,产生了许多以雄鹰为题材的神话。从审美的特性来看,由于雄鹰那刚毅的双翼、有力的鹰爪、

---

① 《马克思恩格斯选集》第1卷,第6页,人民出版社,1972年。

第十二章　青海信仰文化与审美

勇往直前且不畏风暴的勇猛精神，与藏民族彪悍、勇敢、刚健、豪迈的英雄精神有着异质同构的相似性，因而在人们的心目中，鹰不仅是膜拜的偶像，也是美的化身。青海早期的许多神话作为自然崇拜时期各民族先民原始思维的产物，虽然稚拙却凝结了人们最真实的情感，融注了先民们初始的审美意识，它们既属于膜拜型文化又属于审美型文化。

在原始信仰习俗仪式中，各种动物造型、图腾偶像、图案、饰物，都是为了满足信仰需要而产生的，也是最早的造型艺术品。青海唐古拉山、祁连山、宁夏贺兰山崖壁上绘制的"太阳神"图腾符号，有以动物图腾为主的，如各地多民族的狼图腾、牦牛图腾、盘羊图腾等；有以自然景观为主的，如雪山崇拜、圣湖崇拜……其中有的图腾文化的特征十分明显，有的又被赋予了更深的内涵。仅就"太阳神"图腾符号一项，我们还能依稀看到那或许是真实记录游牧民族天象的信仰习俗，它既是对自然的崇拜，也是对原始绘画的审美观照；既是一种原始信仰活动，也是一种艺术美的创造。在青海许多地方发现的原始岩画，最初都具有巫术的功能，表达了当时人们的精神寄托和现实期望。这些在原始信仰习俗中产生的绘画，虽不是为了直接满足人们的审美需求，但已蕴涵了人们早期的审美意识和理想，成为远古时期原始审美活动的重要表现形式。

三、巫术信仰是民族审美的思维之源

巫术中包含有很多的思维方式，如模拟、接触、控制等。其中，模拟是将本体事物的属性和特征，加持或推广到外部世界之上，赋予它与人一样的形貌、体征、思维和情感；模拟又将外部事物的超人之处，加以想像性仿拟，将外部力量作用于人身，赋予人与外部事物诸如动物、植物的某种特性。由此，从形式上说

人和事物之间是可以互渗的，这是人类的原逻辑思维[①]，列维·斯特劳斯把这种人类的思维的最初形态概括为"近似联想"，其特点是这些思维没有什么偶然性，也没有什么矛盾性，将两种看上去并不相关的事物进行比较性联系没有什么不妥，一切都是必然的，他们把外部的事物与自己等同起来，或者外部事物就是他们本身；这样的思维相信人自身的感受、认识、经历等一切经验性积累，他们既服从于当代人所说的形同的规律，但更相信他们自身。这一切恰好符合诗学思维的一般性特征，更适宜与艺术性创造不受理性羁绊的要求，使人更容易获得非凡的创造力，这也是艺术思维或称感性思维的基本特征。所谓艺术源于巫术，不就是这种原生思维的结果吗？早期洋溢在青海各民族身上的艺术情感和艺术思维，正是以巫术信仰作为载体被保留下来了。如果我们不流于偏狭，不被那些所谓迷信的成分所拖累和限制，我们还是能有新的发现和启发。青海各民族将自然山川、动物植物加以想像的创造，以艺术的形式展现出来，将自己的愿望、期盼通过模拟的对象传达出来，他们把自己当成是雄鹰的子民、野狼的后裔，追求的恰恰是雄鹰的自由和矫健、野狼的孤勇和胆识，并将这些元素运用到舞蹈、诗歌、绘画和音乐当中，使之转化为民族的审美的品格和艺术气质。更为重要的是，在反复的模拟、反复的回忆、反复的展演当中，这些审美的品格和艺术气质又被经验化、程式化和规范化，成为艺术规律，滋养着一代又一代高原人的才情和心灵。

---

① ［法］列维·布留尔著，丁由译：《原始思维》，第69页，商务印书馆，1997年。

第十二章　青海信仰文化与审美

四、宗教信仰是民族审美的规范之源

　　青藏高原的宗教信仰既是舶来的遗留，也是与本土原始信仰融合的结果。如果说青海各地的本土信仰具有原生、本土的性质，是生命价值的宗教化反映，且以仪式的规约或狞厉、或癫狂、或神秘、或敦厚地加以呈现，表达的是信仰仪式的庄严之美，是崇高美的主体形式，那么，后起于原始本土信仰的宗教，则是基于生命价值哲学化理性思考的产物，且主要以教义系统化的哲思顿悟、逻辑建构来作为其主要的实现方式，那么服务于宗教价值内涵的艺术形式就必须围绕其需要而设定，它是建立在仪式之上的哲学建构，是逻辑之上的形式建构，作为宗教文化的一部分，审美必然要实现合宗教之目的性，否则，就有可能僭越了宗教的原初意涵和体系架构。这样，宗教所呈现出各种制度化的内容，都要通过规约化的艺术形式去加以实现。随着宗教传播的深入和稳定，随着宗教信众的增加和固定，人们的宗教生活也逐渐经常化和制度化，基于宗教表达和传播的需要，从宗教教义当中派生的思想原则，必然要与人在现实生活中的艺术审美体验、经验相结合，形成一套与宗教相适应的、同样是制度化的审美理念，并再将这些制度贯彻为一种规范化的审美模式，在其内部通过每一条艺术原则转化为可解读、可实现、可操作的程式，形成一整套完备而自足的宗教艺术体系，最大程度地为宗教服务。在青海，藏传佛教、汉传佛教、伊斯兰教、道教，抑或天主教、基督教都有几乎相同的审美艺术规律。

第十三章 青海宗教艺术审美阐释

青海是一个神奇而又美丽的地方。生活在这里的汉族、藏族、土族、回族和蒙古族等诸多民族创造了底蕴深厚、历史悠久、丰富多彩的美轮美奂的文化。这些文化无论是在物质层面，还是在精神层面，都有着它鲜明的地方特色和民族特色。在这些异彩纷呈、类型多样的文化中，青海宗教艺术①经历了千年的风雨和历史的磨砺，充满着迷人的魅力。

第一节 青海宗教艺术概观

青海作为一个宗教大省，许多民族都有着自己历史传承下来的宗教信仰，有些甚至占据了生活和精神领域的绝大部分。整体

---

① "宗教艺术"这一概念的提出与研讨，在人文社科领域说法不一，总的来说有两种基本观点：一是广义的理解，即将与宗教有联系的所有对象都当作宗教艺术。比如，人类早期历史上出现的一些巫术仪式，雕刻在悬崖峭壁上的岩画，以及为了获得猎物、控制气候而出现的仪式性舞蹈等等。二是狭义的理解，主要指出于现代宗教需要而服务于现代宗教的艺术，也就是当今所指的基督教艺术、伊斯兰教艺术、佛教艺术和道教艺术，等等。在此主要探讨的是流传于青海的藏传佛教、伊斯兰教、道教等现代宗教艺术。

第十三章 青海宗教艺术审美阐释

而言,生活在这里的藏族、土族、蒙古族和部分汉族信仰藏传佛教;回族、撒拉族和保安族信仰伊斯兰教;汉族和其他个别民族信仰道教。基督教也在青海传播,但影响甚小,在此不再叙述。

一、藏传佛教艺术

每一个民族悠久的历史和多样的文化,都是他们在长期同自然交往和社会发展中形成的。藏族先民很早就生活在青藏高原,恶劣的地理环境,复杂的气候,养成了他们勤劳、朴实、崇勇和坚韧的性格。他们不仅创造了世界最长的被誉为"东方伊利亚特"的英雄史诗《格萨尔》,而且还依山建造了壮观雄伟的布达拉宫,以及由虔诚的佛教信仰者创造的精美的唐卡和辉煌的寺院建筑。藏族不但拥有浪漫的民族气质,更拥有现实的追求,只要进入藏区,你随时都可以感受到藏传佛教的氛围:山中的"拉则",田野上伫立的白塔,雕刻精美的玛尼石;村落中的寺庙,庭院中随风飘扬的经幡。还有那形形色色,手拿念珠,穿梭来往于寺院殿堂转经轮、磕长头的虔诚的信徒。也就是在这磕长头、念玛尼、转经轮、立经幡、放"龙达"的简单行为中,显示了绵绵不断、生生不息的生命力量——对美好理想的精神追求。青海藏传佛教艺术就是在藏民族这一强大的精神追求中表现出来的物质化、形象化、艺术化的结晶。

藏传佛教艺术是青海宗教艺术的主要部分。一是因为,在青海藏传佛教为藏族、土族、蒙古族和其他一些民族所信仰,其信众占据青海总人数的半数以上;一是因为青海的寺院以藏传佛教寺院为主,有许多藏传佛教寺院名扬中外,像著名的宗教圣地塔尔寺、河湟诸寺之母佑宁寺以及藏有宗喀巴大师自画像的卡迪卡瓦寺等等。这些寺院是藏传佛教信众宗教活动的场所,但从文化艺术的视野来看,它们又都是一座座精美绝伦的艺术殿堂和储藏丰富的博物馆。在这些寺院中我们可以看到虔诚绘制、铺满墙面的壁画；悬挂着的精妙绝美的唐卡、堆绣；栩栩如生、活灵活现，或慈悲，或威猛的雕塑。在一些重大的祈愿法会上，还会领略到意味悠长，动人心魄，引人心灵宁静的宗教音乐，更能看到奔腾跳跃、杀魔求吉，为民众和社会祈愿的宗教舞蹈。具体而言，青海藏传佛教艺术主要分为舞蹈和造型艺术：前者以塔尔寺的"羌姆"等为代表；后者以青海省黄南藏族自治州的热贡藏传佛教艺术为代表。

"羌姆"，又称"法舞"、"观经"，也就是一般人们所说的"跳欠"，这是汉藏双语结合的词，跳即跳舞，欠即"羌姆"，也就是宗教舞蹈，俗称"跳神"，而僧侣们则喜欢用"金刚法舞"来指称。"羌姆"仪式表演是由受过一定舞蹈训练的喇嘛戴面具饰演不同角色，在吹奏、打击乐器的伴奏下，手持道具以舞蹈方式进行的，作为藏传佛教特有的一种宗教舞蹈，属宗教乐舞的范畴，专指藏传佛教寺院以表达宗教佛理奥义为目的祭祀仪式表演。它是由印度佛教密宗的一种金刚神舞结合、融会西藏苯教拟兽舞、鼓舞和土风舞，以驱邪求吉、弘扬佛法为目的的藏传佛教法事舞蹈。羌姆舞蹈的语言使晦涩难懂的教义直观化、通俗化，由于特定内容及宗教目的的制约，羌姆向来具有严格的动作、装扮、配乐及舞蹈表演程式。青海的羌姆是元朝末年从西藏传播过来的。由于教派不同、寺院不同、地域不同，青海的羌姆有了一些新的变化，逐渐形成了诸多教派羌姆，其中格鲁派塔尔寺羌姆、夏琼寺羌姆与宁玛派罗汉堂寺羌姆类型丰富、独具一格。青海羌姆乐舞作为宗教文化的组成部分，其主旨是祭神娱神，但它同时也具有娱人的社会功能，从而使之更具鲜活的生命力和独特的艺术效果，构筑了青海藏传佛教特有的艺术审美形态。

热贡藏传佛教艺术早期被称为"五屯艺术"或"吴屯艺术"。20世纪80年代以后，青海省政府召集有关人员在多次赴

第十三章 青海宗教艺术审美阐释

黄南对热贡藏传佛教艺术进行调研之后，经过认真分析和科学的把握，1981年，青海省文联与中共黄南州委商议并由省文联党组专题报告，经青海省委批准，正式定名为"热贡藏传佛教艺术"，简称"热贡艺术"。据文献资料，"热贡"是史料中对"榆谷"、"一公"地域的藏语译名。《青海历史纪要》认为"榆谷"即藏语"热贡"之音译，宋时译作"一公"。《安多政教史》亦认为热贡是宋时唃厮啰之一公、汉时的大小榆谷。其范围包括今天青海省黄南藏族自治州、循化县全境以及甘肃省甘南藏族自治州夏河县部分地区。已故李文实先生考证"我遍问故旧，并细按地图，始悉所谓榆谷，原系羌语，即今藏语热贡的对音。今黄南同仁、泽库（并包括尖扎南部、贵德东部）地区，藏语叫作热贡，热贡意译为上川，其南部泽库地区为下川腹地。明清还称这块地带为捏工川，捏工即热贡的旧译，亦即两汉时的大小榆谷"①。这说明热贡藏传佛教艺术是以藏传佛教文化为中心，在传统绘画的基础上，融合、借鉴、吸收其他民族文化艺术技巧而逐渐发展起来的佛教艺术，它随着藏传佛教尤其是格鲁派在安多地区的传播而得以发扬光大的。

热贡艺术承继藏族绘画艺术的精髓，与藏族传统艺术尤其是藏传佛教艺术息息相关。据研究表明藏族绘画历史悠久，早在新石器时代就已存在。藏民族初期信仰的苯教中就有"善舞者夏瓦"和有关绘画的传说。而热贡藏传佛教艺术就是在继承深厚的原始宗教文化基础上吸收其他民族的绘画艺术形成的，是随着佛教在藏区的传播而发展起来的，并逐步在建筑、绘塑、装饰和彩绘方面形成了自己独有的艺术风格，成为藏传佛教艺术的重要流派。17世纪中叶，隆务寺活佛夏日仓一世派遣弟子智噶俄伦巴兴建了吾屯上寺和下寺，并给这两座寺庙做了一个特殊的规

---

① 李文实：《西陲古地与羌藏文化》，第151页，青海人民出版社，2001年。

定：入寺当完德的孩子必须首先学习藏文和绘画、雕塑。长及14岁或15岁时才能重新选择留在寺里或吾屯等少数几个村落。由此可见，在热贡艺术的发展中，佛教寺院及僧人发挥了十分重要的作用。

总之，热贡艺术是以藏传佛教为核心、藏族传统绘画为基础，融合其他诸多民族文化因子的产物，是集宗教性、民族性、多元性、地方性、象征性和审美性等诸多属性于一身的宗教艺术。

二、伊斯兰教艺术

青海是我国伊斯兰信众最多的省份之一。伊斯兰教在青海的传播历史悠久，大约在唐朝丝绸之路空前繁荣时期，处于要津的青海，也来了不少到中国经商的阿拉伯人和伊朗人，这些商人就成为青海最早的伊斯兰教徒和伊斯兰教的传播者。到13世纪，随蒙古军队征战的西亚人，有的留居在甘肃和青海河湟地区，并与当地穆斯林通婚，进一步扩大了族群和民族文化。14世纪初，撒拉族由于部落斗争的缘故，在尕勒莽兄弟的带领下，从遥远的撒马尔罕千里跋涉来到青海循化县境内繁衍生息，使青海的伊斯兰教发展获得了更大的空间。如今青海伊斯兰教教派众多，寺院林立，信众遍布青海各地。

随着伊斯兰教的广泛传播，伊斯兰教艺术也得到了较大的发展。由于广大穆斯林在生活和精神等各个方面都以《古兰经》为标准，以清真寺为主要活动场所，所以，青海的伊斯兰教艺术也集中体现在对《古兰经》审美理想、审美思想、审美标准、审美趣味等方面表达和体现，以及清真寺的建筑与装饰等诸多方面。《古兰经》是广大穆斯林恪守的经典，也是他们生活和精神的重要准则，其集中而鲜明地体现了穆斯林的世界观、价值观和审美观等。由于伊斯兰教禁止以物配主、禁止绘画真主像和禁止偶像崇拜,这就使得以具象直观为特征的造型艺术在伊斯兰教艺术中受到一定制约。但此消彼长,也是由于这个原因,伊斯兰教书法艺术、建筑艺术和文学艺术得以长足发展,享誉世界。

青海的伊斯兰教建筑艺术集中体现在清真寺建筑上,以西宁东关清真大寺、循化街子清真寺和平安洪水泉清真寺为代表。东关清真大寺是青海省最大的清真寺,是与陕西西安觉化寺、甘肃兰州桥门寺、新疆喀什艾提卡尔清真寺齐名的西北四大寺之一。也是西北地区伊斯兰教的文化中心之一。其历史悠久、规模宏大,名扬中外。东关清真大寺是融中国古典建筑、阿拉伯建筑和现代建筑为一体的混合建筑群。整个建筑由前三门、中五门、宣礼塔、正门主楼、礼拜大殿、跨院等11部分组成。该寺气势雄伟,虽然屡遭兵燹,历经沧桑,至今巍然立于高原古城,成为历史与民族和睦相处的见证,也是青海穆斯林追求美好理想的心灵之所。线条流畅、色彩素雅的洪水泉清真寺在青海清真寺建筑可谓是独树一帜,在传统技艺的基础上,吸收了其他民族的建筑技术,不仅反映出青海穆斯林善于学习先进技术,传承民族传统,因地制宜的建筑理念,也充分体现了中国各民族共同发展、共同进步,"美美与共"的美学观念。

三、道教艺术

道教是中国本土化的宗教,魏晋时期的青海河湟地区已有修道的方士出现,这些道士或道姑在人迹罕至之处,只是以隐居修炼为主,并未向民间传播,河湟之间只是作为隐逸修炼之所。道教自魏晋传入青藏高原后,历经南北朝、隋唐、宋元明清、民国直到今日,得到了持续不断的发展,但其势头并不十分强劲,与内地相比,青海的道教没有那么兴盛和发达。虽然道教在青海有着众多的迹象和历史痕迹，像古籍《山海经》、《穆天子传》中记载的西王母，道教经籍总汇《道藏》记载的青海湟中的道教名山南朔山，以及大通境内的元朔山、乐都境内的武当山，西宁市区的土楼观等都与道教关系源远流长。但由于青海汉族多是迁徙而来，而少数民族人口比较集中，且普遍信仰藏传佛教和伊斯兰教，而一些道士也只是把青海的个别地方当做修仙成道的静修之所，并无大的成就，故而道教在青海的发展举步维艰，难成气候。据《西宁府新志》记载："湟中本小月氏之地……无怪释氏多而道士少。"鉴于此，青海的道教艺术也是屈指可数，主要以西宁的土楼观为代表。西宁北山的"土楼观"，俗称"北山寺"，初建于北魏明帝时期，位于西宁市湟水北岸。早先为佛教寺院，故又称"北禅寺"，为青海境内最早的宗教建筑。古迹甚多，以"九窟十八洞"最为引人注目。个个洞窟以栈桥曲廊相连，给人以惊险神奇之感。因而被人们称做"湟中古寺第一"。

当然，青海的宗教艺术不仅仅是上述简要陈述的内容，还有很多未提及，这里只是为了突出青海宗教艺术的特色，择其要以期对青海主要宗教艺术有一个大体的了解。

第二节　青海宗教艺术释义

宗教与艺术的联姻有着悠久的历史。在此我们主要探讨的是流传于青海的藏传佛教、伊斯兰教、道教等现代宗教艺术。

对宗教艺术的理解，著名学者乌格里诺维奇曾作过这样的解释："宗教和艺术在其历史发展中不但相互作用，而且相互渗透，彼此交织，融合一体，形成我们用'宗教艺术'一词来表示的一种独特的文化历史现象。宗教组织力图支配艺术，使它为

第十三章 青海宗教艺术审美阐释

自己服务,把它纳入宗教膜拜体系。"① "在这个意义上,我们不妨把纳入宗教膜拜体系并在其中履行一定职能的那些艺术作品称为宗教艺术。"② 这一定义,简单明了地告诉我们,作为宗教艺术,无论是古代,还是现代,只要艺术是在宗教的视野下,并在其中发挥自己服务宗教的职能,我们就可以称之为"宗教艺术"。对此,蒋述卓先生也提出了类似的看法:"宗教艺术是以表现宗教观念,宣传宗教教理,跟宗教仪式结合在一起或者以宗教崇拜为目的的艺术。它是宗教观念、宗教情感、宗教精神、宗教仪式与艺术形式的结合。"③ 这一观点是把宗教性作为衡量宗教艺术的一个重要标准,从创作动机、创作过程、创作目的、创作效果以及接受方面,看其是否囿于膜拜体系之内,从而确定宗教艺术的特质。

毋庸置疑,当艺术进入到宗教的视域,它的创作者和接受者都是以信仰为核心的,正如黑格尔所指出的,在宗教艺术里,"艺术,如果纯粹地看做艺术,在一定程度上却是多余的,因为这里的要旨在于内心的信服,在于对这永恒真理的情感和思想。总之,在于信仰"。④ 宗教艺术本身的目的就在于对信众的心理导引,将其以多样的途径,牵引到自己预先设定的意识领域之内,从而达到教化、熏染的目的。所以,我们说,宗教艺术是宗教膜拜体系中的、充满宗教情感的并借助形象化阐释宗教内涵,又为信众所接受的艺术。青海藏传佛教艺术从它诞生的第一天起,就与藏传佛教息息相关。可以说,没有藏传佛教的强势发展,也就没有今天的藏传佛教艺术。藏传佛教在其发展中,很早

---

① 乌格里诺维奇:《艺术与宗教》,第93页,三联书店,1987年。
② 乌格里诺维奇:《艺术与宗教》,第95页,三联书店,1987年。
③ 蒋述卓:《宗教艺术论》,第8页,暨南大学出版社,1998年。
④ 黑格尔:《美学》第2卷,第295页,商务印书馆,1979年。

就将壁画、雕塑、舞蹈、音乐等诸多艺术门类，纳入到自己的场域，而热贡艺术则是其中的突出代表。热贡唐卡、雕塑和舞蹈都有着鲜明而浓郁的宗教特征，象形式的格式化，人物的固定化和类型化、色彩的象征性等，都严格遵循着藏传佛教教义的规定。在内容上又都以佛教故事和佛教主要人物为主，在创作和接受方面又都以僧人和信徒为主要对象。青海省民和县三川地区每年举行的"纳顿"活动，这一活动是民俗学中典型的"春祈秋报"模式。"会首"舞是其中的重要组成部分，当地民众借助这一舞蹈仪式，既娱神又娱己，人神共舞，将审美情感和宗教虔诚表达得一览无余。在宗教与艺术的联姻中，宗教为艺术构筑了神圣的精神内核，艺术中浸透了浓烈的宗教意象、宗教情怀和宗教道德。同时，宗教出于自己的需要把艺术作为自己的传导工具，充分利用和发挥艺术具象、直观的认知优势，为宗教提供了形象生动、手段丰富的表达途径。

尽管"宗教艺术"，具有宗教的属性，但作为一种特殊的艺术样式，它和一般审美化的艺术之间又有着共同的属性特征，也就是说，宗教艺术虽然本质是从属于宗教，但毕竟是人类艺术文化的产物，在一定程度上体现着人类认识美的规律，是人们审美意识的物化表现，因此，宗教艺术也必然包含审美属性。

青海宗教艺术的审美属性，主要表现在形式层面和价值层面两个方面。

一、形式层面

审美属性作为一种潜在的情感形式，"形式"是构成审美属性最基本，也是最重要的层面，没有形式也就没有内容。青海宗教艺术的形式层面，因艺术门类的不同而不同，因文化语境的多样而呈现出多样的形式风格。在藏族艺术观中，他们认为"文

第十三章 青海宗教艺术审美阐释

章若具美修饰,可以永存无尽期"。① 而且生动地比喻说:"没有生命的尸体,纵然美好谁拿去!"② 对形式的注重是他们在艺术创作中带有唯美的倾向,如热贡藏传佛教艺术中的唐卡,在形式上色彩斑斓,比例协调,均衡对称,大量的用金,使得整个画面富丽堂皇,炫目多彩。在宗教乐舞羌姆中,简单的旋律,在回环往复中,形成震撼人心的力量,不断叩击着特定空间氛围中信众的心扉。而伊斯兰教的经典《古兰经》,更是以精雅的文辞,优美的韵律,巧妙地复沓,给人以强烈的音乐享受,在聆听中感受精神的升腾。还有,服务于不同宗教的建筑,更是以独特的外观、独有的功能发挥着自己的作用。比如藏传佛教建筑中,殿堂屋顶上的祥麟法轮,既是佛经故事的形象化说明,又是庙宇建筑的点缀和有机组成部分,而唐卡、壁画、堆绣等同时也会发挥形式的功能,为膜拜空间的装饰,教义的宣传都起着不可忽视的作用。所有这些,即是宗教的,也是艺术的。

总之,宗教艺术对完美形式的追求,虽然是置于宗教外衣之下的,但它根源于人类的审美实践经验,也是美的形式规律的总结。

二、价值层面

不管我们怎么去看待宗教的虚无,宗教艺术作为一种独特的精神文化形态,包含着人类的价值属性。青海的宗教艺术,在其漫长的历史发展中,在不同的阶段发挥着不同的作用,对信仰者

---

① 中央民族学院《藏族文学史》编写组:《藏族文学史》,第388页,四川民族出版社,1985年。
② 中央民族学院《藏族文学史》编写组:《藏族文学史》,第401页,四川民族出版社,1985年。

和普通民众来说，都具有着不可忽视的价值。

首先，从创作者来说，一个寺庙的建筑，一座佛塔的完成，一幅唐卡的绘制，一篇《古兰经》的誊写，一个仪式的参与，都可以说是一个精神升华的过程，是精神洗礼、道德完善的路径。追求完美是人们的共同心理，无论是现实生活还是艺术想像都是如此，而在现实生活中暂时尚不能达到完美的彼岸，此时人们就很自然地将其寄托于包括宗教艺术在内的宗教活动当中，通过对现实羁绊的精神跨越来直抵美的真谛，从而刺激人们对审美客体产生宗教体验和宗教感情，并由此刺激发出虔诚的崇拜。在体验神圣的精神升华过程中，人们将自己内心的苦闷、烦恼、躁动全部归于虚无，使自己的心灵得到净化，获得平衡。也就是在这一活动中，对善的追求，对恶的痛恨得到强化，为个体心性的宁静，情操的升华起到催化的作用。

其次，从接受者来说，不管是信徒，还是一般的民众，面对这些赏心悦目、精美绝伦的艺术品时，一方面使宗教情感得到进一步的增强，另一方面也使人们的审美情感得到发展。更重要的是，宗教艺术以它特有的风姿，为人们提供了一个新的知觉样式。这知觉样式又必然对他们今后的生活和价值取向起着导引的作用。在这个意义上，宗教艺术同样发挥着教育的价值，为人类的精神家园奠定了一定的基础。正如青海诸多的清真寺建筑，它们是广大穆斯林群众从事宗教活动的主要场所，是学习知识的学校。但就艺术价值而言，一座清真寺，可以说就是一个书法的宝库，是精美木雕的画廊。还有像藏传佛教寺院亦是如此。一座藏传佛教寺院，不但是一个文物的宝库，也是艺术荟萃的殿堂。这些都为广大信众提供了多样的认知图式和不同价值的引导，从而为民众与民众之间，民众与社会之间的和睦相处作出了相应的、积极的心理指导，为自身价值观的正确建构奠定了基础。

当然，宗教艺术的审美价值不仅仅是如上所述。由于它的特殊性，使得审美价值包孕在宗教价值当中，所以，还需依据实际情况加以分析。但不管如何，青海宗教艺术独有的审美价值使其成为审美文化中的一个有机组成部分，这是我们研究青海审美文化时值得关注的一个重要领域。

第三节 青海宗教艺术特征

一、普遍性

青海的宗教艺术遍及牧区和农业区。首先，从创作者来看，创造这些文化艺术的大都是那些潜心悟道、恒定不移的宗教人士和广大的信仰者。青海世居的民族主要有汉族、藏族、土族、回族、蒙古族和撒拉族6个民族，其他像保安族、东乡族、维吾尔族等在青海也有零散的居住。据2002年统计，全省总人口为510万人，少数民族人口占全省总人数的42.14%，仅次于西藏和新疆，位居全国第三。由于少数民族普遍信仰宗教，所以，从人数上就可以推测到青海宗教艺术品的创作其数量也不会少的。而且青海的诸多民族，特别是少数民族对宗教的信仰是十分普遍和虔诚的，信仰的普遍性促进了宗教艺术的发展与兴盛。

其次，寺院道观作为宗教活动场所，也是宗教艺术的荟萃之地。青海佛教寺院、清真寺以及道观数量众多，难以枚举，仅以藏传佛教为例就可以看到青海宗教艺术的普遍存在。据青海有关部门1996年普查统计，全省现有藏传佛教寺院700余座，宗教神职人员24 478人，全省信仰藏传佛教人数为1 122 745人，约占全省总人口的24%。藏传佛教格鲁派、宁玛派、噶举派、萨迦派、觉囊派在青海省都普遍存在。其范围涉及到青海省的各个地区。寺院道观宗教活动场所的普遍存在，促进了宗教艺术的普及发展。

再次，从节日活动来看。节日文化是一个民族在特定时日的展演，它凝结着民族的伦理情感、生命意识、审美情趣与宗教情感等等，也是一个民族物质文化和精神文化的集中体现，具有"窗口"的特征。青海少数民族在共同庆祝汉族传统的节日，像春节、端午节、清明节以外，还要欢度自己的民族节日，其中，有些是宗教节日，像广大穆斯林群众欢度的宰牲节，信仰藏传佛教的民众还会积极参与晒大佛、转经等重大佛事活动。届时人山人海，诵经声、鞭炮声，此起彼伏，场面壮观，令人肃然起敬。

以上我们仅仅是从青海宗教艺术的外部来看，就其内部而言，青海宗教艺术无论是在内容上还是形式上，都是多种多样的。藏传佛教艺术在形式上有建筑、雕塑、音乐、舞蹈、绘画等，雕塑又有木刻、石刻、泥塑、面塑和著名的油塑。绘画包括唐卡、壁画以及堆绣。伊斯兰教艺术包括建筑、书法、文学、音乐和装饰图案等。道教艺术在青海主要类型有建筑、雕塑与音乐。在内容上，无论是藏传佛教、伊斯兰教还是道教，创作者都是从教义出发，依据宗教义理以及相关内容，服务于宗教，以形象和象征为手段宣传教义，形成"以艺载道"的模式。

二、多元性

青海宗教艺术的多元是基于青海宗教文化的多元。自古以来青藏高原就是多民族繁衍生息、图谋发展的历史舞台，也是游牧文化、农耕文化和西域文化碰撞、交融的文化空间。特殊的环境、特殊的条件造成了青海宗教文化的多元性。青海既有藏族的苯教、蒙古族的萨满教等原始宗教形态，又有汉传佛教、藏传佛教、伊斯兰教等现代宗教,还有中国本土化的道教,以及渗透在民间的各种民间信仰。青海宗教形态的复杂多样,导致了青海宗教艺术的多样繁荣。因为,对于各种宗教来说,要想使超自然的本质成为群众膜拜的对象,就得以想像的方式展开,以具体感性的形式表现,而艺术则是最好、最有力的手段。

青海宗教类型的多样并存,也使得教派林立,各有自己的教义主张,所以,在借助艺术传达思想时也必然是千差万别,有异曲同工之妙。如藏传佛教的乐舞"羌姆"和唐卡,各教派在保持基本特点的同时,也有所变化。格鲁派塔尔寺的"羌姆"和宁玛派罗汉堂寺的"羌姆",虽同属藏传佛教宗教乐舞,但都自成体系。唐卡作为藏传佛教艺术类型之一,更是流派众多,像热贡藏传佛教艺术流派的唐卡则以工笔细描、浓墨重彩、金碧辉煌为其风格,不同于噶举派的王者气象。

宗教和艺术的联姻在古代就已出现。随着历史的发展,宗教和艺术的连接就更为紧密,宗教和艺术之间的相互影响也越来越大,越来越多的文学艺术形式都进入到宗教的视野,成为宗教的工具。青海的宗教艺术也是在这些前提下发展起来的,也不例外地把文学艺术作为自己载道的工具。所以,青海宗教艺术的多元也体现在多种艺术形式上。

三、象征性

黑格尔说:"象征一般是直接呈现于感性观照的一种现成的外在事物,对这种外在事物并不直接就它本身来看,而是就它所暗示的一种较为广泛较普遍的意义来看的。因此,我们在象征里应该分出两个因素,第一是意义,其次是这意义的表现。意义就是一种观念或对象,不管它的内容是什么,表现是一种感性存在或一种形象。"① 从黑格尔的定义出发我们可以看到，青海宗教艺术中这种象征比比皆是。藏传佛教中有许多隐喻，如将人的命运定为12因缘，坠入罪恶的根源则为"贪、嗔、痴"三恶趣，这些抽象难解的佛学概念在壁画和唐卡的"斯巴霍"图中被明确、具体地展现出来，为人们描绘了世间拥有善趣和恶趣的芸芸众生生死轮回的过程。此图在藏传佛教各大寺院几乎都可以看到，只不过是摆放的位置不同而已。有的在寺院的进口处，有的在屋内的墙壁上，有的在廊檐下墙壁上。"斯巴霍"图又称"六道轮回图"、"生死轮回图"。"斯巴"是藏语"生死轮回"的意思，"霍"是汉语"画"的借音。整个画面由一个棕色或红色的死神阎魔法王四肢怀抱巨大的圆轮组成，阎魔王头戴五骷髅冠，面三睛，巨齿獠牙，口衔圆轮的上部。整个圆轮是一个同心圆，共三层，最里层的圆中心画有鸡（有些说是鸽子或鸟）、蛇和猪，表示三恶趣，它们相互咬着对方的尾部在圆圈中以示互为影响和转化，这是佛教基本原理集谛的象征，分别象征人类的贪、嗔、痴（即贪婪、仇恨和愚蠢），是人类缺点的集中体现，说明人世间一切罪孽都源自愚昧无明。中间一层，被分成6格绘成6个画面，分别是地狱、饿鬼、畜生、阿修罗（非天）、人、天，总称6道。最外层的圆被分成12个格，绘12个画面，象征12缘起，具体形象和意蕴如下：①无明。盲人象征。②行蕴。陶工与陶壶。每个陶壶象征一种行为。③识。猴子在树间摆动或猴子爬杆，象征不受调伏。④名色。船只。⑤人。空宅。⑥触。男女拥抱接吻。⑦受。眼睛被箭射伤的人。⑧爱。男人饮酒。⑨取。摘取果子的人或猴子。⑩有。孕妇。⑪生。妇女生产。⑫死。一人背尸。从上面的阐述中我们可以看到，佛教基本的苦集灭道"四谛"作为内在的精神指向，是通过具体的、为人们所熟知的

---

① 黑格尔：《美学》第二卷，第10页，商务印书馆，1979年。

形象展示出来的。在藏传佛教绘画艺术中,胜乐金刚站在莲花座上,意思是高于无常之上,出淤泥而不染。莲花之上有太阳,象征空,即心的光明境界。12只手臂代表十二真理,用以克服十二种缘起的约束。左腿弯曲,右腿伸展,代表方法和智慧,在其右脚下是恐怖者,趴伏着,表示降伏了愤怒。其左脚下的女神,表示控制了色欲。胜乐金刚的明妃,红脸,3只眼,她右手持月形刀,示杀死一切恶者,左手持碗,象征幸福等……均是用鲜明的形象来隐喻宗教内涵。在通常情况下,藏传佛教艺术中的装饰物都被赋予了相对凝固的含义,将多样性变为"佛像"的神秘统一性。如蛇借以象征龙王,水牛借以象征阎王,狮子借以象征佛陀或佛道,大象借以象征力量,月亮座表示菩提心,太阳座表示皆空,如此等等。在这些绘画艺术中,象征作为一种有效的表现手段,包容了宗教和艺术神秘的内在寓意,造就了宗教理念瑰丽奇绝的外部形态,整个画面在二维空间将象征意义发挥得淋漓尽致。其他像伊斯兰教的星月象征,道教的太极图象征等也都具有相类似的特点。

第四节 青海宗教艺术审美心理描述

一、宗教艺术创作的审美体验

宗教基于阐释教义和膜拜对象的需要创造了一系列风格独特、充满着象征意义的宗教艺术,这既是虔诚信仰者创造的结晶,也是他们审美创造的成果。信仰者作为特殊的创造者,集世俗情感、宗教情感与审美情感与一身,在想像中表达着自己的信仰，实现着自己的审美理想。宗教信仰者为了自己能够获得正果，要坚持不断、专心致志地修行，而在修行实践中，艺术创作又是一个非常好的途径。经文中说："凡绘塑符合标准法相者皆赐予安宁。""在身体力行方面，修造佛塔者即使犯了五无间罪也能获得成就"，"对大幅唐卡请问的智者，其福德无边"。① 在广大的穆斯林同胞中，他们也把"以规范和漂亮的书法抄写《古兰经》被认作对真主的虔诚和恭敬"。② 可见，宗教艺术的创作对修行者来说是有着非常重大的意义。在宗教信仰中，凡是善的也都是美的，宗教的终极关怀，就是要通过"善"修持，达到"美"的人生境界，宗教艺术的创造正是通往理想境界的最佳选择之一。

我们把宗教的一些膜拜对象及其制作过程称之为艺术与艺术活动，自然就不能超越或者说脱离艺术创造的一般规律，它同样需经历体验、沉思、想像、传达等创造过程。在艺术创作中，沉思是创作主体将生活经验变为审美体验的转换过程，是思绪之流惊涛般涌过后的平静，它使创作主体进一步对自身的心理世界"伫中区以玄览"，以"视通万里"、"吐纳珠玉之声"③ 将自然的情感变成审美的情感。宗白华先生说："艺术心灵的诞生，在人生忘我的一刹那，即美学上所谓'静照'。静照的起点在于空诸一切，心无挂碍，和世务暂时绝缘。这时一点觉心，静观万象，万象如在镜中，光明莹洁，而各得其所，呈现着它们各自的、内在的、自由的生命，所谓万物静观皆自得。"④ 宗先生这里说的关于艺术观照的"忘我"境界，实质上便是一种类似于

---

① 《西藏佛教彩绘彩塑艺术》，第16页，中国藏学出版社，1997年。
② 刘一虹、齐前进：《伊斯兰艺术》，第207页，文化宗教出版社，2006年。
③ 陆机：《文赋》。
④ 宗白华：《美学散步》，第20页，上海文艺出版社，1982年。

第十三章　青海宗教艺术审美阐释

宗教的"忘我"境界。宗教修行中所谓的"禅定"、"观想"在这个意义上是与艺术的沉思有着异曲同工之妙的。在藏传佛教艺术创作中，除了要求绘塑者或者说创作主体性情温柔、笃信佛教，具有乐观、慈悲等要求外，还要求他们在创作之前必须举行一些宗教仪式，这些仪式包括念诵经文、奉献贡品等。还要沐浴净身，忌食大蒜等带有异味的东西，更重要的是要在前期修行的基础上，进入到观想状态，即将意念集中到自己所要绘塑的对象上，以便对象完整显现。其实，无论是佛教中的观想沉思，还是艺术创作中的构思，它们都要求创作者进入深沉的思考和冥想之中。在虚静状态下，"诗人或艺术家变得更加敏感。……艺术家的眼睛通过他全神贯注产生出的灵光而在重于现在，能看到更隐蔽的细节，并辨出更加微妙的层次"。"审美静思的宇宙于是变得更加丰富和强大"。① 这就是古人所总结的"收视反听，耽思傍讯，精骛八极，心忧万仞。"②

宗教艺术是在幻想中领悟神的教义，具有一种内省、思辨和冥想的性质，从美学的角度看这种内在精神指向，在客观上是信仰者审美想像的结晶。无论是天堂还是地狱，无不是虚构的、想像的、虚幻的存在。为了把灵魂引渡到天堂，无论是创造者抑或是普通的宗教信仰者，都必须借助于高度的想像。宗教艺术的这种思维方式，与一般艺术对现实的审美所运用的审美想像是一致的，都允许"观古今于须臾，抚四海于一瞬"（陆机《文赋》），都可以神以物游、纵横驰骋。在宗教艺术的想像过程中，总是自觉不自觉地把实际上并不存在的虚无缥缈的神灵世界当做审美对象进行观照。他们对理想天国的真诚向往，并从中获得情感的愉

---

① 帕德玛·苏蒂：《印度美学理论》，第54页，中国人民大学出版社，1992年。

② 陆机：《文赋》。

悦和陶醉,亦如艺术家对艺术世界的沉浸和流连。

宗教艺术的创作总是与宗教意旨趋同,佛教讲究去欲、去俗而见佛性,只有"一切皆空",才能最终趋向最高的涅槃境界;道教讲究坐忘,要求离形体束缚,达到物我皆忘的境界。宗教的这种心理机制与境界,与审美心理和审美境界极其相像。从审美角度来看,审美主体在审美过程中,也要求摆脱功利性的束缚、排除杂念,进入审美心境,在获得审美愉悦的高峰体验中,也往往进入物我皆忘的恍惚境界,这种恍惚是美的、令人陶醉的一种佳境。

宗教艺术的创造者正是在这种观想沉思、丰富的想像和陶醉状态中,一方面使自身在虔诚的信仰中获得精神的安慰与心理的平衡,另一方面,在宗教情感的释放中,使所拥有的审美情感也得到了集中的表达与体现,可以说他们是在宗教的膜拜性活动中进一步得到了美的洗礼与美的熏陶。

二、宗教膜拜的审美心理

青海宗教艺术在很大程度上是顺从宗教的境界,借此把人和神灵联结起来。因此,宗教艺术便在一个浓厚的宗教环境中,演绎着至高无上、无所不能、通灵显圣的文化功能。在宗教的视野中,艺术品经过一定仪式的转换,就成为了被信徒所敬仰、膜拜的对象。纳入宗教的艺术便获得了新的职能,"它是激发和增强信徒的宗教情感和宗教观念的手段,是促使信徒——按照他们的信念——同超自然界交往的手段"。[①] 所以,宗教艺术从一开始就为自身罩上了一层神圣的光环,其目的性就已隐含了主体强烈的宗教使命感和成就感。但同时它又具有"使感受这一艺术的

---

① 乌格里诺维奇:《艺术与宗教》,第94页,三联书店,1987年。

第十三章　青海宗教艺术审美阐释

人们产生审美感觉和审美判断的审美职能。"① 这种双重性的职能，使人心得到安慰，使精神得到净化，以至在信仰中，战胜恐惧、失望、灰心等离心力，获得精神上的愉悦。② 在一些生活闭塞的地区，宗教活动和宗教艺术给枯燥的人们带来了几乎是唯一的文化娱乐。宗教活动的乐舞本是为了媚神祈福，但在实际生活中，给信仰者不仅带来了信仰寄托，也带来了精神的欢愉和美的享受，宗教意识伴随着对美的情感体验，达到了认识与情感的统一。

宗教艺术所具有的特殊职能，表现在宗教的诸多方面。从审美心理来说，"信徒在做礼拜和做祷告的过程中所体验的宗教感受，就其心理学的内容和动态来说，跟审美的净化相仿佛"，"乃是人们用来排遣郁积于心的消极感受的一种方法和手段。信徒向神祈祷，希望神让他们免遭灾殃和疾病，对他们有求必应、有愿必偿，而因为他们相信神是实在的，并且是全能的，所以祈祷往往使他们心情舒畅，感到安慰。他们的消极的感受为积极的感受所排挤"。③ 当代回族作家张承志在研究构成回族文化基础的宗教心理时认为，回族自元代尤其清代以来，外部生存空间日益狭窄，但却发展了一种无限广阔、自由的内部精神空间，即"圣的空间"，它具有"本意性、沉默性及神秘性"特点。生活在"圣的空间"中心灵达到极至时便出现神秘体验。这是一种非理性的体验，心灵于激动、畏惧、震颤和最终的迷醉状态中，领悟宇宙、生命、人生的本质。在这种深层的神秘体验中完全超越外部物质空间的束缚达到绝对的美。这种美充分体现了"悦

---

① 乌格里诺维奇：《艺术与宗教》，第 94 页，三联书店，1987 年。
② 马林诺夫斯基：《巫术科学宗教与神话》，第 34~35 页，中国民间文艺出版社，1986 年。
③ 乌格里诺维奇：《艺术与宗教》，第 11 页，三联书店，1987 年。

心悦意"、"悦志悦神"的审美境界,是对信仰者的心思意向的培育,对人的意志、毅力、志气的陶冶,更是投向本体存在的某种融合的精神感受。

在这一点上,宗教和艺术是相通的。在艺术创作和文本接受中,创作主体往往是发乎情,止乎礼义。历史上司马迁的"发愤著书",韩愈的"不平则鸣"都是内心有所郁结,有感而发。孔子曾经说诗可以"兴观群怨",所谓"兴"就是"感发志意",将自己内心的情感,通过文本的阅读、理解而产生共鸣,在潜移默化中心灵得到安慰;所谓的"怨",更是通过文本的解读,排遣内心的怨恨,使愤懑在情绪的流淌中化为乌有。作家创作是如此,民间口头文学创作亦是如此。"心中烦闷爱传歌"、"饭养身子,歌养心"道出了其中的真谛①。在歌声中普通百姓弥补物质性缺失所带来的困扰,抒发他们对社会现实的不满。在艺术的影响下,他们时而欢畅和高兴,时而悲伤和惆怅,人的情感获得淋漓尽致的发挥,将一切苦恼消解在千变万化、多姿多彩的对象之中。宗教艺术的膜拜心理与一般文艺的审美心理有许多相似之处。在藏传佛教艺术中,人们普遍认为信众只要看一眼大幅唐卡就可立即净罪;跪拜中幅唐卡,可得中等福德资粮,而且"病人除病,贫者获财,妇女得子"②,总之,只要虔诚地膜拜对象,就会万事如愿以偿,福德无边。尤其是宗教祭祀乐舞等一些大型活动中,民众的心理表现出更为复杂的内涵。

让我们先看看下面的一段羌姆演出实况的描绘。

"最后一场《色帐》(僧人仪仗)仪式临近结尾,戴着五彩面具的诸神和高傲的僧侣仪仗排成长蛇阵,在场内往复盘旋巡

---

① 彭书麟:《中国少数民族文艺理论集成》,第872页,北京大学出版社,2005年。

② 《西藏佛教彩绘彩塑艺术》,第17页,中国藏学出版社,1997年。

第十三章 青海宗教艺术审美阐释

行。鼓号喧天,适才老老实实观看表演的藏民们一下蜂拥而上,不顾一切地俯身下去,用头去顶礼,用嘴去亲吻,用手去抚摸表演者的衣襟、袍袖和靴子。阳光在攒动的人影间闪耀,遮掩了日常的平庸、虚假和丑陋,使整个场景变得美丽动人。

并非为了偏狭的宗教情绪,也非为了华丽的演出,而是地上的人去呼唤天上的神性时所表现出来的善良和真诚打动了所有旁观者,把来自中国香港、新加坡、以色列、德国、瑞典、英国、南非、希腊和法国的'异教徒'裹挟其中。不久前,他们还因看不懂剧情而漠然冷坐;此刻都一个个跳将起来,跪着、蹲着、爬着、跑着,不停地摁动快门。

我想他们也同我一样,不再是为捕捉镜头而兴奋、而奔忙。是羌姆捕捉了他们的心,使之想用自己唯一会做的动作投入人群,参与到营造了一个巨大的梦幻,也营造了一个短暂的现实的仪式当中去。

短短的几分钟仿佛停滞在那里,把一种难以言传的气氛弥漫到四周,消融了佛教、基督教、犹太教等信仰以及人种间的隔膜,借狂欢的假面让人看到了久已忘却的自我。当眩目的宗教戏剧伴随着'神胜利了'的欢呼声徐徐落幕时,我真的感觉浑身洋溢着喜悦,一种灵魂超脱肉体的喜悦。"[①]

这段描述,除去其宗教的意义,我们可以看到宗教乐舞——羌姆给予人的巨大快乐和满足。在这里,羌姆的表演使宗教仪式变成了一个程式化的情感观照过程,不论是信仰者,还是普通民众,面对这种仪式性的舞蹈,都有一种将生命能量畅然一泄的需要,手之舞之,足之蹈之,心灵的、情感的需求,都不同程度地获得了满足,使人们获得暂时的自我超越而进入到宗教艺术的理想世界。马斯洛在谈及人的自我实现时说到一个重要概念,即高

[①] 郭净:《心灵的面具·序言》,上海三联书店,1998年。

峰体验。他认为高峰体验"是指进入自我实现和自我超越状态时可能感受到的一种欢乐至极的体验"①。与此相印证,我们是不是可以说,在这一活动中,虔诚的信仰者们一方面获得了宗教性的强化,实现了宗教的皈依,另一方面,他们超越了自身,在对神的向往中实现了对本体的超越,感受到极大的幸福感,得到"诗意的狂欢"。

宗教艺术的膜拜心理是复杂的、丰富的,是在敬畏与神奇中作出的平静的、幸福的、欢乐的积极反应。一次膜拜是一场宗教式的洗礼,也是一个程式化的情感净化、升腾过程。宗教艺术虽是宣传教义的载体,但它包含的审美观念透露着宗教对信仰者进行审美教育的内涵,在事实上,宗教艺术也确实通过世世代代善男信女们对它的瞻仰和膜拜,在潜移默化中使某些具体的审美情感得到了强化。

---

① 童庆炳、程正民:《文艺心理学》,第59页,高等教育出版社,2001年。

第十四章　青海宗教艺术的主要类型及审美特点

第一节　青海藏传佛教艺术审美

宗教是人类文化的重要组成部分，虽然是人间的力量采取了超人间的形式，但它毕竟是人类在历史发展中创造的文明。作为一种特殊的意识形态，它既曲折地表达了人类追求理想世界的美好愿望，也不同程度，或深或浅地曲折地承继了人类的审美意识。藏传佛教经过几百年的发展，在与艺术的联姻过程中，又极大地丰富了宗教文化的审美蕴涵。青海藏传佛教艺术是藏族人民在与自然、与社会以及与自我的斗争中物化了的精神对象。这些感性化、仪式化的对象，不仅以独特的方式传达着宗教的理念，同时也凝聚着历史积淀的宗教审美理想、审美趣味与审美价值。对藏传佛教艺术的审美观照不但能使我们深刻认识藏民族精神趋向，也可以帮助我们把握藏民族独特的审美意识，从中感受到藏民族对大自然的无比热爱，对人类社会中美善的执著追求，对各种丑恶的鞭挞与憎恶，以及对美好生命的终极关怀和美好生活的无比向往。

一、像教之美

藏传佛教十分重视像教,故在寺宇中必有各种偶像供奉,这也促进了藏传佛教造形艺术的发展。藏传佛教造型艺术主要有唐卡、雕塑等种类,它们以静态的、具体的形象传达着佛教思想,在感性直观中刺激着芸芸众生的心理和精神。像教崇拜能给信仰者一种直观的暗示,唤起人们的崇高、神圣的意识。这种意识是由偶像直接引发的,可能是一种潜意识,甚至是集体无意识。当信仰者在顶礼膜拜或诵经祈祷的时候,他们通过直观的偶像,进入一种忘我的境界,这是一种宗教意识、文化意识,也是近乎知觉的审美意识。因此,藏传佛教中的造形艺术,不仅能唤起信仰者的宗教意识,而且也唤起人们的审美意识,其独特美学意义也在于此。[①]

藏传佛教艺术形象的造型主要有三类:善相(如文殊菩萨、观世音菩萨、度母、无量寿佛等);怒相(如大威德怖畏金刚、金刚橛、马头金刚或马头明王、金刚手等);善怒合一相(如密集金刚、上乐金刚、喜金刚、时轮金刚和金刚亥母等)。在上述三类形象中,以怒相居多。很显然,这与佛教教义密切相关。在佛教密宗哲学中,一方面以爱欲引导人,宣扬"天后"、"天女"、明妃之类的"爱神";另一方面宣扬愤怒、怖畏义理。其艺术功能在于通过将直观可感的形象呈现给广大信徒,让崇拜者既感到佛的伟岸可亲,又感受到各种欲望的危害。教诲信徒坚定信念,避免众生误入歧途,为世俗各种欲望、烦恼所干扰,从根本上消除"心魔"。佛教的"三身说"(即法身、化身、报身)使藏传佛教艺术既是佛理抽象观念的形象表达,又给画师提供了

---

① 牛军:《云南少数民族宗教文化与审美》,中国社会科学出版社,2002年。

第十四章 青海宗教艺术的主要类型及审美特点

丰富的想像空间,使他们创作的艺术形象透过宗教迷雾折射出人性的光彩。

首先,让我们看看著名的善相形象的典型代表——文殊菩萨。在佛教艺术中,文殊菩萨的典型法像是顶结五髻,手持宝剑,静坐莲花宝座或骑一凶猛狮子。整个造型表现出一副充满智慧、辩才锐利的形态。虽然文殊菩萨有不同的称谓和多种造像形态,但利剑、莲花、狮子则是所有造型都共有的,"利剑"象征其能"斩断众生一切烦恼";"莲花"、"狮子"象征其辩才锐利、智慧勇猛。藏传佛教密宗认为,文殊菩萨的化身既是藏密无上瑜伽宝生部的本尊,也是格鲁派密宗所修本尊。其整体造型是九头、三十四臂、十六足。正面为牛头,拥抱明妃"罗浪扎娃",身体为蓝,或青,或红三种颜色,头上生出炽热火焰,头顶无量寿佛,足踏卧鹿,手持各样法器。也有的足踏一牛,牛腹下卧一人体。"怖畏金刚有九头,乃代表各种镇压阎王的经咒。头有三睛,乃是'空'的符号,意为无所不见。九头的排列:居中一头,蓝色,象征阎王,即所以压阎王;两角亦表两真,即'空'真与'有'真;右列三头,中青、右红、左黄,各象征善静、威权、愤怒,即三种德能皆全之意;左列三头,中白、右灰、左黑,灰即死色;居中头上再有红头,象征吃人罗叉,名参布。上述各头象征愤怒、武勇,头各佩五乾头骨。最高一头为黄色,象征慈善和平,呈文殊本身。发上指,向佛地之意。臂手有三十四,意为菩萨成佛三十七路(即八正道,四智,四精进,四禅定,五能,五力,七菩提性,即三十四加身口意三者而成),右十七手,各屈拇、中、无名三指,伸食指与小指;掌平,向天王药叉挑战。左十七手各手持物件,第一对,高扬,抓象皮,示'无名'已除;第二对,右持月刀,左执盛血骨碗,血示快乐,二臂拥妃,以下各手左右分张;第三对右白色花瓶,装三孔雀翎,左手婆罗门的头;第四对右持杵,左执藤牌;第五对右持勾刀，左执鲜左腿；第六对右执标枪，左拿长绳，一端勾，一端金刚；第七对右持月斧，左执弓；第八对右剑，左人肠；第九对右箭，左玲示洪法；第十对右勾刀，左执鲜左臂；第十一对右棒，左丧布，意为无常或无主（在轮回中无主）；第十二对右人骨杖，杖端以金刚为顶，顶下为头骨，黑红二鲜头，二金刚交叉瓶、莲花，杖身为全身骨架，左三尖矛，矛穿男体或人；第十三对右法轮，左炉，炉内生风；第十四对右金刚，左盛血头骨碗；第十五对左椎，右左臂；第十六对右匕首，左三座三顶房，为凯旋的军旗；第十七对右鼓，为洪法用，左黑布，扬以生风，止以息风。"① 可见，佛像的头、手以及手持物均有一定的含义，并非随意排列。

　　观世音菩萨亦是藏传佛教艺术中著名的善相之一。观世音菩萨乃阿弥陀佛胁侍，其道场在浙江普陀山。据说，众生有难时，只要口诵其名号"大慈大悲救苦救难观世音"，即可获得解脱。常常被描绘成童子的形象，慈眉善目，手持柳枝和净瓶，其标志为莲花。藏族人民对观世音的推崇一方面主要集中表现在观音心咒（即"六字真言"）的念诵上；另一方面藏区普遍崇拜的救度佛母就是观世音的化身。观世音愤怒相为马头明王，形象有多种，常见的有八头像、六头像和有翅像。以六头明王为例：他有三人头和三马头，三人头各有三只眼，居中的头颜色和身体颜色都呈红色，象征快乐；左头呈白色，象征安静；右头呈蓝色，象征愤怒，每头有三张嘴，象征九种神态。三马头均为绿色，象征降服天上、地上和地下妖魔。明王佩戴五十骷髅的璎珞，腰间围虎皮。左三手分别作恐吓的手印，持短枪和套索；右三手分别持金刚、三叉头的人骨棒和匕首。下身八条腿，成弓步，稳定有力，右边四条弯曲，象征方法多样；左边四条伸展，象征智慧、

---

　　① 才让：《藏传佛教信仰与民俗》，第26~27页，民族出版社，1999年。

第十四章 青海宗教艺术的主要类型及审美特点

自由。脚下踏蛇,象征降服龙王。

上乐金刚呈善怒兼具形。上乐金刚一共有四面脸型,正面的脸庞呈椭圆形愤怒状,眼睛长三指,眼睛开度为十颗青稞粒,口中微露獠牙,眉间略有怒纹;左面为国字脸,右面为鹅蛋脸,后面的脸庞为圆盘形妩媚脸,"妩媚漂亮如鱼腹,妩媚仙女眼如此。"① 这一点既符合造像度量经的要求,也是多少年来藏族人民在绘画实践中总结出来的。一般说来,鹅蛋形脸、芝麻形脸美丽好看;国字形脸、球形脸和马脸难看。藏传佛教艺术却将这些脸型有机地统一在一起,使它们共处于一个空间,从而在"形而下之器"中领悟到"形而上之道"。另外,凡是愤怒神都具备所谓的寒林八饰(即身穿人皮、象皮、虎皮围裙等三衣,佩戴蛇和骷髅头饰、五骷髅头饰、湿阴阳鬘、半个臂饰)。

从以上的描述中可以看出,无论是善相的文殊菩萨、观世音菩萨,还是愤怒相的怖畏金刚和马头明王,在整个造型上,都严格遵循"三经一疏"的规定。怖畏金刚和马头明王的整个造型上下、左右平衡对称,比例适宜,给人以和谐、沉稳、均衡之感,同时寓杂多于统一,在整齐中间处变化。在艺术手法上,通过艺术变形,使之成为多头多臂,变化无穷,蕴涵丰富的宗教艺术形象,给人以狞厉之美。这一点和显宗造像的慈祥和蔼大不相同,多数密宗造像都被夸张而变形。诸如千手千眼、青面獠牙、龇牙咧嘴、牛头马面等。还有护法神各种各样的标志,例如,人头念珠、滴血的心脏和肠子、人的胳膊和腿,朱红色的尸体等。所有这些使信徒深陷在强烈的恐怖、畏惧中,由衷生起一种依赖感和敬畏感。当然这和其所处的环境有着密切的关系。众所周知,"虔诚的默祷和向上地追求这种内心,作为宗教修养,具有复杂的特殊的因素和方面,不再是能在敞开的场所或是庙宇前面

---

① 宗者拉杰、多杰仁青:《藏画艺术概论》,第140页,民族出版社,2002年。

的院子里进行的,而是要在教寺内部才能找到适当的场所"。①密宗造型主要集中在寺庙的各种殿堂,和整个建筑一起服务于宗教。一般情况下,依据佛殿的不同,其内部设置的塑像也不同。如护法殿、度母殿的塑像主要是护法神和度母。但无论是什么殿堂,因为没有窗子,整个屋子(除了门口)可以说几乎没有阳光的射入。塑像前长长的供桌上点燃一排排酥油灯。在摇曳的灯光下,高大的塑像使人不得不仰视,或慈眉善目,或青面獠牙。这样虔诚的信徒们内心必然会发生激烈的冲突。他们面对雍容华贵、孔武有力的感性形态,感到自卑、渺小;相反,佛、菩萨、护法的庄严、伟岸和恐怖以其不可抗衡的力量压倒充满着世俗之心的信徒,在感性形式的强烈刺激下,虔诚的信徒开始对自身反省,对佛的虔诚转化成一股强大的力量,成为战胜一切的激情、信心和勇气,从而产生愉悦感。这是瞻仰转化为振奋,痛感转化为快感,由此,在敬畏中把对恶的恐惧转向对善与美的祈求。不可否认,直观的形象中蕴涵着深奥的佛理,使膜拜者的心境发生微妙的、复杂的变化。人们感受到佛的慈爱关怀,又对自己不虔诚的行为忏悔。同时,佛教认为,为了拯救芸芸众生,以大慈大悲之心、爱、善来引导众生脱离苦海,以成正果,获得解脱。但为红尘所染的众生往往被现实及自身的各种欲望所缠绕,不能持之以恒、坚守戒律。为了消除这些魔障,使众生走入正道,于是,把这些魔障变换为千奇百怪的恐怖形象,使众生在"恶"的恐怖中不敢误入歧途。因此,在密宗造型中,使用各种各样的可怖物体或饰物,不仅象征烦恼、欲望的可恶可憎,而且对于修行者来说,从观修自己的身体,并将自己的躯体想像为佛身的显现。在这里,我们虽然难以窥视到修行者复杂微妙的心理变化,但对烦恼、欲望之类的憎恶和对善的向往以及爱的诱惑,往往使

---

① 黑格尔:《美学》三卷(上册),第90页,商务印书馆,1979年。

第十四章　青海宗教艺术的主要类型及审美特点

他们的精神升华，这一点是不容置疑的。因此，它使人感到痛苦、恐惧，"痛中思痛"，在恐惧中感到压力，从压力中力争挣脱，获得精神上的自由与愉悦。造型中的爱与恶实际是生活中的美与丑、善与恶、真与假的反映。对善佛形象的感情投入，表现它的慈祥、宁静、大度；佛的智慧、神通、不可战胜的力量都是广大藏族人民的理想追求和人格写照。而对那些多手多头、青面獠牙的"假想的"恶，抒发了人类对丑恶事物的鞭挞及对智慧与勇敢、自由与力量的渴望。藏传佛教造型艺术正是在这种巧妙组合的形象中传达了佛理，运用慈悲和愤怒不同的手段，来实现改造世界、净化人心的互补。

二、灵动之美

在藏传佛教的传播与僧徒的修习过程中，各种仪式发挥着不可忽视的作用，这些仪式不但成为僧侣修行的过程、方法，信众认识、了解、习得佛教教义的主要途径，而且因其日期相对的固定性、民众参与的广泛性，使它在一定程度上具备了民间节日的特征。在这个意义上，藏传佛教的某些仪式就具有了宗教与节日的双重属性，以其特有的方式传达着藏传佛教的精深奥义，表达着藏民族内心的美好祈求，甚至是共同性的、普遍的人类审美理想。

在藏传佛教诸多的仪式中，令人瞩目、喜闻乐见、广泛参与、仪式繁复、含义精深的大概首推宗教乐舞"羌姆"了。青海藏区的"羌姆"因教派不同，而显示出多样的风格，据有关学者考证其中以格鲁派的塔尔寺"羌姆"、夏琼寺"羌姆"和宁玛派的罗汉堂"羌姆"最具活力、最具特色。①

"羌姆"一词,本意为"蹦跳",是与"卓"(bro)、"嘎尔"(gar)等概念相对应的,专指以传达藏传佛教教义、祛疫禳灾、祈福纳祥为目的的藏传佛教寺院仪式表演。② 这种仪式在中原内地,一般称作"跳神"、"打鬼";藏民族一般称之为"跳欠"、"跳神"或"观经"。而寺院僧人更多地则使用"金刚舞"来称呼这种仪式表演。通过上述仪式的不同名称,我们可以窥见到这种仪式所具有的一些基本特点,如舞蹈动作以蹦跳为主;主要的角色是"神";"神舞"的目的是"打鬼";"打鬼"的过程是借助肢体语言传授教义——"观经"。而僧人对其的称谓则一语中的——金刚乘舞——归属密教金刚乘祭祀的本质。由此,我们认为羌姆是藏传佛教各派在祭祀过程中发展起来的、在寺院范围内由僧众进行的融诵经、音乐、舞蹈三位一体的宗教乐舞艺术。其场面壮观宏大、过程庄重肃穆、仪式神圣繁复。

当我们把作为藏传佛教重要修行仪式、手段、方法的"羌姆"与审美形态中处于核心地位的艺术联系到一起的时候,或者说,当我们不再是以宗教的态度去审视这种"舞蹈",而是从美学的角度去观照它的时候,我们会发现其中所包蕴的丰富的美学因子,它不仅仅表现出藏民族特有的审美观、审美情趣,而且,有些则表达了由于人类环境以及自身的局限与缺失而导致的人类共同的审美追求、共同的美好愿望。

周期性羌姆的进行,就宗教性质而言,其主要的目的和功能就在于让广大僧俗在参与中懂得人生真谛,明确生死轮回的道

---

① 马盛德、曹娅丽:《人神共舞——青海宗教祭祀舞蹈考察与研究》,第19页,文化艺术出版社,2005年。
② 郭净:《心灵的面具——藏密仪式表演的实地考察》序言,上海三联书店,1998年。

第十四章 青海宗教艺术的主要类型及审美特点

理,最终实现生者的超越与死者的救度。就普遍的世俗意义而言,它又具有祛疫求吉、禳灾纳祥、保泰安求丰收的生存意义。我们知道,人的生存与他所处的自然环境、社会环境以及自身的生物性、社会性需要密切相关。人作为主体,他要生存,就要与自身、与自然、与社会相互协调一致,保持动态的和谐与平衡。而客观环境的限制与自身的局限决定了人类的生存是极其艰难的,无时无刻不受到来自各方面的威胁,有些是物质性的,有些是精神性的;其中有些在特定历史阶段是可以通过实践性的活动解决的,有些则由于现有科学的有限而不能解决。由此,人类创造了宗教这一特殊的文化,以此来解决现实的一些困惑,借助它弥补或在幻想中实现不自由到自由的圆满幸福。正如著名宗教艺术研究者乌格里诺维奇所指出的:"巫术——乃至整个宗教——的根源则应当到人类实践的局限性中,到人们的不自由中,到人们对统治他们的自发力量的依赖性中去寻找。"[①] 藏族自古就生活在有"世界屋脊"、"第三极"之称的青藏高原上,由于平均海拔高度在4000米以上,受到的客观限制与生活与其他地区,特别是中原地区的人们相比,可以说,生存的步履,发展的难度要艰辛许多。藏民族面对诸多来自自然和社会的威胁,在物质极其匮乏的情况下,尽自己最大的力量,通过多样的方式、途径尽可能地保证生命的存在与发展。当然,鉴于自身的实践能力与精神心理的需求,藏民族不得不寻求宗教的荫庇,借助宗教的力量,防止各类自然灾害的威胁。诸如藏区农区较为普遍存在的防雹师[②];给孩子起一些看起来稀奇古怪的名字——"其加"、"达

---

① 乌格里诺维奇著,王先睿、李鹏增译:《艺术与宗教》,第49页,三联书店,1987年。

② 丹珠昂奔:《藏族神灵论》,第22页,中国社会科学出版社,1990年。

阔"等。① 这些都说明，当人类自身受到外在自然的各种威胁时，在人类生产力不发达和自身的实践能力不强的情况下，人类就会借助巫术的、宗教的方式来解决自身的困难，防止各类不利于自身发展的一些事物与现象的发生，最终在信仰中实现生命的存在、生长。其实，这一现象在世界范围内也是普遍存在的，中外许多人类学家在他们的著作中也多次提及和说明。如爱德华·泰勒在其著作《原始文化》中对孟加拉厨师情况等的描绘；② 詹·弗雷泽《金枝精要——巫术与宗教之研究》中提到的为公众服务的巫师控制太阳、雨水、刮风等内容。③ 这一现象的普遍存在说明了人类在社会发展中，必须要和自己所处的环境保持一致，也就是人自身的协调统一、自身与环境等的和谐平衡。而"审美活动是人们审辨美丑、悲喜等的精神活动。这是人为了实现主体和客体之间的和谐统一而做的自我调节活动。在人的这种自我调节中，个体与社会相统一，认识与理想相统一，理智与情感相统一，内心世界本身相协调，身心之间相和谐，从而达到主体和客体之间的和谐协调"。④ 作为宗教性的祭祀乐舞羌姆就是如此。虽然羌姆的主要职责、功能是对藏传佛教教义的形象化、象征性的演示，但其根源则是基于藏民族自身的生存发展以及人类自身追求美好生活的理想。也正是由于这个理由，我们说羌姆本身就是一种审美活动，不过是一种比较特殊的审美活动而已。这种特殊性是与藏族传统的"镇魔"观念相联系的。在藏族传统的观念中，藏地自古就是魔女盘踞之地，这一点，在五世达赖喇嘛所著的《西藏王臣记》中就有记载，而西藏罗布林卡文物

---

① 向红笳译：《喜玛拉雅的人与神》，第6页，青海人民出版社，2004年。
② 爱德华·泰勒：《原始文化》，第514页，广西师范大学出版社，2005年。
③ 詹·弗雷泽：《金枝精要——巫术与宗教之研究》，第53~66页，上海文艺出版社，2001年。
④ 胡经之：《文艺美学》，第32页，北京大学出版社，1991年。

第十四章 青海宗教艺术的主要类型及审美特点

中两幅同样的罗刹魔女唐卡,以及大昭寺、小昭寺和十二座镇魔寺的建造,都证明了这一观念的现实性、普遍性。而且,"在修建这些庙宇时逐渐发展起来的'镇魔'观念和活动开创了以寺院为基地的各种驱邪祈祥仪式的先河"。[①] 我们且不管这些仪式如何利用图像的、身体的、还是文字的、口头的方式去图解、去表演、去象征、去咏唱佛教教义,也不管它如何完成,我们只要简单地去尝试一下,就可以明白其中的道理,即我们把宗教观念中的"魔"置换为各种不利于人类发展、危害人类生存的各种疾病、自然的灾害和社会的不良现象等,再联系到藏民族长期生活的区域范围,我们就可以理解藏民族在其生存中所遭遇的诸多磨难,也会认识到在生产力极其低下的环境中生命存在、发展的可贵,也会认识到宗教面纱下人类追求和谐统一的不懈努力,更会相信人类对美的追求的多样性。

当然,外在环境对人类的制约是可以逐步改变的,也就是说,客观物质对人的束缚会随着人类的发展而会被削弱,而人类发展最大的障碍就是对自身的超越。众所周知,生与死是人类永恒的主题。当每个人面对死亡时,无不充满着恐惧,因为谁也不知道自己死后将会怎样?所谓的阴世、冥界到底如何?存在与否?那么,人类自身究竟如何面对死亡,如何超越自我?让我们从羌姆仪式中截取一段,感受一下佛教艺术给我们的一些启示。

在多数寺院的羌姆表演中,都有一段以处置"灵嘎"为核心,以引渡灵魂脱离肉体而超生为主题的表演。"灵嘎"是藏语"ling ga"一词的译音,兼有"恶灵"和"替身"的含义。在羌姆仪式中指用糌粑、酥油捏制的人状替身。对灵嘎的处置在塔尔寺羌姆仪式中主要表现在第四场的"多尔达"舞和第五场"欠

[①] 郭净:《心灵的面具——藏密仪式表演的实地考察》,第103页,上海三联书店,1998年。

芒"舞中。在"多尔达"舞中,天界勇士巴吾首先将一方形地毯置于舞场中央,稍候,天界勇士巴莫持一放有"灵嘎"的方形木盘入场,由4名"多尔达"①演员各握木盘之一角将其置于地毯之上,随后,环绕方盘,旋腰后仰,甩臂大跳。在这里,"多尔达"通过狂放激烈的舞姿将躲藏在四面八方的鬼魂勾招到此,并逼入灵嘎体内。同时,表现出"多楚"对"灵嘎"所代表的一切妖魔鬼怪、邪恶之徒的憎恶,警告他们要安分守己,及早收敛恶行,否则,总有一天,就会来到天葬台,受到他的惩罚!我们知道"一切宗教都不过是支配着人们日常生活的外部力量在人们头脑中的幻想的反映,在这种反映中,人间的力量采取了超人间的力量的形式"②。"多尔达"与"灵嘎"这两个宗教形象,无论是在它们自身的形态上,还是二者的相互关系上,无不体现着人间的情与理。"多尔达"在外形上虽然显得凶恶一些,却是为了应对幻化为妖魔鬼怪的各种不利于人类和社会发展的物质与现象。实际上,他是一位形恶心善,慈悲为怀的善神,以特殊方式较为集中地体现了藏民族对"善"的理解、对美的追求。而对"鬼魅"替身"灵嘎"的处置则表现出藏民族对恶的憎恶,并将其作为观念中存在的假定主体,采用以毒攻毒、以恶治恶的方式,借助舞蹈超人间的力量形式将危害人类的各种"妖魔"象征性地消灭,依此来实现人类发展的无碍。所以,就宗教意义而言,这场仪式性的舞蹈"旨在对危害佛教和人类的鬼魅进行象征性的惩罚"③。就美学意义而言,对恶的厌恶、痛恨与否定,间接强化了人类对善与美的追求,实现了公共意义上

---

① "多尔达"汉译为"尸林陀主",由于藏区对亡人的处理主要在天葬场,故又称其为"天葬场主"。

② 《马克思恩格斯全集》第20卷,第341页,人民出版社,1963年。

③ 郭净:《心灵的面具——藏密仪式表演的实地考察》,第240页,上海三联书店,1998年。

第十四章 青海宗教艺术的主要类型及审美特点

的审美趣味与审美理想。当然,对"灵嘎"处置的深层意义还在于如何面对人类最大的恐惧——死亡!正因为如此,羌姆以其巨大的话语内涵包容了宗教意义、哲学意义和美学意义,以其独有的神秘魅力吸引着不同民族、不同区域、不同语言的人们。

在羌姆仪式的第五场"欠芒"舞中,众神群舞结束以后,法王在巴吾和巴莫协助下,进行隆重的"抛哇"仪式:他先用木剑挑开蒙在木盘上的黑布,将金刚杵慢慢举起,然后徐徐下沉,伸入盘内,轻巧果断地在"灵嘎"心口一挑,再举起并仔细察看是否已准确挑刺鬼俑的灵魂。值得注意的是这里的"灵嘎"也不是简单的他"魔"的象征物,其仪式也不是简单明白易懂的驱邪的表现,而是"沉溺于自身烦恼,而又面临死亡之必然的众生的象征"①。这段仪轨与前述"灵嘎"处置的仪轨相应对,它的意义已超出简单的驱邪范围,是为在死亡之时被业障污染的生命超度,使之得到解脱。"抛哇"(vpho ba)本意是"迁移",也就是超度。佛经一般翻译为"往生",意思是指引灵魂往生净土,避免轮回到三恶趣中。它的另外一个名称叫"中阴救度",意为人在弥留之际,前身已弃,后身未得,处于中间状态而须救度。在藏传佛教中它属于一种密乘大法,甚至是一种技术,有诸多的修行方式。索甲仁波切在其名著《西藏生死书》中说:"我的上师就坐在他的身边,带着他修完颇瓦法,引导他在临终前的神识走过死亡。颇瓦法有多种修法……"② 可以说,对"灵嘎"的处置是以戏剧表演、仪式舞蹈的方式让观者明了死后的景象,预先为将来进入中阴做好了准备。其实,"盖将自

---

① 郭净:《心灵的面具——藏密仪式表演的实地考察》,第281页,上海三联书店,1998年。
② 索甲仁波切著、郑振煌译:《西藏生死书》,第12页,中国社会科学出版社、青海人民出版社,1999年。

其变者而观之,则天地曾不能以一瞬"①,人的每时每刻,都处于生生死死的过程中,羌姆展演的目的不仅在于追求死后的救度,更主要的在于努力追求精神上旧我的死亡。它是以死亡之学为门面,以揭示生命之奥秘,让人们在参与中透析生死的法门,最终达到对空性的证悟。②

羌姆作为一种藏民族重要的宗教文化现象,以其丰富多彩、形式斑斓、内涵深刻的展演,发挥着调整人类自身以适应外部环境和自身的和谐发展,推动人们积极进取的力量,在特定时空中以真实的感受完成自身的净化,实现自然、社会和自身的和谐统一,因此,我们说羌姆是宗教的、哲学的,也是美学的。

第二节 青海伊斯兰教艺术审美

一、神圣之美

伊斯兰教作为现代世界性的宗教之一,从它产生迄今1300多年的历史中,对世界各地不同国家和民族的社会发展、政治结构、文化形态、伦理道德和生活方式等产生了重大影响。《古兰经》作为伊斯兰教唯一的、根本的经典,是伊斯兰教文化的核心,也是广大穆斯林社会生活和道德行为的准绳,被视作真理的化身,对团结穆斯林具有强大的凝聚力。许多"东、西方学者,

---

① 苏轼:《前赤壁赋》。
② 郭净:《心灵的面具——藏密仪式表演的实地考察》,第289页,上海三联书店,1998年。

第十四章 青海宗教艺术的主要类型及审美特点

也都将它视为研究伊斯兰教的首要必读文献,视为探索伊斯兰教真谛的金钥匙。"① 本节主要以《古兰经》文本的内容为主,从中解析、阐释其所蕴涵的美学思想,以求对青海伊斯兰文化的审美理念和特点有一个基本的把握。

(一) 本体美

《古兰经》第112章称:"他是真主,是独一的主","真主是万物所信赖的","他没有生产,也没有被生产","没有任何物可以做他的匹敌"。在第二章又说:"众人啊,你们的主,创造了你们,和你们以前的人,你们当崇拜他,以便你们敬畏","他以大地为你们的席,以天空为你们的幕,并且从云中降下雨水,而借雨水生出许多果实,做你们的给养,所以你们不要明知故违地给真主树立匹敌"。从中我们可以看出伊斯兰教首先强调"认主独一"的宇宙观,认为宇宙万物都是安拉创造的,安拉创造万物而又超绝万物,"物物而不物于物",② "他没有生产,也没有被生产"。另外据相关人员统计,《古兰经》中安拉有99个美名和99种德行,如全知的、全能的、全聪的、全睿的、至赦的、至容的、至尊的、至大的、至爱的、至强的、至恕的、至宥的、宽大的、厚报的、万能的、伟大的、崇高的、善报的、永生的、坚定的……这些美名和德行全面地反映了安拉崇高无比的权威和地位,反映了安拉的至善至真至美。这样安拉就成为本体意义上的美的最高形式,安拉既是美的创造者,又是美的体现者。安拉的"独一"意味着绝对和完美,是一切事物的唯一根源,也是美的唯一根源。所以,一切物体的美都不是由于它自身,而是由于分享了本体安拉的美,即安拉在造化自然万物的时候,也

---

① 林松:《古兰经知识宝典》,第5页,四川人民出版社,1995年。
② 《庄子·山木》,第289页,中华书局,1982年。

赋予它们美的属性。如在自然界"真主从云中降下雨水，然后借雨水而生产各种果实。山上有白的、红的、各色的条纹，和漆黑的岩石"，"我曾展开大地，并将许多山岳投在大地上，还使各种美丽的植物生长出来""他制伏海洋，以便你们渔取其中的鲜肉，做你们的食品；或采取其中的珠宝，做你们的装饰"。在社会，"真主为你们以地面为居处，以天空为房屋，他以形象赋予你们，而使你们的形象优美……"，"他创造你们，先用泥土，继用精液，继用血块，然后使你们出生为婴儿，然后让你们成年，然后让你们变成老人……"，"应当孝敬父母。如果他们中的一人或者两人在你的堂上达到老迈，那么，你不要对他俩说：'呸！'不要喝斥他俩，你应当对他俩说有礼貌的话"等诸如此类的启示举不胜举。总之，安拉作为一个"无形"、抽象的最高本体，超越时空，无处不在，无所不知，无所不能。创造、保护、毁灭三位一体的特征使他不但呈现出"崇高"美的特征，而且使他成为美的缔造者，天地万物是安拉的完美作品。

（二）生命美

虽然《古兰经》是宗教性的、教育性的、文学性的著作。但它以新奇美妙的文体、独有的结构方式和优美流利的话语，言说着对美好生命的赞美和追求，体现着基于地缘基础上的审美意识。

阿拉伯半岛位于亚洲西南部，是世界上最大的半岛。南北长2240千米，东西宽1200～1900千米。西南和东南有一小部分山地，中部为广阔的沙漠，面积约120万平方千米，约占半岛面积的40%。半岛属热带荒漠气候，气候干燥，大陆性强。半岛内部没有常年流入大海的河流。这一特殊的地理环境决定了阿拉伯人民对生命渴望的特殊表达。除了对马、骆驼等动物的珍爱，他们对"水"的珍惜更是情有独钟。麦加的"渗渗泉"就是这一

第十四章 青海宗教艺术的主要类型及审美特点

思想的凸现。而且《古兰经》告诉我们，安拉从云中降下雨水，"然后使它渗入地里，成为泉源；然后，借它生出各种庄稼，然后禾苗凋零，你看它变成黄的，然后使它变成碎片"。"借雨水而使已死的地方复活"，"还使各种美丽的植物生长出来"。我们可以想像得出，在水的滋润下，钻出泥土的幼苗，抽出新绿的叶片，绽开的花朵，成熟的果实，奔跑的动物，飞翔的小鸟，无不以自己鲜活的本真状态书写着美的乐章。我们还有什么理由怀疑，水就是生命，就是纯净，就是美的象征！"天空中的尘埃、云彩和雨水，大地上的山岳、海洋、小溪……所有的一切都蕴涵着美。""美是安拉赋予生命的自然属性"。

生命的存在不是僵死的、固定的、静止的，而是鲜活的、流动的、互助的和协调的。安拉制伏日月，使其各自运行，"以夜间供人安息，以日月供人计时"；安置山岳，使大地平稳，令百谷生长，生命延续；创造道路以便到达目的地；驯服江河，以便航行海中。所有这一切都是生命不息、运动不止的。"宇宙是有生命和灵魂的。它借不同的存在物而呈现不同的外观、形式和等级，但其本质只有一个"。"宇宙在有规律地运动，运动是组成宇宙的每一部分的共同属性"。对于运动，我们还可从《古兰经》这一典范的阿拉伯语文本中体会到。"古兰"一词系阿拉伯语 Quran 的音译，意为"宣读"、"诵读"或"读物"。因而，《古兰经》非常讲究文本的音乐性——抑扬顿挫的不同声调、类似段落的重叠交叉、首尾的前呼后应和低声祈祷与诵读的停顿。如"他从云中降下雨水，借雨水使一切植物发芽，芽中生出绿枝，从枝中生出累累的果实，从海枣树的花被中生出密接的枣球；并借雨水而创造许多葡萄园，与相似的和不相似的榇榄和石榴。当果树结果的时候，你看看那些果实和成熟的情形吧。对于信道的民众，此中确有许多迹象。"

在这一简短的文句中，像"对于信道的民众，此中确有许多迹象"这样的句子或类似的句子,在《古兰经》中比比皆是。它除了强调对真主启示的领悟外,其节奏的作用也显而易见。同时,在句子中,语言的排列一脉相承,其文意的表达,是以事物发生发展的客观过程展开逻辑叙述的,呈现出语言与描述对象及发展规律相一致的运动态势,从雨水的降临,到植物的发芽,到枝叶的生长,再到结出的果实,给人以强烈的运动感、节奏感,使人感到类似汉语修辞顶真的美妙。句中词语"雨水"、"果实"、"生出"等的重复与交叉,给人以循环往复之感,富有生命运动的韵律。

还有,"我确已用文采即繁星点缀最近的天","行星时隐时现,就像活泼的小羚羊一般","星星和树木在叩首",这个洋溢着生活化、人性化的图景,这些比拟而又写实的述说,生动地告诉我们:宇宙就是一个生机盎然,充满生命力的、运动的、和谐美的世界。无论是瞬间,还是永恒存在的事物,看见的看不见的,"生命从宇宙中弱小的事物开始,它在常人看来似乎是无望和有限的,而事实上,它却有着永久的活力"。因为,伟大的安拉在创造事物的时候不仅仅是为了供给人类营养,更是为了让人类在精神上获得某种美感,愉悦心灵。"你们把牲畜赶回家或放出去吃草的时候,牲畜对于你们都有光彩。"总之,运动作为物质的存在形态,也是生命美的表现形式。

(三)和谐美

《古兰经》包罗万象,以其独有的魅力给我们启示世界的美丽,并告诉我们:"宇宙所显示出的秩序,是由不同的现象共同组成的,它是一种细致、均衡、和谐的联系。"因为,安拉不是以"游戏的态度"而是"凭真理创造天地万物",所以,整个宇宙世界,"他创造万物,并使各物匀称"。"太阳和月亮有规律地运行","太阳疾行,至一定所,……月亮,我为它预定星宿,

第十四章 青海宗教艺术的主要类型及审美特点

……太阳不得追及月亮,黑夜不得超越白昼,各在轨道上浮游着。""他曾以太阳为发光、以月亮为光明,并为月亮而定列宿,以便你们知道历算"。"我展开了大地,并把许多山岳安置在大地上,而且使各种均衡的东西生长出来","……为你们和你们所不能供养者而创造了许多生活资料","他制伏海洋,以便你们渔取其中的鲜肉,做你们的食品;或采取其中的珠宝,做你们的装饰"。"他把每种果实造成两性的","他创造了牲畜,你们可以其毛和皮御寒,可以其乳和肉充饥,还有许多益处"。"他创造马、骡、驴,以供你们骑乘,以做你们的装饰。他还创造了你们所不知道的东西。"

从以上简要的叙述中我们可以看出,安拉制伏天地、制伏海洋,使万物在一定的轨道中自由地运行,这种有序的运动使得整个世界井然而充满活力。这种运动无论是气势磅礴的,还是平静舒缓的,都保持着一种均衡,都是合规律而又合目的的。运动中的每一个事物,都不但拥有自己的绝对自由,而且也给予他物以充分的自由和帮助,它们是一个有机统一的整体。就像日月供人计时,诸星使人遵循正道,白昼使人看见东西,黑夜使人得到安息;大地、江海湖泊,使人类得到生存的资料、丰美的饰品。天地日月星辰、鸟兽草木江河,相互映照,互惠互利互助互补。当然这种运动并不是简单的停留在一般所谓的物质运动,它强调的是一种精神上的运动,"《古兰经》使人的心灵感受天的美丽,宇宙的美丽。因为只有这样,方可懂得造物之美好。使人趋向主的精神,在美好、自由的境界里,脱离尘世的琐屑卑污,享有永生。"

《古兰经》是伊斯兰教一部综合性法典,也是典范的阿拉伯文学文本,其中包蕴的美学思想极其丰富,随着伊斯兰教在青海的传播,其美学观念也渗透在信众生活的方方面面。

二、书法线条和动态美

青海审美文化是生活在青海的各个民族共同创造的。不同的生活区域、不同的宗教信仰,使青海审美文化异彩纷呈,各美其美。而由广大穆斯林群众创造、发展起来的伊斯兰教书法艺术以鲜明的特色、独具的魅力,成为青海审美文化的重要组成部分。

青海伊斯兰教书法艺术是由汉族书法和阿拉伯书法共同构成的,表现形式多种多样。在这里以阿拉伯书法为主来了解伊斯兰教书法艺术的审美特征、审美标准,以期使我们对伊斯兰教审美文化有一个更深层的了解。

西方著名哲学家罗素曾经说过:"要了解一个时代或一个民族,我们必须了解它的哲学。"[①] 对于生活在世界各地的穆斯林来说,他们的生活、学习和工作都以《古兰经》作为自己生活的准则和社会行为的规范,因而,青海伊斯兰书法艺术的创作与发展也必然受到伊斯兰教的影响。众所周知,伊斯兰教是严格、正统的宗教,禁止偶像崇拜,因而动物形象和人物形象在绘画当中都属禁忌范围的内容。"信道的人们啊!饮酒、赌博、拜像、求签,只是一种秽行,只是恶魔的行为,故当远离,以便你们成功。"[②] 圣训明确禁止画像。除此之外,在广大的穆斯林观念中,语言和文字是沟通与交流的重要手段和媒介,因而以规范、漂亮的书法抄写《古兰经》就成为他们生活中美好的愿望和真诚的追求,是对真主的虔诚与恭敬。基于这两个原因,使得阿拉伯书法艺术逐渐成为伊斯兰教艺术的重要组成部分,和清真寺建筑艺

---

① 罗素著,程舒伟、吴秦风编译:《西方哲学史》,第12页,中国商业出版社,2009年。

② 《古兰经》,第92~93页,中国社会科学出版社,1996年。

第十四章 青海宗教艺术的主要类型及审美特点

术比肩而立。

阿拉伯书法体主要有八大类：库法体、三一体、誊抄体、波斯体、签署体、公文体、花押、行书体。库法体又称"伊斯兰体"，被誉为"纯粹的阿拉伯书法"，是阿拉伯书法中最古老的一种书体。库法体型体种类繁多，现今约有70余种。我们在穆斯林社会中看到最多的就是这种书法体，青海诸多的清真寺也都有这种书法的遗迹。因为在广大穆斯林的观念中，库法体最能体现他们敬畏与虔诚的心意，因而广泛应用于各种建筑，尤其是清真寺的门窗、拱顶、墙饰、壁龛等地方。总的来说，库法体笔力苍劲雄浑、厚重古朴。三一体是阿拉伯诸书法体的母体，又名大楷体。所谓"三一"是阿拉伯语的"三分之一"。是对笔划凹凸的平度、落笔时笔头的宽度要求。三一体的书写，要求以侧45°的正方点作为构成字母书体的尺度依据，因而难度大，要求严格。伊斯兰建筑的壁饰和经文匾额大部分用三一体书写，其特点是笔触粗大遒劲，雄秀兼备。誊抄体，书体公正，字母连接紧密，点、线粗细匀称，显得清晰自然，富有气韵，可以说是阿拉伯书法的小楷体，被广泛应用于经书的装帧和雕饰方面。其他书法体如波斯体秀润遒劲，流畅自然，体姿娇美；签署体活泼多姿，婉转流畅；公文体错落有致，法度具在；行书体清秀妍美，丰满和畅。在阿拉伯书法艺术中独树一帜的是——花押。花押阿拉伯语读为"杜盖拉厄"。原是鞑靼语，意为"君主的姓名或号"。花押特别讲究书法的结字造型，"整个型体的中下方章法密集，左方俨似指纹，中间三竖笔，雄健有力，右方绶带飘逸，所有这些形象又都是字母构成"①，令人称绝。总之，阿拉伯书法变化多端、错落有致、动静结合、虚实相生、疏密相间，将伊

---

① 周顺贤、袁义芬编著：《阿拉伯书法艺术》，第106页，宁夏人民出版社，1993年。

斯兰信徒"对存在万物的认识和感受真实、优美地表现出来"。①

除此之外,阿拉伯书法的美学特征主要表现为流动的美。我们知道阿拉伯语28个字母分为17个单独的字母,其余的是在其上下添加逗点而成,这就使得"原来单调、平淡的字母在添加逗点之后,变得跌宕起伏,呼之欲出"②,在静态中表现出强烈的运动态势。这种动态效果的产生首先是和结字与章法紧密联系的。结字是阿拉伯书法具有不同风格的重要因素,它是点、线、字母疏密、远近、上下关系的搭配与布局;章法则是对作品黑白关系的处理。比如,书写中字母艾利夫"I"长宽的确定,就意味着字母宽度、尾笔宽度和虚构圆的直径的确定,同时也成为曲线字母的直径。在这一基础上,点线的疏密、远近、高低、黑白使得字母变化多端,长短上下,错落有致,直线曲线相得益彰,形成静观的单个字母与书法作品整体平衡,充满张力。

其次,虽然各种字体的笔划表面看起来是圆圈、曲线、横线的简单重复,但在书法家的巧妙组合下,各个独立、高低、粗细、长短不一的线条相互协调,整体上均衡、稳定、对称,是一个有机的、静止的统一体。"这种静止,就像是拔河比赛中由于双方力量势均力敌而使绳子产生静止一样,它虽然静止不动,但却负载着能量。"③ 在这种能量中还包蕴着穆斯林书法家敏锐的观察力、丰富的想像力、高超的技巧和闪光的智慧,所以,阿拉伯书法是"笔无声,但听万籁;笔无语,但表情达意",是生命律动的具象化阐释。

---

① 穆罕默德·高特卜著,一虹译:《伊斯兰艺术风格》,第78页,中国人民大学出版社,1990年。
② 刘一虹、齐前进著:《美的世界——伊斯兰艺术》,第206页,宗教文化出版社,2006年。
③ 鲁道夫·阿恩海姆:《艺术与视知觉》,第8页,中国社会科学出版社,1984年。

第十四章 青海宗教艺术的主要类型及审美特点

再次,贯穿于有机统一体中的不仅仅是线条的力度——"笔力",是否符合力学原理,而在于通过运笔、转笔增加线条的质感,使字体润厚饱满,避免漂浮虚夸、软弱无力,更在于寄情于笔,法中见情,将生命活力充分地表现出来,以特有的动态气势表达出广大穆斯林对生命的热爱。

音乐美感也是阿拉伯书法流动美的又一表现。"阿拉伯书法与绘画和音乐有相通之处,它是以长短、粗细、轻重、疏密等线条律动的语言,创造出可视的节奏韵律,是'无声的音乐','纸上的舞蹈'。"① 在阿拉伯书法艺术中,逗点,就像一个个跳动的音符,盘绕往复;线条,就像一条流淌的小溪,时而舒缓漫流,时而奔腾激越;圆圈,更像一个闪烁摇曳,活泼而又满怀激情的花朵,在春风中歌唱着生命。这种内在的音乐美得益于阿拉伯字母结构的别致。正如前所述,字母的疏密远近,线条的粗细长短以及形式的多样,章法的虚实使得阿拉伯书法静中有动,动中有静,高低起伏,抑扬顿挫,循环往复,在鲜明的节奏中表现出诗意的氛围,令人应接不暇,美不胜收。

三、寺院建筑之美

建筑艺术是通过建筑物的形体、结构方式、内外空间的组合、建筑群以及色彩、质地、装饰等方面的审美处理所形成的一种实用艺术。青海伊斯兰建筑美主要体现在清真寺的风格上。关于清真寺,《古兰经》中说:"一切清真寺,都是真主的,故你们应当祈祷真主,不要祈祷任何物。""我的主,命令人主持公道,在每次礼拜的时候,你们要专心致志地趋向他,要心悦诚服

---

① 刘一虹、齐前进著:《美的世界——伊斯兰艺术》,第 207~208 页,宗教文化出版社,2006 年。

地祈祷他。你们要像他创造你们的时候那样返本还原。""我确已见你反复地仰视天空，故我必使你转向你所喜悦的朝向。你应当把你的脸转向禁寺。你们无论在哪里，都应当把你们的脸转向禁寺，曾受天经者必定知道这是从他们的主降示的真理，真主绝不忽视他们的行为。"① 因而，在青海伊斯兰民族聚居地区最为醒目的公共建筑就是清真寺，它即是穆斯林群众信仰的物质显示，也是现实中的生活路标。信仰群众一般围寺而居，其宗教生活和日常生活都与清真寺结下了极为密切的关系。清真寺作为伊斯兰教活动的中心，不仅鲜明地体现着教义思想，也包孕着伊斯兰教审美的理念。清真寺礼拜殿内阿拉伯文字的楹联、匾额、藻井图案均以中国传统的材料、色彩及手法，融会伊斯兰艺术特色。清真寺一般分为四周围墙，有走廊或立柱的长方形露天院落的宫院形和屋顶为圆拱形的圆顶形两类，均以庄严、神圣、肃穆、幽秘为总的审美特征。院落循序渐进，显示了清真寺的深邃尊严，建筑物的井然有序，突出了清真寺的严肃整齐。这一切都充分体现着伊斯兰民族对伊斯兰教的虔诚，对真主安拉的崇敬。清真寺那尖形和圆拱造型赋予清真寺一种轻灵向上、升腾回旋的体态动势，象征着伊斯兰教超脱俗世、向往安拉之境的价值精神，积淀着伊斯兰民族的审美感受，物化着伊斯兰民族的精神体验过程。

　　鸟瞰中国的清真寺建筑，因受《古兰经》教义的影响，虽形制有别、取材各异，但构成相似、功能明确、目的一致，既表现出伊斯兰教信仰下共同的审美趣味、审美标准和审美理想，又呈现出不同区域、不同族别、不同时代的精神风貌。就青海清真寺而言，西宁市的东关清真大寺、平安县的洪水泉清真寺和循化县的街子清真寺都享誉盛名。东关清真大寺是青海省最大的清真

---

① 马坚译：《古兰经》，中国社会科学出版社，1996年。

第十四章 青海宗教艺术的主要类型及审美特点

寺,是西北地区伊斯兰教文化的中心之一,也是中国伊斯兰教经堂教育最著名的清真寺之一,因其历史悠久、规模宏大使之与西安觉化寺、兰州桥门寺、喀什艾提卡尔清真寺齐名。循化县街子清真寺因收藏有珍贵的阿拉伯手抄本《古兰经》闻名遐迩。这部传世珍宝共 867 页,上下两部函装,一函 15 册,共 30 册 30 卷,被认为是世界上仅存的三部之一。平安县洪水泉清真寺风格独特、构筑灵巧、装饰精美,是青海古代清真寺建筑艺术中的经典之作,也是多民族生活区域中民族和睦相处、共同发展的见证,在此我们作一重点介绍。

洪水泉清真寺坐落于青海省平安县西南 30 多公里的洪水泉乡。相传,始建于明,完善于清乾隆年间,由当地回族穆斯林集资兴建,历时 13 年竣工。整个清真寺占地面积达 6000 余平方米,建筑面积 4200 平方米。整个建筑采用中国汉式庙宇形制,结合阿拉伯传统建筑,将照壁、山门、唤醒楼、礼拜殿以及学房等组合成一个有机的整体。建筑艺术被称为"巨大的工艺",其实用性与艺术性高度统一。作为一种文化内涵的外在表现,洪水泉清真寺是伊斯兰文化与中国传统文化融合的一个见证,具象直观地表现出伊斯兰审美意识和中国汉文化传统的审美观念。

进入洪水泉清真寺,你会被一座长 10 米,高 6 米,厚 0.86 米由仿木青砖砌成的照壁所吸引。照壁正面居中方框中雕刻有中国民俗传统图案"凤麟呈祥",背面雕刻了约 150 组造型精巧的食品图案和饮食用具。这里物态化的照壁不仅言说了文化的交融与互渗,见证了历史上民族的和睦相处、共同发展,而且其所展示的内容则传达了不同信仰下的人们向往美好生活的共同心理。麒麟和凤凰是中国特有的神物。传说中,麒麟"行步中规,不踩在活着的虫子身上,不折断有活力的草木,游必择土,翔必择处,一副文质彬彬的君子风度"①。"凤鸟以植物为食;好结集为群"②。二者都是祥瑞和盛世的象征,因为它们只出现在太平盛世。食品图案和饮食用具的雕刻,一方面说明了曾经发生的历史:相传,是13年里百余名工匠的食品。另一方面也说明一个最基本的道理:民以食为天。对于历史上的普通百姓来说,有一个稳定、安全、祥和的社会,过着知足常乐的田园生活,再也没有比这更幸福和更快乐的事情。与照壁相伴的"百花图",花卉个个枝繁叶茂、栩栩如生,显示了工匠们的高超手艺,也将他们内心的渴望、美好的理想生动地刻画在方寸之内。不但如此,在与照壁相对的山门两侧的八扇屏上,一边镶嵌刻有"老鼠葡萄",一边刻上"麒麟苍松";山门房脊顶上又嵌刻着"凤尾挑梁"和"龙凤呈祥"图案。在唤醒楼东西两门的两侧,还分别雕刻有"猫跃蝶舞"、"兔守白菜"以及"菊竹"和"梅兰"。"龙凤呈祥"意味着祥瑞盛世,"猫跃蝶舞"、"麒麟苍松"是长寿康健,"老鼠葡萄"、"麒麟送子"希冀后继有人,"梅兰竹菊"是清雅有节。这些带着浓郁民俗色彩和鲜明汉文化特征的图案,生动地表现出建造者的审美价值取向和盼望的美好生活。"二鬼挑担"、"同天柱"、"一炷香砌法"、"三脚踩空"和"天落伞"充分展现了工匠高超的技艺,巧夺天工的绝美,成为建筑工艺的典范,实用与艺术的完美结合,共同构筑了一幅如诗如画的胜境。

洪水泉清真寺以其精美的砖雕,超群的工艺,独特的风格给我们展示了广大穆斯林不避世厌俗,注重生活质量,追求美好社会的积极态度。其中对汉族建筑技艺的合理运用,也说明了穆斯林群众对汉族建筑所体现出来的建筑美的认同。如果说建筑的意

---

① 檀明山:《象征学全书》,第295页,台海出版社,2001年。
② 檀明山:《象征学全书》,第329页,台海出版社,2001年。

义只是在于科学技术方面,那么意蕴深广的汉族民俗图案的运用,则说明了广大穆斯林群众对太平盛世的希冀,表现出对美好生活理想的图景憧憬。同时,也说明了他们对"行步中规"、"文质彬彬"、"结集为群"这一汉族传统审美标准的认同,即一个人,应该有所为、有所不为,一切言行都应该有始有终,有信有义,保持素洁,符合社会和群体的要求,能够与他人和睦相处。而且,对个体、家庭而言,应该是子孙后代绵延、安康长寿。这些相同的文化心理认知肯定了人类共同的审美心理——家和万事兴!这些充分说明,对美好幸福生活的追求是不同肤色、不同民族、不同信仰的人的普遍心理,是人类走向自由自觉的内在动力。

第三节 青海道教艺术审美

道教是中国文化母体上成长起来的、融雅俗文化于一炉的本土宗教。青海的道教有着悠久的历史,据《循化志》记载"每时见神人往还,盖鹤衣羽裳之士,炼精饵食之夫耳",又说:唐述窟有"其怀道宗元之士,皮冠净发之徒"[①]。这说明至少在魏晋时期青海已有道教活动的踪迹,也说明青海独特的高原地理位置,独特的自然景色和远离人世的特征,成为修道者理想的悟道之胜地。但青海是一个多民族聚居的地区,少数民族人口比较集中,宗教信仰繁杂,其中藏传佛教、伊斯兰教占据宗教的主导地位,加之,青海的道教人士在几百年间并没有出现著名人物,缺少典范的影响,因此,青海的道教文化始终处于边缘的状态,没

---

① 龚景翰编:《循化志》,第47~48页,青海人民出版社,1981年。

有很大的发展。虽然如此,青海的道教遗迹还是比较丰富的,湟中的南朔山、大通的元朔山、金娥山,乐都的武当山,湟源的北极山都有着较为丰富的道教文化因素,其中以西宁土楼山为代表,给青海审美文化增添了异彩。

一、土楼观建筑审美

《西宁卫志》和《西宁志》载:"万山怀抱,三硖重围,红崖峙其左,青海潴于右。首峙昆仑,背倚黄河。"并记载:"城西北五里,有崖,形如佛。"① "土楼山,在卫治北。郦道元《水经注》云:上有土楼北倚山,原峰高三百尺。又若削成,楼下有神祠,雕墙故壁存焉。"② 这里描绘的就是青海省著名的北禅寺,也就是道教中的土楼观,俗称北山。土楼观矗立的土楼山面对湟水河,处于西川、北川和南川河的交汇处。整个山体呈赤色,绵延千里,山势险峻,悬崖林立,有的地方笔直如削,千年的风雨侵蚀,更使它棱角分明,桀骜不驯。山下河水缓流,娓娓述说着历史的故事。

远观土楼山,山势挺拔,伟岸多姿,峭壁林立,洞窟点点。殿堂掩映在葱绿之中,霞披云罩,令人心驰神往。拾阶而上,层层递进,移步换景,人随山转,穿梭往来于佛道两界。峭壁之上,洞窟以栈道相连,步行其上,忧喜交加,险中求静,静中寻道,给人以强烈而独特的审美体验。立于山间,俯瞰山下,视野辽阔。河水东去,楼台栋宇,麦田阡陌,如天女散花,散落人间,画面绚丽多彩,雍容大度。山中,古洞、庙宇和殿堂,交错而立;佛道共存,虽道理不同,造型各异,但本质都在寻求人生

---

① 刘敏宽、龙膺纂修:《西宁志》,第124页,青海人民出版社,1981年。
② 刘敏宽、龙膺纂修:《西宁志》,第26页,青海人民出版社,1981年。

第十四章 青海宗教艺术的主要类型及审美特点

发展的美好境界。

土楼观的美,首先在于它所处的山势地理环境独特。就形式而言,土楼山险峻挺拔,虽没有泰山之雄、峨眉之秀、青城之幽、黄山之奇,但山体交错,平地而起,棱角分明,通体赤色,显示出自然天成,登临建筑其中的土楼观,在其真实的自然三维空间使人感受到不同于南方灵秀峰姿的审美体验。再者,是道观独特的建筑特色。"山不在高,有仙则名;水不在深,有龙则灵。"① 土楼观的美就在于险中取胜的建筑。土楼山海拔2430米,庙宇殿堂洞窟等建筑、开凿于半山腰中,其难度之大,危险之高,在历史上是不难想象的。尤其是当地人称之为"九窟十八洞"的古洞群,这些洞窟大大小小,一共99个,有的自成一体,有的大小相联,洞中有洞,鳞次栉比。古洞悬空半崖,洞倚山形,顺其自然。巧借岩石,临空构筑。栈道相连,曲折往回。下临深谷,河水东流。远观似巨龙腾飞,浮雕镶嵌。近察结构精妙,小巧玲珑,层次多变。整体上险中有奇,奇中求变,虚实相生,动静结合,给人以强烈而深刻的审美感受。

与洞窟相连,在山体东侧,还有著名的"闪佛"。据民间传说,以前土楼山森林茂密,鸟语花香,珍禽异兽出没其间。山下,人们依山傍水过着平静而幸福的生活,无忧无虑。不久,两个妖魔来到此处,夜间四处找寻,专吃童男童女,百姓苦不堪言。后来被王母娘娘得知,就带着金刚用法力降服二怪,二妖魔拼死力争,土楼山摇摇欲坠。这时候护卫金刚用自己的身体挡住了塌落的山崖,从此,就留在了这里。虽然这只是一个美丽的传说,但神魔斗争的故事却反映了当地民众对一切危害人类生存的对象的厌恶与痛恨,并在幻想中借助神灵的力量实现自己渴求的目的和美好的愿望。

---

① 刘禹锡:《陋室铭》。

二、释道并存的造型之美

在西宁土楼观中,西王母作为主神被供奉在主殿,这在内地道教宫观中不多,带有浓厚的地方文化色彩。汉代以前,古羌族文化是河湟地区文化源流之一,一些古文化或以考古文物留存,或以神话传说流传至今,其中与虞、夏、西周有不断关系的西王母国以及西王母神话,后又演变为系统庞大的昆仑神话。

"天下名山僧居多"。青海风姿绰约、雄伟秀丽的土楼观、南朔山,不仅仅是道教胜地,也是著名的佛教修行圣地。其根本原因就是其本身所具有的特殊地理位置,在佛道两家看来都是能够悟道成佛、羽化成仙的"佛国道场"、"洞天福地"。"虔诚的默祷和向上的追求这种内心活动,作为宗教修养,具有许多复杂的特殊因素和方面,不再是能在敞开的场所或是庙宇前面的院子里进行的,而是要在教寺内部才能找到适当的场所。"[①] 同时,"膜拜活动要求布置一个跟日常生活环境不同的充满各种象征、充满超自然力和超自然形象的特殊环境。"[②] 正是适应这种宗教的需要,土楼观、南朔山被建造成为道佛两教胜地。

青海土楼观的"九窟十八洞"的宗教造型可谓是特殊而别致的。在大小不一的99个洞窟中,塑像与洞名相符,佛、神、仙各居其洞,千姿百态,各显异彩,释道并存令人叹为观止。如洞窟之首的"玉皇阁",洞中正中供奉玉皇泥塑像,左右两边是张天师和葛天师。最古老的是关帝洞,主洞深6米,高3米,宽3米,西侧又有一大套洞,洞中又有5个小洞,深暗幽冥,使人很容易进入到玄思的境地。洞中塑关帝阅《春秋》像,两旁周

---

① 黑格尔:《美学》第三卷(上册),第90页,商务印书馆,1991年。
② 乌格里诺维奇:《艺术与宗教》,第94页,三联书店,1987年。

第十四章 青海宗教艺术的主要类型及审美特点

仓、关平恭立。洞壁绘有荆州诸将的画像,神态各异,栩栩如生,是明代以前的作品。洞窟的东部以藏传佛教壁画、塑像为主。据说原来还有四大天王洞、千佛洞和菩萨洞等,后因战乱遭毁,只留下一些残迹。这种释道并存的现象在我国并不多见。土楼山释道塑像混合的情况表面看是由于青海历史上,土楼山先后为道家和释家所拥有,究其实质,除上述所说的地理优势之外,更主要的是基于人们追求美好发展的目的和愿望,表现出不同宗教观念中共同的审美理想,即对美好人生的渴望和人性完美的追求。具体而言,道家可能更多的是追求个体自身的长生不老、羽化成仙,为迎合人欲的需求而祈求人事吉祥、肉身不死以及灵魂安驻。佛教则更多地从大众的利益出发,在哲理的层面探求人生诸现象的本质,以寻求解脱人生的苦难途径和人生应当追求的理想境界。这些造型,在形式上、在内容上虽然都呈现出不同宗教的鲜明色彩,以服务于宗教为目的,但它们毕竟是青海人民智慧创造的对象。作为对象性的客观存在,其中已沉积着创造者们的思想情感,表达出他们对幸福生活的渴望,也表现出他们对生活美的价值取向,即对自身健康、长寿的需求,无病无灾,人和人之间和睦相处,以及追求正义,痛恨邪恶与战争,等等。可见土楼观由于历史的种种原因,形成了释道并峙的状况,但从人们现实的生活愿望来看,都表现出避凶求吉的审美心理。

说到这,值得一提的还有青海著名的宁寿塔,它可以说是青海人民追求美好、安康生活的历史的物态见证。宁寿塔耸立在海拔2430米高的西宁土楼山山巅。塔高10米,共5层,塔底呈六角形,下大上小,逐层收拢,尖顶状。宁寿塔的修建与青海历史上著名的人物邓训有关。历史记载,汉朝时为开拓疆土巩固中原政权,常常征伐西部的青海地区,羌汉之间战争频繁。汉王朝所派的一些官吏往往轻率地采用武力镇压的方法维护其统治,引起众羌的不满,社会极其不稳定。东汉时期又派护羌校尉邓训前来治理。邓训到达后,一改以往前任的做法,因地制宜,因势利导,了解羌人的生活习惯,招抚羌人,请大夫为他们治病,很快就赢得了羌人们的信任,西宁地区人民生活趋于稳定。羌人们亲切地称邓训为"邓使君"。邓训去世后,羌人痛不欲生,以刀自割,欲俱死。遂在土楼山建神祠,四时祭拜,祈祷佑护一方平安。明初,左副将军邓愈率兵到西宁后,游览了土楼神祠,大加赞赏,土楼山因之而名显。后驻兵西宁的千户张铭不但修整了山崖间的洞窟,而且又修建了许多宫殿式的庙宇和高大、雄伟的砖塔,即宁寿塔。"宁寿塔"寓意西宁永远平安长寿。邓训作为历史人物已消失在人们的视野中,但宁寿塔,以物态化的形式向人们表述了历史的记忆,阐释着当地各族百姓对幸福、安康、和睦和美满生活的渴望。

第四编　青海民族民间艺术与审美

第十五章　青海民族民间文学与审美

青海民族民间文学，是指生活在青海这片广袤土地上的各民族集体创作、集体传承、集体享用的语言艺术，是民众的口头创作。"它在广大人民群众当中流传，主要反映人民大众的生活和思想感情，表现他们的审美观念和艺术情趣。"① 青海民族民间文学的研究范围十分广泛，按照民间文学的传统划分方式来看，其研究范围大致包括：神话、传说、故事、民间歌谣、史诗、叙事诗、谚语、民间说唱和民间小戏等。

青海民族民间文学有其独特的价值。钟敬文认为一个民族的传统文化可分为三条干流：作家文学（书面文学）、俗文学（都市文学）、民间口头文学。可见，青海民间文学是民族传统文化的重要组成部分，与作家文学共同构成了青海民族文化的重要谱系，并在这个谱系中渐进发展。下面我们将通过各种民间文学的平面文本和活态的民间口头文学的研究，来获得对青海民族民间文学的基本认识，并从中领略它那富有泥土气息的美。

---

① 钟敬文主编：《民间文学概论》，第1页，上海文艺出版社，1980年。

第一节　青海民族民间文学的类型阐释

一、神话

神话（myth），作为民间文学的一个门类，是关于神灵、英雄的虚构性故事。"是远古时代的人民所创造的反映自然界、人与自然的关系以及社会形态的具有高度幻想性的故事。"[①] 关于神话的分类，方法很多。我们在此借用了日本神话学家大林太良《神话学入门》中的分类，将神话分为宇宙起源神话、人类起源神话和文化起源神话[②]。

（一）初民宇宙观的形象表达——宇宙起源神话

宇宙起源神话反映了天地开辟、自然万物形成等内容。青海各少数民族对宇宙起源、万物形成都有属于本民族的文化解释。土族《阳世的形成》这则"来历甚古"[③] 的创世神话，揭示了土族文化的丰富形态。其中有两个文化意象耐人寻味：汪洋一片、金蛤蟆。土族先民对宇宙形成前"汪洋一片"的看法与诸多游牧民族对宇宙形成前的原初状态看法相同，蒙古族、满族、

[①] 钟敬文主编：《民间文学概论》，第166页，上海文艺出版社，1980年。

[②] ［日］大林太良著，林相泰、贾福水译：《神话学入门》，第46页，中国民间文艺出版社，1989年。

[③] 李文实语，见青海民院汉语文系马光星搜集整理、中国民间文艺研究会青海分会编印：《青海省民族民间文学资料·（民和县官亭地区）土族婚礼歌》（内部资料），第83页，1982年。

第十五章 青海民族民间文学与审美

藏族、哈萨克等民族均认为宇宙的初始形态是汪洋一片。土族先民过着游牧生活,与这些民族同属于草原文化圈,也许面对无垠、神秘的草原,土族先民对原初的世界的形成产生了"汪洋一片"的相似的原始神话想像。对金蛤蟆这一形象的理解,许多学者均认为它与土族先民的图腾崇拜相关。从柳湾彩陶中大量的蛙纹造型来看,蛙在先民眼中占据着重要地位;从至今还流传在大通的民间舞蹈"四片瓦"中极鲜明的蛙崇拜意识来看,古代先民的确有蛙的图腾崇拜观念,这种观念与蛙多产的生物属性有内在关联。此外,笔者认为土族先民之所以选择蛤蟆,是因为蛤蟆两栖动物的属性有助于人们理解阳世的形成,那就是"阳世"是漂浮于"汪洋一片"之上的。除了这则内涵丰富的神话,其他流传于土族地区的一些神话,诸如诗体神话《苏贝尔吾拉》、古歌《幸木斯里》、《恰然》、《混沌周末歌》等作品中也都涉及到了关于宇宙形成、万物起源的内容。但在这些作品中,天地形成的内容并非其重点讲述的内容,其中已掺杂了诸多宗教的因素,相对来讲,《阳世的形成》显示出了更为古朴的艺术特色。

撒拉族、回族的创世神话、人类起源神话都与伊斯兰教的教义关系密切。撒拉族神话《天、地、人的诞生》中包括了"吹出阿兰(宇宙)、泥捏阿丹(人类祖先)、犯禁落尘、经受磨难、生养后人、残性的由来、掌管大地、洪水破天、人类再起"九个相对独立的神话。神话中创造宇宙万物的造物主是"胡大",即伊斯兰教中的真主。它与回族神话《阿丹与海娃》、《洪水泼天》的内容几乎相同,也描述了真主创造宇宙万物、创造人类的故事。可见,这些神话是信仰伊斯兰教的穆斯林民众所共有的神话。这一神话从宗教角度描述了世界、人类的起源,被穆斯林民众认为是一种历史的真实,阿丹这位人类的鼻祖是"真主"造化的诸多圣人中的第一位大圣人。穆斯林民众坚守信仰,笃信这则神话会带给他们莫大的精神力量,让人们领略到了信仰与文学的魅力。

青海藏族创世神话主要有流传于甘青藏区的《斯巴形成歌》(也称《什巴问答歌》)与《斯巴宰牛歌》。《斯巴形成歌》是以古老的问答歌形式解释了"斯巴"即宇宙、世界的形成。古歌描述到:"最初斯巴形成时,天地混合在一起,请问谁把天地分?最初斯巴形成时,阴阳混合在一起,请问谁把阴阳分?"古歌回答是"大鹏"(一说"巨龟")分开天地、阴阳,表达了藏族人最早的宇宙观、世界观。《什巴问答歌》中的"什巴"已不再是宇宙之意,而是一个高大牧民或神的形象,古歌以什巴宰牛的劳动场面,细致描述了天、地、山、川等的形成,整个神话洋溢着鲜明的民族特征,堪称藏族创世神话的代表。这两则神话形象地反映了藏族先民对世界的认知和宇宙形成的看法,具有游牧文化特征。古歌中认为将天地阴阳分隔开的是大鹏,这与藏族自古有之的神鸟自然崇拜是一致的。古歌中反复出现的雪山、森林、草场是藏民族赖以生息的家园。在后一首古歌中,"什巴"也不再是神的形象,而是衍化成为一个典型的牧民形象。在"什巴宰牛"中藏族民众用其最为熟悉的生产手段——宰牛来形象地表现对宇宙、世界的认识,对客观世界进行了形象化的处理。在古歌中处处可见牧业生产方式对民族的审美经验与审美心理影响:高耸的牛角就像插入云霄的雪山,平坦的牛皮就像开阔的大地……藏族民众根据他们生息的环境创作了想像中的天地、山川形成的神话,表现了藏族童年期丰富的审美想像力和创造力。

(二) 多元意识的自然流露——人类起源和文化起源神话

关于人类的起源一直是一个富有诱惑力的问题。青海各民族先祖充分调动了他们的全部想像力,创造了一个个人类起源神

第十五章 青海民族民间文学与审美

话,这些神话看起来荒诞不经,却又十分生动有趣。藏族"猕猴变人"的人类起源神话在青海至今仍有流传,认为人类是猕猴与罗刹女结合的产物。这一神话对人类的起源作出了与现代科学惊人相似的解释。蒙古族"人的胫骨和肘骨"的神话,则是关于"人自身的改造"这样一个命题的神话:人类的腿和胳膊本来很长,跑起来速度很快,能捕到很多猎物,造成了其他动物生存的危机,为了使其他生物也得以生存,天神改造了人的肢体。这则神话显露出蒙古族先民早期对生态平衡认识的朦胧意识。信仰伊斯兰教的回族、撒拉族则认为是真主创造了人类,这种解释带有宗教文化的特征,是信众皈依伊斯兰教后的想像创造。关于人类起源,青海各民族从自身对世界的认识,展开了丰富的想像,都有属于自己的解释,体现了文化多元的特征。

在汉族源远流长的神话中,文化英雄占据了重要的篇幅,神农尝百草、燧人氏钻木取火、仓颉造字、伏羲结网而渔、后稷种五谷,等等。这些文化英雄虽然不是万物的创造神,他们的创造只限于火、农耕等具体特定的文化因素,但是他们的创造给这一民族带来了意义深远的影响,这在少数民族的文化起源神话中也有体现。蒙古族神话《蒙古包的由来》描述了蒙古族先民制造蒙古包的过程:天宫中做了一种叫"乔日格·夏特德"的宗教供品,并将它扔到了人间,人们仔细观察,模仿它的外形制造出了现在的蒙古包。这则神话并未明确是谁创造了蒙古包,而是强调了天神的作用,人类只是受到了启发。这里虽然没有出现一位文化英雄,但仍从一个侧面对祖先的聪明才智进行了委婉的表达和赞美。

藏族神话《青稞种子的来历》与至今仍然活态地存在于藏族民众生活中的民俗遗存联系紧密。神话中阿初王子变成一条狗将偷来的青稞种子播撒下去,获得丰收。因而每年收完青稞,藏族人都要先捏一团糌粑喂狗,这一风俗流传至今。阿初王子显然是藏民族的一位文化英雄,他的牺牲精神和责任意识是藏民族一直以来都弘扬的高贵品质。

此外,值得一提的是西王母神话。西王母神话与青海关系密切。在中国神话体系中西王母是昆仑神话中的主神之一。对神话中的昆仑原型虽众说不一,有西域说、中原说、云南说、海外说、青海说,等等,但"青海说"占有一定优势,这主要是先秦以来的史书多以"河出昆仑"来认定黄河的源头,从而使昆仑神话有了现实的依托。而《山海经·大荒西经》中认为西王母处在"西海之南,流沙之滨,赤水之后,黑水之前"的"昆仑之丘"上。据此,西王母与青海的关系就显得格外密切了。伴随西王母神话的不断演变,西王母已从神话走向民众的信仰之中,在西北、中原乃至整个中国汉族地区盛行着王母娘娘信仰。

青海少数民族神话形态多样,有散文作品、韵文作品和散韵结合的作品。它们以史诗、古歌、问答歌的形式出现,具有极强的歌唱性和表演性。这些神话内容丰富,生动地表现了原始初民的宇宙观、世界观,包含着朴素的唯物主义思想,洋溢着奇美的浪漫主义情感。这些神话又是这些民族的历史、宗教、科学和艺术,是这些民族多元意识的自然流露,是民族文化得以传承的重要载体。神话作为文学之母,对青海各民族的民间文学及作家文学均有深远的影响。

二、传说

"民间传说是劳动人民创作的与一定的历史人物、历史事件和地方古迹、自然风物、社会习俗有关的故事。"① 民间传说或是记叙某一知名历史人物的立身行事,或者是再现某一重大历史

---

① 钟敬文主编:《民间文学概论》,第183页,上海文艺出版社,1980年。

第十五章 青海民族民间文学与审美

事件发生发展的过程或片断,或者是解释某一个地方,某一自然物或风俗习惯的成因和来历。传说总是围绕客观实在物这个中心来构建的,主要分为人物传说、史事传说和地方风物传说。

青海民间传说有较为丰富的内容。这是因为青海的历史源远流长,地理位置特殊,若干民族在这里繁衍生息,创造了各自灿烂的物质文化和精神文化,并产生了丰富的民俗活动,这都为传说的丰富发展创造了条件。

(一)人物传说

人物传说是以人物为中心来叙述人物的事迹或遭遇的,往往运用富有传奇色彩的情节刻画和渲染人物形象。

在青海湟中鲁沙尔一带流传的人物传说中,有许多是关于藏传佛教格鲁派创始人宗喀巴的。其中《宝贝佛的传说》讲述了宗喀巴成为一代宗教领袖的成长历程。宗喀巴出生于藏族牧民家庭,自小聪慧过人,被前来寻访转世灵童的活佛多仁布钦收做徒弟前往夏琼寺学经,学成后去卫藏成佛。情节的传奇性是这则传说最大的特点。"宗喀巴用羊粪蛋摞八塔"、"宗喀巴显神迹说服达赖、班禅"等情节颇富神奇性,恰恰是这种神奇性表现了宗喀巴作为一代宗教领袖所具有的特殊才能,以其自信、谦和的表现有力地烘托了宗喀巴的人格力量。

有关文成公主及文成公主进藏的传说,在青海藏族、蒙古族、汉族等民族的民众口中广为流传,并有诸多异文。藏族、蒙古族的文成公主传说,以松赞干布的大臣如何机智应对唐太宗的刁难,最终求亲成功为主要线索,既突出了求婚使臣的机智、聪慧和勇敢,又从侧面烘托了文成公主的尊贵、贤淑与美貌。在青海藏族的传说中,藏王使臣名叫葛尔,受松赞干布之托前往长安求婚,唐太宗舍不得女儿文成公主,于是提出一些难题,刁难葛尔,但所提的关于吐蕃能否建立十善国法、建立寺院、有无五大

395

享受的问题早已被松赞干布预知并予以密信解答。唐太宗为了进一步刁难,提出了比赛智慧的几道难题,葛尔一一破解并获得了胜利。最后唐太宗要求使臣在三百名美女中找出文成公主,葛尔在曾做过宫女的老妇的帮助下成功认出公主,求婚成功。在蒙古族传说中,这位使臣叫辉特·美日根·特木尼,藏王选派他做求婚使者是因为"在整个藏族地区,找不出一位能为松赞干布娶回文成公主的能人"。① 智者特木尼接受了汉族皇帝的打赌比赛,并一一获胜。与藏族这一传说稍有不同的是加进了"蒙古人为什么烧羊肩胛骨求吉卜凶","日月山是怎么形成的"等故事,使这一传说内容更加丰富饱满。如果单从有关智者特木尼的传说来看,笔者认为他更是一个箭垛式人物。蒙古族将许多发生在本民族、外民族智慧人物身上的传奇故事集中在了他们引以为傲的智者特木尼身上,突出和强化了特木尼的智慧者形象,表达了蒙古族人民对智慧、真理的追求与渴望。

文成公主的传说极富民族特色。葛尔、特木尼与唐王进行智慧比赛的内容和方式,均带有鲜明的游牧文化色彩。藏族、蒙古族民众将所熟悉的生活方式和游牧生产带给他们的知识和智慧附加在这两位智者身上,并且在他们身上体现了这两个民族早期的民众信仰。两则传说均以内涵丰富的民族性打动听众并流传至今。

(二)史事传说

史事传说是以历史事件为叙述中心的传说,它以富有传奇色彩的故事来讲述历史性事件,并以此反映民众对历史事件的看法。

---

① 这一说法显然带有鲜明的民族本位意识。见青海省海西州民间文学集成办公室:《海西民间故事》(内部资料),第30页。

第十五章 青海民族民间文学与审美

在《藏族简史》中,对顾实汗发兵灭却图汗部,占领青海的史实有较为详尽的记载。而流传于海西州地区的蒙古族传说中,则对这一历史史实赋予了更加富有传奇性的色彩。民众表达了自己鲜明的宗教情感倾向:却图汗部因为不尊重黄教,将佛像头朝下埋入土中,将甘珠尔、丹珠尔经卷当板凳坐,因此肛门被堵住了,当顾实汗见到却图汗的人头,斥责他时,人头连连滚动点头。顾实汗因为打败却图汗而获得了对青海的统治权,并进军拉萨,错杀拉藏汉,统治了整个青藏地区。扶持黄教的顾实汗在青海蒙古族心中有很高的地位并受到尊崇,这一点从传说中可以感受到。

撒拉族传说《韩二个》充满激情地讲述了撒拉族民族英雄苏四十三、韩二个率领撒拉族人民反抗清朝专制统治的起义斗争,歌颂了撒拉族人民不畏强暴、敢于反抗、富于斗争精神的英雄事迹。芈一之先生所著《撒拉族史》中也详尽记录了这段历史。所不同的是传说《韩二个》中用富于传奇性和文学性的笔调描述了起义的各个阶段,将激战、对峙、苦守等情节描述得十分感人。

这两则传说在青海地区流传的史事传说中是较为典型的,故事内容的传奇性是史事传说的显著特征。它来源于史实,但在情节上又有某种程度的超越,以超现实的幻想性内容为史实增添了一抹奇幻的色彩,增强了故事的生动性,从而也增强了传说的传播能力。传说"可信"的基调和"不可信"的超现实情节相结合,愈发体现了传说的独特魅力。

(三)地方风物传说

地方风物传说讲述地方山川、古迹、风俗习惯、土特产等的来历和命名。这类传说中倾注了民众热爱乡土的情感,并赋予所叙述的对象以丰富的情趣和意义的说明。

青海汉族相对集中地生活在湟水谷地，因此，他们口中代代相传的传说大都与这一地域联系比较紧密。《南佛山的传说》、《老爷山的少年会》、《昆仑彩石的传说》、《为什么叫饮马街》、《海子沟的传说》、《圆山儿的传说》、《喇叭的传说》、《孤山的来历》等传说就是讲述湟中、大通、西宁等地山川、古迹、风俗的来历和命名的。这些传说都有一些相对一致的特点，表现了青海汉族民众独特的文化审美心理。首先，这些传说所具有的幻想色彩与青海汉族民众的宗教观念、民间信仰有关。《南佛山的传说》讲述了道家修行圣地南佛山上正邪斗争的故事。黄鹤仙童、白鹤仙姑是典型的道家神话故事的形象。《孤山的来历》中帮助尕宝除魔的观世音菩萨，《昆仑彩石的传说》中的西王母、玉帝是典型的汉族民众的信仰对象。可见，尽管各民族杂居共处，文化交融，但青海汉族民众仍旧保持着自己的文化个性和传统。其次，汉族民众口中传承的这些故事，都富有人文情趣和浪漫主义色彩。他们将一个个景观、古迹或风俗进行大胆的想像，并赋予他们美好的内涵，使眼前一处处景观具有了鲜活的生命和情趣，使人们不由地产生了对青海的热爱之情。

青海蒙古族的地方风物传说也十分丰富。由于青海蒙古族相对集中地聚居于海西州都兰县、乌兰县、德令哈、格尔木一带，因此，这一带大量的地方传说就烙上了蒙古族文化的印迹。像《诺木洪城墙的传说》、《太阳桩》、《镇泉石》、《圣禁山》、《豁口峰》等传说至今流传在蒙古族人口中。这些传说大多与蒙古族英雄史诗的主人公格斯尔可汗相关。"妖血坡"是格斯尔可汗击伤妖婆的地方；"火石山"是格斯尔与恶魔搏斗的遗迹；"角力场"是格斯尔的角力场。格斯尔可汗英雄史诗在蒙古族民间传唱过程中，衍生出了大量传说、故事。人们竞相想像着格斯尔在自己家乡降妖除魔的场景并将故乡那富有特色的山川、景物与格斯尔可汗联系起来，试想：牧羊时徜徉于英勇神武的格斯尔可

第十五章 青海民族民间文学与审美

汗的战场上是多么令人自豪的事！在这里，对英雄的崇拜和对故土的热爱得到了完美的融合。蒙古族的风俗传说也十分丰富，而且大多与蒙古族的游牧生产生活方式有关。如《蒙古人为什么烧膀骨》、《蒙古人用炉灶的来历》、《固始汗分用具的传说》、《猎人为什么不打带羔的猎物》、《羊骶骨肉与胸骨肉是贵重食物》等传说，都表现了蒙古族人民长期以来的生产、生活方式及其特征，对本民族的日常习俗作了合理的解释且饶有情趣，倾注了蒙古族民众对生活的独特理解。

撒拉族的《骆驼泉》传说是与其族源故事密切联系在一起的。撒拉族先民迁徙到循化街子时，从撒玛尔罕牵来的驮《古兰经》的骆驼不见了，当人们发现它时，已变成一尊石骆驼，口中吐着清冽的泉水。先民们又称量了这里的水土，发现它与从撒玛尔罕拿来的水土相等，于是定居于此。这则传说描述了撒拉族先民不畏强权，艰难东迁寻找心中的乐土的故事。但传说并没有将讲述的重点放在东迁的征途上，而是寻找到乐土的历史瞬间，这使我们领略到了豪爽的撒拉族人民乐观、向上的民族性格。传说将尕勒莽与阿合莽的人物传说，撒拉族先民东迁的史事传说和骆驼泉的地方传说结合起来，形成了历史厚重感，不仅表达了撒拉族民众对地方风物的解释，而且承载了民族牢记历史，缅怀先民的神圣情感。传说中"骆驼"作为一个体现了民族特殊审美情感的核心意象，受到了撒拉族民众无比的尊崇，并因此形成了其他门类的民间艺术：骆驼戏与骆驼舞。

地方风物传说表现了青海各族民众对家乡的独特理解与解释，带有鲜明的民族和地方烙印。同时以现实存在物为基点进行自由想像和虚构的传说，充满着人文情趣和艺术美感，具有较强的教育价值、娱乐价值和审美价值，至今广泛流传于青海各族民众口头之中。

三、故事

故事是"指民众口头创作的内容具有泛指性、虚构性和生活化特征的散文叙事作品,是指神话、传说以外的散文叙事作品。"① 它可分为幻想故事、生活故事、民间寓言和笑话四类。相对于神话和传说来看,故事主要表达社会生活的内容,多讲述现实生活中的事,故事的主题、角色、主要情节都符合生活逻辑,因而具有很强的现实性。此外,故事具有寓意性,现实的题材加之一定程度的浪漫化,使故事成为了世俗伦理教化的好教材。故事的娱乐性也是显而易见的,相对于神话的"神圣叙事"和传说的历史感,故事则营造了一个轻松愉快的氛围来进行叙事,有些故事就是以娱乐欣赏的方式对神话进行了再发展。故事的泛指性主要体现在对故事发生的时间、地点、人物姓名,往往用含糊、不确定的语言进行表述,并形成相应的定型化的固定套语,如"很久很久以前","古时候","从前一个地方"。人物一般用身份、状貌、性格、职业等来称呼,没有确定的姓名,但这并不意味着人物形象的简单化。民间故事在主题、情节、人物等方面都有显著的类型化倾向,对民间故事类型的研究已经成为一个分支学科——故事类型学。由此可见,故事作为独立的一个体裁,既与神话、传说保持着一定程度的联系,又具有自身鲜明的特点。

(一)幻想故事

幻想故事又叫童话,是具有浓郁的幻想色彩的故事。故事中的情节、人物、事物大多具有超自然的性质。这种超自然的境

---

① 黄涛:《中国民间文学概论》,第208页,中国人民大学出版社,2004年。

第十五章 青海民族民间文学与审美

界，又具有真实的生活基础，反映了民众对美好生活向往和对真、善、美的追求。青海各民族民众创造的幻想故事十分丰富，可以归纳出以下几类经典的故事类型。

1. 龙女型

这一类型的民间故事在青海的藏族、蒙古族、土族民众中均有广泛流传。从主要情节来看，龙女型故事属于故事类型学 A – T 分类法中的"超自然的妻子"（类型400），它与天鹅处女型和田螺姑娘型故事十分相似。主要讲述贫苦男青年神奇地遇到宝物变成的妻子的故事。但龙女型故事点明了龙女所寄身的宝物的出处，均来自龙王的馈赠，只是这宝物有所不同。

2. 两兄弟型

它属于 A – T 分类法中的"超自然的帮手"（类型500），这一类型又叫做"狗耕田"型。这一类型的故事多流传于从事农耕生产的汉族、撒拉族、回族、土族民众中，带有鲜明的民族语言风格。撒拉族故事《分家》中吝啬狠毒的大嫂被起了个叫做"夹夹"（意为蝎子）的外号；大哥痛骂妻子为"贪心不足的乙比利斯（阿拉伯语，魔鬼之意）。整个故事充满了撒拉族民众日常生活的鲜活气息。

3. 怪孩子型

这个类型在 A – T 分类法中叫做"拇指大的汤姆"（类型700），这类故事在蒙古族、土族、撒拉族民众中流传。它主要讲述"怪孩子"——青蛙帮助父母、娶到漂亮妻子的故事。经典的有藏族的《青蛙骑手》、撒拉族故事《青蛙儿子》、土族故事《莫日特巴蛙》、《青蛙女婿》和蒙古族故事《青蛙孩子》。

4. 问活佛型

此类故事讲主人公为改变自身命运去问"最高神"，一路得到帮助，最终因帮别人解决问题而获得厚报。属于 A – T 分类法中的"超人的任务"（类型460）。藏族故事《马夫娶公主》、撒拉族故事《日孜格娶妻》均讲述了穷苦的主人公为娶到富人的女儿被刻意刁难,主人公为解决这一问题而去寻求帮助的故事。藏族故事中的"活佛"是太阳,而撒拉族故事中主人公则是无意间听到了狼、狐狸和老虎的谈话而解决了问题。这两则故事均存在一定程度的变异,是各民族依据自身审美情趣和审美心理的创造。

在青海各民族中流传的经典故事类型还有"神奇宝物型",如撒拉族故事《罗生布遇仙记》、《狼心狗肺》,土族故事《宝珠》。"狼外婆型"有《兔子和魔鬼》(藏族)、《吃人婆的故事》(回族)、《智除蟒古斯》(土族)等。"蛇郎型":藏族和回族的此类故事中,主人公为蛇,可变成英俊的男子。而土族和撒拉族的故事中,主人公是年轻的小伙子。土族故事《什兰哥》中还包孕了"田螺姑娘"型的故事情节。

幻想故事的这些经典类型各具特色,情节丰富,故事感人,具有浓郁的幻想色彩。故事中的主人公可以是人、兽、仙或怪,还有人兽一体的形象。正义的主人公往往具有超人的勇气和智慧,具有顽强坚定的信念。这类故事中的事物也往往具有神奇的属性,如人格化、变形等特征。幻想故事中大量人与动物的交往、婚配反映了原始人对于人与自然关系的认识。具有魔力的神奇宝物和咒语则是早期巫术观念的反映。幻想故事又是一面镜子,反映出了各民族不同的习俗和民俗活动。土族《莫日特巴蛙》中"庙会赛马"的情节反映了土族民俗活动的内容。这些特点充分展现了广大民众丰富的想像力和奇美的浪漫主义情怀。

(二)生活故事

它是以民众的日常生活为主要内容,情节发展基本符合现实生活逻辑,幻想成分较少,因此又叫"写实故事"或"世俗故事"。青海民间生活故事的经典类型较常见的有巧媳妇故事、呆女婿故事、机智人物故事等三种。

巧媳妇故事主要塑造具有机智、聪慧、手巧、善辩、勇于抗争等人格特征的女性形象，多为已婚妇女形象。这一类型的故事多讲述巧女如何解决难题，回答刁钻的提问，巧妙说话不违公公或丈夫的名讳，猜出难解之谜，在比赛中获胜的故事，以突出巧女的"巧"与"智"。这一类故事在青海的蒙古族、藏族、汉族、回族、土族、撒拉族中均有广泛的流传。蒙古族巧媳妇故事是包孕在机智人物特木尼的故事中的。特木尼的儿子十分愚笨，为了让儿子长见识，他出了一些难题让儿子去解决，儿子由于得到了聪明女孩的帮助而顺利解决难题，特木尼亲自去领教女孩的智慧并将她娶来做儿媳，巧媳妇不仅机智地用避讳语回答了公公特木尼的提问，而且还在特木尼身陷囹圄时成功破译了信中的隐语，救回了特木尼。土族故事《能姐儿》、《南吉》也可归为"巧媳妇"类型，只是这两则故事的主人公是聪慧可爱的小女孩，她巧妙回答和尚的刁钻提问，并凭借智慧狠狠地教训了仗势欺人、凶恶贪婪的和尚。故事中的女孩天真烂漫、勇敢聪慧，不同于泼辣的巧媳妇，却自有一番可爱少女的风韵。

呆女婿故事在青海广为流传，河湟地区又称为"瓜女婿"故事，主要讲述愚笨的女婿在妻子或岳父岳母面前丢丑的故事。青海汉族民众中流传的"瓜女婿"故事有较多的文本。像《瓜女婿吃扁食》、《瓜女婿劝丈人》、《瓜女婿哭灵》、《瓜女婿学话》、《瓜女婿吃席》、《瓜女婿买针线》、《瓜女婿买镜儿》等。这些故事有一个显著特点就是运用了青海方言和民族语言，民族风格十分浓郁，体现了口头语言的特有魅力。

机智人物故事在各个民族间的流传都是脍炙人口的。在青海地区广为流传的有土族的巴嘎尔桑的故事，回族的阿布都的故事，蒙古族的肖格布尔加、敏干云登、丹德尔拉然巴喇嘛的故事，藏族的阿古登巴的故事等。这些故事均围绕主人公的机智多谋、风趣幽默、能言善辩、傲视权贵的性格特征展开讲述。通常会围绕这一人物形成一个故事群，主人公也就具备了鲜明的"箭垛式"人物的特征，粘连了许多类似的故事。这些机智人物多为出身贫寒的劳动者，像巴嘎尔桑、阿布都；也有学识丰富的知识分子，如丹德尔拉然巴喇嘛。他们都是民间的智者，有的人物有原型、有的人物纯属虚构。人们以发生在他们身上的有趣故事，表达了底层民众的情感和愿望。

在青海各民族中流传的生活故事是民众日常生活的艺术表现，虽然具有某些艺术的幻想成分，但总体充满了日常生活丰富的细节与淳朴的生活质感。人物形象鲜活，以其类型化特征形成了一个个口传文化长廊中的经典形象，至今活跃在青海各族民众的口头传统之中。

（三）寓言与笑话

寓言多以生动而简约的情节表现富于教育意义的哲理。一般分为动物寓言和人物寓言。青海动物寓言有蒙古族的《白头雀》、《受骗的骆驼》、《黄牛斗群狼》、《不好的伙伴》；藏族的《兔子和毛驴》、《小狼、小豹和狐狸》、《香獐、大乌鸦和狼》、《大乌鸦和青蛙》、《小老鼠》；土族有《黄鼠、老牛和山雀》、《喜鹊和蛤蟆》、《喜鹊传艺》；撒拉族有《家鸡喝水为什么望天》、《鹿喝水为何向后看》等。这些寓言均以动物为主人公，题旨鲜明、意味深长，故事性很强。撒拉族的《经师的教诲》是一则经典的寓言，表现了撒拉族人民的人生观与价值观取向，具有很强的哲理性。《十个儿子和他们的父亲》则是土族民众口传的一则寓言，反映了"团结就是力量"的主题，富有教育意义。蒙古族的《王爷考儿子》中王爷问三个儿子"最甜的是什么？最肥的是什么？最有才智的是什么？"，三儿子回答："最甜的是盐，因为了有了盐任何食物才有香味；最肥的是世界，因为

第十五章 青海民族民间文学与审美

世界上万物齐全，无所不有；最有才智的是笔，因为世界上的一切事都是用笔写成经书、经典的。"① 一问一答之间表现了蒙古族民众对生活富有哲理的认识，表现了民众认识事物的智慧。《可汗选媳妇》则以三个女儿的勤懒表现，反映了民众的朴素的审美观念和行为准则，勤劳的品质是底层民众所推崇的优秀品质和美德。寓言大都具有讽喻性，《白头雀》讽刺了白头雀缺乏毅力和恒心；《兔子和毛驴》警示人们要明白"尺有所短，寸有所长"的道理。这些寓言以短小精悍的篇幅，讲述了民众在长期生活中体悟的经验、教训和哲理，表达了民众所认同和奉行的道德观、价值观和审美观。

民间笑话是以日常生活为题材的令人发笑的短小故事。它既包含对不合理社会现象的尖锐讽刺，也有对人的智力、性格等方面的弱点、缺陷进行的善意嘲讽。笑话作为一种叙事文学，常见的致笑手法有矛盾法、诡辩法、误会法、谐音法、逆转法、隐喻法等。青海各民族的笑话也充分运用了这些手法，以获得诙谐幽默的艺术效果。蒙古族民众中长期流传着的"爱尔格的故事"就是通过矛盾法、诡辩法、误会法，对"愚笨的爱尔格"人进行了善意的嘲讽。河湟地区的汉族民众中流传的笑话数量很多，像《黄张山》、《大力士》、《三个瞎兄弟》、《剪裤腿》、《嫁不出去的老姑娘》等笑话都运用了以上各种手法，并对一些情节刻意进行夸张，以突显可笑之处。撒拉族笑话《三人赌嘴》、《馒头吓死人》、《愚人看镜》，回族笑话《两亲家》、《"早就煨了"》、《哈三与毛驴》等，均在简短的篇幅中刻画了一个个鲜活的人物形象，揭示了人物性格，引人发笑。民间故事来源于现实生活，又富于浪漫主义的幻想，情节丰富动人，十分符合民众的

---

① 青海省海西州民间文学集成办公室：《海西民间故事》（内部资料），第491页。

审美习惯。在娱乐民众的同时，情理交融，体现了民众长期以来形成的道德观、价值观，具有独特的审美教育功能。

四、民间歌谣

民间歌谣"是劳动人民集体的口头诗歌创作，属于民间文学中可以歌唱和吟诵的韵文部分"①。中国民间歌谣形式多样，数量庞大。青海民间歌谣的种类也十分丰富，从歌谣反映的内容看，可分为情歌、生活歌、劳动歌、仪式歌、时政歌、儿歌。笔者将以情歌和仪式歌为重点一窥青海民间歌谣的面貌。

（一）情歌

它是反映爱情生活的民歌，在青海民间歌谣中数量最多，也最为优美和最有艺术性。在我国广大的少数民族地区，情歌是男女青年谈恋爱的一种手段，它往往伴随一定形式的歌俗和歌节而存在。从民俗学角度看，歌俗、歌节、歌手、情歌共同构成了一种民俗活动的展演过程。青海各民族民众喜闻乐见的情歌主要有以下几种：

1. 花儿

我省学者赵宗福给花儿下了一个较为全面的定义："花儿是产生和流行于甘肃、青海、宁夏以及新疆等四省（区）部分地区的一种以情歌为主的山歌，是这些地区的汉、回、土、撒拉、东乡、保安等民族以及部分裕固族和藏族群众用汉语歌唱的一种口头文学艺术形式。青海也称为'少年'。她有自己独特的格律和演唱方式。演唱时即兴编词。有抒情和叙事两种，以抒情短章

---

① 钟敬文主编：《民间文学概论》，第238页，上海文艺出版社，1980年。

第十五章 青海民族民间文学与审美

为多。根据其格律等可分河湟花儿和洮岷花儿两大系列。"① 从定义看,花儿属于山歌,是相对于家曲而言的"野曲儿"、"山曲儿",正如花儿所唱:"花椒的树枝上你甭上,上去时刺丫儿挂哩;进到了庄子里你甭唱,唱了时老人们骂哩。"男子不能在有自己父母姐妹的场合里唱,女子不能在有自己父母兄弟的场合里唱,这一习俗延续至今,是民间伦理与禁忌的反映。

花儿的内容大多以情歌为主,反映男女之间的爱慕、相思之情及青年男女对婚姻自由的热烈向往。也有反映社会生活和民众情感的一些生活歌。花儿的曲调(俗称"令儿")比较丰富。洮岷花儿有典型的"莲花山令"、"扎刀令"。前者叙说性较强,后者歌唱性较强。河湟花儿则有200余种曲调。可按地域、民族、衬词、旋律等分类。有传统的"河州令"、"尕马儿令"、"白牡丹令";有土族的"尕阿姐令"、"东峡令"、"沙燕儿绕令";有撒拉族的"呛啷啷令"、"金晶花令"、"孟达令"等。花儿的曲调高亢、豪放、抒情、悠长,旋律优美动听、深情委婉。

花儿唱词大量使用赋、比、兴的表现手法。"直陈其事"的赋在花儿中多描写一个情节或片断:"马步芳修下的乐家湾,拔走了我心上的少年,淌下的眼泪和成面,给阿哥烙个盘缠。"它以一位女性为情郎烙饼的情节描写,表现了恋人间的生死离别之情。比的手法在花儿中十分常见,有部分句子"比"的,也有整首花儿"比"的。有"比"做铺垫,花儿的表现力会更强,更能表达歌手的情感。如"帐房扎在高山上,我当成白塔儿了;尕妹坐在地上,我当成银花儿了。"运用"先言他物",再言归正传的起兴艺术手法,也是花儿传承及现场展演中的一个重要手段。诸多修辞手法的运用使花儿具有了极高的艺术欣赏和审美价值。

---

① 赵宗福:《花儿通论》,第24页,青海人民出版社,1989年。

花儿的文化场域就是花儿会。青海传统的花儿会有乐都瞿昙寺花儿会、大通老爷山花儿会、互助丹麻花儿会、互助五峰山花儿会、民和峡门花儿会、民和七里寺花儿会。这些花儿会多在每年农历六月举行。从举行地可看出，花儿会的举办与宗教信仰、民间信仰及原始习俗等有关，已形成各民族十分重要的民俗活动。花儿会上成长了众多"唱把式"（即歌手），其中出现了一批著名歌唱家。在花儿会场上，歌手们云集在一起，游山对唱，即兴创作，各显才华，气氛热烈。今天，人们已不满足于这些传统的花儿会了，在公园、茶园、集会等地，民众自发组织的花儿会越来越多，都市里的花儿茶社也演绎着独特的花儿韵律，成为各族民众超越信仰、超越族别而得以沟通、交流的平台。

2. 拉伊

"拉伊"藏语为"山歌"之意，是歌咏爱情的一种艺术形式，流传于青海、甘肃南部、四川北部的安多地区。在青海，除了藏族民众以外，河南县的蒙古族、化隆县卡力岗地区的回族及在东部农业区与藏族杂居的部分汉族均能用藏语演唱拉伊。歌手们把对自然的描绘和对人性美好的追求均倾注在一首又一首拉伊之中，抒发的不仅是爱情，更是一个民族缠绵、哀婉的慨叹，赋予拉伊以十分广泛的社会内容。藏族民众用拉伊表达的首先是藏民族所崇尚的英武、刚毅的英雄气质："蹲在玛沁雪山之巅的雄鹰，当它振翅飞翔的时候，云山雾海就成为目光下的点缀品。部落里杰出的年轻人，当他成为勇士的时候，艰难险阻就化为跑道上的马蹄印。"其次，拉伊中反映着藏民族纯洁、忠贞不渝的爱情观："我这一棵檀香树，三伏烈日晒不枯，三九严寒冻不死，若无锋利的板斧，仍是千年树一株。我这小时的情人，不怕村中传流言，父母阻挡也枉然；若无阴间阎罗王，白头偕老永相伴。"拉伊中还反映了藏民族的价值观、道德观："我愿采纤纤细长的罗卜麻，不稀罕昆仑山的灵芝草。罗卜麻用处广泛，灵芝

第十五章 青海民族民间文学与审美

草并没有什么奥妙。我愿匹配朴实的姑娘，不稀罕天仙似的女佼佼。朴实人可以创家立业，佼佼者会被劳动吓倒。"在这首拉伊中，质朴、纯洁的女性是诸多男性心仪的对象。这几首拉伊鲜明地反映出藏民族所持有的价值观、道德观和审美价值观。对真、善、美的永恒追求成为了藏族文学不变的主题。

拉伊唱腔十分丰富，不同的唱腔表达不同的情感。舒缓的多表达哀婉的情感，明快的多表达激昂的情绪。按照其内容，可分为初识歌、结交歌、赞美歌、迷恋歌、相思歌、起誓歌，等等。拉伊中有一首结交歌这样唱道："镜子般的草原，小马驹可以跑吗？宝瓶般的山岗，大鹏鸟可以落吗？鲜花般的姑娘，愿和小伙子结交吗？"小伙子面对心仪的姑娘时那种惴惴不安和惶恐的心情流露无遗，展现了青年男女纯净的内心世界。在艺术上，拉伊运用了大量比喻、夸张、排比等修辞手法，获得了隽永的艺术效果。今天，除了像传统的贵德"六月歌会"外，依然有各种各样的拉伊会在青海藏区举行。人们在拉伊会场上释放着生活中种种压力带来的抑郁，感受着情感交流的美感。

（二）仪式歌

它是民众在祈福禳灾、婚丧嫁娶、庆节祈年、祭神祭祖、迎宾做客等礼俗和祀典的仪式上吟诵和歌唱的歌谣。由于仪式是一种具有特定象征意义或文化功能的程序化行为，因而仪式中的歌谣也就具有了特定的功能。这里所介绍的主要是流传于青海土族、回族两个民族中的礼俗歌。

1. 土族婚礼歌

土族的婚礼歌具有很强的系统性，根据搜集整理的资料分析，可以归纳出以下特点。

首先，土族婚礼歌是严格按照娶亲、送亲、迎亲、结婚仪式、谢宴等婚礼程序来演唱相应曲目的。以互助土族婚礼歌为例,有阿姑们与迎亲人问答对唱的歌、嘲弄迎亲人的歌、答谢媒人的歌、赞送亲客人的歌、赞东家的歌等。① 从以上曲目可见,土族婚礼歌中每一支曲子都对应相应的婚礼程序。针对不同的程序,有不同的演唱者、曲调和歌词。

其次,根据婚礼不同程序,婚礼歌的演唱具有不同的风格。从总体上看,土族婚礼歌的基调是喜庆、隆重、热烈。无论是接受迎亲人的礼物时所唱的歌曲,还是送亲人去东家的所歌所咏,都表现出男女双方家庭喜庆、热烈的氛围,传递着男女双方家庭对缔结婚姻的喜悦和彼此间的尊重。但在迎亲环节中却有不同,女方家的阿姑们(青年女性)与迎亲纳信彼此对唱,相互问答,以阿姑们嘲弄纳信(娶亲人)为主要内容,歌词诙谐幽默,十分有趣。这往往使婚礼在隆重之余,多了几分轻松欢快的喜剧气氛。

第三,土族婚礼歌是传承民族文化的重要载体,具有很强的教化功能。在民和官亭地区流传的土族婚礼歌中,有一些在新郎或新娘家中所唱的"道"(婚礼期间所有的歌曲都称为"道"),是土族的神话、史诗,如《混沌周末歌》、《五行问答》、《思不吾拉》,在这些曲目中反映了土族早期对世界和天体运行的认识,连同婚礼习俗、婚礼歌一起对每一个个体产生着重要的教育和模塑作用,使土族传统文化在欢快的婚礼演唱中得以存在、积累和传承。

2. 回族宴席曲

它是回族民众在举行婚礼时所演唱的家曲,与"野曲"花儿在内容与形式上均有较大不同。宴席曲的内容十分丰富,由于

---

① 此部分内容详见李友楼、马占山收集翻译的《土族婚礼歌》,出自中国民间文艺研究会青海分会编印:《青海省民族民间文学资料·土族文学专辑(三)》(内部资料)。

与婚礼密切相关,因此恭喜歌、赞美歌、劝喻歌较多。此外,描写旧时代中离别出征、妻离子散、受压迫践踏的一系列苦情歌和反映历史事件的历史故事歌也是宴席曲的主要内容。宴席曲以独唱为主,也有齐唱、表演唱,一般无乐器伴奏。演唱时或坐唱,或载歌载舞。舞蹈动作多是拳术动作,如"三道步"、"黑鹰展翅"、"鹞子翻身"等。其曲调多为一词一调,也有一词两调或多调的情况,曲调丰富。调式以徵、羽、商调为主,其他调式次之,节奏多变,旋律优美。

回族宴席曲在回族传统社会中承担着重要的调节功能。传统的回族民众,十分重视宴席曲,可借助宴席曲抒发、宣泄自己内心的情感,使平日处于辛苦劳作的内心得到补偿和平衡,使回族民众的生活和心理得到调剂。伴随民族现代化的发展,今天宴席曲的这一功能更多地体现为人们喜悦之情的表达和美感的享受,依旧保持着它独有的魅力。

歌谣以其朴素浑成的艺术风格,韵律和谐的音乐之美存在于民众口头之中。擅于运用各种修辞手段抒情娱乐,富于教育规范的功能。歌谣在篇幅上虽不及史诗、神话,也没有史诗、神话恢宏壮阔的内容,但歌谣所富含的民间历史、文化内容和民众丰富的情感,则使歌谣具有了特殊的艺术价值和文化资料价值。

五、史诗和民间叙事诗

(一)史诗

史诗是"用诗的语言,记叙各民族有关天地形成、人类起源的传说,以及关于民族迁徙、民族战争和民族英雄的光辉业绩等重大事件"① 的民间叙事长诗。史诗由于其古老的历史和丰富的内涵而成为经典的民间文学体裁，它是每个民族对民族历史记忆的文学表现形式。

《格萨尔王传》是在青海藏族中流传最广、传唱不息的英雄史诗。它描写了来自天界的神子、英雄格萨尔带领岭国人民锄妖伏魔、抗击侵略、征服邻国的故事，是世界上最长的史诗。它源于藏族民众之口，大约形成于 11—13 世纪，是藏族人民智慧的结晶。之后不断向蒙古族、土族、裕固族、纳西族、普米族、珞巴族、门巴族等民族传播，经过这些民族民众的加工，形成了各自不同的《格萨尔》。它的影响还波及到印度、孟加拉、不丹、锡金、蒙古、巴基斯坦等国家。《格萨尔》的流传分两种情况：口耳相传和文本相传。口耳相传是赖于说唱艺人的表演，文本相传则是以手抄本、印刷本、木刻本的形式流传。《格萨尔》有简略和详细两种版本。藏学家王沂暖认为他和贵德华加老人收集整理的贵德分章本《格萨尔》应该是最初《格萨尔》的结构，后来，格萨尔故事像滚雪球一样扩大，形成了今天的壮观内容。在说唱艺人那里，也有内容上的详略之分。

《格萨尔》与世界其他史诗相比，笔者认为它最重要的特质就是它是一部活形态的史诗。《格萨尔》始终贯穿着格萨尔王带领岭国人民征战四方的主线，围绕这条主线至今还在衍生新的故事。新的说唱艺人不断出现，研究者能不断地从新的说唱艺人那里发现不同的《格萨尔》说部。至今，对《格萨尔》说唱数量的统计都是不完全的。从这个意义上说，《格萨尔》是不断成长的。其次，在长期的流传过程中，《格萨尔》已作为一种信仰与宗教发生了密切的联系。在藏传佛教的各派中，宁玛派比较偏爱它。在宁玛派寺院中，有格萨尔像、唐卡、卜咒等。除却与正统

---

① 钟敬文主编：《民间文学概论》，第 282 页，上海文艺出版社，1980 年。

第十五章 青海民族民间文学与审美

宗教的关系，格萨尔作为一种民间信仰，被视为战神、地方保护神而受到了藏族民众的虔诚供奉。在今天的果洛、玉树一带，牧民祭山时要请艺人演唱《格萨尔》；在葬礼中要有《格萨尔》的吟诵，以超度亡灵。这一类民俗活动都与格萨尔信仰相关。格萨尔与他率领的岭国英雄们至今驰骋于说唱艺人的滔滔不绝之中，栩栩如生地活跃在民众的头脑中，演绎着藏民族尚存的英雄情结。《格萨尔》的说唱，是充满了神奇色彩的，面对内容如此庞大的《格萨尔》，说唱艺人们却能以各自不同的表演风格，流畅地说唱格萨尔的丰功伟绩。这种超乎寻常的能力使人们对说唱艺人更添了几分神秘色彩，而"神授"艺人、"圆光"艺人等分类更是强化了这种神秘色彩。柏拉图对荷马史诗的吟诵诗人们所具有的惊人能力的解释是神力的驱使。而今天的口头程式理论似乎为解释荷马史诗的诸多问题打开了一个新的路径。《格萨尔》的说唱艺人是否也是在运用一种史诗内在的结构规律、易于变通使用的修辞单元和叙事单元在史诗的表演中进行创作？这有待于我们做进一步的研究。

《土族格赛尔》是在藏族《格萨尔王传》的基础上由土族人民进行再创作的产物。土族人民将格赛尔塑造成了一位拥有无穷智慧和超群胆量的英雄人物。他既具神性，又具人性。是一位个性鲜明、富于活力的英雄形象。《土族格赛尔》丰富地再现了土族民众复杂的多神崇拜思想，反映了土族民俗的丰富性。艺人将土族服饰、饮食、居住、婚礼、丧葬、礼仪、禁忌等习俗通过故事的发展而巧妙地表现出来了。《土族格赛尔》包含了丰富的哲学、伦理、道德、宗教、美学等思想意识，是土族人民特殊的知识总汇。同时，《土族格赛尔》以高度的艺术性在民间不断流传，成为土族口传文学中的一朵奇葩。

(二) 民间叙事诗

民间叙事诗是民众口头创作和传唱的一种叙事性歌谣，篇幅一般较长，故事情节完整，人物形象鲜明，是民众十分喜爱的艺术形式。

青海的民间叙事诗比较丰富。《拉仁布与吉门索》是一首长达300多行的叙事诗，流传于土族民众之中。叙事诗讲述了青年男女拉仁布与吉门索真诚相爱却备受阻挠，最终，拉仁布被害而吉门索殉情自杀的悲剧故事。这一作品具有鲜明的现实主义色彩，表达了罪恶的专制力量对青年男女自由爱情的扼杀，具有很强的批判力量。这部作品又极具浪漫主义色彩，在叙事诗的结尾，吉门索投身烈火，与心上人一同化为枝叶交叉的同心树，又变成展翅双飞的鹡鸰鸟。这种结局强有力地表达了民众的爱情理想和对恶势力的憎恶。

《马五哥与尕豆妹》一直流传于甘肃、宁夏、青海、新疆等地区，在青海省的回族和撒拉族中据说已传唱了近二百年。《马五哥与尕豆妹》传唱至今仍具有非凡的魅力，除了故事情节曲折动人、人物形象鲜明丰满之外，这首叙事诗的曲调也是这部作品经久不衰的一个重要原因。全诗唱词近似洮岷花儿的形式，顺口易唱，曲调旋律优美，如泣如诉，十分感人。

《方四娘》是回族宴席曲中经常传唱的一首民间叙事诗，诗中描述了方四娘备受公婆折磨、小姑与丈夫欺凌的悲惨经历。这首叙事诗虽然篇幅不长，但情节生动，人物形象丰满，是一首深受民众喜爱的民间叙事诗。在土族地区还流传着《方四娘》的变体《乔家妹妹》。

藏族民间叙事诗代表作品有表现恋爱自由，追求婚姻自主的《不幸的擦瓦绒》、《达纳多》、《盟誓情人》等，这些叙事诗均以悲剧结局抨击了专制与强暴的力量。流传于同仁、循化地区的

《卡吉嘉洛》（又称《大老爷》）叙述了军阀马步芳统治时期，卡吉马场的马群被劫，马步芳手下栽赃给嘉洛，结果嘉洛蒙冤而死的故事。全诗散韵结合，充满悲壮、深沉的风格。

青海的民间叙事诗呈现出各民族丰富的生产、生活面貌和各自不同的文化内涵，但同时又在揭示人性的善与美、丑与恶上有着一致的笔调。这些叙事诗的传唱糅合了各民族民歌的曲风，具有动人的艺术魅力，传唱至今仍不衰退。

六、民间谚语

谚语是民众智慧的结晶，因为短小精悍，形象生动而便于记忆，又因为富有哲理而具有认识和教育作用。谚语的分类标准较多，一般是从内容上划分为时政类、事理类、修养类、社交类、生活类、自然类、生产类及其他类。根据其内容，我们也可将八类粗分为三个大类①，并以此来考查研究青海的民间谚语。

（一）认识自然和总结生产经验的谚语

撒拉族民谚："春天的雨，缸里的油。""立秋摘花椒，白露打核桃。""水缸出汗必有雨，蚂蚁搬家水涟涟。"等，这些农谚是撒拉族民众在长期的农业生产中，对自然与生产经验的总结。土族民众积累的此类谚语也与农耕生产有密切关系："日晕要下雨，月晕要刮风。""榔头底下有水分，多打一下多收入。""人怕老来难，田怕秋里旱。"藏族谚语则反映了游牧生产方式的一些经验："夏六月的鹿珍惜犄角，冬十月的狐珍惜水毛。""阳山的草像狐狸的水毛，阴山的草似黄羊的胸膛。""秋天的马像鹿一样也不要骑，春天的马像兔子一样也要骑。"蒙古族谚语：

---

① 钟敬文：《民俗学概论》，第311页，上海文艺出版社，1998年。

"抓膘在夏，好名在秋；丢膘在冬，坏名在春。""僻背处圈牲畜，高干处下毡房。"也都是游牧生产经验的体验和艺术总结。

(二) 认识社会和总结社会活动经验的谚语

蒙古族民谚对时政、事理有自己的看法："狗集聚在残骸上，王公集聚在衙门里。""赶路时看看背后，会成向导；干活时想想将来，会成智者。""骑无缰的马对命有险，说无理的话对己有害。"藏族的民谚对社会的方方面面均有形象的概括："京华皇都不安定，丐儿卧地不安稳。""英雄生长在穷苦人中，利器藏在破旧的刀鞘中。""与其想着坏心念玛尼，不如心怀良善晒太阳。""食物经人之手变少，话语经人之口变多。""形体有大小之分，生命却无大小之别。"撒拉族民谚则总结了一些宝贵的社会经验："河里淌的是好水手，崖里绊的是好猎手。""泉水越挖越清，知识越学越深。""树直用处多，人直朋友多。"土族民众的谚语有："做贼富不了，待客穷不了。""马要走手，人要本领。""好人一句话，好马一鞭子。"河湟汉族地区流传的谚语饶有情趣："猫儿不在家，老鼠上碗架。""大处不大丢人哩，小处不小受穷哩。""肚里没冷病，不怕吃生瓜。""油去了，灯没亮。""不走的路走三遭。"这些谚语都是各民族处世经验的形象化总结。

(三) 总结一般生活经验的谚语

蒙古族的民谚常说："灾年肥恶狗，患难富喇嘛。""不会放牧的人爱喊，不会生火的人爱捣。""太白了容易脏，太亲了容易散。"藏族民谚总结道："身体健康不算乐，心境安泰才为乐。""不和的夫妻离了好，不治的病人死了好。""家中不和睦，外事无一成。"土族民谚认为："每个人都有一条走的路，每只羊都有吃的一把草。""用棍子打会伤皮肉，用话挖苦会伤人

第十五章 青海民族民间文学与审美

心。""风刮起来没头尾,人心不知道满足。"撒拉族民谚常说:"穷了不要哭着吃,富了不要躺着吃。""跟狗吃屎,跟狼吃人。""火堆中间要空,人的内心须实。"河湟地区汉族的民谚则说:"上什么山打什么柴。""路是走出来的,计是想出来的。""心里有病,装不出正经。"

青海民谚具有很强的民族性,其思想内容多与本民族的生产方式、生活习惯、习俗惯制有关,是本民族的道德观、伦理观的直接表达。因此,它的使用情境也是特定的,需要在特定语境中使用这些各具特点的谚语。青海谚语广泛运用比兴手法,运用本民族民众所熟悉的事物来作比、起兴,既形象又贴切,让人们在形象的联想中受到训诫,得到知识。在形式上大多对偶工整,韵律和谐,读来琅琅上口,富有节奏感。此外,这些谚语运用了诸多修辞手法,具有风趣诙谐、含蓄内敛的艺术风格,体现着深藏不露的民间智慧。

七、民间说唱和民间小戏

(一)民间说唱

民间说唱是以口头叙事为基础,以说唱为主要表现手段的一种民间文学形式。其中说是主体,唱是说的音乐化表达。因此,民间说唱是最能体现民间艺人语言与音乐表达能力的一种艺术表演形式。青海的典型民间说唱主要有汉族的"倒江水"和藏族的折嘎、格萨尔说唱。

1. 倒江水

流行于青海汉族民众聚居的河湟地区。由于艺人讲唱得十分流畅,犹如滔滔江水倾泻而来,故名"倒江水"。它与北方流行的快书、数来宝相似,也是以表达紧凑、叙事精炼、语言形象为主要特点。表演是说唱的辅助手段，艺人往往要分饰数角，在顷刻间转换角色，塑造不同个性、不同身份的人物，还要带领听众跨越时空，在顷刻间跨越千山万水、贯穿古今。正是这种模拟表演的魅力加之艺人滔滔不绝的口头表达能力，使听众如痴如醉。倒江水无论是说还是唱，都较讲究押韵，节奏感很强，加之乡音乡韵，更增添了倒江水的独特韵味。较为经典的倒江水作品有反映清末湟中农民起义的《元山造反》、《董蜡匠》等。

2. 折嘎

作为藏族民间说唱的一个代表，原意是"白米"，因艺人们演唱时手捧白米以示吉祥如意、五谷丰登而得名，是艺人们在庙会节庆之日向所表演的对象进行求吉、颂赞的表演。因此，折嘎多表现喜庆或吉祥的内容，更具商业化或职业化性质，艺人们多以此为生。折嘎多流行于康巴地区和青海的果洛、玉树一带。

折嘎的表演多以生动形象的谚语、华丽的词藻和贴切的比喻，加之丰富的历史知识和人生哲理来进行讲唱，所讲内容表达了祈愿三畜兴旺、五谷丰登的愿望而倍受听众喜爱。折嘎与其他民间说唱相比，表演更多地表达了宗教信仰的内涵，是人们求吉心理的一种艺术体现。

3. 格萨尔说唱

是藏族以叙述为主、表演为辅的一种说唱艺术。格萨尔说唱在长期流传的过程中，形成了一系列特殊的程式，通常情况下，说唱艺人在正式说唱之前会有简单的祈祷仪式：有的艺人闭目祈祷，悄声祈求说唱顺利；有的艺人则大声祈祷，求四方之神保佑其演唱，四方之魔不要破坏格萨尔的事业；也有较多的艺人以降神的方式进入表演状态，表演结束后恢复正常；还有许多艺人对器物祈祷：有的艺人戴帽后进入表演状态，有的艺人面对一碗净水或一面铜镜祈祷后开始表演。艺人们进入表演状态的这些程式是传统表演方式的保留，其功能是使人们确信格萨尔作为神灵意

第十五章 青海民族民间文学与审美

义上的存在,并使艺人们确信自己表演的神圣性,这种心理暗示往往会使艺人们在表演时更富于激情和创造力。

格萨尔说唱的叙述部分也因艺人的表演风格而有所不同,有的叙述激昂急促,有的叙述语调平稳,还有的叙述十分讲究韵律。虽然都是说,但说唱中的"说"很富有音乐美感。演唱部分也是这样,有的艺人演唱时自始至终多用一类调式,变化不大;有的艺人演唱时则曲调婉转优美,有明显不同的音乐调式,有时悠扬,有时激越。说唱艺人们在演唱时都多少会糅进一些本地区民歌的音乐元素,这些不同的曲风使格萨尔说唱更具魅力。

(二)民间小戏

民间小戏是民众在劳作闲暇之时表演的民间曲艺,是颇受青海各民族民众欢迎的艺术形式之一。

1. 河湟汉族地区的小戏

青海汉族多聚居于河湟谷地,在这片土地上已生活了上千年,早已形成了不同于内地汉族的独特文化与风俗。河湟民间小戏正是这种文化的反映,主要有平弦、越弦、贤孝、道情、太平秧歌和打搅儿等类型。平弦曲调优美,曲词格律严谨,唱词的诗词化使平弦颇富几分高雅的韵味。越弦是一种以表现民间生活题材见长,表现力丰富的地方曲艺。曲调流畅动人,曲词受严格的格律限制。贤孝即指在内容上劝人弃恶扬善、见贤思齐、以孝为先的地方曲艺。贤孝的风格以曲调悠扬、善于叙事为主。青海道情有说白、韵白、唱词几个部分,在说、韵、唱之间穿插地方民歌、小调。唱词和韵白交替出现,整个演唱过程优美委婉。太平秧歌是祈祝来年风调雨顺、五谷丰登的歌。与其他民间小戏相比,它在曲调上并不丰富,往往一调到底。唱词通俗易懂,妇孺皆知。打搅儿是民间小戏中十分独特的戏种。它篇幅短小,内容诙谐幽默,以越弦的"莲花"调为主旋律,节奏明快,富有跳跃感。其内容多以讽喻性的故事为主,以夸张、幻想为主要手段表现生活中的种种现象,具有寓教于乐的艺术效果。

这些民间小戏在长期的发展过程中相互补充,形成了一些共性特征。首先,在题材上基本可分为历史题材和现实题材两大类。历史题材作品多来源于中国传统的故事,如三国故事、水浒故事等;现实题材作品则多取材于民众的日常生活、爱情故事,并揭示现实的一些社会矛盾。其次,情节相对集中,戏剧结构较为单纯。这适合艺人们进行程式化的表演。小戏中塑造的人物形象简约而鲜明,多为类型化的人物,在审美价值取向上颇受民众认同。第三,多用口语化、生活化的乡音土语来进行表演,使表演更具乡土气息和生活气息。这种交流上的便利,更增添了民众对小戏的热爱,有利于小戏的广泛传播。常见的经典小戏有《刻财鬼》、《鹦哥宝卷》、《芦花记》、《湘子传》、《卖药》、《太平年》、《困曹营》、《斩颜良》等。

2. 藏戏

青海藏戏确切地指安多藏戏,是借鉴了西藏藏戏的一些特点而形成的藏戏戏种,主要流行于藏族安多地区。安多藏戏最早由在西藏学习佛法后回到安多地区的僧人排演,这些僧人成为安多藏戏最早的传播者。青海黄南州的隆务寺从表演《诺桑王传》的一个片断开始,逐步在唱腔、表演、服饰等方面进行改进,形成了今天安多藏戏的面貌。

安多藏戏曲目较多,著名的有《诺桑王传》、《智美更登》、《格萨尔》系列、《松赞干布》等。安多藏戏的唱腔糅合了民间说唱、民歌小调、僧曲的演唱元素,使唱腔婉转优美,曲调悠扬,其动作吸收了安多民间舞蹈和法舞的一些特点,表演节奏缓急得体。其服饰与面部妆饰均与西藏藏戏有所不同,服饰较接近安多地区古代及近代服饰,化妆以面部化妆为主,戴面具表演的情况较少。安多藏戏由于源于寺院,因而作品多有佛教教义的宣传，由于其独特的表演魅力，在流传过程中逐渐成为安多地区民众喜爱的艺术形式。

第二节 青海民族民间文学的审美蕴涵

青海民间文学既是一种文学现象，也是一种文化现象，它与多种学科均有交叉，但又保持着相对的独立性。青海民族民间文学的审美特征比较丰富，笔者将结合美学、民俗学、文化人类学、文学人类学等学科的理论，来把握青海民族民间文学的审美内涵及特征。在此笔者归纳和提炼出的三个方面，是在青海民族民间文学审美过程中遇到的带有一定典型性的问题。

一、民族审美文化心理的丰富表现

一个民族的审美文化心理与其民族的文化精神是密切相关的。栖居于青海这片土地上的各民族，在历史发展过程中，由于生产生活方式、文化传统、宗教信仰等方面的差异，使之在此基础上形成的文化精神也各具特点。例如，以藏传佛教为核心的藏族文化精神与以农耕文化为核心的河湟汉族文化精神就迥然不同。不同的民族文化精神，形成了各自不同的审美文化心理。例如，藏族审美文化心理崇佛并重佛理，而汉族审美文化心理中融入了深厚的儒道思想。在此，我们想转换一种视角，着重尝试去挖掘不同民族审美文化心理之间的共性，以期达到对青海民间文学一般审美特性的基本认识。

(一) 神性与人性的统一

与作家文学不同，民间文学，尤其是青海民族民间文学中的神灵形象的塑造十分丰富。许多民族的开天辟地神话与人类起源神话中都有一个无所不在、无所不能的大神。大神是无条件存在的，民众不去设想他是如何出现的，只认为没有什么力量可以超过大神。这体现了这些民族早期的神灵崇拜观念。像藏族神话中的"什巴"、土族神话中的天神、蒙古族神话中的"吉雅其"等。这些神带有鲜明的民间信仰的特征：具体形象较为朦胧，神职、神格不够清晰。伴随宗教的出现，神的形象变得更为具体，并带有明显的神格谱系化、神职系统化特征。在藏族民间文学中大量存在的佛、度母、护法神等神灵就是如此。相比作家文学，民间文学则更注重对人的形象的塑造。古往今来，文学长廊中塑造了众多个性鲜明、形象各异的人物形象，在他们身上体现着人性的深邃与复杂。这种形象塑造上的差异主要缘于两种文学创作主体的不同。作家文学的创作主体是个人，它更强调创作主体的创造性，强调创作主体对人性的挖掘和反映。而民间文学的集体性注定它是一种全民创作，因此，反映一个民族的集体意识就成了民间文学的一种内在追求。而宗教信仰往往是体现一个民族精神的重要方面，自然成为口头文学创作的重要内容，使宗教信仰外化为民间文学中的各路神灵。神灵在青海民间文学中的主要表现呈现于以下几个方面：开辟天地、制造万物、繁衍人类、创造文化、救世济民、惩恶扬善。神灵的种种表现在民间文学文本中有着丰富的反映，它在另一个层面上反映了各族民众朴素的伦理观念和价值观念，彰显了民众祈盼超越现实苦海，追求吉祥幸福生活的精神诉求。

当然，我们在民间文学中同样还能体验到更为丰富的人性色彩。至今流传于青海海南、黄南一带藏族中的"猕猴变人"的

第十五章　青海民族民间文学与审美

人类起源神话，就是一个关于人性善恶说的原型。神话中说像猕猴的这一支善良、温和，像罗刹女的这一支则暴戾、狡诈，分别是人性善与恶的象征。从这一点来看，它避免了西方人、汉族人自古以来在人性认识上的误区，深刻认识到人性兼具善恶。这一认识的深刻意义在于：它既避免了因"人性恶"的意识而使人性背负原罪枷锁，也避免了因"人性善"的认识而使人性失之于理性制约，人类需要时刻扼住作恶的欲望而发扬善的品行。藏族先民用艺术的手段揭示了人性既善又恶的原因，那就是象征善的猕猴与象征恶的罗刹女的结合产生了人类，导致了人性的复杂性。这种人性观对藏族人的道德观产生了重大的影响，形成了以佛教教义、教理为核心，以客观的人性论为基础的道德观念。

土族创世神话《阳世的形成》中的天神，与后世较成体系的神灵崇拜中的形象相比，具体形象较为朦胧，但却是一个有着勇猛顽强的品格，高度的智慧和勇于献身的精神，又不乏凡人狡黠特点的艺术形象。土族先民塑造的这一形象是符合他们的审美想像的，外在力量与内在智慧的完美结合，就是土族先民对人性美的一种独特理解，并依然是今天这个民族所追求的一种境界。这两个例证典型地表现了青海神话中神性与人性相结合的特征。

广泛流传于青海各民族间的人物传说，如宗喀巴、文成公主等历史人物的传说也兼顾了人物的人性色彩及其传奇性。宗喀巴的传奇经历彰显了一代宗教领袖的风范。文成公主挥泪形成倒淌之河、摔镜变成日月二山的神奇传说，揭示了这位古代女性无法掌控自己命运而产生的痛苦、哀伤与决绝。她痛苦而又坚强的人性写照不就是一代代青海女性内心的反映吗？幻想故事的奇幻色彩更多的是出于救世济民、惩恶扬善的需要。"善有善报，恶有恶报"是幻想故事永恒的主题之一。善果和恶报虽来自神灵公正的裁决，却与人性的善良与邪恶有着直接而密切的联系。

在青海民族民间文学中处处体现着神性与人性高度统一的审

美文化心理，这一特点的形成有其深厚的历史成因。众所周知，人类早期的宗教观念是"万物有灵论"，接着是"灵鬼论"，其后是"神人同性论"。"神人同性论"是宗教信仰从万物有灵过渡到神形、神格、神职的明确化时的产物。此时，神的形象有了人态的倾向。由于善恶二元论的萌芽，"神性的因果律代替了原来的咒术性因果律"①，民众在赋予神灵惩恶扬善的能力的同时，也同样赋予了神灵人性的种种表现。不仅如此，在民间传说、故事、史诗、叙事诗等体裁中，往往会给予本是普通人的主人公以超自然的能力，这种神性色彩往往会使主人公借助它实现自己的愿望，进而带给人们帮助。当然，这种超自然能力也有可能出现在坏人身上，带给人们灾难，但他终究会被惩治。可见，这种神性与人性高度统一的审美文化心理和"神人同性论"的宗教观念的发展有着密切的内在联系。

从文学模式发展的角度来讲，弗莱的"原型批评"理论也可以帮助我们理解青海民族民间文学中蕴涵的神性与人性统一的审美文化心理。弗莱认为，虚构型文学作品可以划分为五种基本模式："一、神话，其中人物的行动力量绝对地高于普通人，并能超越自然规律；二、浪漫传奇，其中人物的行动力量相对地高于普通人，但得服从于自然规律；三、高模仿，即模仿现实生活中其水平略高于普通人的文学作品，如领袖故事之类；四、低模仿，即模仿现实生活中的普通人的作品，如现实主义小说；五、反讽或讽刺，其中人物的水平低于普通人。"② 在这五种模式中，强调了人物的"行动力量"或"水平"，这两个词共同指代了人物所具备的神奇能力及普通人性之间的消长。事实也的确如此，

---

① 王孝廉：《中国的神话世界》，第23页，作家出版社，1991年。
② [加] 诺思罗普·弗莱著，陈慧等译：《批评的解剖》，第5页，百花文艺出版社，2006年。

第十五章 青海民族民间文学与审美

神话、传说、故事的发展脉络也恰恰印证了这几种模式。其中的人物从神祇到富有神奇能力的人,再到领袖、普通人乃至体力及智力都低于普通人的主人公,在他们身上都体现了这种从神性到半神半人,再到人性的丰富再现。这种模式又并非绝对的,神祇也有人性化的表现,土族神话中的天神就十分狡黠,用计使金蛤蟆听命;具有神奇能力的人更是极富人性魅力,格萨尔能上天入地、变化多端,但他也有贪恋酒色的弱点,面对族人的批评,他痛悔自己的错误,千里单骑出征霍尔。幻想故事中诸多主人公身上都体现了传奇性和人性的混融。

这种神性与人性的高度统一在青海民族民间文学中有较为丰富的表现,表现了青海民众在现实生活基础上融合了原始信仰观念的审美文化心理。

(二) 双重精神诉求的呈现

青海民族民间文学呈现着民众积极的精神诉求。这种精神诉求是民众审美文化心理的第二种表现,它具有双重性。一方面,民众希望在民间文学作品中体现鲜明的娱乐性。这种娱乐性的精神诉求与民俗活动密不可分。神话多在本民族民众的重要仪典中由德高望重的人士讲述;故事和传说是民众赖以汲取的精神食粮;史诗往往在民族重大的节庆及宗教活动中讲述;山歌和情歌的演唱更是民俗活动中不可或缺的环节,并有专门的歌节和歌俗;劳动歌大大减缓了劳动者的劳动强度,儿歌伴随每个孩子快乐成长。这些民间文学作品与伴之而生的娱乐形式紧紧相连,在一个又一个内涵丰富的民俗活动中出现,成为民俗活动中的重要内容。青南草原的赛马、祭山等民俗活动往往伴随格萨尔艺人的说唱表演;元宵佳节的河湟社火又往往意味着河湟说唱与小戏的红火。东部农业区的"六月会"意味着朝山、庙会等活动与"花儿"演唱的同时进行;青海藏族、蒙古族、土族等少数民族婚礼上的祝赞词往往是婚礼掀起高潮的华章……这些民间文学作品及其娱乐形式给民众带来的身心愉悦是难以替代的。在充满艰辛的庸常生活中，样式各异的民间文学作品会带给民众更多的快乐、轻松和愉悦。不仅如此，民间文学与民众日常的实际需要紧密相连，往往具有实用性。土族婚礼歌在土族民众的人生仪礼中就发挥着十分重要的作用；大量农谚以歌谣口诀的形式总结生产经验，帮助人们掌握和传播农耕常识；琅琅上口的儿歌是训练儿童语言能力的有效手段。青海民族民间文学的娱乐性与实用性是相统一的，它体现着民众对娱乐性的精神诉求，这种诉求是一种带有功利色彩的追求。

在青海民族民间文学中呈现出的另一精神诉求是具有超功利色彩的，它强调民间文学的教育意义和对人的品质的模塑作用。民众以他们最为朴素的伦理观、价值观和审美观，在民间文学作品中弘扬惩恶扬善、崇尚智慧、认清是非、分辨美丑、尊老爱幼、知恩必报、爱情忠贞、不畏强暴、嫉恶如仇等观念，几乎所有民间文学作品都以此为主题。这些观念潜移默化地感染着一代代民众，构成民族精神的重要内容。在青海，由于宗教信仰在各族民众中具有普遍性、全民性，因此，它在民间文学的模塑作用中又注入了更为强大的力量。这一点在藏民族的审美文化心理中体现得较为鲜明。由于藏传佛教轮回、因果观念的深刻影响，使藏族民众形成重视以佛教教义规范自身言行、修行积德的文化心理，在这种认识支配下，藏族对精神生活的追求大大超越了对物质生活的追求。藏族生活在世界第三极，自然条件极其恶劣，生产力水平并不高，但仍然创造了灿烂的精神文化和与之相适应的文明，这就与这个民族重精神、轻物质的文化心理有着密切关系。

由于崇佛意识，这种精神有了其核心内涵：利他精神。利他精神作为藏民族文化心理的一个重要内涵和重要特征，我们在藏

第十五章 青海民族民间文学与审美

族民间文学诸多英雄形象身上可以感受到民众对这种精神的理解。如史诗中的格萨尔王、藏戏中的智美更登等,这些英雄的故事虽然有较多的神话色彩,但人物身上更多地体现出了人性色彩:格萨尔王也会贪恋酒色;智美更登在施舍尽自己的钱财之后,面对将儿女送人也会有一丝不忍。就是这些富有人性光辉的英雄形象在面对正义的事业时,会毫不犹豫地奉献自己的力量,甚至生命。格萨尔王肩负使命自天界下凡,一生之中征战无数,降魔锄妖,匡扶正义,支撑他的完全是一种利他精神。智美更登施舍尽自己的财物后,又将子女送人,将自己的双目剜出救人,以此追求佛理的真谛,这个真谛也是利他精神的体现。藏族在日常生活的点点滴滴中均有意无意地恪守这一点。藏族谚语这样讲:"心地正直似箭杆,思想纯洁如白螺。""大家高兴是善业,父母高兴是报恩。""坐在阳光下,不要说阴暗中的话。""哪怕邻居死了牛,也应哀悼三天。""与其想着坏心念玛尼,不如心怀良善晒太阳。"这些至今存活在智慧老人口头的民谚,仍生动地诠释着藏民族以利他精神为永恒追求的民族审美文化心理。

通过民间文学进行人格品德模塑的愿望与寓娱乐于文学的追求,共同构成青海民众审美文化心理的第二个层面。

(三)万物有灵与众生平等的生态审美观念

伴随生态文明时代的到来,生态美学应运而生,这种包含了生态维度的美学理论与诸多民族传统文化中的生态文化紧密地契合到了一起,为业已存在了上千年的民族生态文化进行了有力的理论阐释。纵观青海审美文化的发展,这种生态审美观念早已以不自觉的方式,深深根植于青海各民族的文化及民间文学中,成为民族审美文化心理的重要组成部分。

青海各民族的生态审美观念与其民间及宗教信仰联系十分紧密。在人类童年时期产生的"万物有灵"观念,在青海先民那里同样得到承袭,并由此形成了不自觉的生态审美观念。就拿藏族来说,"看万物有灵,视众生平等"是藏民族长期以来一直信奉的理念。从苯教"万物有灵"的思想看,万物山川无一不具有其主体性,各具鲜活的生命,一草一木,一虫一鸟,皆是有情苍生。这一思想与佛理有机地结合在一起,于是,藏族人的轮回观就纳入了万物,从这个意义上讲,世界上所有生命均可视为自己的母亲,无论前生来世。这种观念融合到民间文学中,尤其是幻想故事中,就使这些故事不仅属于一个个故事类型,还另有这么一条"看万物有灵,视众生平等"的主线贯穿其中。青海藏族民间故事中有许多田螺姑娘型、蛇郎型、狼外婆型、怪孩子型、神奇助手型、问活佛型故事,这些故事均富有浓郁的幻想色彩。一般来说,人们认为幻想故事是超现实的,是具魔幻色彩的,是民众高度的想像能力的体现。而在藏族民众那里,故事与生活的界限并不大,生活本身就是充满魔幻力的现实。故事中,人与动物可以心意相通,人与万物可以自然交流,这始终是有"万物有灵"思想做主导的。在这种意识下,藏族人认为"众生平等"。因此在神奇助手故事中,人类必须凭借动物助手的帮助才能成功。流传在青海藏区的《狐皮帽子的故事》,讲述农民昂嘉在狐狸的帮助下娶了公主并做了国王,狐狸的足智多谋实现了一个普通人的愿望。狐狸还装死来考验昂嘉夫妇的良心和友谊,当狐狸真的死去,国王昂嘉便毫不犹豫地将狐皮戴到头上,以示纪念,成为今天藏族服饰的一个特点。在这一类故事中,人类的能力比动物低下,在很多方面都需要动物的帮助,这显然是受"众生平等"观念的影响。民间艺人在创作这些故事时,毫无"万物之灵长"的优越感,而是对帮助过主人公的神奇助手给予了最高的敬意。这种"众生平等"的观念十分朴素,却贯穿于整个藏族民间文学乃至民间文化,这种"看万物有灵,视众生平等"的民族审美文化心理及其所衍生的藏民族特有的生态文

第十五章 青海民族民间文学与审美

化,在今天这个环境问题严峻、生态危机频发的社会中,无疑具有很高的研究价值和借鉴意义。

蒙古族的《人的胫骨和肘骨》是值得我们关注和思考的一则神话。它讲述道:"人类诞生时,胫骨和肘骨是单层的,腿和手臂都很长,跑起来非常快。除了天上的飞禽外,把地上的动物追得无处逃生,眼看着动物快被抓完了。这事被吉雅其神仙得知后,把人的胫骨和肘骨切断弄成双层,人小腿上的胫骨和手臂上的肘骨就这样形成了双层。从此,人再也跑不快了,动物也就生存到今天了。"① 这则神话不同于一般的人类起源神话,是关于"人自身的改造"这样一个命题的神话,天神对人体的改造是出于救护其他生灵的需要,这一主题在其他民族神话中是很少见的。我们一般看到的神话基本上都反映着一种精神和价值观,那就是人类与自然的斗争以及人类最终战胜自然。如《夸父逐日》、《精卫填海》等经典神话均反映了这一主题。而这则神话显示出蒙古族先民对自然的理解不是孤立的,是一个包括人类在内的充满生命的生态系统,鲜明地表达了两种生态观念:平等的生命观和生态的平衡观。蒙古族先民认为,人与所有的自然界的生灵一样均是天神所造,因而他们的生命价值是均等的,无所谓孰高孰低,人类只是大自然中的一分子。对于一切生命来讲,生存的机会都同样重要。当其他生灵的生命安全得不到保障时,天神并不因为是人类就给予格外关照,而是采取了一定措施,使人类和所有自然界的生灵共同处在相对平等的生存环境中。天神对人体的改造是出于保持生态平衡的需要,这种审美观念与我们今天所提倡的人与自然之间的和谐是十分契合的。

综上所述,青海各民族在相同或相近的自然、文化生态环境

---

① 青海省海西州民间文学集成办公室:《海西民间故事》(内部资料),第2页。

中，形成了一些相同或相近的审美文化心理，从而使其民间文学表现出一些具有共性的美学特征。神性与人性的统一，既是先民诗性思维的体现，又是民众对人性的丰富理解。在民间文学中，二者高度统一，反映了宗教观念变化的形态，文学观念变化的过程以及民众丰富的感情世界和创作能力；双重精神诉求的呈现，一方面表达了民众娱乐性的精神追求，期望民间文学带给他们轻松愉悦的身心享受，在审美愉悦中感受民间文学的无限魅力；另一方面，这种精神诉求指向民间文学的人格品德的模塑功能。民间文学是一个民族伦理文化、道德文化的形象载体，民众期望以其独特的审美教育功能作用于人们的内心深处，塑造人们良好的形象；万物有灵与众生平等的生态审美观念蕴涵于各民族的民间文化，尤其是源远流长的民间文学中。无论信仰相同与否，无论文化差异有多么巨大，生活于青海这片土地上的各个民族都有一个文化上的共识：人与自然应和谐相处。这种文化精神影响下的审美文化心理就是一种积极的生态审美观念。它强调万物皆有生命，众生皆平等，人类只是生态系统中的一个环节，人类应与自然万物共同和谐、诗意地栖居于属于我们的家园中。以上三方面的归纳，较为典型地反映了蕴涵于青海民族民间文学中的审美文化心理。

二、富有民族文化底蕴的原型意象

原型，作为文学的基本结构单位和交流单位，它具有独立性，能以最小的单位和要素揭示文学发展的基本历程；它具有反复性，能在不同历史阶段、不同创作主体及不同的文本中反复出现，来传达原型所承载的意义；原型还具有可变性，伴随不同的文学环境，以不同面貌出现，但仍能传达其意义；原型又具有多义性，不同语境下的原型可以拥有特定语境下的意义，但其意义核心不会发生很大变化。从这几层意义上看,原型是继承、传播和发展的。

青海民族民间文学中蕴涵着丰富的原型意象,这些原型意象承载着丰富的民族文化底蕴和审美意蕴,笔者将对以下三种文学原型意象进行审美分析。

(一)藏族民间文学中的"白"色原型与藏族文化

藏族民间文学中的色彩原型"白"与藏族文化中的"尚白"审美心理有着直接联系。在藏族民间文学中处处可见人们对白色的崇尚。藏族史料《汉藏史集》中记载:藏王止贡赞普被杀后,他的妻子成为放马的仆人,一次其妻睡着后,梦见一个白色人与她交合,醒来发现身边有一头白色牦牛。八个月后,其妻生下一个血块,血块中长出一个男孩,起名茹拉杰。后来茹拉杰请兄长做吐蕃王,为父报仇并驯化野牛,引河入渠,开垦农田,冶炼矿石。① 茹拉杰作为富有传奇色彩的人物,其出身就以"白牦牛"和感生的形式被赋予神圣的色彩。苯教关于宇宙形成的神话就认为一白一黑两束光芒中产生了生灵与灾难的本原,也是真善与假恶的源头。② 流传于青海的诸多动物故事中,聪明的兔子是白兔,灵巧的小鸟是白鸟。在民众智慧的结晶——谚语中处处体现出藏族人"尚白"的思想:"齿和心意为谁白,发和眉毛为谁黑。""狼娃子长不成绵羊,黑羊毛擀不成白毡。""在洁白的乳海里,不要滴进血点。""脸虽黑,心却白"。这些谚语都反映了藏族以白为美,以白为圣洁的审美观。这种尚白的观念有其形成的深刻原因。

---

① 达仓宗巴·班觉桑布著,陈庆英译:《汉藏史集》,第83~84页,西藏人民出版社,1986年。

② 何峰:《藏族生态文化》,第378页,中国藏学出版社,2006年。

首先，这种"尚白"习俗与藏民族生息的环境及相应的原始信仰息息相关。如前所述，雪域高原是藏民族一直繁衍生息的地方，游牧所及之处，满眼均是雪山草原，湖泊河流，这种自然环境培养了藏民族天然的审美观：雪山、湖泊的圣洁之美。同时，雪域民众在原始宗教——苯教"万物有灵"观念的影响下，将诸多雪山、湖泊、河流等视为神灵，尤其是藏区著名雪山都被视为神灵的驻地，冈底斯神山、唐古拉神山、阿尼玛卿神山等都是民众膜拜的对象，而这些神山都是终年积雪不化的晶莹雪山，洁白神圣。"我们还看到诸多的山神皆以白牦牛、白蛇、白马的形象出现。……显然，诸多山神不管是以动物形态抑或以人体形态出现，其色彩都与雪域高原白色的自然景观相一致。这表明藏民族对自身生存的被白雪素裹着的高原环境情有独钟，关爱太深，以至于形成崇尚白色的心理范式和文化秉性。"① 正是这种生存环境和原始信仰，使得"尚白"观念深深根植于民族文化中，反映在民间文学和民俗活动之中。

　　其次，"尚白"观念在佛教传入藏区后得到进一步强化。7世纪印度佛教传入藏区，继而在漫长的历史中结合本土宗教——苯教，形成了藏传佛教。从此，藏传佛教成为藏民族文化心理一个十分重要的根基，成为我们分析藏文化的一把钥匙。"尚白"审美观念就与崇佛观念有密切关系。传说释迦牟尼入胎前，有一只白象自其母摩耶夫人头顶没入，后佛祖诞生。早期这种崇尚白色的观念与印度的"净浊观"有着密切联系，白色象征洁净、质朴。佛教传入雪域后，与本土苯教结合，强化了"尚白"这一观念。佛教经典中，莲花（主要是白莲花）常用来比喻十种善法，它清净、质朴、神圣、高贵，被藏族民众视为重要的宗教供物。可见，藏传佛教的传入促进了藏族尚白审美心理的进一步

---

① 何峰：《藏族生态文化》，第362～363页，中国藏学出版社，2006年。

第十五章 青海民族民间文学与审美

发展,在延续上千年的历史中,深深铭刻在民众头脑中,不断反复地出现在民间文学中,白色也由此成为一个具有强大影响力的色彩原型意象。作为色彩原型,"白"有其深刻的文化内涵:质朴、洁净、真纯、高贵、神圣。在藏族传统观念中,"白"寓意所尊崇的一切高洁、神圣之物,佛祖、万神、雪山、湖泊、河流、白莲,等等。在精神上,"白"象征藏族人所追求的至纯、至真、至善、至美的品德修养和人生境界。人生如此,夫复何求!"白"作为藏族一种寓意独特的文化原型,其内涵十分深刻,深入研究这一审美意象,有助于我们挖掘潜伏在文本背后的深层意蕴。

(二) 土族民间文学中"蛙"的原型意象与土族文化

"蛙"的形象在土族传统文化中具有重要的地位,在土族创世神话《阳世的形成》中这样描述宇宙起源:主宰宇宙的天神想创立阳世(地球),但此时的天地还是汪洋一片,找不到支撑阳世的东西。后来,他发现了一只金蛤蟆,就急忙抓来土撒到蛤蟆背上,可金蛤蟆受了惊一下就沉入水底了,于是天神就拉弓搭箭,耐心等待,当金蛤蟆再次露出水面时,一箭射穿了蛤蟆的背心,天神再将一把土放下时,蛤蟆正痛得一翻身,慌忙将土紧紧抱住,这就形成了阳世。[①] 在诗体神话《混沌周末歌》中蛤蟆的舌头被当作女娲补天的材料,"女娲娘娘出世者,割了金蛤蟆舌头,补了一座黄金天,从此天河不下流"[②]。土族古老神话中还有蛤蟆吞食日月的故事[③]。对答歌《青蛙》常在宴席上演唱。在

---

① 朱刚、席元麟等:《土族撒拉族民间故事选》,上海文艺出版社,1992年。
② 青海民院汉语文系马光星搜集整理、中国民间文艺研究会青海分会编印:《青海省民族民间文学资料·民和县官亭地区土族婚礼歌》(内部资料),第15页,1982年。
③ 马光星:《土族文学史》,第33页,青海人民出版社,1999年。

故事《莫日特巴蛙》中，这位骑马的青蛙变成了机智勇敢的英雄的化身。《青蛙女婿》中青蛙以自己的智慧娶到员外的女儿。动物故事《巴娃与老虎》塑造了一个机智、勇敢的青蛙形象。在土族民间文学中，"蛙"作为一种原型意象，经常反复出现于土族民间文学之中，尤其是在神话中，蛙的形象更具有一种创世神的意味。

关于"蛙"的原型身份还得和土族民众的原始信仰联系起来分析。土族学者马光星在搜集的资料中发现："关于《阳世的形成》这一神话中金蛤蟆抱着阳世的图案，还画在他们的寺庙里。另外，土族人民中还流传着祖先们曾崇拜蛤蟆的许多传说。"① 据此推断，土族先民很可能曾经崇拜过蛤蟆，这种崇拜不一定是图腾崇拜，可能是蛤蟆作为两栖动物的属性帮助人们对阳世形成有了一个更合理的解释，而且蛤蟆的两栖生活属性对土族先民来说是十分神秘的，也许正是这种神秘性带来了某种神圣性。这种神圣性还可以从出土于河湟谷地的彩陶纹饰上找到根据。蛙纹图案在彩陶纹饰中比比皆是，在马厂类型的彩陶中，蛙纹图案多达五六十种。这些或写实、或夸张的蛙纹图案从一个侧面反映出当时生活于这片土地上的人们对蛙有一种特殊的感情，很可能是蛙超强的生殖能力使先民相信将蛙纹绘在彩陶上能带来部族旺盛的人口增殖，加之蛙的两栖生活属性又令先民感觉到奇妙无比，从而产生了对于蛙的崇拜。我们且不论马厂文化时期的原始先民与土族先民之间有无联系，但原始思维的某种一致性使我们相信蛙在土族先民那里也被认为是生殖力与神秘能力的象征，故而产生了土族先民对蛙的崇拜。

---

① 青海民院汉语文系马光星搜集整理、中国民间文艺研究会青海分会编印：《青海省民族民间文学资料·民和县官亭地区土族婚礼歌》（内部资料），第2页，1982年。

第十五章 青海民族民间文学与审美

在土族丰富的民间文学中，这种"蛙崇拜"体现了土族先民希望发展壮大自己，并掌握自然、掌握命运的强烈愿望，从而使之成为一个审美寓意深刻的原型意象，并伴随时代变化而产生了更为丰富的内涵，诸如正义、勇敢、智慧，等等。总的来看，"蛙"从被崇拜的对象到文学原型，其内涵大致经历了这样一种演变：生殖力、神秘能力的象征——发展自身、掌握命运的愿望反映——正义、勇敢、智慧、良知的象征。远古时代早已离我们远去，但"蛙"原型仍然存活于今天土族民众口头创作的民间文学中，因其深厚的原型文化内涵，依旧带给人们古朴而凝重的历史审美感。

（三）西王母形象中的"死亡—再生"原型与汉族文化

西王母是昆仑神话中的神祇之一。袁珂认为其形象是从怪人演变到怪神，再演变到人王，最后被仙化了。[①] 史籍记载神话中的西王母"其状如人，豹尾虎齿而善啸，蓬发戴胜，是司天之厉及五残"（《西次三经》），其形象怪诞、威严，充满狞厉之气，其神职主刑杀，是主知灾厉、五刑残杀之气的一个凶神。被仙化之后的西王母则成为一个掌握"不死之药"的神仙，《淮南子·览冥篇》记载："羿请不死之药于西王母，嫦娥窃以奔月。"西王母在自身形象及神职上都有了很大的变化。《汉武帝内传》中的西王母"年三十许，修短得中，天资掩蔼，容颜绝世，真灵人也。"她不仅掌握"不死之药"，而且掌握着使人长寿的"三千年一生实"的仙桃。西王母的形象在演变过程中，从一个刑罚之神、死亡之神、凶神变为生命之神、增寿之神、吉神，这一点颇耐人寻味。笔者认为这是因为西王母的形象被赋予了一种象征意味，即死亡与再生的循环，因而西王母形象中也就蕴涵有

[①] 袁珂：《中国神话史》，第46~51页，上海文艺出版社，1988年。

"死亡—再生"的原型。这一原型具有深刻的内涵:人类有生命的诞生,就有死亡的威胁;生与死是二元对立的,又是彼此循环往复的,死亡之后又有再生;人类在生死之间探寻着生命不息的秘密。"死亡—再生"原型形成于深厚的汉文化语境之中。

首先,从神话所映射出的文化内涵来看,死亡与再生体现为一种空间方位上的对立统一。古神话中的宇宙具有很强的系统化特征,典型的有四季与五方神话。《淮南子·天文训》中记载:"东方木,其帝太昊,其佐句芒,执规而治春。南方火,其帝炎帝,其佐朱明,执衡而治夏。中央土,其帝黄帝,其佐后土,执绳而治四方。西方金,其帝少昊,其佐蓐收,执矩而治秋。北方水,其帝颛顼,其佐玄冥,执权而治冬。"据《国语·晋语》记载,少昊的属神蓐收既是秋神,也是一位"人面、白毛、虎爪、执钺"的刑罚之神。可见,西王母与蓐收在神职上是一致的,都是刑罚之神,二者形象上也有相似之处:蓐收虎爪,西王母虎齿,这能更好地衬托二神的威严之相,二神有某些相通之处。蓐收还有一个神职,"西望日之所入,其气圆,神红光之所司也"(《山海经·西次三经》),即考察太阳反影西沉,将太阳"入收"。这说明太阳东升西落,是在日夜之间、东西之间交替循环的,即"阳往阴来",因此可否这样理解:日落之地又蕴涵着日升的能力,同样,主刑罚的凶神又掌握不死之药也就不奇怪了。更何况少昊和蓐收掌管着一万二千里的"西方之极",这里有"饮气之民、不死之野","食气者神明而寿","不死之野"有"圆丘山,上有不死树,食之不死"[①]。驻锡于此的西王母也就具有掌握不死之药的神职了。同样一个西王母,既掌管天灾、瘟疫、刑罚、杀戮,又掌握不死之药,这种看似矛盾的神职功能实际上是神话中"死亡—再生"原型在空间方位上的体现。

---

① 袁珂:《古神话选释》,第176页,人民文学出版社,1979年。

第十五章 青海民族民间文学与审美

其次,这种空间方位上"死亡-再生"原型的交替循环中,又包含着时间上的循环往复。神话学家王孝廉认为"世界上各民族,都是把时间看做一种圆形有如车轮般循环的东西"①,他将这种观念称之为"圆形时间观念"。在洪水神话、变形神话中都体现了这种观念。在西王母神话中,太阳东升西落,它与月亮盈亏、四季交替,一年周而复始一样,都是循环往复的。例如古代的蜡祭,在一年的最后一个月举行,《蜡辞》讲:"土反其宅,水归其壑,昆虫毋作,草木归其泽!"(《礼记·效特牲》)这都在讲一种环状的运行,即周而复始。因此,作为被纳入时间轨道的死与生也是彼此循环往复的,终点即起点。如此一来,主刑杀的凶神西王母同样也可掌握不死之药,"死亡"与"再生"也就握在一人之手了。

第三,"死亡—再生"原型中还包蕴着汉民族早期哲学观念的源头。人类学学者叶舒宪认为:"二元对立在中国神话思维和哲学思维中是相对的而非绝对化的,中国神话哲学在对立的统一中蕴涵着一元论的宇宙观,阴与阳的对立只不过是同一个宇宙本源即太一的变化形态而已,'两仪'的分裂不是对抗性的,而是统一在一个'太极'圈之内的,是道在其运行过程的不同表现。所谓'一阴一阳谓之道','道生一、一生二','太极生两仪'等说法都是把二统合在一之中的。"② 中国古代早期哲学认为道即"太一",是万物本原,其运行规律是"反者道之动",即当万物发展到一个极端时,会朝反方向的另一个极端移动。这显然是受到日月运行、四季嬗替的启发,当然也受到了古神话,尤其是蕴涵于神话中的一系列观念的影响。"死亡—再生"观念就是其中之一。

---

① 王孝廉:《中国的神话世界》,第 101 页,作家出版社,1991 年。
② 叶舒宪:《中国神话哲学》,第 114 页,中国社会科学出版社,1992 年。

"死亡"与"再生"是人类最为关注的话题之一。对死亡的恐惧和对再生的渴望这两种复杂的情感贯穿着神话的始终。在西王母主刑杀兼握不死之药的形象中蕴涵着"死亡—再生"的原型，这从羿求不死之药的神话中可以再加以佐证。神话学家袁珂认为：天神羿被帝俊派遣，"扶下国"、"恤百艰"，但羿射去九日，触怒了九日的父亲帝俊，因此被贬为凡人，羿为了避免凡人之死的命运，这才有了"羿请不死之药于西王母"的神话，但不死药终被其妻嫦娥所盗，最后羿死于逢蒙桃杖之下，成为除害的宗布神①。作为天神的羿经历了英雄应该经历的一切考验，包括射日、被贬、下凡、请药、被窃、被害，最终成神。羿的一生就是一个"死亡—再生"原型的完整体现，而西王母形象是这个神话主人公"死亡"与"再生"环节的关键枢纽。

　　西王母这一形象从穴处的蓬发怪神演变到雍容典雅的神仙，始终都贯穿着"死亡—再生"这一主题，它体现出汉民族的神话思维和哲学思维，在空间认识上，以五方神话构筑世界，东对西、南对北，中为黄帝，五方又与五色、五行结合，形成了空间的架构。在时间认识上，以日月星辰神话、四季神话与五方神话紧密结合，以四季的交替构建了一个动态的、有序的、周而复始的神话时空。"死亡—再生"原型包含的哲学意蕴不言而喻。汉民族早期哲学的核心就在于时空的周而复始，即"反者道之动"。西王母这一神话形象中蕴涵的"死亡—再生"原型就以神话的方式阐释了"生的运行方向就是朝向死亡，死亡中又会蕴育再生的力量"这一主题。

　　通过上述分析可以看出，青海民族民间文学中蕴涵有丰富的原型意象，其中藏族"尚白"观念形成的"白"色原型，在其民间文学中流布甚广；土族原始文化中的蛙崇拜，使"蛙"成

---

① 袁珂：《古神话选释》，第265~288页，人民文学出版社，1979年。

第十五章 青海民族民间文学与审美

为土族民间文学的重要原型;西王母神话更多的是存在于典籍之中,但其中隐含的"死亡—再生"观念至今仍存活于民众头脑之中,带有鲜明的汉文化色彩。这些原型意象承载着丰富的民族文化底蕴和审美意味,是青海民族民间文学中具有代表性的原型意象。

三、民族文化投射下的民间文学程式

民间文学的程式研究涵盖了民间文学几乎所有的文体类型。史诗研究中的"口头程式理论"最有影响,它现在已经成为一种用来解释整个口头文学程式的理论。普劳普的民间故事形态学,科隆父子及阿尔奈、汤普森的民间故事类型学研究、神话母题研究也紧密地围绕民间文学的程式化特点展开研究。这些理论的借鉴,对我们研究青海民族民间文学程式化的美学特征大有裨益。笔者将以民歌的起兴程式、故事的结构程式、祝赞词的表述程式三方面的审美特征,对存在于青海民族民间文学中的程式做一分析。

(一)民歌的起兴程式审美

"兴",或曰"起兴",其历史十分久远。孔颖达在《毛诗正义》中认为:"赋、比、兴是诗之所用;风、雅、颂是诗之成形。"朱熹具体分析了"赋、比、兴"的内涵,他认为:"赋者,敷陈其事而直言之者也。比者,以彼物比此物也。兴者,先言他物以引起所咏之词也。"后来的学者基本采用这种说法,将"赋、比、兴"看做诗的三种表现手法。

兴就是先言他物以引起所咏之辞,即托物起兴,先描绘某种事物,用来引发所咏唱的内容。兴在文学中的运用自古有之,《诗经·国风》是先秦时期民间歌谣的集中展示,其中兴的运用

十分丰富。直到今天,"起兴"都是民间歌谣十分重要的表现手法。中国民间歌谣中的信天游、花儿及众多南方民歌都很注重起兴手法的运用。作为青海民间歌谣的一朵奇葩,"花儿"的起兴形成了其艺术魅力的重要方面。花儿起兴的作用主要有两方面:一是出于借声调、借韵脚等形式上的需要。这一点完全符合朱熹所言"先言他物,再言此物"的论述;二是出于表达情感的需要,以起兴之物与所咏之物之间的微妙联系来抒发各种复杂的情感,正如钟嵘《诗品》所言:"文已尽而意有余,兴也。"可见,花儿的起兴传统就是一种程式。

青海花儿的起兴程式与其他民间歌诗的起兴一样,也是在长期流传过程中形成的。花儿起兴所咏事物的范围十分广泛,可谓"宇宙之大、蝇虫之微",面面俱到。且这些事物多与花儿流传地的自然环境、人文环境、民风习俗、生产生活方式等密切相关。歌者信手拈来,听者会心微笑。因此,青海民间文学起兴程式的发展和传播,不能单靠自身,而必须有赖于民众对这一文化传统的保护和传承。口传思维的特性之一就是保守和传统化,人们接受口传文化时,往往需要大量重复一些知识及概念,以防它们销声匿迹。因此,为了传承起兴创作手法,人们会反复使用这一技巧,不断扩大它的使用范围,努力提升这一技巧的表现能力,将许多新的内容纳入起兴所能表现的框架之中,这就使起兴这一传统方法常用常新,不断被充实而形成为一种独特的文学程式。一首青海民间歌谣,很可能就是因为它具备了有意味的形式、传统的起兴、富有文化内涵的意象以及相应的情感内涵,而被人们认为是一首成功的、富于特色的民间文学创作。

起兴之所以被认为是一种传统,和兴的深厚内涵有直接联系。《诗经》中的种种起兴之物就不是一个简单的寄兴之物。《桃夭》以桃花兴新娘的姣好面容,但笔者认为,"桃"的生殖指向是此处起兴的重要文化内涵。由于神话中桃木为幽禁鬼魂的

第十五章　青海民族民间文学与审美

神木,所以桃花与桃木、桃符联系在一起,在汉文化中有执正祛邪之意;桃子又被认为是增寿的水果,因而有"桃寿"之说;桃因其外形被指向古老的生育主题,象征女阴并引申出生育、多子的内涵。因此,《桃夭》以桃起兴,既是在表达新娘如桃花般娇艳美丽,也是在含蓄祝愿新娘能早生贵子,祝福新婚夫妇子孙满堂。花儿的起兴也是具有丰富文化内涵的。有一首传统花儿唱道"桃之夭夭桃杏花,折着个瓶里献下;阿哥去了把魂丢下,陪着我尕妹子坐下。"就以"桃夭"起兴,既含有深厚的内涵,又取了"逃之夭夭"之意,暗含"我"企望形走魂留的不舍与留恋。"水"在花儿中也是常见的寄兴之物。一首花儿唱道"绿悠悠儿的长流水,当啷啷地响了。热乎乎儿地离开了你,泪涟涟儿地想了。""水"自古表达了人们对时光易逝的感慨。孔子就有"逝者如斯夫!不舍昼夜"的感慨。这首花儿中以绿水长流象征时光飞逝,表达了情人之间炽热的相思之苦。这种相思的煎熬使时间成为了最具杀伤力的武器。"柳"自古也有惜别、留恋的文化内涵。古人就有"折柳相送"的习俗,这是取了"柳"与"留"的谐音。青海花儿也常取"柳"起兴。"柳树栽给着官沟上,树叶儿落给着水上。相思病得给着心肺上,血痂儿坐给着嘴上。"因为"柳"所具有的内涵,使这首花儿更深刻地表现了情人间因思念而产生的痛苦与焦灼。"牡丹",作为花儿中最常见的寄兴之物和取譬之物,同样具有其深刻的文化内涵。牡丹自古以来就有象征女性、爱情的文化内涵,因此会被"唱把式"们频频取用。"上去高山望平川,平川里有一朵牡丹。琵琶三弦着没心肠弹,一心儿跟上了你转。""白牡丹白着耀人哩,红牡丹红着破哩。跟前来哈有人哩,远远儿陪你着坐哩。""牡丹"作为女性及爱情的象征,在描摹女性时形神兼具。

　　起兴作为一种程式,既体现出类型化的形式特点,又深具文化内涵,是神与形结合为一的典型表现。

(二) 故事的结构程式审美

民间故事作为在世界范围内广泛流传的民间文学的一种，往往可以超越时代、超越地域而显示出惊人的一致，这是因为"故事的情节结构比它的形式更稳定更持久"①。这种更为稳定和持久的故事情节类型经过一代代学者的研究，成为一个专门的学科——故事类型学，这一学科的研究对象就是民间故事程式化的故事类型。

笔者在青海民间故事研究中，归纳出七种较为经典的民间故事类型，这些类型除少数变异的情况外，均与A—T分类法的情节类型一致，体现出民间故事结构很强的程式性。例如"龙女型"的主要情节是：①穷苦的牧羊人救了龙王、龙子或龙女的命。②龙王要感谢牧羊人，带他去龙宫做客，并要送他礼物。③有人告诉他该选择什么礼物。④上岸后，这件礼物变成龙女，给牧羊人做饭，并带来财富。⑤几天后，他窥见这个姑娘，娶她为妻。⑥他们打败了妄图霸占龙女的坏人，过上了幸福的生活。龙女型故事属于A—T分类法中的"超自然的妻子"（类型400），这一类型的民间故事在青海的藏族、蒙古族、土族民众中均有广泛流传，与这几个民族的民间信仰有一定关系。龙王信仰在这几个民族中是较为普遍的，这一类型的"超自然"因素与民众的宗教信仰紧密相连。此外，故事的主人公多是贫苦的放羊娃，从主人公的职业可以清晰地看出这几个民族的游牧生产生活方式的印记。

再如"怪孩子型"的故事情节是：①一对夫妇想要一个儿子。②他们得到了一个青蛙儿子。③儿子打算娶个漂亮姑娘，姑

---

① ［美］斯蒂·汤普森：《世界民间故事分类学》，第12页，上海文艺出版社，1991年。

第十五章 青海民族民间文学与审美

娘的父母提出了苛刻的条件。④蛤蟆儿子满足了他们的条件,同姑娘结了婚。⑤妻子或母亲将青蛙皮烧了,这样他就不能再变成蛤蟆了。⑥蛤蟆儿子仍是人,或者因此死去或消逝。这个类型在A—T分类法中叫做"拇指大的汤姆"(类型700),这类故事在青海蒙古族、土族、撒拉族民众中广泛流传。撒拉族故事《青蛙儿子》情节较为简单,青蛙儿子向俊姑娘唱情歌,很快赢得了姑娘的芳心。而土族故事《莫日特巴蛙》和蒙古族故事《青蛙孩子》的情节则复杂得多。青蛙孩子用法术满足了姑娘父亲提出的苛刻条件,终于娶回了聪慧善良的姑娘。土族故事的结局是悲剧型的:妻子烧了蛙皮,却给丈夫带来了厄运,丈夫的性命危在旦夕,尽管妻子尽了最大努力,也未能救活丈夫,而她自己则化成了一尊石人。尽管是一个类型的故事,但由于流传过程中的变异,产生了各自不同的美学效果。

"两兄弟型"属于A—T分类法中的"超自然的帮手"(类型500),其主要情节是:①两兄弟分家,大哥只给弟弟一条狗或将其赶出家门。②弟弟用狗耕田,富了起来或弟弟得到帮助变得富有。③哥哥效仿弟弟的做法却得到相反的结果。这一类型的故事多流传于农业区的汉族、撒拉族、回族、土族民众中,带有鲜明的农耕文化风格。如撒拉族故事《分家》、回族故事《两兄弟》,后者则包含了一些动物故事的情节,使这一故事在妙趣横生的神奇叙述中,充分满足了回族民众的道德与情感的需求。这一类型往往采用典型的对比式结构,对两个对立角色:哥嫂与弟弟,用层层推进的情节方式,进行明暗、顺逆的强烈对比,最终以对为恶一方报复成功为结局。

从以上流传于青海各民族间的故事类型来看,它与A—T分类法中的情节类型基本一致,比较典型地体现了民间故事的程式规律。这种程式体现出民间故事结构在世界范围内的一致性,不同肤色、不同文化、不同宗教信仰、不同语言的各民族却讲述着一样的故事，传承着同样的故事类型，这不能不说是一种奇异而美好的现象。这种程式有利于民间故事的流传，有利于各个民族间的文学及文化的交流，这应该说是民间故事程式的美学功能吧。

(三) 祝赞词的表述程式审美

祝赞词是至今仍然在青海藏族、蒙古族、土族等民族中广泛流传的一种民间歌谣，内容十分广泛，蕴涵丰富，可分为祝词和赞词。祝词主要是献给神灵、祖先的颂歌，或长辈对晚辈的祝愿，是一种美好情感的流露；赞词主要是赞美和本民族生活息息相关的景物、器物、礼品、牲畜等，多称颂其用途、特点及功能。祝赞词多在节庆、盛会之际由专人吟诵，吟诵者可能是德高望重的长辈，也可能是擅长吟诵的人。祝词和赞词有一定差别，但也常有祝中有赞、赞中有祝的情况。至今，这些民族的民众在盛大的婚礼、节庆等盛会上，都会有专人吟诵内容丰富的祝赞词，表达美好的祝愿，尽情抒发赞美之情。此时，祝赞词会完美地结合在一起，共同表达人们美好的祝福和喜庆之情。

口传文学的表演有其深层的机制，是一种程式化的规则支持着艺人的记忆，祝赞词的吟诵也是如此。笔者在此主要以口头程式理论中的一些规则，来解释藏族、蒙古族、土族祝赞词的生成机制与表演规律。

口头程式理论（Oral Formulaic Theory）又称"帕里—洛德理论"（Parry - Lord Theory），是已故的哈佛大学教授米尔曼·帕里和阿尔伯特·洛德在20世纪创立的一种民俗学理论。该理论已在较为广泛的范围内进行了操作，较为准确地描述口头叙事诗歌的创作和传播过程，尤其是在荷马史诗的研究中富有成果。今天伴随口头程式理论的发展，它被译介到中国，并被运用于口头诗学的研究，取得了一定的收获，尤其在蒙古族史诗《江格

第十五章　青海民族民间文学与审美

尔》的研究中颇有见地。

结合口头程式理论的研究,笔者认为青海藏族、蒙古族、土族口头文化中的祝赞词,鲜明地体现了口头思维的一些特点。提到口传思维,我们必须提起"原始思维"这个概念。原始思维很大一部分借助口传文化体现出来,当然也借助其他艺术形式:音乐、舞蹈、雕塑、壁画,等等。列维·布留尔对原始思维的认识是认为它是"前逻辑"的,即与信仰有密切关系的一种思维方式。而弗朗兹·博厄斯则认为"在所有民族中以及现代一切文化形式中,人们的思维过程是基本相同的",① 只是原始民族与我们使用的范畴体系有所不同。从这个意义上讲,今天各民族的口传文化是运用了另一套与逻辑思维、书写文化不同的思维体系与口传方式。这一点在祝赞词中也有较为鲜明的体现。

首先,祝赞词中体现着口传思维保守或传统化的思维特点。这种思维特点注重反复述说部族长期以来积累的知识,不鼓励智力创新,即便这种口传文化有创新也总是将新材料重新组织到传统的套话主题中。这种思维特点在今天少数民族的祝赞词中表现得十分鲜明,祝赞词的吟诵者会将诸多象征现代化进程的意象巧妙糅进旧内容。这种变异在吟诵者看来是十分正常的。例如每年春节藏族长辈要为年轻一代吟诵祝词,他会巧妙地将"要落座足下有白毡,要出行胯下有白马"改为"要落座足下有沙发,要出行胯下有摩托"。这种祝词因为其现代元素的加入,通常会令听者幸福地想像来年的生活图景。一位蒙古族母亲送儿子参军时即兴吟诵道:"浩尔吉酒洒在昆仑山顶,万丈的光芒闪烁辉映;入伍的青年们喝下去,胜利的喜报传回家中。浩尔吉酒洒在鲇鱼身上,转身它变成金色的龙。出征的孩子们喝下去,立功的

---

① [美]弗朗兹·博厄斯著,金辉译,刘乃元校:《原始艺术》,第5页,上海文艺出版社,1989年。

喜报传回家中。浩尔吉酒洒在鲤鱼身上,转身它变成银色的龙。参军的孩子们喝下去,康健的喜讯传回家中。"① 这段祝词明显是将参军入伍这一现代内容糅进了程式化的传统祝词中,运用"酒"、"鲇鱼"、"鲤鱼"、"金龙"、"银龙"等传统意象表达了母亲的祝愿。草原上老练的吟诵者往往能将宗教教义、现行政策、时事及传统内容巧妙结合在一起,不同内容之间彼此互相关联,形成一种"新"的传统。

其次,祝赞词在某种程度上表现着口传思维贴近人文生活世界的特点。祝赞词中对某些知识的概念化描述是紧密参照人文生活世界的。例如《格萨尔王传·贵德分章本》中的"酒赞"这样描述酿酒的原料、工艺、功能:"做酒的青稞好像野鸟成群飞,煮酒的蒸汽好像香烟蓬蓬起。下边一滴一滴好美酒,滴到银盆里像金鱼。先前丢上一块曲,好像半山紫雾腾空起。今天喝上一口酒,好像尖嘴鱼鹰钻水里,威武的大五喝了肚量如天大,胆小的人喝了也能壮胆子。酒走手上能拉硬宝弓,酒走身上能穿重铠甲。酒走头上能戴百斤盔,酒走腿上能骑千里马。"② 从这一段赞词可以看出,酒作为游牧民族的生活必需品在对它加以描述时,完全以人文世界的观照方式、情感表达方式作为参照,将酒与人们的现实生活场景紧密结合起来,用人们极其熟悉的生活体验去描述酒,形象地表达了人们对酒的认知。这种认知是情境化、感性化的,而非抽象化的。吟诵者正是通过人们能理解和感受的生活情景的描述方式完成着他与听众间的沟通。

在祝赞词中表现得最为鲜明的是以上两种口传思维的特点,

---

① 杨亮才、陶立璠、邓敏文:《中国少数民族文学》,第198页,人民出版社,1985年。

② 王沂暖、华甲译:《格萨尔王传·贵德分章本》,第54页,甘肃人民出版社,1981年。

第十五章 青海民族民间文学与审美

在这种传统的、人文的思维方式观照下,祝赞词的内容又表现出诸多与这种思维方式密切相关的一些表述上的特点,这些表述上的特点是可以用口头程式理论来解释的。

第一,祝赞词中处处体现着反复之美。这种反复瓦尔特·翁称为"冗赘"或"复言"。由于口语的线性传递方式具有无法回放和无法修改的特性,而在听众那里始终将关注点放在吟诵者所吟诵的内容上,因而就吟诵者而言,反复成为他不停嘴却可以思考下面内容的重要手段。就听众而言,反复成为他强化领悟吟诵内容的方式。但笔者认为,这种反复有其形成的深层机制,对此博厄斯在《原始艺术》中有清晰的阐释,他从北美洲地区的艺术,尤其是绘画、造型、装饰艺术的形式、象征意味、风格入手加以探讨,结合文学、音乐和舞蹈,分析了图形中的反复、音乐节奏中的反复、诗歌歌谣的反复及舞蹈动作的反复。由此,笔者认为反复是民间文学受原始文化影响很深的一个反映,各种形式的反复既符合原始艺术思维的特征,也符合民间文学口头传承和审美的需要。正是这种机制使反复从工作、手段层面上升为审美意识、理念层面,使今天的书面文学作品也十分强调运用反复这种修辞手段。

在藏族、蒙古族、土族这几个民族的祝赞词中,其内容多有反复。以《格萨尔王传》为例,格萨尔要去救出妃子梅萨时,有大段对武装、武器的颂赞:"妃子珠毛你听着,你快去开开仓库门的锁钥。拿出我那胜利白额好头盔,拿出我那世界披风好战袍。把上边的灰抖呀抖三下,再抖一下就把妖魔魂抖掉。拿出我那朱砂降魔剑,拿出我那水晶白把刀。抽刀出鞘亮呀亮三下,再亮一下就把妖魔魂吓掉。拿出我那大鹏展翅好箭袋,拿出我那红鸟七兄弟好神箭,把箭头磨呀磨三下,再磨一下就把妖魔魂吓掉。拿出我那大星放光的挡箭牌,拿出我那弯如牛角的好宝弓,把灰尘抖呀抖三下,再抖一下就把妖魔魂抖掉。从中间的仓库里，拿出我那红绒方垫的好鞍鞴，拿出我那光辉灿烂的金鞍子，把灰尘抖抖呀抖三下，再抖一下就把老妖魂抖掉。"[1] 这段赞词以大段的重复赞美了格萨尔的头盔、战袍、剑、刀、箭、箭袋、弓、挡箭牌、鞍鞴、马鞍这些战时的装备及武器，在结构及语气上均有反复。这种反复以较强烈的夸张手法使听众确定格萨尔所拥有的这些装备、武器的神奇与珍贵，并确信这些神器所拥有的强大的御敌力量。从表述上给人以听觉的回环美感，使听众产生共鸣，这种效果正是艺人力图营造的。

第二，祝赞词中处处体现着铺排之美。这种铺排也被称为"聚合"、"添加"，是指在祝赞词及其他口传文学中对所表述的内容进行铺排、聚合、添加的艺术。铺排也是基于口传思维的特点及对记忆规则的依赖，吟诵者为了追求吟诵的实用性，即更便于吟诵者的吟诵而使其表述具有更多言语的聚合和添加。

这种铺排有两种情况，一是添加内容，但这不是语义上的递进，而是内容上的添加。土族婚礼上"赞东家富裕"的歌这样唱道："东家家里没马圈，大马小马可不少，骑的骑来拴的拴。东家家里没牛圈，大牛小牛可不少，挤的挤来驮的驮。东家家里没羊圈，大羊小羊可不少，山里滩里到处是。东家的肉库我没见，桌上的肥肉堆成山，吃的吃来拿的拿。东家的酒库我没见，壶里的美酒没个完，已经喝醉不少的人。"[2] 这段祝赞词共5节，每节3行，每节均用一个否定句和两个陈述句组成一节，每节之间均为并列的结构关系，这种内容的添加仅为表达东家的富裕，以结构上的反复和内容的添加给听众留下深刻印象，并无内容上

---

[1] 王沂暖、华甲译：《格萨尔王传·贵德分章本》，第50页，甘肃人民出版社，1981年。

[2] 中国民间文艺研究会青海分会：《青海省民族民间文学资料·土族文学专辑》（第三卷，内部资料），第33页，1980年。

第十五章 青海民族民间文学与审美

的递进。

第三,祝赞词的表述往往是聚合的,而不对内容进行分析。蒙古族的"马赞"即是一例:"雄狮般的脖颈啊,星一般的双眼,猛虎似的啸声啊,麋鹿般的矫健。精狼似的耳朵啊,凤尾般的鬃毛,彩虹似的尾巴哟,钢蹄踏碎千座山。刚掖下后襟,就驰过了十重山岭,刚掖下前襟,就跨过了七座山峰,比离弦的飞箭还快,比飞翔的雄鹰还猛。除了它自己的尾巴,一切都被它拉下;除了它自己的影子,什么都追不上它。"① 这一段赞词,聚合了许多赞美马的内容:马的俊美、马的速度。这些传统的表述方式是在漫长的传统中聚合成的,无法拆分。说到马,吟诵者会脱口而出以上这段内容,并且这段内容是将马的体质特征进行了添加性、聚合性的描述,未有逻辑的分析,这显然更符合口传思维的特点。

第四,祝赞词多有因细节肥大而形成的精微、细致之美。由于口头语言线性传递的特点,吟诵者往往会在思考下面内容的同时对已出口的内容进行细节上的添加、增饰,使细节呈现肥大的特征。这种细节上的精微、细致之美能使听众对所描述的事物印象更为深刻。前文列举的《格萨尔王传》中的"酒赞"就体现了细节肥大的特征:青稞之多犹如野鸟群飞,蒸汽迷蒙犹如烟雾缭绕,酒滴淳厚犹似金鱼游动,饮酒酣畅犹如鱼鹰潜水。这种细微的刻画使听众完全沉浸在了对美酒的无限向往之中,而艺人们则在这一通漫长的精巧刻画之后,朗朗述说下一环节的内容。民间艺人对这些规则的运用是十分从容的。

第五,祝赞词的语言多富于形象之美。口传文学语言的形象化与口传思维情境化有直接关系。瓦尔特·翁认为口传的思维与

---

① 杨亮才、陶立璠、邓敏文:《中国少数民族文学》,第197页,人民出版社,1985年。

抽象思维是有所不同的，前者更多地具有情境化的特点，即在人们所熟知的环境中进行思维。因此，吟诵者或说唱艺人们会拿出自己全部的生活经验和阅历对事物进行形象的描摹，而不是抽象的归纳。这就形成了祝赞词语言的形象性。前文列举的蒙古族"马赞"，在前几节巧妙地将马身体的各部分特征形象地加以描述，让听众领会到被称为"骏马"的标准，即雄狮般的脖颈、星一般的双眼、猛虎似的啸声、麋鹿般的矫健、精狼似的耳朵、凤尾般的鬃毛和彩虹似的尾巴，这种形象的语言并非吟诵者的独创，它背后应该有一个更为强大的口头程式传统和审美理念在支撑它，使吟诵者自然地运用这些形象语言而不觉突兀。当然，其间吟诵者也会掺杂一些自己的创作，使这一传诵稍有变异。这种形象语言的大量运用，在很大程度上丰富了祝赞词的内容，增强了其审美价值。

第六，辅助语言在祝赞词中也比较丰富。因为祝赞词的吟诵带有表演的性质，因而形成了各民族不同的辅助语言特征。在藏族的节庆祝词上，吟诵者通常手捧哈达，在正式吟诵之前先发出一个响亮的拖音"啊"，然后以较快的速度开篇："今天的太阳吉祥、月亮吉祥、星星吉祥……"，这些辅助语言表现了吟诵的动态特征，其表达方式也具有一定的程式，而这一切在记录下来的文本中则往往被忽视。

从以上六点来看，祝赞词具有许多口头表述的程式化特征。首先，这种程式在很大程度上是静态的，因为它是由运行了很久的一个强大的传统支撑的，这个长期以来由社会成员共同努力形成的程式化传统是难以改变的。人们尤其是艺人们往往会选择接受惯例，并将它制定成一种标准，来审验一个口头作品的真伪。作为听众，他们显然也十分认同这个经由他们的祖辈制定并传承下来的情感模式和话语模式。吟诵者或艺人们以及听众形成了一个稳固的传统载体。但就每一次表演、说唱或吟诵来看，吟诵者

第十五章 青海民族民间文学与审美

或艺人们的每一次表演都是不同的,每重复一次都会有一次细微的变异,这种变异就是吟诵者或艺人的再创造。因此,从这个意义上讲,程式又有动态的变化,它是静态与动态的结合。

其次,程式化的口传文学在传播时会体现出较多的口传表述特点:反复、铺排、添加等,这些特点契合于口传文学的表演,使之呈现出独特的美感。而当这些口传文学被记录成文本之后,书面文本的口传文学则显得拖沓、冗长,甚至沉闷。因此,许多被记录的口传文学作品均被"简洁化"处理,而从口头程式理论的角度来看,我们需要探讨如何保留这种口语特点,在祝赞词的收集整理中这个问题就显得格外迫切。只有兼顾口传文学程式化的这两个方面的问题,我们对祝赞词及其他口传文学才能更深入的挖掘。

程式作为开启民间文学创作秘密的一把钥匙,深藏于民间文学的各个文体之中。笔者所摘取的以上三个方面仅仅是其中一部分。程式是民间艺人、故事家的创作方法;程式化,在传承过程中已成为民间文学所具有的形式特征。在崇尚多元与个性的现代化进程中,这种程式化并非逆势而行,而是民间文化与民间文学保存自身的有利武器。民间文学恰恰是在这种程式化中传达出它所具有的独特魅力和审美效果。

第十六章　青海民族民间音乐与审美

作为审美范畴的音乐既是民族文化的承载者，也是民族民间文化重要的组成部分，要了解音乐本身必须从音乐产生的文化入手。正如美国民族音乐学家布鲁诺·内特尔（Bruno Nettle）所说得那样："从其文化上的来龙去脉研究民间音乐，这是民族音乐学的一个部分，民族音乐学是一门综合多种学科的研究方法与探讨途径的科学。它的原始材料是用人类学的技法加以收集，并以民俗学的技法加以分类的。然后把这些记在纸上，通过音乐学的方法进行分析，但分析的结果则往往又用人类学的理论来解释。"① 研究青海民族民间音乐也必须遵循这样的法则：将音乐置于使之产生的深刻的地域和民族文化背景下，借由人类学、民俗学、民间文艺学等多种学科所提供的视角，探索和发现民族民间音乐的文化形态特点，进而研究其形成、发展、演化的内在规律，以及不同音乐文化在形态、风格上的审美特征。

---

① ［美］布鲁诺·内特尔著，吴佩华译：《民间音乐研究》，刊载于上海音乐研究所、安徽省文学艺术研究所合编《音乐与民族》（铅印本，1980年）。

第十六章 青海民族民间音乐与审美

第一节 青海民族民间音乐的类型特征

青海民族民间音乐的发展有着与其他民族文化的共同属性，也有着迥异于其他地域、其他民族文化的特质。一般意义而言，青海地区的民间音乐在音乐内容上可分为民歌音乐、民族器乐音乐、戏曲音乐、曲艺音乐、民间歌乐音乐以及宗教音乐等部分，在音乐形式上可分为歌乐和舞乐两个部分。

一、民族民间歌乐

歌乐，主要包括民族民间歌唱音乐中的声乐作品类型。传统的分类方法主要基于汉族民间音乐进行分类，有三分法（号子、山歌、小调）、综合汉族与少数民族民歌因素的五分法（劳动号子、山歌、小调、长歌、多声部歌曲），以及颇有争议的七分法、十一分法等，这些分类方法多不能完全和准确地对青海地区特有的民族民间歌唱音乐进行概括和涵盖。其理由如次：其一，三分法里歌乐被纳入小调的体裁，五分法又将舞乐完全"遗忘"，似乎是被并入到了民歌之中。事实上，青海地区的歌乐在文化上的特征是十分明显的，诸如仪式性、民族诗学特征十分浓烈，而且在俗民的生活中已经上升到了信仰、哲学的层面，占据着极其重要的位置。原有的分类方法不是缺乏对全貌的准确囊括，就是将其本质性的文化特质予以不恰当的模糊。其二，一些民族民间音乐的分类原则中强化了"灯歌"、"秧歌"，显然又与藏族、蒙古族、回族、撒拉族等民族的文化背景相去甚远，而且类属关系十分混乱。其三，在三分法和五分法的比较中，我们还知道增加了长歌和多声部民歌两类体裁，虽然也考虑到了民族音乐的特征，分类原则中也强调了长歌所谓"风俗性的和史诗性的"歌种，但几乎还没有学者真正从音乐本体去研究这些独具魅力的歌种，分类及其研究中的实际重视程度不尽人意，而且青海高原藏族、蒙古族、土族的"风俗性的和史诗性的"音乐中，"舞"并不作为其主要的或者至少是并列的因素，在一些纯粹的"舞"当中并没有"歌"的实际存在。其四，在民族民间歌乐中，歌乐常常伴随着群众性的宗教文化活动，或者是宗教性活动的文化遗存，可能有机地吸取了山歌的养料和元素，而绝不可能有某一种民间山歌被纳入这些仪式性、宗教性很强的活动当中。

基于上述理由，我们认为青海民族民间音乐的下一级体裁分类，应当将歌乐放置在青海特殊的地域文化、民族文化、宗教文化的深刻背景下来进行考察，其分类主要包括小调、吟诵调、儿歌、多声部，以及戏腔五类似乎更加合适。

(一) 小调类

小调类的歌乐，一般是指在抒娱性、表演性的歌乐场合下，音乐内容具有很强的程式性、规范性，形式完整规范，表现手法丰富细腻，表达内容曲折隐晦，以娱乐、抒情、谐趣等喜剧审美特征为其主旨的曲调类型。具体形式又是多样的。

1. 小调

是在地域性民歌的基础上，融汇和吸收周边族群的民歌、戏曲、曲艺等音乐元素之后演化、发展起来的音乐形式。音乐性上保留了很强的乡土性特征，淳朴、厚重、自然、朴拙，曲调、旋律呈现出程式化、节奏化、适合吟唱的基本特征，同时也受到民间歌乐艺人的加工和改造，在一定范围普遍传唱。如土族宴席上的骂嫁歌、哭嫁歌，藏族的囊玛、堆谐，汉族的社火曲子，撒拉族的宴席曲，以及各族均有的搅打儿曲，这些民族民间歌乐中，

第十六章 青海民族民间音乐与审美

曲调、歌词内容代代相传，内容相对固定，具有很强的原生性、传统性、传承性，较少有即兴演唱和随意编排的情形。

2. 谣曲

谣曲的基本性质属于小调类，但形式更为古朴、醇厚，较少受到历时性特别是现代音乐元素的浸渍，或较少有后期的加工和雕琢。在藏、土、蒙古等民族歌乐形式中较为多见，例如果谐、果卓、打歌（藏族等）、萨满舞（土族等）、狩猎游牧歌乐（蒙古族等）和地域性较强的舞种（汉、土、藏民族等的秧歌）当中，那些带有即兴特征，曲调与歌词的随意性较强的，且具有谣曲音乐形式特征的曲调，例如汉族各种秧歌的开场歌，许多是由著名的秧歌表演者即兴吟唱的。

（二）吟诵调类

吟诵类主要指那些"风俗性和史诗体"的曲调类型，在传统的分类原则中有的将此归为"风俗歌"一类，有的称之为"古歌"。依照我们对青海高原音乐文化的特点分析，应当将其分为"神歌"和"古歌"两类，这两类曲调都属于礼俗性歌乐音乐的范畴。

1. 神歌

主要用于各种祭祀性场合，由原始跳神、驱傩、禳解等活动组成。此类曲调都带有浓厚的吟唱特征，曲调的旋律、节奏、节拍等分为随意性和程式性两类。随意性主要应用于日常生活的各种祭神仪礼活动当中，吟诵内容根据祭礼内容而确定，篇幅可长可短，这些曲调主要存在于汉族庙会性质的歌乐、藏族和土族的原始信仰歌乐当中，如庙会秧歌、山神祭礼、於菟、跳欠等；程式类主要应用于宗教仪礼活动当中，根据祷祝对象的不同而选择固定的吟诵内容，篇幅严格按照活动主题要求，遵循传统形式的传承，且由专门的音乐人吟诵，最为典型的当属藏族宗教歌乐羌

455

姆、汉族目连戏的吟诵部分等。

2. 古歌

在青海地区古歌指存在于庄重的仪礼场合中，有巫师、首领、头人或者特别代表率领众人跳唱的叙述性歌乐，也指由专业化的艺人在一个聚落或一个部族聚众表演、吟诵的叙述性歌乐。音乐特征与神歌性质相同，但内容十分广博、篇幅浩繁。分别为土族的"庄稼其"和藏族、蒙古族、土族的格萨尔、江格尔说唱，以及蒙古族在庆祝场合里吟唱的三段式套曲长调等。

（三）儿歌

此类在不同地区、各个民族当中都普遍分布和存在，曲调短小、内容浅显、情绪活泼、意旨单纯，表面上是随意性的，而实际上要么是自古以来口耳相传的，要么是孩童根据自己的音乐阅历将现成曲调重新填词吟诵或吟唱的。内容体裁涉及游戏玩调、猜谜歌调、采集歌调、知识歌调、谶语歌调、谐谑歌调等多方面。如藏族儿歌"谐贝勒"很多都是千百年来传承的民间体裁，一般通过谜语或问答的形式，以藏族特有的方式教育儿童直接或间接地认识周围的环境，旋律短小精悍，易于记忆和习唱，以达到启发儿童智力的目的。事实上，在青海高原地区的许多儿歌都具有很强的文化特质、社会功能、审美特征，自身特有的内容、音乐形式上也都与其他地区和民族的儿歌有着十分迥异的特征，是十分值得关注的音乐体裁之一。

（四）多声部歌乐

青海各民族当中存在着多声部的民歌、曲艺演出，其中也有相当一部分仅作为舞乐的形式流传。主要分布于藏族的拉叶、勒、仲肯和汉、回、撒拉等民族的花儿、越弦，蒙古族"博"对唱等曲种中。这些多声部音乐常常以歌者与听众的互动形式存

第十六章 青海民族民间音乐与审美

在,以帮腔形式出现。如青海越弦与众不同的特色就在于帮腔的运用,演唱时有台上的独唱与合唱交替,也有舞台上下歌者的领唱与听众的合唱呼应,还有歌者与听众的二部甚至三部轮唱,歌者常因听众的呼应而深感有知音之遇,于是更加全身投入,使出浑身解数;听众也常因歌者唱出了心声而激动万分,于是群情激昂,更加欢声雷动。这种局面不仅渲染了演唱的现场气氛,更增加了艺术感染力,使歌者和听众在互动中取得心灵上的美感共鸣,情感达到水乳交融,演出效果十分强烈。当然和谐、理想的帮腔,在乐队伴奏的伴唱那里,必须是谙熟曲目、旋律和歌词,适时准确地切入;在听众那里需要的是十足的拥趸,完全的票友,至少也是对演唱曲目内容十分熟悉。在青海越弦中,以乐队形式存在有帮腔的曲牌共有几十种,一般根据词语特点分为四类:第一类是重句帮腔,将末句重复,代表曲牌有【剪靛花】、【银扭丝】、【金玉】等;第二类是衬词帮腔,即使用固定的衬词在相应的部位进行帮腔,代表曲牌有【太平】、【大莲花】等;第三类是拖音帮腔,根据句尾音转化发出"哎"或者"啊"等音在固定乐句帮腔,代表曲牌有【前背宫】、【皂罗】、【滚调】等;第四类是上述几种情况的混用,即在帮腔中重句、衬词、拖音交互使用,既有重句帮腔又有衬词帮腔,亦有帮腔先唱一呀二三作为衬词帮腔起句,然后重复后半句以呼唤听众帮腔,典型的曲牌有【岗调】等,这种帮腔一般都具有歌者与听众之间的相互暗示作用,长期的互动使之能够自如地运用。需要说明的是青海越弦艺人一般都不是专业的或者经过专门训练的,他们的演唱技巧多为自然发声,高声大嗓,进入高音区不得不使用假声,使得旋律的起伏也是真假声互用,与听众之间的帮腔互动也是长期共同生活才形成的默契,所以这种多声部歌乐尤显难得。

（五）戏腔歌乐

民间戏曲和曲艺当中存在许多初具板腔音乐特征的戏剧性唱腔，存在于河湟花儿套曲、河湟秧歌等传统歌谣和为数不少的民间小调，以及青海地区的各种小戏曲调当中。

二、民间舞乐

舞乐主要指民间音乐中器乐伴奏的音乐，一般又可分为打击乐、吹管乐、弹拨乐、拉弦乐和综合性吹打乐、弦索乐，以及多种乐器演奏的合奏乐曲等类。在青海地区的河湟汉族生活聚居区，由于戏曲音乐与一般性器乐混用，特别是向歌乐小戏发展的过程中，一些曲目常与戏曲曲目相混，或者置于幕前演奏作为招徕观众的牌子曲、过门曲，舞乐则出现与一般性器乐混用的现象，以致在实际生活中难以研判和分辨。这种情形在青海少数民族音乐中混用情况并不多见，但仍有相当大的一部分民族器乐音乐是以舞乐为主的，在此我们分别予以略述。

（一）打击乐

舞乐之丰富，在青海地区几乎以打击乐称冠，而打击乐中的鼓乐，可以说是青海音乐长廊中纵贯古今、异彩纷呈、美不胜收的部分。鼓乐器的种类从品种、材质、形制、演奏方式等角度就包括花鼓、腰鼓、擂鼓、手鼓、脚鼓、摇鼓、铜鼓、木鼓、革鼓、陶鼓，等等，而且常常与其他打击乐器如锣、铙、钵等形成乐队组合方式。这些音乐演奏方式、组合方式，以及演奏节奏、程式、风格既有西北地区各民族文化的个性差别，又体现了这个区域所特有的社会文化共性，反映了各民族音乐之间的相互濡染、影响和交流，以及音乐文化与民族文化和社会文化三者之间的多元共生、多元并流的熔融关系。

（二）吹管乐

以吹管乐伴奏的舞乐在西北特别是青海地区是十分普遍的。一支小巧的牧笛、角笛、骨笛，抑或一管粗大的法号，可以凭借乐声指挥、操纵几十人的大型乐队，号令整齐地率领众人集体载舞，亦可以按照乐器的大中小自由组合成为载歌的伴奏。同时，这些吹管乐还常与打击乐结合成吹打乐，普遍地运用于各种民间祭祀、宗教活动，以及各种集体聚会性质的音乐、舞蹈、戏剧展演的场面。

（三）弹拨乐、丝弦乐

弹拨乐在青海各民族中是常见的乐器，三弦、五弦索到七弦索，都是各族民众最常使用的乐器。具有便于携带、演奏技法易于掌握、易于进行声部配合等优点，在任何场合都可配合个体、集体演唱进行演奏，其中最著名的莫过于在青海民间小戏越弦、平弦、贤孝、道情、打搅儿和民间曲艺花灯歌乐、太平歌乐中的普遍应用，以及藏族舞蹈的弦子舞的演奏。

（四）乐队合奏

乐器的不同组合方式，形成了丰富多彩的音乐体裁，汉族的各种民间歌乐和藏族的囊玛、仲勒、折嘎，以及蒙古族的图吉那木特、长调几乎全部是用民族民间乐器合奏形成，具有十分独特的音乐与民族文化风格。其组合方式中的基本定势和根据不同内容而进行的组合变体，在音区、音色、组织声部上细致微妙的差异，是民间音乐研究中最迷人的组成部分。以藏传佛教音乐为例：寺院中通常使用的乐器有筒琴（音译，大型铜号）、刚铃（音译，小型弯号）、加林（音译，唢呐）、董（螺号）、布琴

（大型铜钹）、斯涅（铙）、额阿（音译，分为两种，一种为大鼓，一种为有曲柄的手鼓）、达玛加（拨浪鼓）、支布（金刚铃）、顶夏（音译，亦分两种，一种碰铃，一种为扁盘的碰铃）、康阿（锣）等。从乐器上我们就能看出，宗教音乐的乐队组合是由吹管乐器和打击乐器两部分组成的，少数地区有明清时候内地的佛乐或乐队组合，但是随着时代久远，寺院中对汉族乐器的使用开始相对减少。这些乐器按照藏族传统的分类方法可细分为：包括体鸣乐器、膜鸣乐器、弦鸣乐器和气鸣乐器四类。乐队演奏的位置也很特别，大型乐器一般都被安置在寺院的屋顶、山门、山顶等地，而小型乐器一般被安置在诵经僧侣的旁边。从乐队合奏的情况看，一般吹管乐器如大型法号筒琴、布琴与董、刚铃配合，作为演奏的前奏、过渡和尾声部分，给人在听觉上造成雄壮、肃穆的庄严之美，而打击乐等小型乐器主要用以配合诵经保持固定的节奏，使得法事活动能够有序、顺利地进行，展露的又是悦耳、爽朗的和谐之美。

第二节 青海民族民间音乐的结构特征

青海民族民间音乐的曲式结构十分复杂，很难将其一一描述和呈现，常见的分类方法只得根据结构类型的使用频率加以确定，大约可以分为单一结构类型和复杂结构类型两大类。从青海民族民间音乐文化原生型特征考察，单一结构的曲调类型最为普遍。单一性音乐结构类型是指采用的乐段、副乐段、单二段体等较为简单的曲体形式。这是民间音乐的原型，也是许多民族音乐中普遍存在的。

为了更好地对民族民间音乐进行深入科学的研究，我们借助

第十六章 青海民族民间音乐与审美

美学理论中的原型理论对民族音乐的结构特征予以分析。我们认为,一个民族或一个具体区域中的社会群体,都有着自己深沉的"文化基因",这种基因包含的范围十分广泛,即在集体无意识的作用下,各种具有象征形式的"原始意象",以符号化的形态存在于包括音乐在内的艺术当中,当今大量的、多种形式的音乐当中都包含了某些"典型的、反复出现的意象",或者在这些"意象"中遗留着"残余"元素,许多民族音乐也都是在一个原型的基础上逐渐形成了复杂的结构类型。基于此,我们认为民族民间音乐特别是传统音乐,那些看上去乐句构成简单的乐段,实际上是一个民族的音乐的原型。上述理论的引进,对于我们认识、研究和解决民族民间音乐的结构和类型问题,特别是传统民族民间音乐的曲牌、曲令形成、演变的内在规律,以及音乐同题同调现象、同题异调现象和同题变调现象具有积极的作用。

依据对民族民间单一结构当中的某些乐段、副乐段、单二段体音乐的分析,我们认为,那些由基本的乐句组成的曲体形式,在某种抒情歌乐当中反复被使用,并因此而产生了某种固定内涵的模式化乐句就是"原型音乐意象" (Music of archetypal image)。在青海地区的传统花儿和藏族拉叶中的许多曲令实际上就是已经固化下来的原型音乐意象,最为典型的是河湟花儿中由四句或六句形式构成的传统花儿。大约有这样几种情况:

一、单一乐句复述体乐段——音乐原型意象

从音乐成分上看,这类乐段都是由一个具有基本旋律的单一乐句不断变化、反复而成,乐句可多可少,变化亦不一而足,在较小的音乐变体中,该乐句一般均保持着基本的旋律和节奏;在较大的乐句变体中,则表现为保留旋律的主干音式和终止形式,以保证旋律的线条流畅,这主要是为了满足歌词内容即兴性和随

意性变化的需求。例如，安多藏族民歌的基本结构形态中，单一乐句复述体占据主要地位。这些单一乐句复述体乐段就是民族民间音乐的抒情载体，其旋律、调式、情绪、节奏、风格常常是一个民族经过数千年累积下来的民族记忆或文化基因，我们就此认定这些看上去单一的复述体乐段就是该民族音乐的原型意象。这种单一的乐句也可称之为是"族性歌腔"，是一个民族在音乐文化上的标志，成为识别一个民族与另一个民族之间文化差异的重要手段。这些音乐大多具有说唱音乐的性质，口语性强烈、明显，节奏性相对较弱，常常可以看出从某些叙述性古歌脱胎的痕迹，按照现代音乐观念其体裁形式介于小调和吟诵调之间，其中藏族的格萨尔说唱艺人吟唱的基本调式、河湟传统花儿以讲史为主的部分最为典型。这些叙述性很强的曲调，在现场记谱的过程中，我们有时甚至无法对其进行最基本的乐句划分，而是完全依照语言自身的节奏行腔。单一乐句复述体乐段作为音乐原型意象，主要存在于一些在今天已经出现变唱现象的传统乐段中，我们现在几乎已经找不到单纯意义上的单一乐句复述体乐段。即使有这样的乐段也只存在于抒情性歌乐，诸如宴席曲等小调当中，一首这样的歌乐有起承转合四句乐段结构，少数有局部性的句内扩充，而整体乐句是方整、匀称，在一个八度内组成的音乐旋律框架之内，曲调线条流畅，抒情中带有踏歌的舞韵色彩。

二、对应性乐段——音乐原型复合意象

对应性乐段是民族民间音乐原型意象中的复合型态，即一个原型意象是由两个有机的部分构成的。一般由两个曲调旋律与终止式的乐句，彼此呼应、互为依托而组成，其歌词唱法采用较为固定的分节歌式，乐句与分节根据乐曲表达特定情感和内容的需要而进行划分，或者根据音乐角色的分配进行唱和性质的分配。

第十六章 青海民族民间音乐与审美

汉族、藏族、土族、回族的民歌基本都是这种二乐句形式，三句以上的结构也是在这个基础上变异发展出来的。汉藏对应性乐段的乐句常常是在反复中加上装饰性很强的衬词（如下文的《在藏区海螺的宝座上》，选自藏戏《文成公主》幕间颂曲），使得乐段不断得以扩充，以表现更加丰富的内容，或者在曲调上更显复杂，以彰显歌者的演奏技巧，或者以此来调动和活跃现场的气氛，最为典型的有传统的对唱性花儿、藏族的"勒"、儿歌"谐贝勒"，以及原型是来源于汉族小调的《莲花落》，撒拉族、土族宴席曲《阿里玛》等。其中藏族民歌的乐段结构在二四两句中的长短相对保持一致，而在单乐句的"勒"（山歌）、"拉叶"（野地里的情歌）中则显得较为活泼自由，但是仍然能够表现完整的音乐意象。值得注意的是，青海地区的宴席曲与全国性民间音乐品种《莲花落》嫁接以后，在吸收自己民族音乐元素的基础上，逐渐形成了具有自身特点的旋律类型。在青海汉族传统宴席曲《莲花落》与撒拉族宴席曲《阿里玛》的曲调对比中，我们会发现撒拉族宴席曲《阿里玛》是一个带有对应关系的复叙述体乐段结构，由互换性引子与五个乐句组成一个复合音乐意象：

```
1=♭E
2.    |2    |⁴/⁸2. 6 1̇ 6̇1̇6̇1̇ |³/⁸2.   |2.   |2.  \|
阿          里        玛
5 5 1̇ | 2̇̇ 1̇2̇ 6  0 | 6.  1̇3 |2.    | 4 2 4 5 |5.   5  0 |
出来的  叶叶 是      （阿里 玛）  绿   绿 的，
5 6 1̇ | 2̇̇ 1̇2̇ 6  0 | 6   3 |2.    | 4 2 4 5 |5.   |5.   |
开开的  花儿 是      （阿里 玛）  红   红 的，
5 6 1̇ | 2̇̇ 1̇2̇ 6  0 | 6   3 |2.    | 4 2 4 5 |5.   |5.   |
落下的  花儿 是      （阿里 玛）  白   白 的，
5 5 6 | 2̇̇ 1̇2̇ 6  0 | 6   3 |2.    | 4 2 4 5 |5.   |5 6  |6  6̇2̇|
结下的  果儿 是      （阿里 玛）  圆   圆 的。 （呀噢）
```

这首宴席曲中的"阿里玛"是撒拉语"海棠"之意,演唱者以戏谑的口吻由一个起兴段和五个烘托段,用以物喻人的艺术手法轮番描述蒙古族、土族、藏族、汉族、撒拉族姑娘的服饰,将青海五个不同民族的生活内容加以提炼并置对比,烘托出一位名叫阿里玛的姑娘的曼妙身姿,歌词喻示了青海多民族杂居地区各个民族亲密的联系和特殊的文化心态,具有非常鲜明的主题和极强的隐喻意味。从音律角度看,前四个乐句的音乐材料基本维持不变,为 F 商调式,两个乐句中的后一个乐句有向下属调性离调的倾向,最后一个乐句复又转为 C 角调式,与前面的一个乐句之间形成乐句与旋律的对比,使得乐曲整体旋律起伏跳跃,奔放优美,带有三拍舞蹈性节奏。从中可以看出,在一定程度上保留了北方民族宴席曲民歌特有的叙述性特征,又在音乐结构、调式调性和节奏节拍等方面具有自己的一些特点,较为明显地突破了传统叙事诗格式,有向抒情诗意境发展的趋势,具有已经定型的小调民歌特征。当然,也有许多音乐研究者认为,撒拉族的宴席曲《阿里玛》的原型可能来源于撒拉族民歌《巴西古溜溜》的变体。但是无论如何变化,来源何处,青海地方文化的融合性和民族文化的互动性是促使民族音乐原型能够在各民族音乐中,以原型变体的形态存在,丰富了各自民族民间音乐以调式结构为主的旋律、节奏等音乐风格的内涵。

具体地讲,民族民间对应性乐段——音乐原型复合意象大约还有这样一些变体类型:

(一) 上下句体乐段

一般由两个呈对比呼应关系的曲调旋律与终止式乐句组成。其歌词采用较为固定的分节形式,典型的有蒙古族安代舞中的《笨布莱》等一些来源于民族古老的狩猎祭祀音乐。青海的海

第十六章 青海民族民间音乐与审美

西、黄南、海北等地曾是元朝西蒙古的徙居地,这些区域的蒙古族由于独特的自然和文化环境,比较完整地保留了原来蒙古草原文化和狩猎文化的音乐元素,尽管时代久远,在一定程度上原始狩猎祭祀歌舞的属性与后起的藏传佛教、游牧经济文化相分离,逐渐发展成为蒙古族具有节日庆典和娱乐性质的喜庆歌舞,但是祭祀古歌的乐族特征仍然十分明显。熟悉蒙古族安代舞的人都知道,安代与蒙古族的原始宗教形式"博"有着密切的联系,来源于狩猎文化中的生育崇拜,由娱神衍生成为娱人的禳灾驱祸、趋吉纳祥娱乐歌舞。今天,安代歌舞中巫术祭仪只剩下一个苍白的躯壳,作为巫师的"博"只在开场和收场等环节举行象征性主持,然后主要交由歌手、舞者和人数较众的男性参与者按照序曲——探病——高潮——夺场——收场的表演顺序完成。各段音乐的节奏、情绪变化由慢趋快、逐渐高涨,最后达到欢快激昂。按照习俗的要求,通常情况下这个活动要持续 7~21 天,"博"、歌手、舞者、信众等参与者主要为男性,女性只能作为观众在一旁观看。仪式音乐的内容和曲目基本固定,主要演唱的音乐是序曲中的《合珠列》、高潮中的《合吉耶》、《请茶歌》,这些都是基本程式,是活动中主要音乐成分。但是,由于展演时间较长,为了达到人神共娱、普天同庆热闹场面的持续发展,特别是为了达到娱人的目的,参与者会在程式规定之外,加入较多的即兴编唱内容,大量引进蒙古族世代传承的民歌和说唱曲艺内容,用众人喜闻乐见的音乐形式和民间故事渲染和活跃现场气氛,增强吸引力和感染力,并最终使得这些本来是仪式之外的内容逐渐成为安代展演的保留内容和曲目。特别是一些关键环节和重要时刻,歌手们还要演唱一些诙谐、戏谑的内容,以调剂和活跃现场情绪和气氛。其中有许多传唱不已的著名曲目,如《笨布莱》、《纳姆海扎布》、《博热》、《霍热海》、《西古日乃古日》等,一直是人们非常喜爱的曲目。《笨布莱》的乐段大多采用结构方整的上下句体乐段，乐句的四个小节，在句幅上明显地分为对称的两个部分：

(领唱) 6 i 6 6 | 5 5 6 | (合唱) $\dot{2}$ $\dot{2}$ 6 | 5 6 $\dot{2}$ |
　　　 库 伦 是 个　好 地 方，　　　笨 布 菜 笨 布 菜
(领唱) $\dot{2}$ 5 6 $\dot{2}$ | $\dot{2}$ $\dot{2}$ 5 | (合唱) 6·5 | 5 — ‖
　　　 山 山 沟 沟　有 宝 藏，　　　啊 哈 嗬——

这些乐段都是非常易于习唱的，一领众和，彼此呼应，情绪互动，欢快活泼。我们认为，这种对应性上下句体乐段一般都是较为古老的民间传承音乐形式，有着很强的原始踏歌痕迹，节奏简单，旋律欢畅，这在青海藏族、土族、撒拉族，以及河湟汉族地区的传统花儿中是十分古老而普遍的音乐意象。

（二）复述性上下句体乐段

这种乐段以上下句式为基本结构，可进行多次至十数次以上的即兴变化和反复的曲体类型。在复述类型上，这一类曲体脱胎于单一乐句复叙体的基本结构，但是其中的基本旋律形态为上下句式结构，同样具有小调和吟诵调的中介体裁形式特征。这类歌曲的歌词也多为即兴演唱，但是如果由于歌词非常具有感染力和吸引力，就会逐渐固定下来成为上下分节句体乐段。这种曲调在青海民间十分常见，是各民族的宴席曲，以及汉族的评弦等曲艺演唱把式们十分喜欢的音乐程式。例如在青海大同土族回族自治县一带十分流行的宴席曲《让我的曲儿添喜欢》：

第十六章　青海民族民间音乐与审美

1=2/4（稍慢）

2.3 2 23｜5 5 6 i｜6 6 6653｜2 - ｜233 2 0｜
抬（呀）起（么）头（啊）儿（哈）看（哎　哟　呀），

6 ii 6i｜66 65 53｜2·3 3226｜5 - ｜
抬　起（么）　头（啊）儿（哈）看　（呀哟），

56 6　5 ｜i i　6 5 3｜5 67 6 ｜653 2 0｜
　满　（乃哎）　壶（呀）里　的 奶 （呀）茶（哈），

2.3　5 6 ｜6 6　5653｜2.3　3226｜5·56｜
双　　手儿　上（呀）席儿里端（哪　　哟），

2 2　2i 6｜i2i 6 6 0｜5 5　i 6 6｜5　5 3 2｜56 6　5.3｜
（哎呀）众（哪）位　们　（哪），全（哪）全（哪儿）的　就坐（啊）

2 23 2 1 6｜1 2　20｜5 5　23 32｜1.2 3226｜5　-‖
让我的小曲儿添（呀）　喜　（呀哎哈）欢 （呀）　来。

从歌词上看，内容实际上很简单，只是为了规劝来客饮酒。但是，曲调却非常富于变化，通过大量地运用青海方言歌曲中的衬词，使得曲调顿时变得婉转绵长，层层叠叠，摇曳多姿，其中，上曲每一对乐句都分别以2和低音5作为结束音，上下两句一一对应，由于每句歌词都占据了一对乐句的长度，从而形成了音乐曲调和歌词在结构上并不同步的情况。这类乐段的第一乐句或第一乐段往往有引腔或起兴的作用，之后经过多次重复，歌词多段咏唱，产生多种变体形式。如果仔细加以辨别还是能够看出这是在单一乐句结构的基础上，加以扩充变化而产生的结果，较前文所涉及的结构更加复杂，是变体特征复叙性乐段的典型形式。同时，起首调使用歌头、甩腔等开放性拖腔乐句，又保有青海山歌的韵味，音域宽泛，旖旎曲折，且继承了土族叙事古歌的某些风格特征，是十分特殊的调类。

（三）三句、四句对应体乐段

一般认为，这类曲体是从上下句体对应乐段演化而来。我们从古典诗歌《诗经》的传统和西北花儿特别是河湟花儿的具体情形考察，这应当是我国非常悠久的音乐曲调体裁类型，是一个原型意象乐句根据角色关系而反复和变化的形态。在藏族和西南少数民族中这种乐段也十分常见，而且其原生态的元素更加充分。我们以藏族的"拉叶"为例进行考察分析。拉叶简称"协"，在四川昌都、巴塘地区汉译称"弦子"或"弦子舞"，流入西藏称"康谐"，是十分流行的古老乐曲形式。我们认为，这种古老的山歌，至少在隋唐时期就已经在青藏高原流行。

"拉叶"当中三句、四句题对应性乐段十分普遍，如锅庄舞歌《松察穆拉》就是反复上下句以后，形成一上二下的句体结构，而在《莫索》中每一乐句都反复一次，最后形成二上二下的句体结构。同时，一些带复叙性因素的乐段形式，也常是在一个相对固定的单一乐句基础上经过多次重复性变化，以对比性旋律材料或终止式乐段作为结束句而形成的对应性乐句，这也能说明对应性乐段的原型结构在意象上的复合关系。青海化隆一带的花儿《虎狼马》就是在吸收藏族"拉叶"的乐句关系以后形成的典型曲调：

5 6 i |5 6 -|6 - 6 i|5 6 i|2 2 23|2 i6 i2|i6 6 0|
虎狼的马儿　（哈）我拉上了出（耶）门（了）走（哎哟）

0 0 05|5 65 3|3 - 5|2 3 35|2 3 5|6 i 5 53|3. 2 32|2- -
我 一 走（嘛）　　一 走（着我）走（着）到荒（呀）草的 滩　　（哟）.

0 0 06|| i 16 6|6 - -|5 6 6i|5 6 i|5 6 i|2 2 23|2 i i2|i6 6 0|
（我）荒 草　的　滩儿里（我）得了头疼（嘛）脑　热　的病（也哟）
身 铺 上　马儿的 汗　褡　褡　（也　了）　睡（也哟）

0 0 05|5 6.5 3|3 - 5|2 3 35|2 3 5|6i 5 53|3. 2 2|2 - 06||
我身旁里　　守 的是我姑舅（么）两（呀）姨的　亲哟.
我身上　　嘛的个褡　　褡（呀）睡也哟.

第十六章　青海民族民间音乐与审美

从上曲可以看出，其结构是由两个内部结构因素相似的乐句组成，第二乐句除了开头有简短的呼唤性衬句以外，基本上与第一乐句相同，然后是长达七段内容的反复。但是其整体结构与前文所叙的带复叙性的上下句体乐段十分相似，即曲调前段是一个引腔，在内部具有山歌风格的拖腔，而后半部分是由分唱歌词组成的主要部分，只是规模不同。

三、起承转合乐段——原型意象的民族性积淀

民族民间歌手在演唱时，为了顺利地演唱一段内容相对完整的曲调，或者根据角色的转换需要改变叙述方式，或者变换演唱旋律和节奏，或者烘托和调动现场气氛的时候，常常运用已经在民族民间积淀已久的乐段或者听众喜闻乐见的乐段作为起承转合。根据我们的考察，这些乐段也常常是将那些在民众中流传已久的原型音乐意象作为过场。

（一）四句体乐段

第一种情况是青海汉族民间音乐中常见的带鼓点的四句乐段，它一般是在起承转合具体乐段的三、四两句之间插入短小的锣鼓点节奏，或在两段可以重复演唱的四句体之间插入锣鼓点间奏；第二种是不带鼓点的四句体乐段，一般在小型的民间曲艺或者小调中较为常见，这种情况在各民族音乐中都较为普遍。青海海西蒙古族的萨满长调《开场》、安代歌舞中的《霍日亥》都是属于这种情形。

（二）多乐句体乐段

它是在四句体乐段基础上衍化而成的起承转合乐段。最为常见的手法是采用分割、重复、变奏、加花、穿插等，将原来为四

句体乐段的形式扩充为五句以上的乐段，尤以带鼓点的四句体乐段为众，是民族民间乐手、歌手中有较为成形的艺人团体在举行盛大、隆重活动时，一方面为了配合复杂的活动内容，一方面也是把式们展示自己才艺和绝技的一种方式，并且可以借助活动的间歇、过渡、开场等机会即兴发挥、借题发挥，极尽夸饰、炫耀之能事。

（三）二段体

这是青海地区的藏族民族民间歌舞中比较成熟、稳定的结构形态，一般固定在一些集体性歌舞当中。这些歌舞充分考虑了受众参与的同一性、协调性要求，还要考虑参与者情绪调动的循序渐进原则，歌乐旋律和节奏在平缓中逐渐被调动提升，所以选择二段体的曲调是最为合适的。歌乐多是人们耳熟能详、传承久远的作品，其结构规律体现出较强的程式性原则。歌手演唱、音乐伴舞一般都会遵循由简入繁、由慢板渐而快板、由浑厚质朴逐渐细腻高雅的布局。表现形式也遵循由徒歌、踏歌逐渐趋向器乐化的引子、间奏、变奏、伴奏直到结尾的歌乐结合形式。藏族在这方面表现出更大的天赋和才华，许多藏族舞蹈音乐以及由舞曲衍生的歌曲都有这样的规律，如果谐、锅庄、堆谐、囊玛等无不如此。

值得注意的是，与单一性音乐结构类型相对的繁复性音乐结构，在青海地区的民族民间音乐中并不多见，诸如变奏体、回旋体、联曲体、板腔体、综合体等内部比较复杂的舞乐歌体裁相对很少，即使是河湟地区流行的板腔体也更多的是"舶来品"，大多是明清以来随陕西、山西、甘肃一带寓居青海的汉族传入的，到了20世纪50年代以后，随着陕西"易俗社"的成立，板腔体才逐渐为人们所接受，民间流布的区域才进一步扩大。我们以为，这与青海地区缺乏这些乐段结构产生和生长的社会环境有着密切的关系。变奏体、回旋体、联曲体、板腔体、综合体乐段一般是在市场经济较为发达,市民文化、市井文化、剧场文化需求趋于成熟的条件下,为了满足人们追求艺术表演社团化、乐队化、经常化、情节化,更注重和强调艺人的文化涵养、艺术技巧的难度,艺术市场需求的多元化,文人的民间参与和艺术提升等多种因素综合逐渐形成的。青海地区的艺术生活范围和艺术需求,总体上还停留在满足最基本的情感交流,非物质化和非功利化的艺术形式上,艺术的传承是主流的,艺术形态的变异和综合是次要的。这对于研究者来说,他们当然也更愿意去发现和探索那些封存在青海高原那些最具原生态的艺术文化。在这个意义上说,青海高原的艺术生态应当说是最完整的,艺术资源也是最丰富的。

第三节 青海民族民间音乐的审美倾向

我国古典音乐著作《乐记》说:"情动于中,故形于声。"音乐是人类情感的载体,人们喜、怒、哀、乐、敬、爱、憎等情感都可以通过音乐表达,是以表情性见长的艺术审美形式。在中外民族音乐特别是民间音乐研究中曾对音乐的审美要点提出过许多的观点,在此不一一例举。我们认为对青海民族民间音乐审美的研究应当将音乐放置在深广的多民族文化背景当中,用审美人类学、民俗学、民族学以及宗教学的理论和方法研究其美学特点和规律,尤其要立足音乐特有的范畴研究音乐审美的内涵:

——音调体系和特殊声音选择(声乐的和器乐的),或者特殊的声音特色的强调:音高、音色、时值、振幅以及无声(或称空白);

——音乐中的结构运用；

——特定的声音表达方式（声嗓、假声）或者特殊的乐音、节奏、装饰和特殊的结构设计形态；

——音乐言语的具体运用和体现；

——特定的表演实践；

——展示的方式（包括习俗、歌词、舞蹈、器具如乐器、面具、姿态和演奏细节）；

——联系音乐的音乐和想像（包括传播、同题现象、借用现象等）以及相关的参考；

——与音乐参与者或接受者的关系、背景等。

"唱曲说书各有异，文野华朴韵不同。"民族民间音乐不仅有着各自迥异的类型样式，格调上有雅俗之分，就其本质来说，音乐更是一个民族文化的集中体现或高度凝结，就一个地区、一个民族来说，不仅要考察音乐表现的情感是什么或者有哪些，更要考察这些情感是如何被表达出来的。限于篇幅，我们截取上述内容的几个侧面加以论述。

一、从音色看

在音色上，青海民族民间音乐主要表现在大量原生态族性歌腔的保留、重视运用噪声、强调音色的地位、偏重清、新、透、亮的色调等方面。

（一）大量原生态族性歌腔的保留

青海民族民间音乐是特定区域社会系统的文化产物，其中有许多音腔都是原生态的——"族性歌腔"。"族性歌腔"是由我国学者赵毅等针对我国音乐审美的特质，用以解读"我国民歌具有代表意义的标志性、民族性歌腔"的概念。在青海地区这

第十六章　青海民族民间音乐与审美

些"族性歌腔"以音乐文化原型的形态存在于各个民族当中。从音乐结构的类型上看，青海地区的"族性歌腔"已然是青海民族民间音乐的源头，我们通过对各种丰富多彩的民族民间音乐形式、曲调的解读，都能找到属于某个特定区域、某个特定民族原生态的音调、曲调、音节等。它们以音乐原型的形式潜藏在音乐的某个乐句、乐段，或者一段衬词、一个拖腔、一个调式当中，成为该地区、该民族的标志化、符号化的音乐成分。从音乐的题材类型中，我们还能看到许多民族民间音乐的发生、发展、或者传承、变异，总是体现出一定的历时性规律，诸如音乐的"同题现象"、"同调现象"等，即某些音乐尽管在传承的区域、范围上，在表达的内容、形象上有着较大的距离，但是在曲调、旋律、音阶、旋法等方面却有着千丝万缕的联系。在青海卫拉特蒙古族的长调音乐中，一直保留着一种典型的音调，由1、2、3三个主音组成，然后由大二度、小三度进行组合，构成了四组回环调式：1、2、1；2、3、2；3、5、3；5、6、5，这就是青海卫拉特地区的原始歌腔。这些调式互相套用，最后组成十分丰富的音乐类型，使得青海蒙古族的音乐与内蒙古地区的歌腔具有了族性的差异，非常典型。

（二）重视噪声的运用

从演唱方式上看，青海地区的民族民间音乐在音色运用上有时非常类似我国的戏曲中"云遮月"演唱流派的味道，就是以沙哑的嗓音与圆润的乐音之间有意识地制造清浊的音色对比，从而表现如月光在云端穿行时忽明忽暗的意境，深受听众欢迎。例如青海秦腔的女演员常常在高亢嘹亮的演唱中夹杂一定的沙哑声色，以增加女性嗓音的深沉、沉着，深得广大戏迷的喜爱。在河湟花儿、藏族拉叶等歌曲的演唱中有意识地使用真假声交替演唱，利用拔尖的高音所产生的噪音音色，故意制造一种忽远忽近的空间感，声音逐渐爬高提升，非常具有穿透力，这与西方音乐高音演唱追求发声贯通胸腔，最大程度上禁止假声的做法有着很大的差别，说明在声乐的审美方面东西方有着截然不同的趣味。青海地区的民间歌手大多都未经过所谓专业的声乐训练，但是他们富有原生形态的音色特点更令听众感到亲近。

在器乐演奏上，青海地区的民族民间音乐有时在乐音组合上并不追求旋律、节奏的整齐划一，反而更注重乐器本身发出或铿锵、或浑厚、或庄严、或辽远的声音，在藏戏和其他寺院的宗教音乐中，铜号低沉、厚重、苍劲的长音，通常并不与海螺、羯鼓、比汪等乐器协奏，而是以单一、不换气、不规则的——噪音音色本身独立存在，强调音色的音程长度、音质的力度、音域的宽度，营造一种庄严、肃穆的神圣氛围，起到引领人们臣服、投身宗教的作用。待到铜号使众人的内心在震撼中臣服之际，才会有锣、钹、铃等音乐有节奏地与朗朗的诵经声相合拍，在前后的对比中后者又营造一种悦耳的轻盈、梦幻的境界，让人们的内心又充满神往和幻想。这种演奏的处理，乐器虽然没有相互配合，形成错落有致的组合，但是却非常符合藏传佛教在哲学上追求"味"的观念，符合佛教营造的"三界"景象，使人们的情感层层叠加，灵魂在轮回般的上升中得以荡涤、超脱。藏传佛教音乐正是在僧人们充分理解了佛教思想观念，充分掌握了乐器组合、演奏方式、音色调度等诸多因素在人们内心产生的实际效应以后逐渐成熟起来的。所以，在我们看来藏传佛教音乐实际上是佛教哲学理念和世俗生活愿望相结合，借助不同乐器音色的非旋律化，传递宗教情绪的古老音乐形式。民间戏曲、曲艺的乐器演奏更是注重噪音音色和节奏的结合来塑造音乐形象、渲染浓烈热闹的气氛，戏曲演出中除了演唱的伴奏外，戏曲音乐的大多数都依靠"锣鼓家什"的演奏来烘托配合。秧歌舞蹈的步伐、皮影的武打场面、快板的念白也都依靠锣鼓、钹镲、竹板等发出的有节奏的乐音。同时民族民间音乐中，还十分重视一种瞬时性噪音的运用：例如为表现歌手对某些衬词的演唱，乐队常常会临时性地加入一些噪音变化，使原本明亮的音色暗淡下来，在明暗对比中有意识地突出歌手富于变化的演唱，增加音乐的表现力和韵味，这种情形在演唱中的长音、拖音部分与弹拨乐器、清脆的鼓乐组合中较为多见，乐队的演奏与歌手的演唱交相辉映，形成富有生气和情趣的和谐局面。

二、从审美文化层面看

关于民族民间音乐原型问题和传统母题歌腔的原型研究，学界主要集中于音乐同题、异调和变调问题研究上，我们认为还应该关注那些在抒情传统中在某种原型音乐意象基础上采取增加其他乐句、乐句变调等形式的运用中，逐渐形成某种相对固定抒情模式或主题内容的"音乐抒情母题"（Music of lyrical motif）。在这样的母题中，实际上是最能体现民间音乐的审美情感，以及这种情感的审美呈现。其意义就在于这是民族最原初的、最本真的审美情感，单纯却很优美，激扬却很崇高。

有经验的花儿歌手以及花儿串班，都知道传统花儿中的讲史部分（一般称做本子歌或本子花儿）是最能考验歌手水平的，这主要是由于其内容多、歌词长、声嗓的持续性表演要求高，更重要的是复杂多样的曲令难以掌握。事实上，河湟花儿经过近千年的传承已经是一种高度自觉和程式化的民歌形式，形成了独具风格的格律。一个有经验的花儿把式常常是在千辛万苦中掌握了花儿的各种演唱格律，熟记了多种多样的曲谱、歌词，特别是其中演唱的乐句、乐段程式，直到能够随心所欲、出神入化地根据现场的实际情况和观众的临时要求出口成章，才能成为远近闻名的大唱家。

过去，我们对花儿和许多民族民间艺人的演唱有着这样那样的猜测和断想，对歌手特别是花儿把式的技艺表现出由衷的敬佩，却始终弄不清其中的奥妙。现在，经过我们借助民间口头诗学理论，特别是"帕里—洛德理论"，能够比较好地解开其中的谜题，那就是每一种音乐的背后常常有一个被习惯传承下来的演唱程式，民间艺人就是经过刻苦的训练，在掌握了民歌、史诗的讲唱规律方法以后达到了随心所欲、出神入化的表演。其实，青海高原长期处于没有文字可资使用的环境下，音乐的实际功能要远比今天丰富，它被大量地保留在"口头传统"（oral tradition），俨然成为历史（神话史诗）、宗教（信仰仪式）、社会生活、族群关系的文化载体，它们几乎都以民间音乐或者口头诗歌（oral poetry）来记录和表达。从文化上考察音乐，实际上是在口头诗学（oral poetics）的范畴中研究音乐。民间音乐始终与口头诗歌，以及其他民间口头文学或口头表演样式有着极为密切的关系。在青海这个口语交际还占据着信息传递基本渠道的地区，在许多"地方性知识"（local knowledge）体系中，音乐、诗歌、舞蹈的概念和分类，与我们所熟悉的分类系统就有相当的差别。即使是诗歌韵律的功能和作用，有时更多地出于韵文体便于学习和记忆的需要，而并不总是出于音韵美感的考虑。

随着研究的深入，我们发现青海民族民间音乐中保留了许多原生文化形态的"族性歌腔"，它是构成一个民族的"声音范型"（sound pattern），令我们感兴趣的是这种声音范式具有强烈的引导作用。例如蒙古族歌谣、史诗在一个乐段中一般都使用句首韵，这是蒙古族诗歌和叙事歌曲的主要特征。句首韵具有引导记忆的功能，歌手在表演一个冗长的乐段和叙述情节时，常常会口若悬河地咏唱下来，主要依赖的就是句首韵的提示。其他民间歌手在即兴表演和创作时，这种特点也时有发生。

青海民族音乐对应性乐段具有"平行式"特点。在音乐的

第十六章　青海民族民间音乐与审美

具体运用中，对应性乐段实际上是一种平行式（parallelism）音乐表现手法，就如汉语传统中的排比、对偶等手法，是民间歌手特别喜爱的手段。这种做法最基本的作用对演唱者来说，具有便于谐韵，紧扣旋律的要求进行创作表演；对于听众来说，则具有记忆的"唤醒功能"，使得在场的听众能够与演唱者、其他听众的情感和激情趋同，形成一个统一的、可互动的"吟唱空间"，使演唱具有仪式化的庄严，对于听众的情感形成更大的冲击力，心灵洗礼和净化功能会最大程度地提升，审美效应得到进一步加强。

民族音乐的句式具有高度的"俭省"（thrift）特征。我们在研究中发现，一个受人尊敬的歌手，他总是对传唱已久的句式（其实就是曲令、曲牌，以及传统的旋律、原始歌腔）情有独钟，而对于所谓新句式（个人创作的、新颖的、为自己喜爱的，或者其他歌手创作的）不仅使用时小心谨慎而且十分有限，其存在的实际数量也比较有限。换言之，但凡他有现成的表达方法，他就绝不试图寻找所谓"新颖"的表达句式。这种俭省实际上也有其深刻的审美文化意含：从接受者那里看，日常状态下的听众更喜欢欣赏歌把式们的"保留节目"，这容易使他们在熟悉的曲调中产生美感的共鸣，在欣赏中沉浸在美好回忆带来的"被唤醒状态"，心理得以抚慰，同时又成为他们情感激荡的累积性起点；对于演唱者来说，他们稔熟听众的这种心理，他只有小心和热情地"激活"这些"记忆"，并在这个基础上带来更多的丰富内容，才能使人们在音乐的狂欢"饕餮"中沉醉。

青海民族音乐表述具有显著的"冗余"（redundance）特征。所谓冗余是指民族音乐的表达中从不避重复，不嫌冗赘。从欣赏者角度看，重复和冗赘对于书面阅读而言几乎是不堪忍受的，但是在民间音乐中对于聆听而言则恰恰相反，这种反复的出现，才能够在歌者与听者、听众与听众心灵之间，建立起各个单元所提供的记忆、情感方面的紧密关联。进一步说,这是口语思维的特点造成的。出于口头文化传承场阈的人们,对于音乐的喜爱更多地与他们自身的经历和实践有关,而不是来自于创作者自身的推理和演绎。其思维和表述特点大略可以归结为:添加而非递进,聚合而非分析,冗赘或"复言"的叙述而非判断的直言,记忆的保守和传统的承续而非记忆的再造和新鲜的创造,情境化而非抽象化,是设身处地与积极参与而非理性的推理。有了这种对口传思维和表述特点的深入分析,再去理解口头诗歌的若干属性时,就会容易一些。

青海民族民间音乐具有鲜明的表演特征。在音乐表述的单元设定上,歌手更多地使用"诗行"(即前文所说的对应性乐段和复述性乐段)作为一个表述单元,若按照蒙古族、土族和藏族长篇叙事歌手的说法理解,一个诗行较多地与"一口话"相重叠。这个对应性或者复述性的乐段(或诗行),不是文人书面表达中的那个整齐排列的成串印刷字符,而是在表演中,与歌腔、韵律、格律等紧密结合着的单元。这就牵涉到表演的问题。表演中的韵文文本,多数时候也会按照格律的要求,形成相对严整的韵律节拍。那些乐段(或诗行),可能书写下来是没法整齐的,而在"听上去"的过程中是相当规整的。要知道,在歌手的演唱中,歌手往往靠拉长元音和尾音的音调,增加过渡性的衬词,从而在韵律上找齐,使得未必"整齐"的字词数量和节拍之间,有一定的缓冲弹性。从创作环节看,那些大型的民间叙述如史诗的歌咏,实际上并不是什么"神授"或者"顿悟"而自由"创编"的,通常都是在表演的现场即兴完成的,即每一次的表演都只是一个表演的文本。我们在实际记录中看到那么多的"互文"(intertexts)现象和"异文"实际上就是这样形成的。演唱者在演唱过程中总是将具体的情境结合起来,运用的总是那些被人们耳熟能详的"程式化"演唱模式,演唱者才华的凸现在于

第十六章 青海民族民间音乐与审美

对这些部件，按照模式的要求加以组合和拼装，实现了一次次表演的再创造。

就民族民间音乐的创作、传播、接受过程来看，实际上是同一的"在场"性表达。民间音乐的形成和创作过程，有听众的直接介入，有现场听众的反应所带来的影响，还有听众的情绪和对表演的反应等，都会作用于歌手的表演，从而影响到叙事的长度、细节修饰的繁简程度、语词的夸张程度等，甚至会影响到故事的结构。这样音乐的曲令、调式、乐段、旋律、停顿，在具体的选择、运用、转换等过程也会随之发生变化。当然，听众的构成成分不同，歌手也会根据现场的情境，调整故事的主人公和故事的结构，选择这个社区、族群、民族喜爱的音乐呈现方式，在悄无声息地调整中以迎合听众的实际审美需求。

"程式"（formula）是最早来源于表演中的一个词语，由于音乐与表演的不可分割性，逐渐成为包含整个民间艺术领域中的一个重要概念。程式有一个基本的特性就是它必须是被反复使用的"只言片语"。在音乐中这个被反复使用的"只言片语"就是我们所指的"原型歌腔"，但其作用不是为了单纯的重复，而是为了构造乐段（或诗行）。换句话说，它是在传统中形成的、具有固定涵义（往往还具有特定的韵律格式）的现成表达方式，是代代相传的。一位合格的歌手需要反复地学习和储备大量的"只言片语"。在具体的田野实践中，我们感到程式的含义要远比想像更复杂，在这个字面含义的背后，至少还包含有"传统性指涉"（traditional referentiality）。正如红色为汉族所喜爱，而白色在青海少数民族备受欢迎一样，当汉族认为将一个拖长的音调放在句尾是最合适的时候（如京剧的句段的尾音），而在青海高原各民族那里则更喜欢在句首使用，只有这样才能使听者在听到歌曲内容之前先被唤起和吸引，使歌手在感情上有了一个很好的酝酿，听者在感情上有了一个适应的情绪准备，音乐的"对话模式"或者说是"对话情境"才能形成。要知道那些在文本阅读时让"读者"感到突兀的表述,对于有经验的歌手和听众而言根本不是什么问题,他们反而迷狂地沉浸在其中,实际上他们是真正置身于传统中的信息接收者,他们十分理解这些"只言片语"背后蕴涵的传统性指涉,并以此来调动听众的"期待视野",在互动中达到最佳的审美效应。因而,这种传统性的指涉,通过阅读文本是无法明白的,甚至连记录都是困难的。在这个意义上说,对于民族民间音乐的阐释,仅从文本本身的阐释和分析则难以企及,应当更多地深入到民族民间音乐传统所植根的文化土壤中,而这恰恰是民族民间音乐的学理所在和审美魅力所在。

第十七章　青海民族民间舞蹈与审美

　　舞蹈作为一门独立的艺术，与其他艺术门类相比有迥然不同的自身特征。本章所论的舞蹈从风格上看，特指民族民间舞；从性质上看，包含了自娱性舞蹈与表演性舞蹈两大类。因此，可以将本章所论的舞蹈界定为传播并扩布于青海地区的，涉及汉、藏、蒙古、回、土、撒拉诸民族的，具有民间自娱性、表演性特征的舞蹈艺术。

　　远古时期，青海在乐舞方面就有了辉煌的成就。青海大通上孙家寨出土的舞蹈纹彩陶盆和青海同德县宗日出土的舞蹈纹彩陶盆为我们展现了五千年前原始社会时期的舞蹈场面：人们连臂踏歌，呈现出原始舞蹈节奏分明、步伐一致的动态特征，表现出原始时期先民们的奔放情感与丰富生活。

　　青海地处我国西北腹地，与西藏同处在"世界屋脊"——青藏高原，为长江、澜沧江、黄河三江之源，东部的河湟谷地是主要的农业区，西北为干旱区，青南高原是高寒草原，是青海主要的牧业区。特殊的地理特征形成了不同的农业文化和游牧文化。青海民族民间舞蹈就生成并发展于东部农业文化和西部游牧文化这两大文化背景之中。舞蹈是生活的反映，青海各民族富有特点的文化心理机制与不同的劳动状态所形成的习惯生理动态，会自然地反映在舞蹈艺术之中。因此，受游牧文化影响，藏族、蒙古族民间舞蹈多注重上肢动律，动作幅度大，挥洒豪放。受农业文化影响，汉族、土族等民间舞蹈含蓄深沉、动作灵巧，幅度小，注重下肢动律。我们将结合文化背景，对青海民族民间舞蹈从各个层面进行审美探讨。

第一节 青海民族民间舞蹈的类型

舞蹈艺术，从美学的角度看，它既是一种视觉艺术、动态艺术，又是一种造型艺术，兼具表现和再现的方式，具有实用或纯艺术的多重审美功能。我国著名舞蹈学家吴晓邦认为舞蹈有两种不同性能：一种是与人们日常生活密切相关的风俗、礼节、宗教仪式的舞蹈，分为民俗舞蹈和宗教舞蹈；一种是艺术舞蹈。而我们所剖析的青海民族民间舞蹈当属前类。

青海民族民间舞蹈类型多样、丰富多彩，可按照多个标准来进行分类。首先，按民族划分，主要分为汉族舞蹈、藏族舞蹈、回族舞蹈、蒙古族舞蹈、土族舞蹈、撒拉族舞蹈六类。其中汉族民间舞蹈典型的代表是"社火"这一主要表演形式。藏族民间舞蹈则因农区和牧区的不同，安多方言区和康巴方言区的差异，体现在舞蹈风格上也是迥然相异。此外，还有宗教舞蹈"曲卓"、"羌姆"等。土族民间舞蹈则因生态环境、生产方式以及所受周边文化影响的不同，形成了各自的地域特色，互助、民和、大通、同仁各不相同。回族的民间舞蹈以"宴席舞"著称，它因"宴席曲"而形成，歌唱为主，舞蹈为辅。撒拉族民间舞蹈以"堆威奥依纳"（骆驼舞）、"阿丽玛"、"伊秀儿·玛秀儿"等为典型代表作，其中积淀着浓郁的民族文化气息。蒙古族民间舞蹈主要集中于海西地区，富有鲜明的马背民族风情及韵味。

其次，按舞蹈的性质可划分为自娱性舞蹈和表演性舞蹈两大

第十七章 青海民族民间舞蹈与审美

类,按照民俗学家乌丙安的观点,这两类舞蹈又可称为"本装舞蹈"(便装舞蹈)和"扮装舞蹈"(化装舞蹈)①,即群众身着便装自娱自乐的舞蹈和难度大、技巧高的表演性观赏舞蹈。在青海民族民间舞蹈中,汉族的"社火",藏族的寺院宗教舞蹈、"国哇"(武士舞)、傩舞,土族的"庄稼其"、"於菟",回族的"宴席舞",撒拉族的"堆威奥依纳"(骆驼舞),蒙古族的"巴格西和三个班德"等舞蹈均属于表演性舞蹈;而藏族的"则柔"、"锅庄"等舞蹈,土族的"安昭"则都属于自娱性舞蹈。

第三,按基本的表演形式来划分,可分为歌舞、乐舞两大基本形式。乌丙安认为,边歌边舞,有乐无乐都属于歌舞,而乐器伴舞则属于乐舞。在汉族民间舞蹈中,经典舞蹈《八大光棍》、《武角子》、《跑社火》均属于歌舞,其余大多数舞蹈属于乐舞,当然,也有歌舞与乐舞相结合的舞蹈形式,藏族民间舞蹈中,"则柔"是典型的歌舞,"卓"、"依"、"热巴"及寺院宗教舞蹈则属于乐舞。回族的宴席舞、土族的"安昭"、"踏灰"、撒拉族的"阿丽玛"则属于歌舞。

第四,按用途划分,可分为自娱性舞蹈、观赏性舞蹈、宗教祀典舞蹈。自娱性舞蹈与观赏性舞蹈前文已有介绍,宗教祀典舞蹈是青海民族民间舞蹈中独特的一个种类。青海这块土地上生息着藏传佛教、伊斯兰教、道教、汉传佛教等宗教,六大主体民族各有自己的信仰归宿,反映到他们的舞蹈艺术中,就体现为寺院宗教舞蹈和各种宗教祀典舞蹈。汉族民间舞蹈中神舞是地道的道教娱神舞蹈。据《中国民族民间舞蹈集成(青海卷)》(以下简称《舞蹈集成》)一书记载,此舞一般出现在农历二月八、三月

---

① 乌丙安:《中国民俗学》,第367页,辽宁大学出版社,1985年。

三、四月八等大型民俗庙会上"①，由男性法师按祭祀程序做各种击鼓动作，参拜神灵后还会演唱民间小调，既娱人又娱神，在青海具有深远影响。而"羌姆"、"曲卓"、"拉什则"（神鼓舞）"、"勒什则"（龙舞）、"莫合则"（军舞）等藏族民间舞蹈则带有鲜明的宗教祀典舞蹈特点。"羌姆"是典型的寺院宗教舞蹈，它是在特定的宗教节日中由僧人表演的法舞，一般有固定角色、服饰、面具及舞蹈动物，其中均包含有特殊寓意。"从广义上讲，它具有驱病魔、祛灾难、保安泰、求吉祥等含意；从佛教角度讲，它教诲广大僧俗，懂得人生真谛、生死轮回的道理，做善事，除恶行，维护宗教法典、寺规，因而也是一种独特的寺院护法舞。"②"拉什则"（神鼓舞）、"莫合则"（军舞）、"勒什则"（龙舞）则分别与流行地民众的天神、二郎神、龙神信仰有关。舞蹈由"拉哇"（法师）传授，表演开始之前均有煨桑、念经等祭祀活动。舞蹈表演过程中，舞队恭谨有序，整体气氛十分热烈。土族民间舞蹈中流行于民和三川地区及黄南州同仁地区的"纳顿"，既是一个民族的狂欢节，也富有大量的宗教信息，纳顿主要是为供奉"二郎神"和地方神而举办的，带有鲜明的娱神及祭祀特点。会前、会中、会后均有祭祀仪式、跳神等活动。

第二节　青海民族民间舞蹈的分布概貌

目前，舞蹈学界有一种观点是将中国民族民间舞蹈进行文化

---

① 中国民族民间舞蹈集成编辑部：《中国民族民间舞蹈集成》（青海卷），第195页，中国ISBN中心，2001年。

② 中国民族民间舞蹈集成编辑部：《中国民族民间舞蹈集成》（青海卷），第350页，中国ISBN中心，2001年。

第十七章　青海民族民间舞蹈与审美

地理学意义上的区域划分,对青藏高原这一藏民族生息的主要区域称之为"藏族舞蹈文化区"①。若将这一理论置于中国民族民间舞蹈的背景之下,可能有其合理性,但若微观地考察青海民族民间舞蹈,那么,在这片土地上时刻鲜活地存在着的诸多样式的民族民间舞蹈则非一个"藏族舞蹈文化区"所能言尽。

笔者曾试着将青海文化圈划分为若干小的文化亚圈:以湟水谷地为中心的河湟文化圈,以青海湖为中心的环湖文化圈,以柴达木盆地为中心的柴达木文化圈,以唐古拉山—昆仑山—阿尼玛卿山一线为中心的三江源文化圈共四大文化圈。这些文化亚圈由于所处的地理环境的不同,气候条件的差异,形成了各具特色的文化表现。而青海民族民间舞蹈,就传承扩布在这些文化亚圈中。

一、河湟文化圈

地处黄河流域和湟水流域,以湟水谷地为中心,西至湟源、湟中,东至民和,北起大通,南至贵南、同德、同仁一线,湟水谷地是青海政治、经济、文化的中心,湟水两岸是青海主要的粮食产区。在历史上,这里就是青海先民活动频繁的地区,先后出土的仰韶文化、马家窑文化、卡约文化、辛店文化等遗址,都证明古代先民已在河湟流域从事劳动生产。它可以被分为五个典型的文化带:河湟汉族文化带、河湟回族文化带、互助土族文化带、循化撒拉族文化带、东南河谷藏族文化带。

青海汉族民间舞蹈基本上就分布在河湟汉族文化带上,而它最典型的表现形式就是"社火"。西宁、大通、湟源、湟中、平

---

① 李雪梅等:《地域民间舞蹈文化的演变》,第63页,文化艺术出版社,2004年。

安等地每年春节由农民们组织的"社火",带有鲜明的青海汉族的民俗文化特色。据说青海"社火"源于中原地区,是古代移民戍边屯田时带来的。今天,中原及内陆省份的"社火"表演与青海的"社火"已经有较大不同。青海"社火"经过历史的传承,保留了许多传统韵味,而相对封闭的地理环境,又使这种民间舞蹈形式保存了许多当地文化底蕴的成分。

回族因为深厚的商业文明传统,其人口遍布青海,但河湟一带是回族相对集中的聚居区。西宁、大通、湟中、平安、民和、化隆等地的回族群众每逢婚礼节庆,均会表演著名的"宴席舞",这是一种歌舞结合的表演形式。它以教化为目的,可由二至四人对舞,舞者会根据现场情况自由发挥,即兴演唱,而动作则以扭带舞、舞随歌起。动律有舒缓、急促各种变化。

土族民间舞蹈的分布,以互助土族文化带为中心,但也不仅限于互助,大通土族擅跳"踏灰",民和土族则有"纳顿",黄南同仁地区的土族以跳"於菟"著称。"安昭"是流行于互助土族地区的舞蹈,也是当地土族人民最为喜爱的一种圈舞。这"是在民间喜庆节日和婚礼仪式中,用以礼赞祈祝的一种圆场群舞"[①]。这种舞蹈表演形式较为灵活,既可三两人对跳,也可数百人共舞,通常由一位"杜日金"(歌手)领唱,众人边应和边围圈起舞,无论是大圈还是舞者自己转圈,一般是按顺时针方向转动,舞姿微蹲,重上肢动律,身着七彩袖的土族阿姑们舒缓地挥舞着肩臂,"移"、"划"、"甩"、"摆",尽显土族女性的含蓄温柔之美。

撒拉族舞蹈主要集中于循化撒拉族文化带上。聚居于循化地区的撒拉族人口较少,据载,撒拉族先民是于元代从中亚撒玛尔

[①] 中国民族民间舞蹈集成编辑部:《中国民族民间舞蹈集成》(青海卷),第603页,中国ISBN中心,2001年。

第十七章 青海民族民间舞蹈与审美

罕迁徙而来的。生活在美丽的黄河岸边的撒拉族人民性格豪爽,在婚礼节庆之时,常常跳起"堆威奥依纳"(骆驼舞),以表达对祖先的追思,对民族历史的铭记。而"阿丽玛"、"伊秀儿·玛秀儿"是必不可少的娱乐性舞蹈。专业团体曾将"阿丽玛"搬上舞台,获得了极富美感的艺术效果。

东南河谷藏族文化带在地域上包括黄河流经的同德、贵南、贵德、尖扎、同仁一带。这里地处青海东南部的黄河谷地,地势平坦,气候温暖湿润,农业发达,素有"青海江南"的美称。这里盛行则柔(歌舞)、羌姆(宗教法舞)和不同的傩舞,例如同仁六月会的拉什则(神鼓舞)、勒什则(龙舞)、莫合则(军舞)等。最富于生活气息的则是歌舞"则柔",它可二人对唱,也可合唱,边歌边舞,舞蹈时往往身体前倾,一手托颊,一臂轻垂,足下踏圆圈,与同伴对跳,动作多舒缓流畅。快节奏的则柔往往是男女戏谑时所唱,歌词内容多为挖苦对方或善意地嘲笑对方,并做形象化的动作,演唱时,往往会加进即兴的创作,彼此嬉笑斗骂,令围观者笑声不绝,幽默、喜庆,极富情趣。则柔,是农业地区藏族同胞比较喜闻乐见的一种舞蹈形式。

二、环湖文化圈

它涵盖的范围较广,基本上包括北至祁连山,南至共和盆地南缘,日月山以西,柴达木盆地以东的广大地区。由于环湖一带有青海湖盆地、共和盆地,较之柴达木盆地湿润得多,北部有气势雄伟的祁连山脉,因而环湖地区是青海十分重要的牧业区之一,草原广袤,牧草肥美,畜牧业历史悠久,由此伴生的游牧文化成为环湖文化圈的主体文化。安多牧业区藏族大多繁衍生息于此,与农业区藏族相比较,"逐水草而居"的生活方式使他们难以定期举行盛大的"六月会"及其他盛会,他们则喜爱在婚礼节庆之时，会聚一堂，唱起"勒"（酒曲）即兴而舞。宗教法舞羌姆也是牧民们喜欢观赏的舞蹈形式，当然，其中更多的是一种宗教信仰的成分。环湖文化带上农牧兼作的藏族同胞则十分钟情于则柔，在祁连、海晏、刚察、共和一带盛行。

三、柴达木文化圈

地处青海西北，以柴达木盆地为主体，北部的阿尔金山—祁连山与南部的昆仑山对峙，属于青海的干旱区，降雨稀少，但矿藏丰富，有"聚宝盆"的美称。柴达木自古就以其浩瀚、辽阔、广袤闻名于世，有些学者认为昆仑神话、西王母神话就诞生于此。它可分为两个文化带：一是以乌兰、都兰、柴达木盆地西部的乌图美仁、尕斯库勒湖一带的草原为主体的海西蒙古族文化带；一是以德令哈、格尔木为中心的移民文化带。蒙古族民间舞蹈就分布在海西蒙古族文化带上。蒙古族信仰藏传佛教，以游牧为主，喜爱音乐舞蹈，婚礼节庆常跳婚礼舞、安代舞、马背舞等。宗教舞蹈的代表作品是"巴格西和三个班德"。

四、三江源文化圈

这一文化圈地处青藏高原东南部，在行政区划上包括玉树州、果洛州和黄南州南部的泽库县、河南县等地，在地理学上又称青南高原，这里有高山名川、江河湖泊，是长江、黄河、澜沧江三江之源。藏族中操康巴方言的康巴藏族主要聚居于此。康巴人身材高大、相貌俊朗，善于经商，喜着鲜艳、华贵的服饰，十分爱好歌舞，将"藏族人会说话就会唱歌，会走路就会跳舞"的美誉之词放在康巴人身上再合适不过。康区历来被称为"歌舞的海洋"，卓、依、热巴、国哇、狮子舞、曲卓、羌姆等舞蹈形式在三江源文化圈中十分盛行。每年在各州举办的赛马会、草原艺术节上，康巴藏族会穿起他们独特的藏装，跳起各类舞蹈，场面壮观，声势宏大，群情沸腾，是藏族人民独特的情感宣泄方式。

从文化地理学角度对青海民族民间舞蹈的分布做上述的梳理，有利于我们从文化角度去把握青海民族民间舞蹈，从而更好地挖掘其审美蕴涵。

第三节　青海民族民间舞蹈的审美蕴涵

青海民族民间舞蹈历史悠久，传统深厚，内容丰富。对青海民族民间舞蹈审美蕴涵的探讨，很难用几个舞蹈美学的术语来涵盖。它源自生活，反映了各民族人民的心理、情感，再现了他们的物质生活和精神生活。对青海民族民间舞蹈的审美过程，是一个"牵一发而动全身"的过程，民族的、民俗的、宗教的、艺术的诸多信息均涌现出来，我们必须对这些丰富的信息予以关注。因而，本文探讨的所谓"审美蕴涵"是一个"大审美"的过程，其内涵更为广阔和丰富。笔者将从青海民族民间舞蹈表演的艺术性特征、民族性特征、民俗性特征和宗教性特征四个方面入手进行广泛的分析和探讨，这是一个艰难而又充满愉悦的审美之旅。

一、青海民族民间舞蹈表演的艺术性特征

舞蹈是一种人体动作的艺术，有其特殊的表现手段和表现方法，通过动作、造型、表情、节奏等的组合，形成了表演的艺术

性特征,这种艺术性特征在青海民族民间舞蹈那里,具体表现在动态性、律动性、抒情性、造型性、象征性和综合性六个方面。

(一)动态性与律动性

舞蹈最基本的艺术性就体现在其"动态性"上。"所谓动态性,是指舞蹈以人体的躯干和四肢作为主要工具,并通过各种动作姿态和造型来形象地反映客观事物和人物的精神世界,塑造舞蹈形象。"① 而"律动性"则指舞蹈动作的节奏性和规律性,青海民族民间舞蹈的动态性体现在民众能够充分地运用和开掘人体的美,能够最大限度地发挥人体的表现能力。

青海藏族舞蹈生成于特殊的地理环境——高寒、缺氧的青藏高原,承载了游牧文化和农耕文化的诸多影响,藏民族的生活方式和民族性格形成了藏族民间舞蹈独特的动作特征:"颤、开、顺、左、绕"。②

"颤"即膝关节的颤动,是藏族舞蹈最典型的一个动作特征,藏族民间舞蹈的个性特征也在于此。通过大颤、小颤、柔颤、硬颤、扭颤、摆颤等动作,配合铃、鼓等乐器和节奏,形成有规律的律动。优秀的舞蹈艺人在舞蹈中颤动双膝,踢踏腾跃,会使人感觉到富于弹性,犹如云中漫步,令人陶醉,是刚与柔的完美结合;"开"指藏舞中出腿的基本动作,"跨"、"踹"、"端"、"踢"、"抛",均以勾腿外开为动作要领;"顺"则指藏舞动作的又一大特征,即舞蹈时手脚向同一方向运动,这一动作特征与其他民族相比有较大差异。汉族民间舞蹈往往是上肢与下肢相向而动,傣族舞也以身形的左右对称为美。而藏族舞蹈恰以

---

① 汪加千、冯德、隆荫培、徐尔充:《人体律动的诗篇——舞蹈》,第14页,高等教育出版社,1990年。
② 此为藏族舞蹈家阿旺克村对藏族舞蹈动律特征的归纳。

第十七章 青海民族民间舞蹈与审美

顺为美,起舞之时,脚、腿、腰、胯、臂、头均向同一方向摆动,舒缓时如杨柳轻拂,激越时如飞瀑倾泄,形成了特有的民间舞蹈风格;"左"指藏舞的基本动作均按宗教仪轨以"左"始,呈顺时针方向;"绕"指舞袖时以手臂带动长袖绕圈。这是藏舞的又一独特之处。长袖可摆、甩、撩,但以绕为主,在群舞中,长袖翻飞,如旋风阵阵,配以激烈的下肢动作,踢踏腾跃之时,不禁令人惊叹"谁持彩练当空舞"!

民间舞蹈的动态性是其艺术性的一个重要内容。而从律动性上看,青海其他民族的民间舞蹈也极富特色。回族舞蹈《宴席舞》的节奏总体上比较舒缓,但当舞者用瓷碟、竹筷敲击起舞时,则有较鲜明的节奏变化。撒拉族的自娱舞蹈节奏性较强,动作简练舒展。土族舞蹈中以"安昭"节奏性最强,由于歌舞结合,舞者多结合歌曲节奏,舒展自如地边歌、边舞、边转,转动时轻盈舒展,颇富美感。蒙古族舞重上肢律动,以摆肩、抖肩、揉臂、摆手为动作特征,多模仿马上动作。动作律动性很强,节奏或舒缓或明快,动作刚柔并济,奔放活泼。青海汉族在"社火"表演中基本上吸收了北方秧歌的动作特征,以"小寸步"、"风摆柳"、"三倒步"、"凤凰三点头"、"十字步"、"8字步"等动作为主,动作简洁优美,节奏欢快,很适合大规模群舞。

(二)抒情性

《毛诗序》中有这样一段论述:"情动于中,而形于言,言之不足,故嗟叹之,嗟叹之不足,故咏歌也;咏歌之不足,不知手之舞之,足之蹈之也。"它反映出舞蹈是人们抒发情感时最有效、最直接的一种表达方式。手舞足蹈是最符合人类天性的一种抒情方式。无论是舞蹈纹盆上那凝固的圈舞形象,还是腾跃在草原上的激情热巴,它们共同传达出的均是舞蹈所具有的强烈抒情性。对于舞台作品来说,一个好的舞蹈作品应该具有强烈的抒情

491

性。而对于民间舞蹈来说,抒情性的内涵变得更为丰富:民间舞蹈首先是对生活的再现,其次才是再现之中某种情感的传达。土族人民坦言:"饭可一天不吃,歌不可一日不唱,安昭不可一日不跳。"对于土族民众来说,"安昭"是他们用以表达他们对生活的全部认识和抒发感情的重要途径。家有喜事时,他们表演《昭音昭》,以吉祥如意的祝词祝福喜结良缘的新人、初入人世的宝宝、远道而来的贵客、喜盖新房的主人……重大节庆时,他们跳起《安昭嗦罗罗》、《新玛罗》,以形象生动的唱词礼赞山川大地的秀美和大自然的恩泽,《强强什则》倾注着土族民众对先民的追忆和思念,传承着民族的历史和文化。每个民族的民众在跳起富有鲜明的本民族特色的舞蹈时,强烈的民族认同感会使人油然而生一种自豪、骄傲和幸福之情,正是这种情感的抒发产生了强烈的民族凝聚力。

(三)造型性

"造型性是舞蹈的表现手段之一。它出现在舞蹈动作流动的瞬间或舞蹈组合结尾的停顿之时,……舞蹈造型的存在和变化,使舞蹈显现了动中有静、静动对比有序的美的规律。"[①] 青海各民族民间舞蹈在其长期的发展演变过程中,吸收、积淀、形成了富有民族风格和表现力的造型,造型性增强了舞蹈的美感。藏族民间舞蹈中流行于安多农业区的"则柔",表演者往往面对面站立,边歌边舞,起舞时,一手托颊,一手随下肢缓缓舞动,舞姿典雅,身体微倾,屈膝颤动,缓缓转动,整个造型舒展、平稳、大方而又不失动态的旋转、颤动,很富有表演魅力。

民间舞蹈有很多是群舞形式。在康区的"依"中,男女舞

---

① 汪加千、冯德、隆荫培、徐尔充:《人体律动的诗篇——舞蹈》,第23页,高等教育出版社,1990年。

第十七章 青海民族民间舞蹈与审美

队会分别跳出日、月图案,并称之为"尼达卡撒"(日月同辉)造型。在狮子舞中,表演者会用滚翻、跳跃等动作做出狮子造型,以表现雪山狮子的憨态与威武。撒拉族舞蹈的经典造型是抬压脚跟、身体顿颤和双手抖动,这一生活化的造型将撒拉族小伙儿的英武之气、快乐之情传神地表现出来了。土族舞蹈常用踮步横移、踏跐绕臂的造型,这些造型在连续的动作中如行云流水,潇洒飘逸,是律动性与造型性结合的完美表现,加之土族特有的服饰,使表演者宛如在彩虹间穿行。这种造型是人体动态美在舞蹈中最直接的表现。

(四)综合性与象征性

舞蹈是一门综合性的表演艺术。舞蹈与音乐、诗歌关系十分密切。舞蹈发生期的"巫舞"就是由巫觋的舞蹈、祷颂及乐器的伴奏共同完成的。舞蹈还与服饰、道具有着密切的关系。即使是在田间地头舞蹈,表演者的服饰、道具仍是重要的环节,对烘托整个舞蹈有不可低估的作用。而且,特定的音乐、服饰和道具还富有象征意义,增强了动态的人体的表现力和审美的蕴涵。

首先,就舞蹈与音乐而言,青海民族民间舞蹈中有很大一部分是歌舞。如则柔、安昭、骆驼舞、宴席舞等。虽然音乐与舞蹈作用于人的不同审美感官,但由于二者的抒情性与节奏性特征,它们被很好地结合在民间舞蹈中,表演者们"闻歌起舞",舞随歌起,在或舒缓或激越的节奏中舞蹈,此时,音乐成为舞蹈的动力,歌者的歌喉与歌词的内容都是舞者借以抒情的绝佳手段,舞者以形体的律动诠释他对音乐的理解。藏族"则柔"的表演就是这样:歌者一声"阿则"之后,开始缓缓起舞,舞蹈无十分严谨的过程,歌唱的两节之中,甚至可以停下来清清嗓子,撩撩头发,舞蹈动作自始至终都严格按音乐的节奏来跳,挪移摆转,按音乐的节奏来变化。可以这样说,在相当多的民间舞蹈中,音乐和歌声是舞蹈的灵魂。

其次，就舞蹈与服饰而言，舞蹈中的服饰已不仅仅出于遮蔽身体的原始需要，它已成为增强舞蹈表现力的又一重要手段。民族民间舞蹈中的服饰具有生活化和民族化的特征，特定的服饰配合相应的舞蹈动作，则可更好地再现本民族的生活。回族、撒拉族的舞蹈大多以日常着装为主；土族舞蹈中的服饰则衬托了舞者重上肢律动的特征；藏族民间舞蹈中的长袖不仅没有妨碍舞者动态美的呈现，而且以"甩、挑、抻、扬、抛、撩、绕"等经典舞袖动作，极大地增强了藏族民间舞蹈的表现力和视觉效果。在藏舞中长袖还极具丰富的象征意义：长袖横搭于双手之上，象征洁白的哈达；长袖垂背于身后，象征巍峨的雪山；长袖自胸口处向外掏、抛，则可象征滔滔河水。可见，服饰之于舞蹈，既具有装饰性，又增强了舞蹈的表现力。

最后，就道具与舞蹈而言，道具是舞蹈构成的延展材料，它不一定像音乐、服饰之于舞蹈那样重要，但在民族民间舞蹈中，道具的作用不可忽视。在青海民族民间舞蹈中，道具的运用十分常见，并且道具十分丰富。寺院宗教舞蹈运用大量法器、面具做道具，藏族民间傩舞莫合则（军舞）、勒什则（龙舞）、拉什则（神鼓舞）要运用军棍、木板头像、面具、神斧、龙树、龙女、神鼓、鼓槌等宗教意味浓厚的各类道具。舞者手持这些道具，配以庄严的音乐起舞，会使观赏者产生莫名的激动与信服，不仅加强了信仰的力量，也使观者得到舞蹈的美感。在青海民族民间舞蹈中道具作为人体的延伸，极大地增强了舞蹈的表现力。青海汉族的社火表演种类众多，仅花灯表演，就有滚灯、高灯、碗灯、顶灯等几类，由于花灯表演难度大，要求表演者有较高的技巧，因而优秀的艺人都被称为"灯把式"。在夜晚，布阵严谨的灯队作出各种动作和队列变化，宛如一条火龙上下飞舞，绚丽多彩，使整个舞蹈增添了更加强烈的节日气氛。俗信"观了灯，一年

第十七章 青海民族民间舞蹈与审美

顺"。舞灯在民间传承中被赋予了祛灾解难、保五谷丰登、人畜平安的美好象征意义,因而成为社火表演中掀起高潮的保留节目。

音乐、服饰、道具与舞蹈相结合,不仅体现了人体的动态美,增强了这种动态之美的无限可能性,而且由于各民族根据自身审美观念的组合、变化,使民族舞蹈产生出丰富的审美效果。

二、青海民族民间舞蹈的民族性特征

青海民族民间舞蹈是在特定的民族文化生态环境中发展起来的,要对青海民族民间舞蹈进行研究,要把握其民族性和原生态色彩,就无法离开对其民族文化的梳理。

从总体上来看,青海民族民间舞蹈主要诞生于游牧文化和农耕文化这两种文化背景之中(此外还有对回族、撒拉族产生深远影响的伊斯兰文化等)。青海东部季风区的气候特征、河湟谷地的地理特征形成青海农耕文化的地理学背景。哲学大师冯友兰先生曾用"农业性"来概括中国文化的特征,并指出由此产生的封闭、保守、崇尚自然、重农轻商、崇宗敬祖的民族文化心理。借用冯友兰先生的观点,我们对青海农耕文化及其民族心理就会有一个基本的认识。而游牧文化,则产生于高海拔、高寒的草原和林区,在这种极其恶劣的自然环境中,人们必须付出极大的努力才能生存,但这并未造成人与自然的对立,反而形成游牧民族对万物自然进行崇拜的原始宗教,如苯教、萨满教。原始信仰教会他们与自然和谐相处,并乐天知命,由于自然环境的恶劣和"逐水草而居"的生产生活方式,又形成了游牧民族乐观豪爽、英勇尚武、粗犷彪悍的民族性格,这一切在民族民间舞蹈中都有较突出的体现。

前文在青海民族民间舞蹈的分布概貌中提到,汉族、土族、

回族、撒拉族和藏族中从事农耕生产的一部分民众基本上生活劳作于河湟文化圈的几个文化带上,其共同的文化背景都是农耕文化,因而舞蹈的总体风格是柔婉、稳健,但是不同的民族舞蹈又具有不同的民族风格。青海汉族舞蹈无论从舞蹈语汇、舞蹈结构还是从舞蹈风格、舞蹈韵律上来看,都可见浓郁的农耕文化韵味,即秧歌的风韵,而这种韵味又与千百年来农民祈愿风调雨顺、五谷丰登的民间信仰关系密切。"社火",就是广义的"秧歌"的另一名称,"泛指中国北方农村春节期间的全部自娱性游艺活动"[①],而一些学者甚至将秧歌的源头追溯到了古老的"蜡礼",认为秧歌与古老的祈年活动关系密切,最早是一种"祭祀田祖以祈丰年的活动"[②]。在青海的"社火"表演中,许多著名舞蹈都充分体现了秧歌的特色。《八大光棍》和《蜡花姐》中的舞蹈语汇与秧歌几乎一致,"十字步"、"三倒步"、"小寸步"和"仔"、"扭"、"摆"等舞步韵律都符合舞者模仿在田埂地头间行走的体态特征。《四片瓦》是青海大通一带流行的社火舞蹈,舞者均为男青年,他们面部用黄绿两色画出蛙形,手握着被纵剖两半的两截15厘米长的鹿骨或骆驼骨,像打快板一样应和音乐不停击打,响声清脆悦耳,节奏鲜明,伴以秧歌的"仔步",轻盈、活泼。据说是过去农民惧怕蝗灾,为了驱蝗而装扮成青蛙的样子,用骨瓦模拟青蛙的叫声,这种早期的祭祀仪式逐步演变成为今天的舞蹈《四片瓦》。现如今的《四片瓦》虽然祭祀的意味已淡化,但汉民族重视农作、祈愿丰年的民俗审美心理却在舞蹈中被一代代传承保留了下来。流行于湟水地区的"高灯"表演也被赋予了同样的内涵。"高灯"又称"伞灯"、"太平灯",灯高约1.6米,灯身绘以喜鹊、百花等祥瑞图案,舞者

---

① 马桂花:《中国西部歌舞论》,第81页,青海人民出版社,1991年。
② 于平:《舞蹈文化与审美》,第48页,中国人民大学出版社,2005年。

第十七章　青海民族民间舞蹈与审美

作出"云灯"、"摆灯"、"跳灯"、"转灯"等动作，洒脱、威武。由于灯的形状如伞，象征罗伞，百姓认为可挡恶风冰雹，保五谷丰登。青海汉族的"社火"表演很大程度上都具有娱神的民间信仰意味，而这种娱神又多与农业生产有密切关系，对于"脸朝黄土背朝天"，靠天吃饭的农民而言，没有任何事比土地、粮食更重要，于是在一年之初，娱神、酬神以实现一年的风调雨顺就成了农民生活中的头等大事。

　　与"社火"表演中农耕文化心理的反映相似的是在藏族民间舞蹈中，游牧文化及藏民族心理的反映。藏民族繁衍生息于被称为"雪域"的高原上，以"逐水草而居"的游牧生活方式为主，宗教信仰上佛苯混融，崇尚万物有灵，长期以来形成了崇尚自然、乐观豪爽、洒脱不羁的民族文化心理。反映在舞蹈上，高寒环境使藏族舞蹈形成动作屈伸幅度较大，腿部、手臂的动作均以大幅度屈伸为主要特征，符合高寒缺氧地带须大幅度运动以迅速提高体温的需要。舞蹈服饰上多选择色彩艳丽的着装，这与高寒地带植被稀少，色彩单一有关，也和藏民族崇尚自然之美，豪爽、富于激情的民族性格有关。跳起卓舞时，男女动作均舒展、粗犷、协调流畅，讲究动作幅度的大起大落，但又不失平稳持重。跳至高潮时，男子可将小腿踢至耳侧，躯干仰至离地面五六十公分左右，情绪高昂，场面热烈，常常令观者情不自禁地随之起舞。藏族民间舞蹈——国哇（武士舞）更是展示了藏族男子英武气概和勇士风度。《舞蹈集成》中记载道："国哇，藏语意为武士，俗称武士舞。流传于玉树地区的男子群体歌舞。……舞者服饰华贵庄重，头戴圆形红顶丝坠帽，身佩红绿彩带，手执弯弓宝剑……把驱鬼除魔、消灾解禳的仪式与古代军士演练的内容融为一体。舞蹈强调力度和气势，显示出雄劲亢奋、威武彪悍、英勇不屈的民族精神"①。在玉树赛马会上表演的"国哇"就极富震撼力,高大俊朗的康巴小伙身着华服,神情刚毅自信,舞蹈时强健有力,是一种绝佳的民族形象的展示。与之相对的是农业区藏族的舞蹈风格,由于农耕文化的影响,农业区藏族重视礼法,表达情感含蓄节制,反映在舞蹈上以俯首含胸,屈膝垂首的动作为主,动作幅度小、细腻、委婉,与追求尽情宣泄的"草原舞蹈"有较大不同。但这一静一动两个层面似乎可以用来更全面地诠释藏民族的性格。

土族世居于河湟谷地互助、民和、大通、同仁一带,良好的地理环境和气候条件形成了土族以农业生产为主的生产生活方式。农耕文化重视农业的文化精神与藏传佛教和民间信仰带来的神灵崇拜,凝聚成为土族固有的文化习性,并体现在他们的民间舞蹈中。大通土族的传统舞蹈《踏灰》正是从农业劳动生产中衍化而来的。舞蹈动律以"踏"为主,突出了踏灰劳动的动作特点,以腿、脚的动态之美见长,"艺术地反映了土族人的田园生活,散发着泥土的芳香"。② 民和三川地区一年一度的"纳顿",是土族人的盛会,长达两个月的民俗活动又被人们称为"土族的狂欢节"。《庄稼其》是纳顿会保留的极具生活情调的一个舞蹈节目。"庄稼其"是指种庄稼的"把式"(好手),演员戴面具讲述农夫教育儿子要专心务农的故事,舞蹈形象神态惟妙惟肖,语言幽默诙谐,生动地反映了土族重农轻商的文化心理。"安昭"舞的动律特征是舒展轻盈,以转、踏、跕、甩臂、摆臂为主要动作,表现了农耕文化影响下含蓄、节制的抒情方式。

---

① 中国民族民间舞蹈集成编辑部:《中国民族民间舞蹈集成》(青海卷),第6页,中国 ISBN 中心,2001年。

② 中国民族民间舞蹈集成编辑部:《中国民族民间舞蹈集成》(青海卷),第11页,中国 ISBN 中心,2001年。

第十七章　青海民族民间舞蹈与审美

总之，特定的自然与人文环境是一个民族生存、发展的必备条件，这些外在因素共同作用于各民族的文化，形成了不同的民族文化和民族心理。民族民间舞蹈就是这种民族文化心理与精神的载体，其风格、动律、结构一经形成，就会长期稳定地表现为一个民族舞蹈的民族性特征。这种鲜明的民族性是我们得以认知、保存并传承民族民间舞蹈的重要标志。

三、青海民族民间舞蹈的民俗性特征

作为一种社会现象，舞蹈和其他艺术一样是反映人类社会生活的一种社会意识形态。对于舞蹈的本质，中外不少舞蹈家、美学家历来都有各自的论述。"现代舞之母"——邓肯则认为："凡借身体动作以表达思想感情的创造性活动，都是舞蹈艺术。"邓肯的定义比较宽泛，但却更好地抓住了舞蹈艺术的律动性和抒情性的特点。邓肯的这种观点也可以用来解释民间舞蹈的特征。但在这个问题中所提及的民间舞蹈，笔者更多地是从民俗学角度去分析的，因此我们还应关注民俗学者的理解。王娟在其《民俗学概论》中这样界定："民间舞蹈指的是一种传统的借助于身体的形体造型和有规律、有节奏的运动而表达情感、观念，保存和传播文化的艺术形式。"[①] 可见，民俗学意义上的民间舞蹈，不仅是一种形体艺术、律动艺术，更重要的是"保存和传播文化的艺术形式"。换言之，民族民间舞蹈是保存和传播民族文化的重要载体。从民俗学角度看，民族民间舞蹈是由广大民众创造、享用并传承的。民众创造了本民族的舞蹈，并将其放置在本民族的民俗活动中，使其以其原生态的面貌承载了更多、更生动的民俗信息和诸多民俗功能。笔者将以藏族民间舞蹈"锅庄"为

---

① 王娟：《民俗学概论》，第191页，北京大学出版社，2002年。

例来探讨这个问题。

"锅庄"亦称"锅卓"、"锅桩"、"果卓","锅"意为"圆圈","卓"即舞蹈,其意为"圆圈舞",流行于西藏、四川、青海、云南、甘肃南部等藏区。"锅庄"历史悠久,清乾隆五十七年(1792年)刊印的《卫藏图识》载:"俗有跳歌妆(锅庄)之戏,盖以妇女十余人,首戴白布圈帽,如箭鹄,着五色彩衣,携手成围,腾足于空,团栾歌舞。度曲亦靡靡可听"。①《皇清职贡图》记载:"男女相悦,携手歌舞,名曰'锅桩'"。②从中可见那时"锅庄"的形态与舞者的风姿。"锅庄"有一定的结构,分慢板、中板、快板三段,以顺时针方向围圈而舞,富于变化,慢板动作沉稳优雅、舒展;快板热烈奔放,粗犷豪放。今天,伴随藏民族的日益开放与对外交流的频繁,"锅庄"已成为青海各民族喜闻乐见的舞蹈形式。节日盛会、晨练广场、民族院校、旅游景点,处处可闻锅庄悠扬的曲调和舞者优美的身姿。具体来看,它有以下四大功能,即娱乐功能、调节功能、教育功能和维系功能。

(一)"锅庄"具有娱乐功能

"锅庄"的娱乐功能是一种重要的民俗职能。民俗本来就是民众创造、享用并传承的生活文化,与上层文化在本质上不同的,就是其娱乐性。民俗学者王娟将民俗的娱乐性列在各种功能之首,并认为它是民俗事象最外在的特征,但她又认为我们不应只停留在表面上,因为"娱乐功能的后面,包含着极其深厚的

---

① 王克芬:《中国舞蹈发展史》(增补修订本),第352页,上海人民出版社,2003年。

② 王克芬:《中国舞蹈发展史》(增补修订本),第352页,上海人民出版社,2003年。

第十七章 青海民族民间舞蹈与审美

文化意义"①。我们可以这样解释"锅庄"的娱乐性。首先,从民间舞蹈的分类来看,锅庄与表演性舞蹈相对,属于自娱性舞蹈,与扮装歌舞相对,属于不化妆的本装歌舞,它完全是民众在生产生活过程中,在喜庆节日、婚嫁或劳动之余所跳的舞蹈,不受场地限制,动作随意性较大,"在自娱中体现人类的自我生命价值,沟通人际间的纯真情感"②。其次,青藏高原高寒缺氧,恶劣的生存环境与"逐水草而居"的游牧生活方式,使藏民族聚集一堂时,就迫不及待地要以这种集体舞蹈来进行情感沟通与交流。"锅庄"有歌有舞,有问有答,便于人们之间的感情交流和沟通。舞动时舞步或稳健、或轻快,或庄重、或活泼,风格各异,在参与中"民众的审美习性即兴发挥,自由活泼地抒发内心的喜悦,表现出毫无矫揉造作的潇洒气度"③,每每跳起锅庄,人们都会意兴飞扬,备感愉悦,兴之所至,甚至会齐声呼喝。从审美实践看,"锅庄"虽具有多种社会功能,但其中突出的一个特性就是具有极强的娱乐性,而这本身就带有审美愉悦的性质。人们参与"锅庄"的直接目的就是为了使身心愉快,这是藏族人共同的审美心理趋向。"锅庄"如果偏离了自身的娱乐本性,也就违背了民众的审美心理愿望。

(二)"锅庄"具有调节功能

民俗的"调节功能是指通过民俗活动中的娱乐、宣泄、补偿等方式,使人类社会生活和心理本能得到调剂的功能"④。伴随人类社会生活的发展,个体的心理压抑势必产生,加之沉重劳

---

① 王娟:《民俗学概论》,第23页,北京大学出版社,2002年。
② 钟敬文:《民俗学概论》,第338页,上海文艺出版社,1998年。
③ 钟敬文:《民俗学概论》,第338页,上海文艺出版社,1998年。
④ 钟敬文:《民俗学概论》,第30~31页,上海文艺出版社,1998年。

作带来的肉体压抑，因而人们迫切需要某种程度的宣泄，诸多民俗事象就是为满足这种宣泄需要而产生的。民间舞蹈起源论中的"宣泄说"就解释了舞蹈与宣泄之间的关系。从生活实际来看，人们在生活的重负下，往往需要一种力量激发他们对生活的热爱，而民间舞蹈正是人们宣泄情感、获取自由愉悦的一种方式。每当节庆，藏族身着民族服装，在草原最美的季节里放歌起舞时，艰辛的劳作、恶劣的气候及生存环境，此刻都会被抛到脑后，使人们在歌舞中从繁忙的生活里暂时得到解脱，平日的忧愁被冲淡化解，心中荡漾着欢乐的情绪，获得了一种自由的审美愉悦。从生命美学的视野去探寻，就会发现作为一种追求自由的人生活动，这种民间艺术深蕴着"乐生"的审美价值基因，即人们通过歌舞的审美获得生活的乐趣和享受。这种民族审美意识的"乐生"特质，是民间艺术特有的审美价值所在。从"锅庄"的调节功能看，民众在舞蹈中宣泄情感，获得慰藉和补偿，冲淡了世俗的烦恼和苦闷，使人们的心理得到了一种平衡和稳定。因此，从一定意义上讲，这种"乐生"的需要正是"锅庄"作为藏族独特的审美文化产生的重要心理基础。

此外，舞蹈还被认为是一种本能的发泄，即性爱的需求。这种"性爱说"是舞蹈起源论中又一重要的观点。这种观点认为民众在舞蹈中除了模拟生产劳动生活之外，也进行两性的交流，从而宣泄并调节性心理的需求，最终达到种族繁衍的目的。前文已提到"男女相悦，携手歌舞，名曰'锅桩'"，可见，"锅庄"早就有在两性性爱交流方面进行调节的功能。民众在舞蹈时，能充分运用节奏、舞姿和狂放的情感来激发自身的生产。当然，此时的"锅庄"是被置于更大的民俗活动中来发挥其民俗职能的。例如在青海各地举办的六月会既娱神，又娱人，其间还穿插性爱舞蹈（如黄南州同仁浪加亚日村的舞蹈），拉伊（情歌）对唱与锅庄相结合，在极大程度上使民众沉浸在类似"仲春之月，令

第十七章 青海民族民间舞蹈与审美

会男女,于是时也,奔者不禁"(《周礼》)的氛围中。这种两性交流既带来了一定程度的情感宣泄和心理调节,又在某种程度上对上层正统文化进行了反驳,民众以其特有的伦理观,来规范着自己的行为,又以其特有的民俗活动来调节着这种行为。

(三)"锅庄"具有审美教育功能

教育功能是民俗的重要功能。钟敬文称其为"教化功能","指民俗在人类个体的社会化文化过程中所起的教育和模塑作用"①。"锅庄"是藏民族民俗生活中不可或缺的一项日常民间艺术活动,而且伴随着今天社会的发展,文化的交流,"锅庄"已成为藏民族的"名片",标志出藏民族独特的文化传统,其教育功能也被日益凸显出来。笔者认为,这种教育功能可细分为认知、保存、强化三个层次。这三个层次富有逻辑性地说明,锅庄在保持藏族文化稳定性方面所发挥的作用。锅庄有许多动作是对动物的模拟,如"猛虎下山"、"雄鹰盘旋"、"孔雀开屏"、"花鹿腾跃"等,还有一些动作是对生产劳作动作的模拟。这种模拟典型地反映了藏民族游牧与狩猎的生产生活方式。同时,由于藏民族生活于青藏高原的高寒地带,因此舞蹈动作中多下肢动作,以跨腿、蹁腿、端腿、踢腿、抬腿、抛腿等动作居多,动作奔放,使舞者能迅速发热,并保持体温。为适应高寒气候,藏族服饰比较宽大,袖长袍宽,故舞蹈时手臂动作多以"绕"为主,即手臂带动长袖而舞,有大绕、小绕、臂绕、肘绕、腕绕等。这些动作又突出了藏民族生存环境影响的特点。"锅庄"动作一般均以左始,从左向右顺时针绕圈,与藏传佛教仪轨中"转经"的方向是一致的。舞蹈中拜佛的动作,模仿雄鹰展翅及动物腾跃的动作,也是某些民间信仰的遗留。这些信息经民众的认知,强

---

① 钟敬文:《民俗学概论》,第27页,上海文艺出版社,1998年。

化了民族文化特色并将它保存、传承下来。不过这一切都是在"锅庄"的审美基础上完成的,民族成员正是在"锅庄"表演的自娱审美过程中,潜移默化地受到了教育,传承了民族传统文化。

(四)"锅庄"具有维系功能

"民俗的维系功能,指民俗统一群体的行为与思想,使社会生活保持稳定,使群体内所有成员保持向心力与凝聚力"①。"锅庄"的维系功能可能无法像其他民俗那样具有强大的维系社会稳定的功能,但在民族文化心理的维系上是有其特殊作用的。藏族世居青藏高原,分"卫藏"、"康巴"、"安多"三大方言区,各区居住分散、相距遥远加之语言障碍,因此三地民众彼此较为陌生。然而,从游牧文化的大背景及藏传佛教的大背景来看,藏民族又是一个能彼此紧密维系的民族,尤其是当来自不同地区的人们共同跳起"锅庄"时,"颤、开、顺、左、绕"的藏族民间舞蹈的基本动律特征是全民族所惯用的,其间的动律之美、协调之美的文化蕴涵,也只有本民族成员才能心领神会。在"锅庄"的起舞中,不同群落人们之间的心灵得到了沟通。就藏民族与他民族而言,"锅庄"已成为藏族文化中的特色,成为本民族成员标识自身身份的标志。在今天全球化、现代化的浪潮中,通过参与"锅庄"的表演,藏族成员强化了自己的民族意识,增强了民族的认同感、归属感。

综上所述,"锅庄"作为民间舞蹈,无论是娱神,还是娱人,都具有体现自我、享受生活的娱乐功能,它在很大程度上满足了民众情感宣泄的需要,具有很强的心理、生理的调节功能。同时,"锅庄"还承载着诸多民族文化信息,不断向本民族成员

---

① 钟敬文:《民俗学概论》,第30页,上海文艺出版社,1998年。

第十七章　青海民族民间舞蹈与审美

传达这些信息并使之得以保存和强化,而这种潜移默化的审美教育,使民族成员产生了强烈的民族向心力和凝聚力,是民族文化心理得以维系的重要保证。可见,"锅庄"所具有的社会功能又是有机地联系在一起的。从对"锅庄"民俗性的理解拓展开来,我们也可以由此观照土族、汉族、蒙古族、回族和撒拉族民间舞蹈的民俗功能。

四、青海民族民间舞蹈的宗教性特征

关于舞蹈的起源,一个被广为接受的说法是"舞蹈起源于劳动"。王克芬认为:"原始舞蹈的内容与形式许多都直接、间接地与劳动相关。表现生产劳动和与生产劳动有关的舞蹈是原始舞蹈的重要内容。"[①] 同时,王克芬认为原始的生殖崇拜观念对原始舞蹈也有很大影响。在古代,巫师可以说是某种意义上的舞蹈家,所以有"古代之巫,实以歌舞为职"之说(郑玄《诗谱》)。总的来看,舞蹈自它产生开始,就与人们祈祝丰收,繁衍后代的美好愿望紧密相关,因而舞蹈中承载了十分丰富的宗教信仰和民间信仰的内容。

从反映民众宗教信仰的内容来看,"羌姆"(法舞)是藏传佛教寺院舞蹈的一种很重要的形式。"羌姆"的表演因不同教派、不同寺院而形成各自的特点。格鲁派法舞种类繁多,难度大,技巧性强,强调威武庄严的舞蹈风格。宁玛派法舞(以贵德罗汉堂寺院为代表)也强调高难度和技巧性,护法舞以"跃

[①] 王克芬:《中国舞蹈发展史》(增补修订本),第4页,上海人民出版社,2003年。

如闪电、行如旋风"①而独具特色。塔尔寺法舞庄重威严,动作缓慢,舞姿稳健、优美。法舞中以"鹿舞"难度最大,需要表演者进行一定训练方能完成这种律动性强的表演。在热贡艺术的发祥地——同仁吾屯,则非常讲究法舞的面具与服饰的设计制作。由于本地艺人众多,吾屯寺法舞的面具雕刻精良,形神兼备,富有个性。服饰制作精美,能较强地体现形象个性。化隆夏琼寺法舞则着重讲述宗喀巴与异端的斗争,动作豪放,风格明快。尽管藏传佛教法舞各有特色,但它们的表演均有一定的相同特征和目的,法舞表演就是要以轻松愉悦的舞蹈的形式,弘扬佛法,宣传教义;以夸张威严可怖的面具造型和特别的服饰,引发信徒对神佛的景仰和畏惧。而活灵活现的神佛造型和富有特色的舞蹈律动,养成了信仰藏传佛教的民众富于宗教色彩的审美心理。藏传佛教法舞中有一个十分特别的舞蹈,就是蒙古族寺院舞蹈《巴格西和三个班德》,与富有威慑力的查玛(羌姆的蒙古语名)不同的是这个舞蹈反映的是寺院僧侣的生活,巴格西(蒙语:老师)和三个班德(蒙语:指入寺不久的小僧人)之间充满了师生的情义,巴格西慈祥却很认真,班德们稚气、天真又很淘气。整个舞蹈极富日常生活的审美情趣,在宗教法舞中别具一格。

宗教法舞威严肃穆,富有威慑力,而作为反映民众民间信仰的舞蹈,则在威严肃穆之余多了几分轻松、喧闹,体现了既娱神又娱人的审美特点。拉什则(神鼓舞)、莫合则(军舞)、勒什则(龙舞)是流行于青海农业区藏族民众中的一种傩舞,主要在农历六月会期间表演,青海同仁地区的六月会舞极富特色。拉什则是敬天神的舞蹈,由于舞者手持神鼓,又称神鼓舞。拉什则

---

① 中国民族民间舞蹈集成编辑部:《中国民族民间舞蹈集成》(青海卷),第9页,中国ISBN中心,2001年。

第十七章　青海民族民间舞蹈与审美

由拉哇（法师）传授，由十三名男青年扮演十三位战神，在村子里表演时还要进行煨桑、念经等祭祀活动。传说拉什则最早是由天神传授给当地民众的，因而当地民众将跳拉什则看得异常神圣，认为跳这种舞蹈可消灾避祸，吉祥如意。拉什则表现了藏族民众对天神的信仰和崇拜。莫合则又称军舞，是同仁地区民众为纪念二郎神而跳的舞蹈，舞蹈动作多模仿古代军事活动，以不同队列表现征战时的状态，村民可进行村与村的互访表演，表演前会在二郎神庙举行煨桑、念经等仪式。这是一个典型的二郎神崇拜的战神信仰的表现。勒什则即龙舞，《舞蹈集成》中解释：勒什则"意为螭舞"，"'螭'，龙的一种，藏族作为水神加以崇拜"①。龙舞表演前有盛大的煨桑祭祀和禁忌，正式表演龙舞之前，要先向山神、本村保护神进行祭祀，表演的过程中以拉哇（法师）的降神表演为核心，并向龙女表示崇拜，整个舞蹈过程是一个盛大的民间祭祀过程。信仰对象比较复杂，有山神、地方保护神、龙女等自然神。信仰内涵多样化，禳灾避祸，祈求丰收、风调雨顺及求子习俗均有涉及，表现了民间信仰、民俗审美心理的丰富性。

同仁县年都乎村的祭祀舞蹈"於菟"，是反映土族民间信仰的一个代表性舞蹈。这一祭祀舞蹈于每年农历十一月二十日进行。扮演"於菟"的七名青年男子上身赤裸，裤腿卷至大腿根，用煨桑台香灰涂抹全身，再用黑墨在面部、全身画出虎纹，头扎避邪经文，手持系有避邪经文的木棍。待时辰一到，海螺鸣起，法师诵经完毕，众"於菟"则做惊恐状飞奔至每户人家，从家中寻找食物并带走馍、肉，在病人身体上反复跨越，以吸附病体的"邪魔"，再次鸣枪时，"於菟"们则飞奔至村外河边，洗去

---

① 中国民族民间舞蹈集成编辑部：《中国民族民间舞蹈集成》（青海卷），第324页，中国ISBN中心，2001年。

纹饰，除去"邪魔"。学者们对"於菟"表演十分关注，认为它是古羌人虎图腾崇拜在今天土族文化中的遗留，是一个具有悠久历史和传统的民间祭祀舞蹈。

青海汉族的"社火"表演生动地反映了汉族民众的民间信仰。秧歌的表演是一种民间祈年活动的遗留。舞龙、舞狮源于图腾崇拜。至今，青海汉族群众还有钻龙门以保平安，拔龙须、拔狮毛以驱邪的风俗。"竹马舞"、"花棒子"及各类灯舞均有娱神娱人，求岁岁平安，保风调雨顺的信仰内涵。

青海民族民间舞蹈承载了丰富的宗教和民间信仰的信息，最初均有十分鲜明的功利性，即娱神以求保佑的需要，在传承过程中，一些舞蹈的原始功能已逐渐减弱，而民众表达情感和满足自身审美需要的要求则越来越强烈。但总体来看，青海民族民间舞蹈因其深厚的宗教内涵，而使之富有一种独特的审美韵味。

青海民族民间舞蹈的审美之旅是艰难的，艰难在于在青海这片古老土地上民族文化的多元及反映在舞蹈文化上的多元性。青海民间舞蹈种类繁多，风格各异，每个民族的舞蹈都有深厚的民族文化底蕴以及特有的舞蹈语汇、舞蹈形式。而且作为各民族精神文化的重要表现形式，民间舞蹈展示着各民族丰富独特的精神世界。在这样一个艺术的海洋中，要去真切地领略各民族舞蹈的独特律动，触摸其文化的脉搏，发掘其中深层的蕴涵并不容易。然而，青海民族民间舞蹈的审美之旅又是充满愉悦的。青海民间舞蹈以其鲜活的生动形式和丰富的内涵，给予人们多重的审美感受和文化信息。徜徉在这美的海洋中，会使人获得极大的美感愉悦和精神享受。为使青海各民族的舞蹈文化得到更好的传承和弘扬，让我们一起共同加以保护、研究和开发。

第十八章 青海民族民间美术与审美

民间美术是民间文化的丰富再现,是民间艺术的一个重要门类。它和文学、音乐、舞蹈等艺术形式一起构成了民间艺术与民间文化的主体。它是我们研究民间文化与艺术的一个重要路径。民间美术指的是广大民众创造和享用的造型艺术,本文在这里特指各种平面和立体造型艺术。青海民间美术遍布农村、牧区、草原、河谷,传承在汉、藏、回、土、蒙古、撒拉等民族民众之间,其渊源与原始文化艺术遥相呼应,在漫长的发展中,汲取了各民族文化的营养,传承并表达着各民族民众的艺术想像,形成了各自独特的造型方式、色彩规律、程式规范和审美功能。

青海民间美术来源于生活,大都诞生于民间的田间地头、帐篷里、炕头边,内容极为丰富,形成了一个庞大的体系。从造型的角度看,青海民间美术可分为平面造型、立体造型和综合造型三部分。平面造型大致有:木刻版画、剪纸、刺绣和民间绘画(主要指唐卡、壁画、农民画等);立体造型有:塑像、木雕、石雕、砖刻和布制品(特指藏族、土族妇女的辫套、香包等);综合造型有:皮影、灯彩(特指湟源排灯)、游艺活动中的各种造型。

青海民间美术的创造者以最简单的工具和材料,凭借沿袭下来的技艺进行创作,往往会创作出一个又一个充满魅力的作品。青海民间美术造型的材料主要依赖本地丰富的资源,就地取材,有木、纸、布、泥、石、砖、皮、面、酥油等。木用于木版刻画、木雕、家具等；纸用于剪纸、绘画、灯彩及游艺活动中的一些造型；布用于刺绣、布制品；泥用于塑像和建筑装饰材料；石用于石雕、民居、牌楼等建筑装饰；砖用于砖刻；皮用于皮影、面具等制作；面多用于花馍、油炸面点的制作；酥油用于酥油花，由寺院艺僧在宗教节日制作。此外，丝线、草、金属等多种辅助材料在民间美术中也有广泛运用。这些材料大多造价低廉，但其工艺价值十分突出。

制作技艺包括：绘、刻、印、剪、雕、塑、绣、织等手段。具体来看，绘多用于农民画、壁画、唐卡及其他造型的原稿描绘；刻多用于石、砖等二维空间的镂刻；印用于木版画等的印刷；剪主要用于剪纸；雕指石、砖、木的三维空间造型技艺；塑指塑制，如热贡艺术中的佛像泥塑、酥油花的塑制；绣指用针绣出图案的技法，青海的土族刺绣最负盛名；织指编制工艺，藏族的编制技艺及其造型十分独特。民间美术的这些技艺辅以各类工具，足以让民间艺术家们随心所欲地进行创作。他们的创作既有传承已久的程式性，也有很大的随意创造性。这些出自民间艺人之手的作品，往往散发着民间特有的泥土气息和生活气息，以其朴素、精致的艺术风格震撼人们的心灵。

青海民间美术承载着各民族在漫长的历史发展过程中的文化技艺和民众的审美情趣，表达着民众对美好愿望的追求和对祥和安定生活的渴望，是各民族创造智慧和审美意识的生动体现，也是我们研究青海审美文化的重要内容。

第十八章 青海民族民间美术与审美

第一节 原始艺术是青海民间美术的母体

原始艺术是原始人类充分调动其艺术思维，在制造工具、使用工具的前提下，创造的富有美感的作品。根据考古发现，青海出土文物主要有马家窑文化、齐家文化、卡约文化、辛店文化、诺木洪文化等远古文化遗存。青海的原始艺术集中表现在旧石器时代的石器、骨器，新石器时代的石器、陶器、骨器、木器、装饰品、编织物及青铜器时代的陶器、青铜器、骨器等方面。此外，青海又是原始岩画大量集中的省份，目前发现的岩画大多分布于青海海西州、海北州、海南州等地，约有十三四处。著名的有野牛沟岩画、卢山岩画、舍布齐岩画等。这些岩画多刻有人、牛、人骑马、羊、犬、鹿、虎、鹰、兽搏、生殖器等图形，集中反映了原始先民狩猎时期的生产生活方式，表现了先民企望狩猎成功、收获丰硕的愿望，从一些岩画所反映的深层内涵看，它又寄寓了先民的原始信仰，例如以生殖图形寄寓人口增殖的强烈愿望，以鹰、虎形象寄寓通天、再生的信仰[①]。从审美角度看，这些造型线条质朴、稚拙，有的造型形象逼真，对动物的运动姿态捕捉得十分到位，整个画面充满动态的美感；有的造型抽象、简约，极富想像空间。它具有浓郁的原始气息，是先民情感的寄托，以多样的风格制造出奇特的美学效果，成为民间美术的丰富遗产。

从早期的出土文物和遗迹来看，制陶业占据了较为重要的地

---

① 这一观点参见汤惠生、张文华：《青海岩画——史前艺术中二元对立思维及其观念的研究》，科学出版社，2001年。

位,在大量文化遗存中尤以精美的彩陶著称于世。这些原始艺术的造型、图案及纹饰都生动地再现了原始社会人们生产、生活的场面,再现了先民们对美的形式的把握和独特的艺术思维,对后期的民间艺术产生了极为深远的影响。下面我们以青海早期的彩陶纹饰为例作一简要分析。

青海由于大量陶器文物的出土,而被世人称之为"彩陶之乡"。从丰富的彩陶纹饰中可以看出早期青海先民在绘画方面的一些审美特点。首先,先民们擅长将自己所熟悉的外部环境景物、人们的生产、生活和娱乐活动忠实地描绘出来,体现了纹饰写实的特点。其中舞蹈纹彩陶盆就是这种写实艺术思维的典型反映。纹饰设计为五人一组,共分三组的舞蹈场景,人们手拉手翩翩起舞,动作整齐划一,情绪高昂,舞姿奔放。这种对生活真实再现的陶器作品,反映了先民比较成熟的绘画技巧,既是一件珍贵的艺术品,也是我们了解先民生活的一扇窗口。彩陶纹饰中出现的人像、青蛙、狗、鹿、马、山川、河流等图案,有许多是以写实的形式出现,无论动物还是自然景物,都比较准确地描绘出了事物的形态,表现了先民对自然的忠实模拟。

其次,夸张与变形是彩陶纹饰另一个特点。有的彩陶纹饰原始先民以线条、图形的对比、色彩明暗的反差等手段,来夸张地表现人们对自然的理解,体现了原始先民早期认识事物的思维特点。以水波纹为例,除了S形基本线,彩陶上还绘以圆点,形成虚实相映的风格。水波纹在先民手中还被夸张变形为富有力度的三角纹、具有流动感的涡纹、视觉感很强的多层连弧波纹、锯齿纹,以及纹饰复杂的变形S纹等纹饰。这种对水波纹的抽象、夸张、变形,衍生出众多构思奇巧、画面丰富的图案,一并形成了马家窑文化的主题纹饰——波纹、旋纹[①]。蛙纹的夸张与变形也

[①] 刘溥:《青海彩陶纹饰》,第10页,青海人民出版社,1989年。

第十八章 青海民族民间美术与审美

是一个典型的例子。受"万物有灵"思想的支配，尤其是人类繁衍的强烈需求，人们对生殖力强、水陆两栖的青蛙产生了强烈的好奇心，进而将其神圣化，青蛙图案也自然成为人们极佳的创作题材。在马厂类型彩陶中，蛙纹图案多达五六十种，主要分为写实、夸张与变形三种形态。写实风格的蛙纹线条曲折有致，蛙形完整，头、身、四肢均完整地出现在画面中，对四肢的描绘或以写实的方式再现，或稍加变形。在写实的蛙纹图案中，由于蛙纹相对复杂一些，因此旁边也辅以图案相对复杂的圆圈纹、三角纹等。有的彩陶对蛙纹图案做了适度夸张：或强调其四肢而忽略头部，或仅以四肢连成折线而忽略其身躯。这些被适度夸张的纹饰也多辅以圆形图案，形成了稳定感极强的画面。线条的不同变化又使画面不失灵活，富有视觉的美感。多数变形蛙纹在四肢上做足了文章，或将四肢变形为圆形，或将四肢变形为回纹，或是三线形、折线……这种变形因为保留了蛙趾而得以辨认，否则就是一幅幅线条变化有致的图案。变形蛙纹是对蛙纹题材的深化，变形与写实的蛙纹纹饰比较来看，线条更为抽象，画面更为简约，动感更加强烈。

在经过了漫长的岁月洗礼后，以彩陶为代表的青海原始艺术仍散发着独特魅力。原始艺术及远古先民对美的认识与把握，以其独特的文化传统形式对今天的民间艺术，尤其是民间美术产生着重要的影响。原始艺术中所体现的以世间万物为创作对象，以生命自由、万物繁荣为最高的审美理想，作为一种深厚的文化积淀至今仍主导着民间艺术家们的创作。在民间艺术家们的眼里，世间万物，哪怕一只小虫，一片叶子，都能成为他们手中的造型。他们对大自然观察深入，十分熟悉大自然和本民族的生产、生活，因而他们非常擅长将生活中，尤其是大自然的勃勃生机描绘出来。从这个意义上讲，原始艺术与今天的民间美术的审美理想是一脉相承的。

从艺术形式来看，原始艺术写实、夸张与变形的艺术手法也沿用至今。今天在民间我们看到的许多美术作品，大都是民间艺术家以写实的手法描绘的各种人物和自然景色，只是写实的手法已经有了很大的改变，表现的内容更为复杂，画面更为丰富，内容更为充实了。早期彩陶纹饰夸张变形的手法表现了先民艺术抽象思维水平的提高，而这种思维特点在今天的民间艺术家身上也表现得十分鲜明。民间艺术家往往以传统的方式来对所创作的事物进行夸张与变形的艺术处理，这种手法的应运而生虽有个人创作的成分，更多的可能是对传统的程式化再现。从实地考察可以看出，虽然由于社会文明程度的提高，民间艺术家创作的技艺和手段更为丰富了，但在基础方面仍传承了原始艺术的一些基本手法。

青海原始艺术体现的"真"、"拙"的艺术风格，在现代的民间美术中也得以保留。原始艺术常常通过写实手法，达到对事物的真实再现，这种创作作为一种地方艺术文化传统，在民间被广泛接纳。民间艺术家将其"真"作为自己创作的最高追求，即再现事物的真实感。他们往往以独特的艺术思维来进行创作，追求造型的栩栩如生，把对象表现得"像活的一样"、"像真的一样"作为最高目标来追求。青海原始艺术作为先民早期的创造，其作品往往表现出稚拙的特点，这是早期人类天真烂漫的精神状态的再现，也是人类原始的形象思维能力、审美能力的体现。今天民间艺术家们的创造，已不能与原始时期的作品同日而语，但从他们的创造中我们同样能领略到这种稚拙所具有的单纯与简约之美。

第十八章　青海民族民间美术与审美

第二节　青海民间美术是民俗审美心理的形象载体

　　民俗文化是民众创造、享用并传承的生活文化。如前所述，民俗活动的开展不仅满足了人们的生活、生产之需，同时表达着民众对生活的审美追求。民间美术就诞生于民俗文化的土壤中，成为了民众民俗审美心理的形象载体。具体来看，民间美术主要表现在物质民俗、社会民俗、精神民俗几个方面。

　　物质民俗中的饮食民俗和服饰民俗较为集中地表现了民间美术造型的艺术魅力。青海的饮食民俗中最主要的造型艺术体现在蒸馍和各种油炸面点上。青海河湟汉族与回族、撒拉族、土族都十分擅长各种面点，主要是制作花馍。每逢中秋，汉族妇女会做海碗大小的"月饼"，这种月饼无馅料，仅以绿、黄、红三种食用色素分层揉制，切出十字刀口，蒸出的月饼似一朵朵彩色的莲花盛开，馍底的圆形又暗合了中秋团圆之意，是青海传统面点。回族以擅长餐饮闻名，妇女烙制的"砖包城"、各类锅盔，炸制的麻叶、花花、馓子均造型各异，色彩纷呈："砖包城"是将揉有绿色香豆粉与姜黄的面团揉制成长条状，再盘成圆形烙出的圆饼，层层剥开，犹如城墙一样，色彩搭配和谐；麻叶是将面切成菱形薄片，撒上芝麻，炸出后色泽金黄，如一片片秋日落叶，造型独特、酥脆爽口；花花则以几色面团揉制成，切成圆形薄片炸制而成，上面的涡形彩纹色彩鲜明。土族在纳顿盛会开始时要制作一个直径约五十公分左右的大蒸馍，蒸馍上附有各种造型，在纳顿开始的祭典中作为供品摆放。藏族、蒙古族的面点在色彩上无大的变化，更强调形状的变化，有长方形与菱形结合的油炸面点等。

在前文已说过，青海的服饰十分丰富，每个民族都有属于自己民族特色的图案、纹饰和工艺。从造型艺术的角度看，藏族服饰非常注重附加的装饰物，多用金、银、铜、珊瑚、绿松石、玛瑙、珍珠、琉璃、贝类、赛璐珞等材质。珠宝多制成头饰、项链、耳环、戒指、辫套等装饰品佩戴，银、铜多打制成银铜饰品，如系于腰带上的奶钩"钥桑"、"洛赛日"等饰品和辫套上的银质"马尔顿"（类似扣放的银碗）、方形银牌"蓝咋"，均打制得十分精致，圆形银饰刻有圆形线条、卷草纹、云纹，方形银饰上也刻有各种枝叶、花朵及完整的花枝造型，图案栩栩如生，加之银器特有的柔和光泽，极富美感。土族、汉族等民族的妇女均长于刺绣。她们将图案绣在鞋垫、枕套、辫套等实用品上，使之成为一件件精致的艺术品，图案多是花、鸟、鱼及几何图形，画面色彩对比强烈，艳丽动人。这些生活用品的艺术造型，不仅美化生活也同时反映了各民族对美好生活的向往和特有的审美情趣。

　　社会民俗中的岁时节日民俗、社会制度民俗及民间娱乐习俗与民间美术有着较为密切的联系。在固定节期的岁时节日中，许多民俗活动就有民间艺术，尤其是民间美术的运用。每年春节前夕，人们会纷纷"请"门神、灶神等诸路神明，贴对联、剪窗花、贴年画。灶神、门神、财神等神像多为木刻版画，神像笔触细腻，线条质朴。窗花剪出的图案多为祥瑞之物，也有花朵、鱼鸟及其他富有时代色彩的内容。这些节日美术作品都承载着民众在新春岁首的美好祝愿。端午节到来之际，巧手的妇女会绣制各种造型的香包来给家人佩戴。香包的造型有传统的十二生肖动物造型，仙桃、荷花等植物造型，金鱼、飞鸟等造型。香包用料讲究，刺绣图案明丽。俗信端阳节戴香包可以避邪求吉。

　　青海民俗中的人生礼仪也有许多民间美术的内容。例如藏族针对女孩子的成年礼上要为女孩变换发式，戴上镶有银饰、绣有

第十八章 青海民族民间美术与审美

各种精美图案的辫套,农业区藏族的辫套上多绣有回纹、卷草纹、花卉等富有动感的图案。在藏族婚礼上,新郎、新娘均会穿着边饰精美的藏装。藏式衬衣多为锦缎,色彩华美,对比强烈,加了羔皮的藏式衬衣已成为了藏区青年的时尚冬装。土族婚礼上,绣制的辫套、枕套、衣领、衣袖、围肚、腰带、鞋等均能得到完美的呈现。图案以花卉、禽鸟为主,饰以祥云纹、卷草纹等纹饰,形成富有独特美感的绣制品。

民间娱乐习俗中的诸多富有娱乐性和竞技性的活动均与民间美术有着密切联系。比较典型的有社火活动中的各种造型和元宵节的各种灯彩。青海社火历史悠久,内容丰富。社火中的人物造型衣着鲜艳,脸谱色彩浓重,着色夸张,纹样复杂,所持道具,如纸旱船、纸毛驴均栩栩如生,形象逼真;扇子、花束色彩对比度极强。表演时由于人数众多,远远望去,似乎是一条色彩的河流在涌动、翻滚,给严寒的冬日带来了无限生机。青海灯彩当数湟源排灯。湟源排灯多取材于传统文化,《三国》人物、《水浒》人物、《红楼梦》人物、《二十四孝图》以及各种花卉、祥瑞图案均是排灯艺人的创作素材。湟源排灯多为工笔画,笔触细腻,人物形象惟妙惟肖,每幅作品都生动清丽,墨香四溢。传统的汉族文化和特有的生活审美情趣,就在这一排排灯画中得以形象的传承。

在青海民间信仰习俗中也有诸多民间美术的反映。藏族民间信仰自然神,如鲁神、年神、赞神、家神、灶神等,相应地就出现了许多祭祀方式,如煨桑、撒"风马"、祭"拉则"、绑经幡等。其中,风马和经幡都是木刻版画,木刻内容有吉祥之物"风马"、佛像、八宝图案及经文。这些出自民间艺人之手的经幡、"风马"随风飞舞,带去了的祈祷者美好的祝愿和理想。此外,石刻玛尼石和印刷经文及木版佛像画也是被认同的修行方式之一。石刻玛尼石刀法质朴稚拙,六字真言犹如七色彩虹般和谐艳丽，这不仅是修行者赤诚之心的表达，也成为独特的民间美术工艺品。

由此，青海民间美术在民俗活动中的特殊功用可窥一斑。只有当我们了解了青海民俗文化的内涵，民间美术与民俗活动的密切关系后，才能更深入地去了解民间美术的创作机理。青海民间美术作为一种独特的审美文化形式，不仅是民俗文化的重要组成部分，而且民众的思想、情感、审美理想、审美情趣均以此为窗口得到了充分的表现。

第三节　青海民间美术多元的造型方式

青海各民族的民间美术由于受其地域、文化传统和民族性的影响，而具有不同的特色，在造型方式呈现为多元、丰富的状态。

在形式美的图案造型上，青海民间美术可分为植物、动物、人物几大类。在植物的造型中，最常见的是莲花、牡丹、芍药、桃花、梅花、葫芦、石榴、宝相花等，这些造型在刺绣、剪纸、木雕、石刻中比较常见，往往富有深刻的审美寓意。如民间传说中桃木为幽禁鬼魂的神木，所以桃花与桃木、桃符联系在一起，在汉文化中有执正祛邪之意；桃子又被认为是增寿的水果，因而有"桃寿"之说；在民间美术中，桃因其外形被指向古老的生育主题，象征女阴并引申出象征万物更生的春天。这几重内涵在民俗审美观念中都十分突出，因而求神祛鬼、增寿、繁荣的桃便成为民间美术中的主要造型。莲花和石榴都因其"多籽"而被赋予"多子"的内涵，从而成为民间美术表达人们多子多福愿望的重要创作题材。牡丹则因其硕大丰润的外观和优雅饱满的色

第十八章 青海民族民间美术与审美

泽使人们将其与"富贵"的社会价值取向联系在一起,正是在祈求富贵生活、人生美满的民俗审美心理驱使下,使之成为民间美术中常青的创作题材。

动物造型中常见的有鱼、蝴蝶、蛙、狗、鹿、鹤、蝙蝠、虎、蛇、龙、凤、狮、马等。鱼因其谐音"余"而被视为祥瑞之物,预示"连年有余"。此外,鱼因为其生殖含义又被用来象征生殖的繁荣。蝴蝶因为其阴柔之美而成为代表雌性符号。蝙蝠、鹿、鹤作为传统题材,表达着汉族民众的祈愿——福、禄、寿。马因为在"风马"中的出现,被藏族认为是运气、福气的象征。龙的形象,尤其是龙头的变形形象在藏族建筑图案中十分常见,状似狮头的"椒图"门环、"椒图"门饰等。应该说龙的"辟邪"、"镇守"的文化内涵,造就了龙形象在民间美术中富有威慑力和神圣性的审美特征。

民间美术造型中的人物形象,除了来源于佛教、道教外,还有诸多俗信中的人物。具有威严、刚正之气的门神形象在汉族及其他受汉文化影响较深的民族美术中是十分重要的人物造型。秦琼与尉迟恭是民间著名的门神。这对原是血肉之躯的历史人物,因人们熟知的传说而成为了永远的守护神。在冬日格外苍凉的青海农村,色彩鲜艳的门神显得格外醒目,人们相信正是由于他们的守护,才能确保人们平安与祥和。藏传佛教的面具艺术在人物造型上十分独到。这些面具依据用途可分为羌姆(跳神)面具、悬挂面具和藏戏面具三个类别。由于其宗教用途以"酬神"、"驱邪"为目的,因此面具造型夸张可怖,着色浓重,多具有狞厉之美。

青海民间美术的内容,以多元的造型方式展现了丰富的审美内涵,表现了民间艺术家特有的思维方式和艺术追求。

首先,惯用写实与写意结合的造型方法。青海民间美术中的"写实"与欧洲艺术中的"写实"在观念上有较大的区别,相比之下更具有幻想性。它在熟识谙记造型对象的基础上,取本舍末,以神造型。同现实世界的客观真实相比,民间艺术家们更忠实于自己的心理世界,服从于内心的感受,因而这种写实又是一种写意。民间艺术家们可以自由突破动态与静态,二维空间与三维空间的限制,自由徜徉于心理空间所营造的世界中,并用相应的材料将其再现出来。土族刺绣工艺十分精致,造型丰富,但有些形象(如动物造型)的刺绣完全突破了平面造型的局限,会在平面造型中绣出一个富立体感的形象来。如土族腰带刺绣中有的鸟造型在侧面绣出两只眼睛,采用了正面造型方法,产生出不同于一般造型的透视效果,表现了设计者独特的艺术想像力。腰带中的双鱼造型将鱼的双眼画在同一画面上,使人能感受到鱼的动态之美。"三面人"、"多头动物"的造型方法表现了一个事物在运动中的多种形态,这种寓动于静的画面极富审美韵味。

除了这种动静态变化的造型,民间美术还擅长在一个画面中呈现线性传递的时间感和丰富的空间感。湟中农民画常在一幅画面中体现事物的连续动态变化。窦玉贵的《福如东海》以展翅的仙鹤驮寿桃祝寿的画面,营造了仙鹤振翅飞翔的动态之美。①整个画面基本上以圆形线条构图,祥云、仙鹤、寿桃、波涛线条柔和,画面浑然一体。韩复兰的《闹春》以青海社火中的传统丑角黑脸老汉和抱孩子的老妇为主角,表现了他们在社火队伍中的有趣表演,老妇扭着"仔步",老汉高高踢出了他的布鞋。鞭炮"噼啪"作响,火光闪动。整个画面在富有动态感的韵味中让人回味无穷。

其次,擅用变形造型手法。青海民间美术常常以不自觉的变形方式来表现审美对象,这种变形很自然,毫无学院派的气息,

---

① 窦玉贵创作的《福如东海》及以下所列举农民画创作均来自"2007年湟中农民画画展(西宁)"笔者的摄影资料。

第十八章 青海民族民间美术与审美

不仅增强了作品的装饰性,而且蕴涵有丰富的象征意味,极大地提升了审美效应。

在青海民间美术中,变形造型常以"异物并立同构"的方式出现,作品往往将不同事物并立同构于一个画面。这种造型以吉祥图形居多,形象地表达了人们求吉纳福的民俗审美心理。藏族民间美术中的"吉祥八宝"经典图案,广泛出现于各种工艺制品上,它是由象征吉祥的八件宝物:宝伞、金鱼、宝瓶、妙莲、右旋白螺、吉祥结、胜利幢和金轮构成一个完整的造型,布局合理,内涵丰富。在汉族民间美术作品中,各种吉祥花卉、祥瑞动物及人物造型常常并立同构于一个画面中,如童子坐莲,手捧鲤鱼,象征"莲里生子,连年有余"或"连生贵子,吉庆有余"。

变形的另一种方式是异物同构。它是将甲乙两种不同事物结合到一起,同构出一个全新图形。土族刺绣中的"人面鱼"造型即是异物同构的典型:鱼身绣有花卉,而鱼头则颇似人面。刺绣中还有大量花卉与蝴蝶的异物同构:花瓣似蝴蝶,而花蕊又取代了蝴蝶的躯干,花枝翩然,极富动感。这种造型给人新奇独特的审美感受。青海传统花卉图案"宝相花"则以牡丹、莲花为主体,饰以其他花叶,整个构图富有和谐之美,在民间流传中被人们赋予了"宝"、"仙"的审美意蕴。

再次,常用几何造型方法。几何造型,是青海原始艺术中常用的一种造型,今天的民间美术仍沿袭了这种方法。在青海民间美术的诸多形式中,刺绣最擅长表现几何造型。汉族和土族农妇在鞋垫、领子、腰带上,用各色彩线绣出三角形、菱形、正方形等组合图形,构成十分规则又富有节奏变化的图案。藏传佛教的装饰艺术也擅长表现几何图案,常见的有圆形纹、曲线纹、回纹、方形纹、角形纹等。这些图案纹饰的变化组合,形成寓意丰富的图案。藏毯造型也多以几何图案为主,工匠们采用花卉、吉祥八宝、汉八仙等图案，并辅之回纹等各种变形，如城廓状、圆形、长方形等做装饰，甚至以此做主体图案，形成了民族特色浓郁的造型，极具审美观赏价值。

最后，擅用适形造型法。由于民间美术造型常常出现在实用的物品上，民间艺术家们只能在特定的器物中进行造型设计，因而适形造型法在民间美术中运用十分广泛。适形造型一方面是指造型适应其载体的面积、形状、材质；另一方面是指对主要造型设计并完成后，对剩余空间的艺术处理。由于第一种情况，民间艺术家往往会因形造型，形成各种变形、夸张的图案，例如腰带上的蝙蝠图形是被刻意拉得细长的造型，鞋垫上的花卉造型则修长挺拔。针对第二种情况，民间艺术家们常用几何纹样来修饰各种剩余空间。蒙古族的帐篷、腰带、靴子、器皿等物的边角，常饰以云纹和卷草图案，这些图案线条舒展、疏密有度、布局匀称。适形造型法的应用，使创作者充分利用了不同的图形和有限空间，化局限为自由，化被动为主动，创造出富有想象力的艺术造型。

第四节　青海民间美术的基本特征

青海民间美术深深根植于各民族生活之中，受各民族文化、艺术传统的影响，形成了与文人、学院派创造不同的各种特征。

首先，青海民间美术具有实用性。这是民间艺术家在进行创作时首先要考虑的一个实际问题，即所创造的物品必须有所用途。这种实用性应包含两个层面：一是物质实用性，二是精神实用性。

物质实用性是指民间美术作品在实际生活中的功能与用途。

第十八章 青海民族民间美术与审美

例如土族的刺绣作品几乎都是具有实用性的。土族阿姑们将各种美丽的图案刺绣在衣领、衣袖、围肚、腰带、绣花鞋、袜、鞋垫、枕套、烟袋、针扎、香包等物品上，在实用的前提下增强了物品的美感。青海牧区的藏族十分擅长用牛、羊毛捻线编织，以此做帐篷所用的牛毛毯，装东西的毛织袋，褡裢，牛、马的辔具，抛石器"乌朵"，毛编绳索，等等。这些物品在物资匮乏的游牧地区十分实用，同时，用黑白两色的线编织成的物品色彩质朴，图案丰富，又增添了美观性。撒拉族民居以木雕为显著特色，门窗、房檐及房梁的雕饰多以花卉图案为主，雕工精致、图案美观，这也是在强调实用的前提下所做的装饰处理，使民居具有了审美的价值。

精神的实用性是指青海民间美术对民众精神的影响及其所产生的功利作用。这种功利性尤其体现在求吉纳福、驱邪降魔，追求美好生活的信仰审美心理层面上。藏族刻制的风马、经幡、佛像等，均含有人们祈祷吉祥的美好意愿。在高山之巅抛撒风马，拴绑经幡，在家中供奉佛像被认为是能够获得神佛的护佑的。就连雕刻木版，印制版画、经幡都被认为是一种有效的修行方式。汉族的民间美术造型则以谐音、喻意、符号等各种方式对造型赋予深刻的象征意义，从而获得心理上的满足。这种象征意义使民间美术作品富有了更丰富的审美意蕴。如传统的连（莲）年有余（鱼）、金玉（鱼）满堂、马上封（蜂）侯（猴）等民间美术作品，均以谐音来表达人们美好的意愿。前文提到的诸多植物、动物、人物的象征寓意也是如此。

其次，青海民间美术造型的完美性。民间美术作品无论是平面造型、立体造型，还是综合造型都十分强调作品的完美性。这里的"完美"，指的是造型形式上的完整和视觉效果上的完美。这都是由民众特定的审美心理期待而形成的。

中国民众，尤其是汉族十分强调事物的圆满、完整，这与汉族文化的哲学理念关系十分密切。老子讲"反者道之动",世界是循环往复,周而复始的一种时间状态和空间状态。在这种观念影响下,汉族民众十分强调"圆满"、"美满"等人生观念,并由此形成了以圆满为美的审美观念,这在青海民间美术创作中得到了充分的体现。青海民间美术造型有两个禁忌:一忌形象缺损,不完整;二忌大块空白。因此我们看到的民间美术造型都十分强调形象的完整:动物造型要五官俱全,四肢、尾巴均完整无缺,甚至一般造型均以正面示人,为的是不使另一侧缺损。花卉图案要有根有枝,有花有叶,一般均有花盆或花瓶造型相伴,既取平安之意,也为了表现花卉根系的完整,使人感受到茂盛的生命力。民间美术十分忌讳空白。一般来说,画面均要合理安排,富有空间上的合理性,并且画面要不留余地,这就是产生了"适形造型"的方式。这种"圆满"的创作即具有形式的美感,也符合了民众的审美观念。

青海民间美术造型的完美性还体现在视觉效果的追求上,这种完美的视觉效果更多地表现在制作工艺的精细上。青海地处西北一隅,海拔高,气候寒冷,四季之中的绿色总是转瞬即逝。因此在进行美术创作时,民间艺人格外强调作品的精细,用自已的创作展示出大自然的美好风光,以弥补现实自然环境的实际不足,满足人们更多的审美需求。当我们看到一幅幅精美的刺绣作品,一件件技艺精湛的木雕、石雕和砖刻工艺,一幅幅构思精美的农民画、排灯时,常常为这些作品精细的工艺叹为观止。青海各民族艺人在这片高寒的大地上,凭借自己的艺术智慧和灵活的双手创造了一个个永不消逝的春天。对生存条件相对艰苦的青海各族民众来说,民间美术精美的造型和工艺是对他们心灵极好的补偿和最佳的慰藉。

最后,青海民间美术造型具有程式性。与整个民间美术相通,青海民间美术在民间的传承已有悠久的历史,其间形成了一

第十八章 青海民族民间美术与审美

定的共同规律。笔者将从三个方面对民间美术的程式化特征作一探讨。

正如前文提及，青海民间美术大都具有特殊的象征意义。这些形象的内涵形成了一种程式性。许多特定的形象和符号的审美意蕴，只有在特定场合和形式中才能被理解。如人们以谐音的方式赋予一些形象以吉祥的内涵；从民俗文化的角度去理解一些动植物的特殊意义；以民族传统的审美思维方式去解读特别符号、纹样所具有的情感意蕴。因此"鱼"、"莲"、"石榴"等形象就与生育主题及其相应的婚俗文化关系密切，而"牡丹"、"桃"、"瓶"、"桂"、"羊"、"马"、"猴"、"鹿"、"蝙蝠"等就与平安、富贵、吉祥划上了等号。面具造型、皮影造型均有其严格的程式，不能出错。这种程式化的形象意义是十分稳固的，在流传过程中不能轻易变动。

色彩运用的程式化是青海民间美术程式化特征的又一表现。由于民众对美的需求丰富多样，民间美术除了特殊材质外，在色彩的应用上总是十分大胆，追求色彩的强烈对比，注重运用色块的协调衔接，在着色上甚至会颠覆常规，并赋予了不同色彩以特殊的审美意味。湟中农民画的民间艺人就很擅长运用这种手法。张斌的《安昭罗罗》以强烈的红、黄暖色配上富有剪影效果的黑色人像。画面上土族男女围圈起舞，黑色的剪影人像线条简洁，腰带和发辫翩然飘动，显得动感十足。红、黄、黑形成鲜明的色对比，给人以极强的视觉冲击力和醒目的审美效应。赵占财的《红土地耕人》突破了惯常的以人为主的构图规律，在画面的三分之二描绘了起伏的勾壑和土地，耕作的农民仅占画面一隅，土地着上了鲜艳的红色，表现出土地所具有的强大的生命力。这种构图和着色对常规的颠覆做法，恰恰是农民画的传统程式，是农民画区别于学院画作的地方。色彩的程式性还表现在色彩的特殊寓意上。由于藏族的"崇白"习俗，藏族民间美术作品多取以白为主，红、黄、蓝、绿等色为辅的用色方式。而汉族传统的色彩审美取向，视红色为表现吉庆的最佳色彩，并富有辟邪的含义。这些色彩的程式性内涵使民间艺人和观众形成了固定的着色方式和欣赏习惯。

第五节　青海民间美术的审美特性

　　青海民间美术的审美特性，主要从审美功能和审美特点两方面加以探讨。青海民间美术独特的审美功能，主要体现在表达民众愿望、慰藉民众心灵、凝聚族群精神三个层面。

　　首先，青海民间美术的创作总是通过多样的题材和艺术形式，表达着各民族民众朴素的美好愿望，蕴涵着丰富的审美理想。为求丰年，汉族艺人创作了"连年有余"、"五谷丰登"的图画；为求繁衍，织绣出"连生贵子"、"娃娃喜莲"的作品；为保平安，凿刻出"平安如意"、"平安大吉"的雕饰。藏族民众抛撒风马、拴绑经幡，并且亲自印制，以求吉避凶……人们的愿望寄寓于各种美术造型之中，希冀自己的生活有一个美好的未来。当一件件民间美术作品被创作、购买、应用时，民众确信愿望即将实现。青海民间美术这种独特的审美功能，就是这样在一代代民众身上得以表达，在他们的心灵深处得以实现。

　　其次，青海民间美术以其丰富的情感寄托慰藉着民众的心灵。青海艰苦的地理环境和自然条件，使生息于这片土地上的民众生活更为艰难。但是求生存的本能促使他们创作出多彩的民间美术作品，以弥补生活中的缺失，实现心理上的补偿。青海农村和牧区的生活是单调的，民众需要包括民间美术在内的丰富艺术创作来改变这种单调的生活。因此，民众们努力用美术作品使日

第十八章 青海民族民间美术与审美

常生活变得更加丰富多彩,他们雕梁画柱、绣衣织布、泼墨绘画,在生活用品的每一个角落都留下他们的技艺和对生活的理解。这种以丰富对单调的补偿,无疑带给人们极大的审美愉悦,有效地慰藉了民众的心灵。青海民间美术这种审美功能是多方面的。自先民时代对死亡的恐惧,使人们至今仍高度重视生与死的问题。民间通过各种美术作品丰富的寓意,表达着人们对生命的渴望和礼赞,以生的命题对死亡进行补偿。

最后,一个民族的民间美术在很大程度上体现着本民族精神。青海民间美术在它形成的漫长历史过程中,以各种造型手法艺术地表达着各个民族对世界的了解和认知,表达着他们的感情和认同,并逐渐形成各个民族独有的特色,于是,这种特色成为民族精神的形象载体,强化着民众的归属感和凝聚力。藏族民间美术往往以不同的艺术造型反映其民族精神。其美术作品中常少不了雪山、雄鹰、狮子等造型,这是藏民族对自身环境和民族性格的形象表达:藏民族世居高山雪域,向往雄鹰的志存高远,希望具有雄狮的威武刚强。这种民族精神一直支撑藏民族在不断地进步。同样,一代代河湟汉族艺人在他们熟悉的各种造型中,完成着传统文化的传承和民族精神的延续。民间美术的这些美学功能至今在乡土社会中发挥着巨大的功用。

青海民间美术的审美特点主要体现在以下几个方面。

首先,青海民间美术具有含蓄之美。世居青海的六个民族均有其深厚的文化底蕴,并外在地表现在民间美术包含的大量象征符号上。这些符号的使用使民间美术涂上了一层含蓄的色彩,使民间美术在咫尺之间传递着丰富的内涵。汉民族的象征符号系统十分发达,借助于造型的名称谐音、外形以及在古代神话、宗教中的各种解释,使造型的符号意义格外突出。因此,鱼、莲、桃、葫芦等造型才会反复出现在以生育为主题的民间美术作品中,传递着人们对生存繁衍的强烈渴望和美好欲求。这种传达是隐晦而含蓄的，但又是人所共知的，人们正是在这份含蓄的表达中交流着美好的情感和祝福。由红、黄、绿、紫、黑组成的五彩袖是土族服饰的标志。据说是象征着太阳、麦浪、青苗、流水和土地。可见，土族民众对繁衍生息的环境充满敬意，并将这种敬意和民众对自然、生活的热爱，升华为一种审美色彩符号的理解，世代传承。诸如此类不胜枚举，深厚的文化积淀创造了强大的符号系统，一直在青海民间美术中被广泛运用，并借此含蓄地表达着人们各种丰富的情感和美好愿望。

其次，青海民间美术富有细腻之美。青海民间美术与青海地处高原，苍凉粗犷的环境相比，创作显得细腻精美，给人更多的优美之感。纵观青海民间美术造型，尽管材料不同，手段、工艺不同，但青海民间美术表现出的一个共同特征就是细腻。面对苦寒的外部世界，艺人们更加专注于手中的作品。在工匠、民妇粗糙的手下，刻画出的却是一个个精致、富有生命力的图案、形象，令观赏者为民间文化的深厚底蕴和民众强大的创造力而慨叹。

在青海民间美术中，藏传佛教工艺中的酥油花和唐卡堪称是细腻之美的代表。酥油花是塔尔寺"三绝"之一，作为一种油塑制品，其工艺比较复杂，并要求艺僧有强健的体格，以适应在寒冷的低温下操作的要求。面对特殊的材料和制作工艺，艺僧专注地塑制出一幅幅细腻、传神的作品是有相当难度的。但由于信仰的力量和对艺术的热情，艺僧们凭借双手将各种形象和场面逼真、细腻地表现出来。花朵造型复杂、娇艳欲滴；人物形象逼真、神态各异；加上亭台楼阁、飞禽走兽、山石林木，使油塑制品呈现出恢宏、壮观的场面和工艺的精巧、细腻之美。

唐卡是指布面彩绘的卷轴画，有堆绣和刺绣不同的工艺表现形式。唐卡的绘制也是非常讲求精巧、细腻的。由于唐卡置于经堂或民舍中悬挂供奉，具有宗教意义，因而唐卡的绘制又有其特

第十八章　青海民族民间美术与审美

殊要求。一般艺人们会遵循《造像度量经》的规定进行唐卡绘制。其构图、着色都自成规律。唐卡多绘制佛像，也有传记画、坛城画、六道轮回画等内容。无论何种内容，一经画师之手，则能形象、细腻地体现在画布上。由于特殊的构图规律，唐卡中的佛像有其不同的造型、形象，但均十分传神、笔调细腻。佛像造型或端庄，或威猛，但都在丰富的线条之间透出佛之悲悯精神。对于面对唐卡静心观想的信徒来说，精美的唐卡构成了他虔诚的信仰世界。

第三，青海民间美术具有质朴之美。青海民间美术艺术形式多样，取材丰富，工艺复杂，以细腻精美取胜。但究其主题，你会感受到青海民间美术中所流露出的对于世界的质朴认识。

青海民间美术倾注了民众对生命的热爱和敬畏。自人类形成以后就开始面对生老病死，就形成了对生命的敬畏感。生命在一个人的旅途当中或极其脆弱，或极其强大，这都使民众在困惑之中加重了对生命的敬畏心理。于是人们在民间美术造型中赋予了它祈求生命长久，进而富贵和美的内涵。民众的这种认识是十分质朴的，他们在敬畏人的生命同时，敬畏自然界所有的生灵，这种认识毫无"人定胜天"的书生意气，民众仅仅希望凭借这份敬畏换取安宁和谐。除却对生命的敬畏，民众还充满对自由的追求。民间美术中那些驰骋于天地万物间的想像，取代了现实中的种种局限。在民间美术的世界里，民妇手中可以绣出最美的花朵，艺人手中可以刻出从未见过的生灵。民间艺人在这一刻自由地遨游于美的王国，弥补了现实中的所有缺憾。"虽不能至，心向往之"，民众对自由的追求在艺术的创造中一刻也没有停息。

最后，青海民间美术具有繁复之美。青海民间美术在民俗内涵中表现了民众求吉、求圆满的心态，反映到造型上就忌空缺、忌空白，因此追求造型的繁复、圆满是与民众祈求圆满的心理动因密不可分的。此外，在长期的民族文化熏染中，民众已形成了追求繁复的审美心理,因而无论何种材料和类型的民间美术作品,都以画面充盈、繁而不乱为美。罗生海的农民画《春的脚步》以土族阿姑围圈对歌为主体,四周饰以柳枝、小鸟、祥云、花草。画面繁复、主题鲜明。各种石刻砖雕作品均以斜逸拖曳的枝叶、云卷草纹等弥补剩余空间,使整个画面充实而富有动感。这种繁复之美是青海民间美术十分重要的审美特征之一,其形成有其民族深厚的审美心理积淀。

青海民间美术具有源远流长的文化根源,其造型方式多元,造型特征丰富,具有丰富绚烂的艺术形态,表达了青海各民族民众的审美理想和审美追求。伴随时代的发展和变迁,青海民间美术在不断充实新的内容,引领着我们不断追求民间美术大美的艺术境界。

第十九章 青海民族工艺与审美

　　我国是一个统一的多民族国家，灿烂的工艺文化是多民族共同创造的文化，在历史的长河里交相辉映，熔融发展。青海地区的工艺文化远在 5000 多年前的原始时代，就已闪烁出璀璨的光彩：马家窑彩陶上的涡旋纹饰，彰显出远古先民极其娴熟的艺术技巧，流动着古朴的审美韵律；半山彩陶圆熟的器形，各种美的形式法则已经展露无遗，制作技艺达到了相当的水平；马厂彩陶线条粗狂豪迈，展现了青海先民的率真淳朴；齐家彩陶夸张的耳饰和辛店彩陶别致的鞍口，则折射了浓郁的地方文化气息。在青海地区的文化历史进程中，还有不胜枚举的各类工艺，仅就藏族各种纺织品为例，就有典雅的氆氇、精致的卡垫、华贵的地毯、华美的藏被和围裙，雅致的霞帽和藏靴，以及富于宗教文化色彩的唐卡，不仅民族特色浓郁，而且具有极高的审美价值。

　　青海民族民间工艺是中华工艺的重要组成部分，也是体现青海审美文化的重要组成部分。从整体来看，千百年来，处在气候恶劣、环境艰苦的青海各民族，始终没有停止求生存、谋发展的步伐，一代代富有想像力的创造发明，在传承中发展，在变异中传承，许多生产、生活中的实用器物都表现出显著的地方文化印记、民族文化特色和宗教文化气息，逐渐衍化为独特的工艺文化遗产，反映了高原各民族历代民间艺人的知识的积累、生活的艺术和特有的审美价值取向。

第一节　青海民族工艺的品类

研究青海民族民间工艺离不开对这里的文化的深刻洞悉和理解。从整体上看，青海文化具有民族的多元会聚性、历史的多重积淀性、地域环境的特殊性、民族宗教的濡染性四大特点，青海各民族民间工艺在文化上也突出地将这些特点加以呈现。自古以来，青海地区就有戎羌、吐谷浑、吐蕃和党项等古族遗留的文化特征，这些民族备尝迁徙艰辛之苦，饱蘸民族奋斗之情，在不同的历史时期，努力创造了适合他们生存和发展的物质财富，积累了包括工艺美术在内的丰富物质财富和精神财富，其中蕴涵的智慧火花和悠远的审美情趣已经随着青海文化层的累积而叠加，随着民族及其文化的变迁，在后起形成的新型民族中间播撒和扩布，成为这些新型民族的基因元素。因此，青海包括审美文化在内的诸多文化都是历史积淀的结晶，具有显著的历时性层叠特点。

以历史地理的眼光看，青海文化可分为四个历史文化层：第一层是马家窑文化时期的半山、马厂遗址为主的远古文化，复以柳湾文化为过渡的卡约文化和卡诺文化，逐渐形成了包括西藏曲贡文化在内的氐羌文化、彩陶文化是该期文化的标志；第二层是氐羌先民到无弋爰剑及其子孙活动，直至吐蕃兴起，早期屯田文化是该期文化的标志；第三层是以藏族先民和鲜卑诸族的兴起及其活动，其间吐蕃兴起、松赞干布统一吐蕃诸部、吐谷浑建立政权和秃发羌辖制河湟，尤以吐蕃与吐谷浑的内部政权更替和外部制权更迭为标志，经济文化中的贸易和游牧是该期文化的主题；第四层是元明以来，西域色目人等随蒙古族人及其政权移入黄河

第十九章 青海民族工艺与审美

上源的广大地区,汉族再度大规模移民屯田,形成了东乡族、保安族、撒拉族,汉族广布河湟农耕,成为中华民族格局形成的重要组成部分。其中,前期以蒙古族文化的渗透与藏传佛教的中兴为代表,后期以中原文化的广泛接受为标志。在这样的文化特点下,青海各民族间始终保持着从未间断过的互动、熔铸的特色。青海的民间工艺在审美特征上最大的特色也是具有多元文化交融与复合的样态,换言之,青海地区的民族民间工艺美主要体现在多元文化的复合功能上。

我们这里所说的民间工艺是包括民族的、民间的美术在内的民艺学意义上的民族民间工艺。是柳宗悦在20世纪30年代提出的民艺学①意义上的民族民间工艺。借鉴《中国民间美术全集》的分类方法,综合中外学者的观点,我们认为青海民艺的品类,从主题上分为审美精神生活和实用物质生活两个大类。在审美和精神生活内容上,包括祭祀供奉、装饰美化、娱玩教化、游艺竞技等,从实用和物质生活内容上,分为穿戴服饰、宅居陈设、生产劳作、生活起居等。

一、祭祀供奉类

各族民众对宗教和民间诸神信仰时,制作和供奉的雕刻、绘画佛像、唐卡等,祭祀活动中制作、供奉时使用的风马、酥油花、烛台、神龛,以及净水瓶等。

---

① [日]柳宗悦著,徐艺乙译:《工艺文化》,第53页,中国轻工业出版社,1991年。

二、装饰美化类

各族民众对环境和自身的美化装饰，主要包括节令、人生礼仪等民俗活动中使用的，如藏式、土式的女子嫁妆，男子的节日礼服等；自身居室装饰使用的藏毯、刺绣等。

三、娱玩教化类

民众在民间戏曲文化传播中使用的面具、皮影等戏剧艺术品，以及形式多样、材质各异、分布广泛的具有启蒙教育、智力开发和审美功能的民间玩具，诸如羊骨节等。

四、游艺竞技类

各族民众在游艺民俗活动中创造或在生产实践转化而来的各种器具、道具以及相关的表演形式，诸如藏棋、弓箭、弹弓、炮儿等。

五、穿戴服饰类

各族民众自身用来蔽体御寒穿戴的服饰形式，主要是青海各族的民族服装、饰品、靴帽等；以及男子使用的腰刀、鼻烟壶，女子使用的围裙、辫饰、耳坠等。

六、宅居陈设类

各族民众宅舍以及与生活有关的其他建筑物，这里主要是建筑构件中的各种木、砖、石材质的饰品；建筑外观装饰品，如藏传佛教寺院和清真寺院的木雕棱柱彩绘等；室内使用的家具陈设，如玉树的雕花木床、湟中的炕柜等。

七、生产劳作类

各族民众在日常劳作中所创造和使用的农牧业、狩猎等生产工具、交通运输工具、手工业工具以及其他加工工具，大型生产设施如水磨及磨坊，日常器用如弓箭、腰刀等。

八、生活起居类

各族民众在日常生活中所创造和使用的各种材质的餐饮炊具、起居用品、摆件以及相关的其他生活用品等。如昆仑玉酒具，白刺和沙柳根雕摆件、各类器物的支架，玉雕香炉、灯盏、餐具等。

我们这样分类，只是为了方便、清楚地说明问题。事实上，青海高原的民艺品多数都是在实用的基础上逐渐产生和衍化出审美和精神的功能的。如藏刀是青藏高原地区最具有普遍性、代表性的民族工艺品之一，无论是形制较长的腰刀，还是较短的匕首，最初的目的就是为了护畜、御敌、宰牲、用餐，在长期的生产生活中逐渐被赋予了审美的意趣，尤其是银质的雕花腰刀，其实用功能几乎丧失殆尽，成为藏、蒙古等民族男子身份、地位，以及勇猛、威武精神气质的象征，今天更是成为收藏、陈设的文化生活用品。论外观装饰要以青海玉树的藏刀最为著名，题材以龙凤、如意卷草为主，还有如意海浪、山脉、莲花、汉八宝①、藏八宝②、国王七宝③、几何回纹样式，镶嵌装饰有佛七珍④等，表现形式有高、浅浮雕、镂空、镶嵌，有的还在刀柄、刀鞘上镶嵌鲨鱼皮，外观上既有图案的变化、表面层次的起伏，还在等距和对称的位置镶缀红粉绿蓝的珊瑚、玛瑙、绿松石等。具有很高的审美价值。

青海民族民间工艺遍布省内各区，地方艺人群聚，传承有序，手艺出众，闻名遐迩；工艺门类繁多，品种丰富多彩，独具审美意义的民艺制品和器物更是不胜枚举。在青海境内，主要有湟中加牙裁毛匠编织的马褥子，鲁沙尔镇金匠加工的银器、铜器，西宁生产的靴帽，塔尔寺僧俗艺人制作的壁画、堆绣、酥油花三绝，马莲沟雕花匠的木雕；互助和湟中县的民间刺绣，大通的皮影，湟源县蒙古刀和结古新寨的石雕和玛尼石刻，玉树安冲、称多的银器、藏刀，结古、囊谦的察察（泥陶），吾屯的热贡艺术，撒拉族的皮筏子，等等。

---

① 亦称汉八仙、暗八仙，其中暗为汉的转音，主要是汉族八仙故事里李铁拐的葫芦、汉钟离的扇、蓝采和的象牙板、张国老的神鼓、何仙姑的荷花、吕洞宾的阴阳剑、韩湘子的花篮、曹国舅的笛。

② 藏语称"扎西达杰"，又称八宝吉祥徽，分别是宝伞、金鱼、宝瓶、妙莲、右旋白螺、吉祥结、胜利幢、金法轮，分别代表如来的头、眼、喉、舌、牙、心、身、足，象征如意吉祥。

③ 民间工艺中主题图案，分别为方胜纹（藏语杰布拉丘，下同）、连环钱纹（足姆拉丘）、犀角纹（斯如若究）、象牙纹（朗欠且瓦）、珠宝纹（拉布百松）、珊瑚纹（且如顿布）、令牌纹（乔吾）。

④ 分别为金、银、琉璃、砗磲、玛瑙、珍珠、珊瑚，寓意吉祥如意、财源旺盛。

第二节 青海民族民间工艺的传承模式和审美特征

总体说来,青海地区的民艺作品具有工艺美、生活美、造型美和色彩美等特征。我们着重通过民艺作品的创作和传承规律来探究蕴涵在其中的美,把民艺作品美的研究触角延伸、提升到诗学的领域和高度,从民艺作品的思维模式、符号意蕴、创作程式、文化传承、文化比较等方面进行分析。

一、青海各民族工艺的传承模式

工艺等民间艺术美在创作模式上呈现出口承艺术的显著特征,即创作传承的符号象征性、技能的程式性,最终表现为审美的模式化。

首先,青海工艺的审美深受各族民间习俗和传统的影响。民俗、风习、惯制以及因此而形成的文化传统在民间工艺的创作中始终占据着重要的地位。一些习俗的传承往往通过工艺等文化载体得以实现,这种传承是人们一遍又一遍地重复着祖先薪火相传下来的艺术样式,他们很可能不知其然,也不知其所以然,是集体无意识的产物。民间工艺品的美感也是潜移默化的,它的文化传承是悄无声息的,艺人们的技艺是在前辈约定的口诀、家法、粉本、秘方等各种规范中习得的,是在日复一日的重复中受到熏陶和启迪的。

习俗是生活在特定区域内人们约定俗成的生活方式,从工艺民俗的传承与变异来看审美模式变迁,可以发现在一个固定的生活区域内,对习俗纵向的传承是永恒的主题,这样可以保有一脉相承的审美风范；习俗的横向移植是时代性文化变迁的结果，变异是传统的延续方式，是习俗的推动性结果。在一般人看来，青海高原文化始终具有神秘性，其工艺更是充满神秘莫测的意味。在我们看来，这种神秘性主要表现在青海各民族民众对于习俗的顽强传承上，是对高原民俗文化的原生性的维持。对于一个来自异文化的外来人来说，看到的是一个时过境迁的结果，神龙见尾而不见首，感到十分神秘；而对于生活在习俗当中的人来说，看到的更多的是原生的意涵和古朴的意趣，是古已有之的现实，是美的现实。在环境相对单一的文化区域里，传承反映为文化内涵的趋同性、习俗的稳定性上，这是文化自发性的结果。但是这只看到了问题的一个方面，事实上青海文化从来都没有停止过广泛的、横向的交流。丝绸之路南道——羌中文化走廊横贯青海高原，向西北与丝绸之路的主干道河西走廊相联接，一直延伸到阿尔泰地区的草原之路，来自西域的、游牧的、贸易的文化交流从汉代以来始终没有停歇过；向西南与唐蕃古道相重合，一直延伸到尼泊尔、印度，远达地中海，来自佛教的、香料的、雪域的文化从松赞干布征服苏毗和吐谷浑就一直沟通；向东南跨过阿尼玛卿蜿蜒达巴蜀，与茶马古道相沟通，取丝绸、贩玉器；向东越河湟、过陇右，挥鞭长安、洛阳，直指关中文化、河洛文化的腹地。尤其值得大书特书的地方是来自国内外的历代移民、商贾，将汉族的医学、历算、栽培、工艺带到这里，将西方的音乐、绘画、服饰带到这里，将各种外来的宗教带到这里。尽管这一切的变化是缓慢的，但却是持久的，在这个渐进的变化中，习俗更具有综合性、熔融性，其工艺必然是融融与共，相得益彰，璀璨汇集、流光溢彩，习俗化的工艺由此以新的形态和方式得以传承。

以宋元时期青海高原的工艺变迁为例，各民族民间工艺文化就呈现出三大特征，一是藏传佛教全面兴盛的影响；二是内地工艺文化的积极渗透；三是多民族工艺文化格局的形成。藏传佛教

第十九章　青海民族工艺与审美

文化的兴盛加快了佛教在青藏地区的本土化进程，随之而来的是兴寺建院风潮，民族工艺文化的发展也主要体现在寺院建筑文化上。各地的能工巧匠云集而来，纷纷汇集于佛教昌盛的各个地区，以各种工艺门类为基础的专业技能群体逐步形成，分工有序，技艺精良，美化和装饰了寺院和高原各处佛地的文化环境，使得宗教工艺艺术获得了前所未有的发展空间，大大地丰富了宗教文化艺术的内容。

这一时期，党项部族与唃厮啰政权、宋王朝之间的战争，一方面导致政局混乱不安；另一方面却使得四方的地域工艺文化进入河湟。在陶瓷、染织、刺绣、金属加工、雕刻等方面的工艺融合十分明显。从现在出土的各种陶瓷制品上，可以看到内地宋朝大江南北的名窑陶器，大有古代陶瓷博览会的盛况。本土陶瓷器形仿制的高颈、广口造型和绘制的莲花图案，是接受了宋瓷中陕西耀瓷技艺，并吸收了西亚的浅釉描金、刻纹彩釉等工艺手段，色彩上广泛地接受蓝色釉彩，同时吸收唃厮啰、西夏的黑色、酱色釉彩的风格；在丝织物上宋锦的刺绣工艺、伊斯兰的几何纹样、动植物纹样和文字图案，以及强烈的色块对比都集合在后来被我们称为"藏毯"的工艺上；金属加工上内地的镶嵌工艺和景泰蓝掐丝工艺，器形上有汉族的龙纹、双鱼，有地中海人的金属盘花等。工艺技术的广泛交流，为青海地区的工艺改易、风格流变、审美转型提供了丰厚的技术基础。

宋元之际，是青海地区诸土著民族形成时期，首先是自西汉以来从未停止过的汉族移民在这片神奇的土地上扎根落户；藏族以吐蕃为主在宋初形成；土族以本土土著、早期汉族移民、吐谷浑三者融合，逐渐形成新的民族共同体；唐代以来回族、撒拉族辗转落户于青海。青海各民族频繁的交往，为各民族的工艺在技术上、人员上、原料上的引进交流提供了和谐、有序的社会基础，使得青海地区的工艺逐步走向成熟。

从上述情况可以看出，民族民间工艺的传承与变异使得青海高原的审美意识发生了巨大变化。地理的封闭会导致意识的封闭，但是，封闭永远都是一个相对的概念。一方面意识的封闭使得工艺在审美样态、内容、主题和题材上的变异速度减缓，工艺技能完整传承的意味更浓。另一方面，青海高原独特的区位优势，特别是丝路中道这条熠熠生辉的民族走廊，又为民族工艺文化在技艺传承基础上的变异提供了可能。我们今天所能见到的青海工艺是在长期的文化衍变过程中被各种民族文化所培育，逐渐成熟起来的，在这个相对繁复而漫长的过程中，青海各族的审美意识似乎更经得起时间的磨砺和历史的检验，其工艺艺术的魅力也更加隽永。

其次，青海各族民间工艺审美文化深受自发性个人创造的影响。工艺作品制作和传承的主体是各族民间艺术家，艺术家的个人潜质所焕发出来的潜能是工艺能否具有审美价值的重要条件，也是民族民间工艺赖以产生的主观因素。当然，民间艺术家们的创造，是作为社会的集体成员的个人创造，因而不可能脱离社会，成为一种纯粹的、私人化的艺术行为。

在生活基本惯例、习俗和艺术的基本规律的双重作用下，民间艺术家必然要对生活的传统和艺术的传统所特有的规定性和约束力潜移默化地予以接受，从而产生了独特的、始终与俗民的生活观念相契合的美学观念。同时，他们还不得不虑及生活缓慢的变迁对他们作品的检验和过滤，以满足俗民趋吉纳祥、厌除祸患的心理需求，满足由于传统而累积下来的审美需求，并且在满足这两个要求的基础上有所作为，有所创新，由此构成具有张力的审美创作，这是民间艺术传承的源泉和动力。正因为民间艺术家在民间对社会的自然、历史和人文环境有着更为切肤的体验和深刻的感悟，对生活有着更加完整和广泛的认知，对大众的审美需求有准确的了解和掌握，因而能创造出更加活态的、充满激情

第十九章 青海民族工艺与审美

的、为民族大众所喜爱的艺术作品。

在青海地区许多民间艺术品也是宗教艺术品,宗教的程式化、仪轨化使得工艺制品趋于类型化,生产具有成套化、批量化的倾向,需要民间艺术家的个性首要服务于寺院,各种法器受五明等规约的法度和程式限制,在色彩、材质、结构、数量等方面不得增减,在外形、层次、手法等方面不得变形,成为一种制度化的思维模式,它虽然限制了民间艺术家个人创造的发挥,但未能完全泯灭他们的创造性,而是达到个人创造的自由张力与社会约定的压力的适度统一。

民间艺术家创作的自发性还表现在艺术主体的价值上。在谈到民间艺术时人们总会自觉或不自觉地谈及民间艺术的区域流布性、文化的传承性,尤其强调民间艺术创作的集体性,却很容易掩盖了民间艺术家的天性、个性、悟性,以及想像力和创造力对于工艺最直接而深刻的贡献。在此需要说明的是,我们对集体性的理解与通常民俗学意义上的集体性是有所不同的,民间艺术的集体性是指民间艺术家的创作都共同遵守一个"天然"、"统一"的法度。这种"统一"和"天然"的法度是他们将各自的创作规律以自己的方式加以总结并且秘而不宣地传承的结果,他们之所以这样做实际是为获得和保护各自生存手段的营生方式。而这些法度恰恰是他们创造的一部分,是他们根植于民间草根性的具体表现。虽然他们不会主动留下署名以彰显所谓知识产权的独有性和唯一性,但却因器物本身而名声远播,工艺的使用者是他们口碑的储存者和传播者。在此,工艺的"集体性"只能这样来理解:一方面他们的创作应当被理解成是个体技艺,纵向上是谱系性累积的结果,往往以家族、师徒口承的方式加以流传,是众多独立个体技艺的运用被不断沉淀、不断检验而归于程式来传承的事实呈现。另一方面他们创作的集体性应当被理解成是个体技艺之间横向的濡化性接受结果,仍然以口承的方式并最终归于谱

541

系性的累积和传承。

民间工艺大多数情况下都是由个体来完成的，在某一个技术流程上、加工工艺上可能有分工，偶尔表现为一种集体的协同，但首先是各自领域的个体独立创作。遍布青海、西藏各地的卡垫制作、唐卡制作就充分体现这一特点，首先这些器物的创作要遵循前辈一人留下来的基本程式，按照人们在日常生活中所说的"卡码"①所规定的原则进行创作。而事实上这些"卡码"并不是我们所理解的静止状态，在运用的时候要依靠艺人们用智慧去激活，他们不但激活了这些千年传承的程式，而且在这个过程中他们的主动性和能动性被完全释放出来，在一丝不苟的精细继承中得以弘扬，并随着他们所能得到的材料赋予这些"卡码"以生命。这些生命一方面是民间艺术家的个体差异性等自然因素，浅层的诸如家族、族群、民族的生物遗传等客观因素，深层的诸如创作者气质、修养、经历和口承学识赋予的。另一方面他们对社区生活模式超出常人的洞察和理解，会唤起他们自发性创作的灵感因素，表现出对社区生活及其变迁异乎寻常的适应性，他们的技艺已不再是机械的临摹和复制，而是顿悟以后的灵感迸发，不乏激情的荡漾和宣泄。如青海热贡的唐卡艺术家们继承了来自西藏小五明②从民间绘画造像传统中总结的制作基本原则，但在线条的运用、色彩的明暗对比上更为大胆，最大程度满足了作为多民族聚居地信众世俗化的宗教情结，走出了西藏唐卡绘画刻板、僵化的窠臼，在各种供养僧众、天女、伎乐等人物，以及佛本生故事等情节的表现中，更是突破了可能存在的范本，充分发挥各自的艺术想象和创造才情，将俗民欣赏唐卡趋吉纳祥、护佑

---

① 原为藏语规矩、规则、标准的意思，该词汇被青海多个民族所普遍接受，成为青海藏、汉、蒙古等民族口语中所指的生活规范、工艺规范。

② 尊巴·崔成仁青于1742年著《五明概论》。

第十九章 青海民族工艺与审美

人生的心态呈现得更为充分，散发出高歌人性的光彩，使宗教绘画表现出强烈的世俗化倾向，摆脱了纯宗教的玄理而成为真正的人的艺术。

其三，青海各民族民间工艺文化审美深受口头程式的影响。青海民族民间工艺是各民族经验性的文化累积。藏传佛教的佛像造型艺术，从材质上可分为金、石、木、泥、砖、布、纸、油脂等各类佛像，创作的艺人来自藏、汉、土等僧俗不同的社会群体，其传承整体上严格地遵守大藏经丹珠尔"三经一疏"的"工巧明"，而其来源是民间传播使之成为程式经典，继而成为《造像量度经》、《佛说量度经》、《绘画量度》和《造像量度》[1]等艺术规范，对佛、菩萨、护法诸神的身相、画法、比例有着严格的要求，日久而成为一套大致固定的制作模式。佛教造像中的四类题材佛、菩萨、明王、护法在形象、色相、标识、手印都是根据具体的宗教意义而严格规定的，按照佛法五色分为白、蓝、绿、黄、红五种常见的颜色，分别象征和平、愤怒、考验、智慧、力量，还代表为五色佛，而金色又是五色的总和，以金刚杵、铃代表阴阳，佛冠象征佛法五智，法轮象征佛法流传无边，

---

[1] 以上经典源出大藏经《梵天量书》（或称《梵天定书》，即《绘画量度经》，tshangspavichodyig），古代印度笈多王朝时，认为造像等艺术造型要满足宗教的仪轨，追求肃穆、祥和的艺术风格，佛像崇尚英俊、挺拔、高大、华丽，在表现身体的各个部位的比例时，不是用几何化的标准来度量，而是采取源出自然的标准来度量，即按照自然的活物的曲线勾勒佛陀的形象。我们认为，这些画法规范实际上是民间文化的产物，是民间人士基于对佛教教义的理解和对佛像在心理上的需求而形成的，后来在不断地总结过程中被纳入佛教经典，这些经典在以藏文、汉文、梵文等文字传播的时候，它的画法图示部分逐渐发生了转变，完成了中国化的过程，继而汉化、藏化，再由各民族民间艺人最终完成本土化过程。我们观察过塔尔寺等地的变文，发现经文的内容大约一致，造像的各种形态在姿势及其所包含的意义上是不变的，而具体的细节处理上有着显著的差别。这被我们看做是民间艺人（包括一部分僧人）对经典进行适应的文化性结果。

各种武器吸收苯教的传统各自表示去除魔障，每尊佛祇上的各种动态到细微的道具都有具体教义的表征。画师则要遵守这种造像程式进行创作。这些并非佛经中的明文规定，而是僧侣、民间艺人根据自己对佛教典籍的理解和艺术创造的经验，在长期的宗教艺术实践中总结下来的知识体系，经过千锤百炼，逐渐固化下来，逐渐成为僧俗两界共同遵循的宗教艺术的审美尺度。

佛教工艺的创作和审美思想是建立在对宗教虔诚信仰和高超工艺技能之上的。不少藏族、汉族和土族的艺人通晓画、塑、工三技，精通僧俗两界的知识，笔者熟知的杨忠就是一位通晓汉藏双语的藏族艺人，但他不是热贡人，而是青海化隆县金源乡一个牧民的后代，至今仍在家乡从事牧业生产，在村办小学校里兼任美术教师，但在壁画、唐卡、泥塑等几个工艺领域皆有成就，他没有出家前往寺院系统学习佛法的经历，也没有学过专门的佛教绘画知识，仅仅是出于对佛教信仰，通过个人揣摩领悟了大量关于藏传佛教和佛教绘画方面的技艺，是一个远近闻名的唐卡画师。在对传统绘画的技法掌握过程中，他又形成了属于自己的一套创作程式，很好地实现了将佛教经典化程式向民间艺术程式的转化。他常说"画法是死的，人是活的"，其中既包含对于经典绘画方法无师自通的琢磨，通过自己的潜心研究掌握其中的规律，逐渐掌握了佛画的绘制技巧，也指通过自己的领会和感悟，在掌握佛画技巧的基础上，又创造出了许多新的规矩和法度，这是一种民间艺人在具体的制作实践中总结出来的易学、易行、易用的可操作性规矩和法度。这种巧妙的转化，使得高不可攀、被佛学家们赋予了很多意义的佛像法度成为俗人驾轻就熟的"门道"，而"门道"的精巧运用才能使刻板的法度成为活的艺术。这是非常具有启发意义的转化方式。就佛像面部描绘来看，杨忠将其概括为简单的口诀：圆、满、稳、匀，即在线条处理时整体的面部表情要显示佛像的圆润，这样显得佛祖富态雍容（圆）；

第十九章　青海民族工艺与审美

色彩填充时五色的运用要到位充盈，这样显得佛祖华贵艳丽（满）；佛像的整体姿势要稳妥周正，这样显得佛祖至高无上（稳）；着色之际、线描之时一切色彩、线条的运用都要匀称充满连续性，这样才让人们感到绘画者一丝不苟、充满虔诚（匀）。仔细思考，他的程式法则前两者来源于俗民选择佛像时求吉、求福的趋吉心理诉求，呈现出对俗民实用心理的最大满足；后两者则来源于人们求稳、求全的均衡心理诉求，呈现出对俗民社会心理的最大满足，都有对人的生存关系和社会关系安静、祥和的欲求和索取。值得注意的是，杨忠对佛典的理解是站在俗民的角度去理解的，是一种适应性文化选择的结果，他并没有仅仅站在对佛的虔诚信仰和对佛画的经典运用上去理解，上层的经典文化被作者俗化地理解了。正是在这种经验性的口头程式的影响下，民间艺术家创作出了既合乎法度又有创新的艺术作品。

二、青海各族民间工艺的审美特征

民族民间工艺的审美特征可从多方面进行概括，从符号和解释的角度上可以概括为象征性；从表现特征上可概括为神秘与直白的结合、粗犷与细腻的结合、夸张与写实的结合、简洁与繁复的结合、诙谐与庄重的结合；从造型看可概括为概括性、抽象性、程式性；从功能上可概括为实用性与审美性的融合等。这些都从不同角度阐释了民间工艺文化的审美特征，我们认为青海地区的民间工艺除了这些共性以外，还有着自己独到的审美特征。从审美的角度考察，我们认为青海地区的民间工艺在审美旨趣上突出地表现为人性的自然与高贵统一之美，是厚生之美的艺术呈现；在审美内容上生活心灵化再创与生命本体意义的追索，是爱生之美的艺术呈现；在审美形式上表现为工艺的繁复与稚拙统一之美，是乐生之美的艺术呈现。

（一）工艺作品具有厚生之美，是人性自然与高贵的统一

青海地区的工艺除外来和引进的部分，主要是根植于原生文化（genetic tradition）形态下的本元文化，具有浓烈的草根气息，也可理解为是典型的"母型文化"，"从文化的性质看，它带有民族文化的基础性质。也就是说，任何上层的、高雅的文化，都是在此基础上发展的"。① 它们所包含的"思想观念、意识的产生是直接与人们的物质生活、与人们的物质交往、与现实生活的语言交织在一起的。观念、思维、人的精神交往在这里还是物质关系的直接产物"。② 随着人们的社会实践和生活实践的不断深入，尤其是人们解决了对自然环境的适应性生存问题以后，诗意地栖居，审美地生存就逐渐成为人们生活的主题和基本价值取向，精神活动与物质活动逐渐分离，实用与审美也相对分离，单一的本元文化分解出二元和多元等不同层次的文化。青海地区的民间工艺作为一种独特的地域文化形态，具有艺术前艺术的形态特征，突出地表现为在艺术形态、种类、体裁和样式等方面充满了混合形态和不确定性，社会功用并不明确，是实用与审美、物质与精神的统一体，在造物功能实现的同时，更为鲜明地抒发了民族的生命意愿。这与我们所说的厚生之美联系起来就是，青海地区的工艺之美是与各族的现实生活和现实人生息息相关的，紧密联系的，在民族民间工艺里，包含的是人们对于生活的由衷赞美和向往，美的境界就是人生的境界，美的追求就是对现实人生寄予着热情的企盼和无限的创造。

按照马斯洛心理学的观点，生存的诸多因素是人类的第一需

---

① 张道一：《张道一文集》，第687页，安徽教育出版社，1999年。
② 《马克思、恩格斯全集》（第三卷），第29页，人民出版社，1972年。

第十九章 青海民族工艺与审美

要。青海地区的民俗工艺产品首先也是出于具体目的、实用意义的物品，其次才是满足各族人们精神需求的造物艺术。青海地区的民间工艺诸如金工、雕塑、织绣、服饰、陶瓷、皮革等，作为一种文化的创造，与实际生活最接近。许多民间工艺的创作都是为了满足最基本的、物质的需要而进行的，而且为适应俗民生活的多样性、丰富性要求自身也在不断发展变化，使民间工艺更加完善全面。要让工艺品最大程度地满足人的生存需要和生活需要，所有的技艺都应以人为主体。蒙古族交通工具早期使用的是马匹、骆驼、勒勒车，今天改用摩托、吉普车、皮卡车、越野车，交通工具改进满足了人们出行时便利、快捷的实用要求，但仔细地观察今天富裕起来的牧民，他们对交通工具的选择根本不在意品牌、款式这些被城市人趋之若鹜的诉求，他们要求更多的是机械的耐用性、越野性、机动性，最好有装置于车顶数量较多的大灯，以满足草原、戈壁等沟壑滩涂的复杂地貌和走夜路的需要。勒勒车与皮卡车最大区别在于速度的改进、材质的改变，其他实际需要却亘古未变。民间工艺的原生性特征决定了其创造本身必然要在整体上随着人们的生活需求和改变而进行，特别是在经济不发达、现代科技还没有完全进入到人们的生活领域的地区，民间工艺仍然肩负着巨大的生活重任，是真正现实主义的创造。在具体的生活实践过程中，人们把实用、适用作为具体的审美尺度和规范，自我的生活实现便是美的自我实现，一切美的创造都要与人生的现实愿望相结合，各民族的工艺品创作实际上也正是将关心现实、关怀人生作为美的最高境界的。

基于上述分析，青海各民族民间工艺与其他艺术活动有着很大的差异，无论是本质、功能、目的，还是艺术呈现、艺术风格、艺术形式和审美价值，都具有显著的自身特征。如果说民间艺人最初创造了满足生存需要的工艺品，那么这些工艺里所包含的文化，就已含有改善生活质量的审美因素。民间工艺的制造活动与人类生活的需求满足是一个互动发展的过程。工艺制作在满足人们生活需求的同时也迎合了人们审美的诉求，具有了审美的特性。这种创造在发展生活的同时，也发展了人的审美意识。正是在这一发展过程中，民间工艺由注重实用、致用利人，逐步发展到了满足人们精神、审美需求的层面，人的智慧显现得更加充分。工艺发展到巧法造化，技以载道，技术包含着自由思想因素的时候，形而下的功能性操作、技术劳作，就和形而上的思想结合起来了，最后达到外表与实质的适应，内容与形式的统一，功能与装饰的调和，是所谓文质彬彬的体现。也正是在这一转化过程中，民间工艺最终从实用范畴进入到审美的领域，成为独特的审美对象。可见，从艺术美的角度思考，工艺的美学价值就在于要把对于现实人生的理解、感知、认识，以及对现实人生的追求作为美的价值标准，并通过工艺的审美创造去体现和表现，这是工艺之美的起码要求，也是最高的境界。

　　青藏地区的佛经木刻印刷最早见于隋唐之际，我们从敦煌藏文佛经中就能看到吐蕃时期就已经采用这一技术，是由石刻佛经发展而来，与内地木刻雕版印刷术一脉相承。在僧界，青藏高原边缘地带的一些佛寺，都设有专门刻印佛经的专署机构，如四川甘孜的德格印经院、甘肃夏河的拉卜楞寺、青海湟中的塔尔寺。从地缘关系上看，它们地处高原游牧文化与平原农耕文化的交界地区，俗文化与宗教文化较为发达，是佛经刻印、印刷的主要地区；在俗界，这些地区也是佛经刻印、印刷集中的地区，与寺院印经不同，许多汉族、藏族的佛经刻印者都不是专门从事或者单一从事这一职业的，多数都以收购羊皮、牛羊肉、药材，贩卖炉具、木材、藏毯，或者从事货郎花纱、小商品生意等作为主业，兼营佛经刻制工艺。值得注意的是，在一些地区这些佛经木刻的购买者都是一些妇女，而且这些佛经木刻并不是拿回去用于大批量地印经，大多是用于家庭陈设的，几乎是纯粹民间的工艺装饰

第十九章 青海民族工艺与审美

性摆件。陈设起来的艺术性摆件在现实生活里，不能像食物、衣着那样实用，但它却从另一个方面，诸如情感、愿望、心绪等感知系统，将厚生的需求联系起来，物件的使用价值被降到最低，而其中所蕴涵的美等超越功利的价值却被放到最大。这实际上是将可观的生活和现实的人生的美好追求放到了最大，且蕴涵在最日常化的、司空见惯的生活细节当中，是普通民众将被日复一日的重复所占领的烦琐的、毫无生气的生活，用自己充满乐观和向往的心意、心境所稀释、调和、化解，使乏味的生活富有了活力，充满了喜悦，为此，困难变得简单了，苦难变得轻松了，美却油然而生了……

由此可以看出，民间工艺对实际生活的满足仅仅是一个方面，人们生存和生活的丰富性，促使民间工艺品的创造也要实现各个层面的满足，逐渐由实用的满足过渡到信仰的满足，最后上升到审美的满足，进入人们的精神生活领域，并且丰富和提升了人们的精神生活，这是一个带有很强规律性的工艺发展之路。我们也能看出，民间工艺创作体现出的美的规律，一个重要的方面就是人的自由自觉活动的本质特征的流露，这个本质就是人们渴望工艺能够具有厚生的特征，传达和展示出人性的淳朴与高贵。所谓淳朴是指像藏文木刻佛经被妇女们陈设于帐房或定居点，用来实现祈祷子嗣繁盛、家庭安康、牛羊肥壮的淳朴愿望，甚至这些妇女根本不会去理会和了解经文上刻了什么内容，她只认为这会给她和她的家庭带来这些好运气，这已经足够了。再仔细思考，她的实现方式是怀着一分虔诚，带着一份崇敬，将艺人刻制的佛经迎请回家，她唯一的要求就是希望定制木刻的时候，艺人们能将佛经的两缘、四边刻上佛画人物、吉祥图案。回到定居点，如果她还有能力把这些刻板用藏纸印出来，在经文的边缘涂上藏红花的汁液，赠与亲朋、悬于门楣就能给她带来无限的荣光和快慰。这个时候，她的虔诚和崇敬，她的荣光和快慰，是如此崇高。这一切恰是人性高贵的扬厉,是人的本质的完全实现。人性的高贵就是将人的地位而不是神的地位、物的地位放到了最高的位置,超越理念中虚假的情感,超越素常中功利的心理,从一个具体的生活内容、生活细节去还原人性的真实,在真实里还原人对于自然、物质的超越,这是一切自然和生物所不能企及而唯独人类独有的情感。这正说明了青海各族人民热爱生命是从一点一滴开始的,是从热爱生活开始的,人们这种美的愿望和美的追求才是最本质的美。

(二)民间工艺具有爱生之美,是生活心灵化再创与生命本体意义的追索

青海民间工艺的造型方法通常表现为写实与变形、时间与空间、静态与动感等并置的形式,与西方表现主义的绘画、雕塑有着异曲同工之妙,但这不是技艺和法度的不谋而合,是审美结果的事实性呈现,其出发点几乎没有任何相同和重叠。在民间工艺里,再现与表现、写实与抽象等的关系完全是根据民间艺人对于生命、生活的理解、认识、愿望作为基础的。在民间艺术家的眼睛里,所有被我们看做是匪夷所思的形象,在他们那里都是真实可信的,根本没有什么神秘的地方。他们用自己对生活最为主观的理解方式表现生活,写实的再现是他们化视觉为知觉的呈现,已不再是客观真实的模仿和抄袭,而是纯粹心灵的映照,正如H·G.布洛克所说"我们的眼睛看到的永远不是物体本身的样子,而是从我们的生物学立场和我们所在文化背景出发看到的样子"①,是眼睛与心灵交融感知到的那个世界。青海民间艺术家

---

① H·G.布洛克著,陈池瑜译:《现代艺术学导论》,第103页,长江文艺出版社,1990年。

第十九章 青海民族工艺与审美

有着自己的视觉心理基础,是从自己的立场、观点、角度、所处的文化背景及自己的视觉惯性出发,对现实进行解释和艺术表现的。以一个具体的工艺产品为例,在唐卡的制作过程里,佛到底是什么样的,恐怕只能从人的自身去想像,从师傅的传授、自己的心意理解获得,一个无法想像的、难以表达的概念,被人具有普遍化的审美意识创造,而如果仅仅根据这个观念和师傅的传授,他所创造的佛陀只能是一个毫无生气的刻板对象,而当艺人将自己对于佛陀的尊崇、爱戴,乃至对佛理、法力的理解和体会转化为创作的动力时,他就摆脱了一味再现式的还原,而是充满了活力、喜悦、超越的表现,这个时候,他的个人的现实愿望、当下的心绪情感,便能留诸笔端,意在画外,热爱生命、关心现实的一切美好向往就紧紧地贴合在工艺当中,充满了时代性、个性化的内容,其艺术价值便开始增值。

我们从青海地区的民间工艺中能够看到很多超乎想像的造型作品,汉族、土族、藏族的"花样子"(民间剪纸)最初来源明清之际的陕、甘、山的秦晋剪纸,流传到青海湟源、湟中一带却发生了很大的变化,剪纸的妇女已经不太注意最初传来时的精细和工巧,而是将客观的现实和主观的现实统一起来加以创造。一只老虎的肚子里套着一只或多只小老虎,侧面的牛眼睛可以同时在正面呈现,把现实与想像置于一个空间,形成写实与变形的同置;藏族妇女辫饰上装饰的铜币,左面象征太阳,右面是月亮,两个不能共时的事物被放在一起,形成超时空的并置;在湟中塔尔一带的农民画,画面上跳轮子秋的土族妇女是一圈圈有层次围起来的,像流动的旋涡,形成了静态与动态统一。民间艺术家们有着自己的视觉模式和图形模式,在创作的画面里他们只看到了想要的那一部分事物,其余的都被省略了,色彩的运用也是固定的,诸如浅蓝色的湖水、蓝色的枝叶、七色的彩虹等,在创作中日常的知觉伴随着他们的兴趣和希望发生着变化,常规的知识在这里是苍白的,通常的眼光在这里是茫然的,而只有主观的愿望是主要的,想像力是主要的。他们的创作不加雕饰、不虚美,甚至超越了通常的所谓逻辑的规范,更符合艺术表达的情感化、心绪化创造。可见,民间工艺是心灵和情感积极参与的结果,其审美理念完全是从生活本身和民间艺术家的情感体验出发,无需形而上的理念和法度,完全体现的是民间艺人对于生活的美好愿望,而这又是与民众的实际生活愿望相一致的,表达了对美好生活的共同向往和追求。

心灵和情感交汇的基础是对生活的信仰。对这些情形无论我们给予"感觉的再现"、"感觉真实"的定义,还是称其为是"主观情感"的"色彩"或者表现的"色彩",这一切的背后,是他们对于生命和生活的坚定信仰。不仅如此,这种信仰形而上地扩大到土地信仰(如土族的庄稼其面具)、山神信仰(阿尼玛卿傩戏面具)、苯教信仰(藏戏原形面具)、佛教信仰(羌姆面具)等工艺之中。青海地区的面具工艺大致可分为三种类型:寺院宗教面具、藏戏面具、民间祭祀面具。其中,寺院面具分为两种:一种是佛事活动中跳神的"羌姆"面具,分为善相、愤相和善愤兼备等形象;另一种是悬挂面具。藏戏面具具体分为立体面具、平面面具和原形面具三种。民间面具有折嘎面具①、庄

---

① 折嘎面具主要流传于青海玉树地区,是乞讨时的说唱者戴的面具。唱词内容主要是向施主表达祝愿和赞美。其典型形象左侧是象征汉皇帝的黑毛,右侧是象征印度王的白毛,鼻子下是象征尼泊尔王的贝壳,额头上的是象征莲花大师的日月。我们认为,这个面具最初来源于古代信仰中的敬神辩论仪式,属苯教仪轨之一,藏传佛教兴盛后逐渐没落,成为民间艺人讨生活的一种说唱艺术方式。

第十九章 青海民族工艺与审美

稼其面具①,等等。青海地区所有的面具工艺都带有浓郁的信仰成分,面具的造型风格整体上融狞厉与慈悲为一体。不用说"羌姆"面具分为善相和愤相,即使是藏戏面具也充分体现了俗世关于善恶的理解,虽然其风格颇受"羌姆"面具的影响,但是所表现的情绪、内容却和藏传佛教迥然不同,更多的是人的思维方式、精神和情感的表达方式,揭示人的价值观念和是非观念。面具形象无所不包,动物(狮、虎、牛、羊等)、人物(老年夫妇、王臣百姓、喇嘛僧侣)、仙人(龙女、阎罗、护法)一应俱全。若从审美关系上看,完全是信仰文化的审美呈现:狞厉之美给俗人以威慑与恐吓,慈悲之美给人以劝诱和引导,可以说是以恶的呈现作为审美的情感基础,再以善的诱导作为审美的劝化旨归。两者被统一起来,更符合俗民对于事物认知的基本心理定式:对于陌生的、神圣的事物,人们的最初情感表现得总是敬畏有加,在循循善诱以后油然而生臣服和膜拜之情,人的基本善恶观念就在这美感转换的过程中逐渐形成,最终指向对生命本体意义的探寻和追索。

(三)民间工艺的乐生之美,体现为工艺繁复与稚拙的统一

民间工艺里,人们常常会不惜工本、不废功力地将那些线条、形象、工艺程序附加在一个简单的物件或物象中,这实际上是一种情感性的表达,民间艺人们认为,对于佛陀的崇敬和爱戴,只有倾注了全部的情感,或者说只有将全部的体力、精力、心力都体现在其中才能完全和充分地表达。同时,他们对于美的

---

① 关于庄稼其的来源有众多说法。我们的观点略有不同,我们认为这是游牧文化与农耕文化交汇的结果。从内容和形式上判断,最初脱胎于羌姆或者其他苯教傩戏等祭祀活动,或者脱胎于戍边军旅的军傩祭司活动,由于民和三川处于农牧交界地区,民族成分十分复杂,土族逐渐由游牧转为农耕,生产方式和社会转型促使原有羌姆或者军傩被逐渐改易,增加了劝耕的成分而形成。

表达通常不是经过佛学理念的洗礼、佛理内容的规范，在达到经院化、精英化的程度和标准才去创作的，相反，他们没有多少我们所说的"美术"的、"艺术"的知识，只是通过纯真、洁净、质朴的内心去理解、体验，他的创作是真正的自由意志的体现，所以在作品当中有朴拙、稚嫩、天真的成分，这些在艺术创作的追求和结果上看，恰是最有价值的部分和难以企及的地方。

我们认为，工艺的造型之美不仅与一定文化背景和历史传统关系密切，而且与人们对自然的诉求、现实评价和理想表达有着不可分割的关系。有这样一个事实，物质与经济的发展程度，与艺术的创造及其成就并无直接的正比关系，相反在物质匮乏、经济贫乏的地方，人们对于工艺的创造更容易产生旺盛的热情，一方面那些原生态的文化思维为人们的艺术性创造提供了更多的想像空间；另一方面这些区域的人们由于物资匮乏而产生的求偿心理，使得人们把自己内心的渴望诉诸于现有器物工艺的繁复之上，呈现出一种鲜活和热烈。以色彩的运用为例，今天城市里的人们较之农村更喜欢浅色，追求的是一种儒雅或者淡雅，而在农村人们还是喜欢大红大绿，万紫千红，以艳丽的色彩弥补生活的平淡。色彩审美在工艺上的城乡差别，实际上是人们对于生活的心理预期不同所致。与其他区域的民间文化相比，青海地区对于色彩的理解就更为突出，在表现宗教内容的唐卡上，人们不喜欢汉族绘画当中的墨色和留白的处理方式，一律按照五色的象征意义加以渲染，而且每一个可能因为构图而留下的空白，都被更小的佛像、佛教装饰图案，或者干脆用舒卷的流云、满目的绿色予以填充，决不留下任何空白。

青海地区的民间工艺相比较而言，更具有浓郁的装饰性效果。这种装饰性实际上就是人们对于这个地区总体上气候条件恶劣，天然色彩单一，物资匮乏短缺，生活易流于单调乏味，而试图通过工艺产品在布局上的充盈、色彩上的绚烂、线条的复杂，

第十九章　青海民族工艺与审美

以及镶嵌的众多，缀饰的繁多来加以补偿，这不是一种消极的求偿，而是一种更高的乐生追求。他们用"有意味的形式"审美符号，来表达对生活的挚爱，填补因为物质匮乏而留下来的精神空缺。从土族庄稼其面具内容看，老两口、小两口、两头牛的形象都是以繁复的笔触塑造而成的。在展演的时候，面具的功能与谐趣的情节相结合，其作用被发挥到极致，老父亲的面具形象和动作行为都舒畅自然，熟悉农耕的门道；而翻地的母亲及其儿子、儿媳则一窍不通，不是"反架格子倒挂犁"，就是"倒架牛反犁地"，洋相出尽，全然没有对于艰苦环境及其生活的抱怨和责难，始终洋溢着快乐、祥和、谐趣的气氛。剧中面具的繁复与表演的繁富紧密结合，展现了土族对生活由衷的赞美之情。若按克莱夫·贝尔所说"艺术乃是'有意味的形式'"的话，那么青海的民间工艺之美则更具符号意味，在某种程度上更能体现"线条与色彩构成的关系和组合"的精髓，浓烈的生活情感都包含在这些象征符号当中，蕴涵着对生命最真切、最直接的情感表达，是人们在艰苦的外部环境中经过时间的磨砺和沉淀，仍保持旺盛的生命力的乐生之美的艺术显现。文化学者亚·泰纳谢在《文化与宗教》中说："即使在宗教教条占主要影响的时代和社会结构中的文化，也存在着世俗精神。"在青海地区的广大信教俗民中制作和使用的宗教工艺，也表现为强烈的世俗倾向。非纯民俗的宗教工艺与纯民俗的工艺都是人们追求快乐的本能与享乐意识的反映，宗教所宣扬的境界是人世间渴望分享幸福的处所，神的生活就是人渴望获得的乐园，因此宗教工艺中仍然渗透着世俗的意识，并借由世俗化的美学形式和艺术形式，使宗教理想得以呈现。可以说，从宗教艺术到日常艺术，青海民间工艺是人们现实生活的反映，也是他们渴望获得幸福生活的理想表现。

从技术的角度看，青海地区的民间工艺相对就要显得更稚拙、纯朴，其中的原因主要表现在两个方面：一方面是纯技术的制约，整体上看这里的工艺生产力水平还是比较低下的，许多技艺是从内地直接移植过来的，新技术、新工艺的运用还是相对较少，导致青海民间工艺在技术含量上相对滞后。另一方面则与这里人们的审美价值取向有着密切的关系，青海地区的民间工艺在价值取向上不求写实，唯求写意的观念十分浓重，在工艺生产的过程中，"意尽"比"穷相"更为重要，形似远没有神似重要，表情达意才是主要的审美价值取向。我们可以从面具等一系列信仰、娱教、游艺、装饰类的工艺看出，获得在生活中的精神享受和愉悦方面的意义更为直接和突出就是这个道理。

余 论

　　作为中华文化重要的一部分，青海审美文化峻拔艳丽，其内涵深厚，其范围广阔。本课题力求站在整个中华民族的整体高度，从青海具体而丰富的文化中，选取一些极富特色的典型形态进行分析，就青海审美文化的内涵、特点、成因，通过初步的归纳和阐释，从理论上建构一个基本的认识和把握机制，为广大读者从审美的理性高度，了解青海审美文化作为中华文化的一部分所具有的共性特征，以及由于其在青藏高原独特的自然生态和人文环境中所呈现出来的个性特征提供一个窗口。

　　为了深化对青海审美文化范畴诸问题的认识，我们有选择地详细研究了青海各民族的典型文化形态，将青海审美文化置于平行比较的视域中。我们以为，首先，青海民俗文化是各民族为求得生存独特生活价值观、知识体系和生活方式，是千百年来世代相承的生活习惯和生活传统的积淀。从美学角度看，美与民俗具有同构关系，本着善真本性去追求人生理想的民俗活动，既是一种生命活动，也是人生的审美性活动，因而成为人们研究青海各民族历史和审美文化的"活化石"。其次，青海历来是一个多民族、多宗教的地区，各民族在漫长的历史发展中创造了丰富的宗教文化，其中蕴涵了大量的具有宗教色彩的审美思想，显示着青海各民族信众不同的心灵发展轨迹和审美追求。其三，青海的民间艺术，以其独特而丰富的形式，反映了各民族人们在特定的生存环境和人文环境中，对生活不同的感受和理解，表达了对生活的美好理想，是各民族审美意识的集中体现。在青海典型的物质文化和精神文化成果中，无不记载着青海各民族不同时期鲜明的审美印记，体现着各民族对美的追求和创造。通过对青海各民族文化中的典型形态的审美研究，我们努力探寻各民族在不同自然生活环境和文化生态环境中形成的审美意识和审美心理成因，对青海审美文化尽可能作出较为准确的描述，在理论上作出新的阐释。值得注意的是，上述诸方面在青海文化中常常是相互依存、水乳交融的共生体，尽管在理论上是可以被归类和划分的，但在实际的操作环节中，我们并没有采取截然的态度，而是有所侧重又有所兼顾地维护其整体的有机统一，避免给读者在认识上产生用单一的文化符号去取代文化本身所具有的内容多元、向度多元。

马克思曾说过："社会的进步就是对美的追求的结晶。"青海各民族在自身的发展历程中，总是自觉或不自觉地按照"美的规律"创造生活、美化生活，创造了丰富多彩的审美文化，展现了青海各民族不同时代的审美情趣、审美观念和审美追求。青海审美文化是青海各民族在自身历史发展中的智慧结晶，是最广泛地浸透和洋溢着青海各民族审美情趣、审美理想和审美创造的文化形态，它不仅蕴涵着发人深思的生活智慧，同时也体现着青海各民族审美意识发展的历程。这些具有审美意义的文化现象，构成了中华民族审美文化的重要内容，是中华民族文化的重要组成部分，是我们今天加强精神文明建设、构建社会主义和谐社会的宝贵精神财富。体现青海各民族审美意识的审美文化是客观存在的，我们研究的责任就是将它进行梳理表述出来，并作出应有的分析和评价，使其得到比较准确、鲜明的阐发，让人们深切感受到青海审美文化作为中华民族文化苑囿中的一支奇葩所具有的独特魅力，使世人领悟到，正是青海各民族人民和全国各民族一起，创造了灿烂的中华审美文化。

后　记

　　青海是一个美丽的地方。

　　这里不仅有壮丽的昆仑山、辽阔的草原、令人神往的青海湖，而且在这片雄奇而神秘的土地上亘古以来就生息繁衍着众多的民族，自古以来羌人、匈奴、突厥、鲜卑、回纥、党项、吐谷浑、吐蕃、河湟汉人及其子孙们在这里共同创造了灿烂的青海文化。过去，由于历史和地理的原因，人们对青海好似隔雾看花，更增添了几分神秘的色彩。

　　青海是民族审美文化的富矿区。国家社科规划办项目获批，为我们提供了探寻和研究青海审美文化的机遇。从 2005 年起，课题组成员志同道合，精诚励志，满怀着对民族文化的虔诚，既喜悦又惴惴地走进了青海审美文化苑囿。为了在西部文化研究中取得一些新的成就，课题组成员走出校门，不辞辛苦到农村牧区进行大量的实地田野调查，深入民族典籍的林府中寻求有价值的素材。数载寒暑，课题组成员放弃休假，避开喧闹场合，在学术的海洋中不断探索、潜心钻研，终于使课题成果随着辛勤的汗水诞生。

　　这部文集是课题组集体智慧的结晶。课题组成员都是从事民族教育工作多年的教授、副教授，大都是土生土长的青海儿女，有的本身就是少数民族的后代，有的少年时随父母开发大西北投身于青海的怀抱。大家同饮三江源头水，满怀一腔高原情，出于对审美研究所抱持的共同夙愿走在一起，力图用自己的知识和智慧去开启西部先民们创造的文化宝库，从一个更高的文化层面去揭示沉淀于青海地域风貌中的历史文化精神、民族性格的灵魂以及世代先民们的审美理想，以求更好地继承和发扬青海民族文化的精髓。这部书就是课题组多年夙愿的体现，尽管它还不够完善，但毕竟浸透了大家的辛勤汗水，其中也不乏智慧的火花，为更多的人认识和了解青海审美文化提供了一个小小的窗口。

在李景隆教授主持下，课题组成员以饱满的热情，经过酝酿讨论，反复就课题的结构框架进行了规划和设计，最终草拟大纲，分工撰写，各章节的具体执笔人分别是：

李景隆负责全书的筹划和统稿，撰写第1~4章；

李朝撰写第5~12章和第16章、19章；

贾一心撰写第13章、14章；

卓玛撰写15章、17章、18章。

青海审美文化内容博大精深，牵涉的知识面极为广泛，课题组虽尽了最大努力，但囿于时间和精力，特别是学术积累的不足，对青海审美文化内涵和价值的发掘，仍然存在着许多遗憾，在撰写过程中也难免有错误和疏漏之处，恳请专家和读者不吝赐教。

作　者

2009年6月

参考文献

1. 陈建宪：《文化学教程》，华中师范大学出版社，2004年。
2. 牛军：《云南少数民族宗教审美文化与审美》，中国社会科学出版社，2002年。
3. 伦珠旺姆，昂巴：《神性与诗意》，民族出版社，2003年。
4. 袁鼎生：《审美生态学》，中国大百科全书出版社，2002年。
5. 中国自然资源编撰委员会：《中国自然资源丛书·青海卷》，中国环境出版社，1996年。
6. 邓福星：《艺术前的艺术》，山东文艺出版社，1986年。
7. 梁思成、林徽因：《中国建筑史》，百花文艺出版社，1998年。
8. 钟敬文主编：《民间文学概论》，上海文艺出版社，1980年。
9. 钟敬文主编：《民俗学概论》，上海文艺出版社，1998年。
10. ［美］弗朗兹·博厄斯著，金辉译，刘乃元校：《原始艺术》，上海文艺出版社，1989年。
11. ［英］爱德华·泰勒著，连树声译：《原始文化》，上海文艺出版社，1992年。
12. ［日］大林太良著，林相泰、贾福水译：《神话学入门》,中国民间文艺出版社,1989年。

13. (中国台湾)王孝廉:《中国的神话世界》,作家出版社,1991年。

14. [日]柳田国男:《传说论》,中国民间文艺出版社,1996年。

15. [美]斯蒂·汤普森:《世界民间故事分类学》,上海文艺出版社,1991年。

16. 朱自清:《中国歌谣》,复旦大学出版社,2004年。

17. 叶舒宪:《中国神话哲学》,中国社会科学出版社,1992年。

18. 赵宗福:《花儿通论》,青海人民出版社,1989年。中国民间文艺研究会青海分会编印:《"少年"(花儿)论集》(内部资料),1982年。

19. 马光星:《土族文学史》,青海人民出版社,1999年。

20. 丹珠昂奔:《藏族文化发展史》,甘肃教育出版社,2001年。

21. 杨亮才、陶立璠、邓敏文:《中国少数民族文学》,人民出版社,1985年。

22. 朱刚编:《青海民族民间文学丛书·青海回族民间故事》,青海人民出版社,1985年。

23. 乔永福等搜集、董绍宣等整理:《青海民族民间文学丛书·青海藏族民间故事》,青海人民出版社,1984年。

24. 朱刚、席元麟等编:《土族撒拉族民间故事选》,上海文艺出版社,1992。

25. 青海省海西州民间文学集成办公室编:《海西民间故事》(内部资料),1990年。

26. 青海省海西州民间文学集成办公室编:《海西民间谚语》(内部资料),1990年。

27. 道荣尕收集整理、安柯钦夫译：《青海湖的传说》，内蒙古人民出版社，1983年。

28. 青海师范学院中文系等搜集整理、中国民间文艺研究会青海分会编印：《青海民族民间文学资料·土族文学专集（一）》（内部资料），1979年。

29. 青海师范学院中文系等搜集整理、中国民间文艺研究会青海分会编印：《青海民族民间文学资料·土族文学专集（二）》（内部资料），1979年。

30. 中国民间文艺研究会青海分会编印：《青海省民族民间文学资料·土族文学专辑（三）》（内部资料），1980年。

31. 青海民院汉语文系马光星搜集整理、中国民间文艺研究会青海分会编印：《青海省民族民间文学资料·（民和县官亭地区）土族婚礼歌》（内部资料），1982年。

32. 严永章搜集整理、中国民间文艺研究会青海分会编印：《青海民族民间文学资料·西宁太平歌》（内部资料），1982年。

33. 青海民族学院中文专科等搜集翻译、中国民间文艺研究会青海分会编印：《青海民族民间文学资料·撒拉族专集》（内部资料），1979年。

34. 中国民间文艺研究会青海分会编印：《青海民族民间文学资料·回族专集》（内部资料），1980年。

35. 中国民间文艺研究会青海分会编印：《青海民族民间文学资料》（内部资料），1982年。

36. 井石、杨明泰等搜集整理、中国民间文艺研究会青海分会编印：《青海民族民间故事、传说、笑话集》（内部资料），1984年第10辑。

37. 韩生魁、奚域人整理，中国民间文艺研究会青海分会编印：《湟水岸边流传着……》（内部资料），1984年第9辑。

38. 中国民间文艺研究会青海分会编印：《青海民族民间文

学资料》(内部资料)。

39. 马正元编:《青海民族民间文学丛书·青海回族宴席曲》,青海人民出版社,1987年。

40. 周娟姞、张更有编:《青海传统民间歌曲精选》,青海人民出版社,1988年。

41. 朱刚编:《传统爱情花儿百首》,青海人民出版社,1982年。

42. 中国民族民间舞蹈集成编辑部编:《中国民族民间舞蹈集成(青海卷)》,中国ISBN中心,2001年。

43. 于平:《舞蹈文化与审美》,中国人民大学出版社,2005年。

44. 王克芬:《中国舞蹈发展史》(修订本),上海人民出版社,2003年。

45. 李雪梅等:《地域民间舞蹈文化的演变》,文化艺术出版社,2004年。

46. 汪加千、冯德、隆荫培、徐尔充编:《人体律动的诗篇——舞蹈》,高等教育出版社,1990年。

47. 隆荫培、徐尔充:《舞蹈概论》,上海文艺出版社,1984年。

48. 马桂花:《中国西部歌舞论》,青海人民出版社,1991年。

49. 王娟:《民俗学概论》,北京大学出版社,2002年。

50. 乌丙安:《中国民俗学》,辽宁大学出版社,1985年。

51. 崔永红、张得祖、杜常顺主编:《青海通史》,青海人民出版社,1990年。

52. 左汉中:《中国民间美术造型》,湖南美术出版社,1992年。

53. 徐炼:《中国民间美术》,华中理工大学出版社,1995年。

54. 杨学芹、安琪：《民间美术概论》，北京工艺美术出版社，1994年。

55. 马建设：《青藏民族工艺美术》，青海人民出版社，1999年。

56. 颜鸿蜀、王珠珍编著：《中国民间图形艺术》，上海书店，1992年。

57. 张巍媛、张丕余编绘：《青海民族图案集》，青海人民出版社，1986年。

58. 宗者拉杰、多杰仁青：《藏画艺术概论》，民族出版社，2002年。

59. 刘溥编：《青海彩陶纹饰》，青海人民出版社，1989年。

60. 汤惠生、张文华：《青海岩画——史前艺术中二元对立思维及其观念的研究》，科学出版社，2001年。

61. 王宁宇：《中国西部民间美术论》，青海人民出版社，1993年。

62. ［苏］莫·卡冈著，凌继尧、金亚娜译：《艺术形态学》，三联书店，1986年。

63. ［苏］B.E.古谢夫著，凌继尧、金亚娜译：《民间创作的美学》，三联书店，1967年。

64. 杭间、郭秋惠：《中国传统工艺》，五洲传播出版社，2006年。

65. 林继富：《灵性高原》，华中师范大学出版社，2004年。